U0162678

GD32 MCU PRINCIPLE AND FIRMWARE LIBRARY DEVELOPMENT GUIDE

GD32 MCU 原理及固件库开发指南

映时科技 董晓 任保宏 ◎ 著

图书在版编目（CIP）数据

GD32 MCU 原理及固件库开发指南 / 映时科技，董晓，任保宏著．—北京：机械工业出版社，2022.12
ISBN 978-7-111-71905-2

I. ① G… II. ①映… ②董… ③任… III. ①微控制器－指南 IV. ① TP368.1-62

中国版本图书馆 CIP 数据核字（2022）第 201477 号

GD32 MCU 原理及固件库开发指南

出版发行：机械工业出版社（北京市西城区百万庄大街 22 号 邮政编码：100037）
责任编辑：孙海亮　　责任校对：李小宝　李　杉
印　　刷：三河市宏达印刷有限公司　　版　　次：2023 年 2 月第 1 版第 1 次印刷
开　　本：186mm×240mm　1/16　　印　　张：25.25
书　　号：ISBN 978-7-111-71905-2　　定　　价：109.00 元

客服电话：（010）88361066　68326294

Order 序

微控制器（MicroController Unit,MCU）是嵌入式系统的核心控制器件，从便携式设备、家用电器、物联网、机器人，到工业控制、新能源和光伏储能、汽车“新四化”，再到云服务器、5G通信、光纤网络，所有需要发展智能化的领域，都离不开MCU芯片技术。纵观MCU产品的发展，从早期的4位、8位、16位到现在的32位，从私有内核到当前主流的ARM再到新兴的RISC-V，MCU处理性能和连接能力不断提升。处理性能和连接能力的提升也为MCU开发应用提供了更为广阔的成长空间。围绕产品构建起可持续发展的生态系统，更是服务于产业应用和培训教育的关键。

作为中国高性能通用微控制器领域的领跑者，兆易创新十年来深耕MCU市场，挖掘用户需求，走“广”且“专”的发展道路：既提高通用产品的种类和覆盖率以满足普遍需求，又与行业用户一起定义产品，发挥灵活优势来服务细分垂直市场应用。兆易创新以丰富完整的GD32 MCU产品家族持续推动技术创新和产业升级，并始终坚持“产品”与“生态”并重的发展理念，增强客户开发体验，加快项目量产速度。我们期望通过实施GD32大学计划（GD32 University Program），深化嵌入式教学改革，实现企业与教育资源的优势互补和共享，培养大批熟练掌握单片机系统的开发人才，促进产学研协同创新。在半导体产业迅猛发展的浪潮下，我们也肩负着更多社会担当——为嵌入式技术发展提供推动力，为人才提供成长的“养料”。

本书的出版恰逢其时，为嵌入式系统开发工程师、高校师生和电子爱好者奉上了一份专业、全面的知识甘霖。本书可助力MCU开发生态链和下游应用蓬勃发展，满足产业育人的迫切需求。本书弥补了我国MCU产品在专著方面的短板，深入浅出地介绍了芯片原理和开发实践，既可作为产品规划和系统设计的技术参考书，也可作为嵌入式系统课程的专业教材和培训资料。

本书的出版必将进一步丰富 GD32 MCU 开发生态，帮助企业以持续的资源投入和市场培育迎接智能化时代的机遇与挑战。

兆易创新科技集团股份有限公司

产品市场总监　金光一

Praise 赞　誉

腾河作为在电力行业深耕多年的技术方案商，已将兆易创新的MCU应用到主流产品中。兆易创新的MCU因具有性能稳定、功能丰富、抗干扰能力强、可靠性强等特征，所以可满足腾河产品在不同应用场景中的需求。本书的问世，将使工程师们在MCU芯片应用上更加得心应手。期望本书能够成为国产MCU芯片替代过程的参与者和推动者。

——杨虎岳　北京市腾河智慧能源科技有限公司　总经理

兆易创新在万物互联的大趋势下为高端智能硬件、移动终端、人工智能等场景提供了具有竞争力的芯片解决方案，同时为加快中国芯片产业本土化进程贡献了力量。本书从理论到实践对GD32通用MCU以及AMR为内核的微控制器进行系统阐述与深入分析，是一本具有高学术价值的专业图书。

——周江锋　深圳市鼎山科技集团有限公司　总经理

本书较为系统、全面地介绍了32位MCU内部的构造、原理和功能，通过一些简单的编程示例深化了读者对单片机的理解，强烈推荐刚入门的学习者阅读。

——王关根　中山市勤奋光电科技有限公司/
中山市欧乐亚物业管理有限公司　总经理

国产化高性价比芯片一直是亚太天能的产品和解决方案的首选。近年来国产32位MCU迅速崛起，而GD32作为其中的佼佼者，我们始终对其保持高度关注。随着亚太天能的产品不断丰富和多元化，不久的将来我们将和GD32产生紧密合作。本书可以让技术人员从系统框架、代码逻辑、文档归类、硬件画图、函数调用、实例分析等方面迅速实现产品化以及方案落地。本书非常实用。

——贺永基　广东亚太天能科技股份有限公司　副总经理

本书能够让学习和从事MCU开发工作的人更好地了解和熟悉国产MCU的性能和特点，进而推动国产MCU的发展。本书还能为国产芯片向更高端发展提供助力。

——刘崇求　蓝海光电　联合创始人兼CTO

本书将GD32 MCU的运行机理阐释得清晰且明了，可为开发人员进一步了解GD32系列产品提供很有价值的参考。同时，国内企业多在建立高韧性芯片供应链、可持续芯片供应链，这将加速芯片国产化的进程。此类针对产品的书籍的出现，将为基层人员开拓工作提供有效助力和赋能，意义重大。希望有更多介绍兆易创新产品的书籍问世，为广大的国内用户提供了解产品、解决问题的途径。

——赵韶翊　国内某半导体装备制造企业　供应链体系首席专家

Preface 前 言

为什么要写这本书

MCU 即微控制器，国人可能更多称其为单片机，在嵌入式系统中一般用于信号处理及控制。时至今日，MCU 已广泛应用于消费、工业、汽车、家电、物联网等领域，小小的身材却发挥着巨大的作用。根据 IC Insights 的数据，2022 年全球 MCU 市场规模将有望突破 200 亿美元，预计未来将以超过 6% 的年均复合增长率保持稳定增长。国内 MCU 市场随着 AI、IoT、光伏、新能源汽车等行业发展快速放量，需求量及增长量将领跑全球，但目前国外芯片占据国内市场的主要地位，MCU 国产化需进一步提升。

近年来，国内涌现一批优秀的 MCU 厂商，比如兆易创新、华大半导体、灵动微等，也出现了一批优秀的产品，其中兆易创新的 GD32 MCU 引人注目。GD32 MCU 是国内最早推出的以 Cortex-M3/M4/M23/M33 为内核的 MCU，其中包括全球范围内首颗基于 RISC-V 内核的通用 MCU，目前具有 30 多个系列共 400 余个产品型号。截至本书完稿时，GD32 MCU 已累计出货超 10 亿颗。GD32 MCU 作为国产芯片，比国外芯片具有更强的供货保证，不会被“卡脖子”。

在开始使用 GD32 MCU 之前，笔者已经使用过市面上的许多 MCU，包括 8 位的 8051、AVR、STM8，16 位的 MSP430，32 位的 C28x、STM32 等。早期广泛使用的 8 位 MCU 外设比较简单，直接使用寄存器操作即可。32 位 MCU 的功能比 8 位 MCU 的功能更强大，但随之而来的是寄存器数量大大增加，继续使用寄存器则开发难度大大增加，对初学者尤其不友好。因而，GD32 MCU 在推出伊始即推出了配套固件库，该固件库将寄存器的操作封装成一个个用 C 语言编写的 API 库函数，代码可读性也很高。经过长期的工程实践，笔者发现GD32的这套固件库质量非常高，是一套设计优美的API，它的命名采用全小写加下划线的方式，熟悉Linux内核的用户会觉得很亲切；在寄存器定义方面更多地使用宏定义，大多数API函数都短小精悍，生成的代码尺寸小巧，运行效率高。

目前网上关于GD32 MCU的开发资料以及配套的教学书籍还较少，开发者不得不阅读芯片用户手册、数据手册以及固件库代码，而用户手册都是使用寄存器来描述的，且目前市面上还没有专门介绍GD32固件库的书籍，这给广大初学者在学习方面带来了一定的困难。为全面系统地介绍GD32 MCU原理以及固件库的使用，降低GD32 MCU开发者的学习及使用门槛，笔者特撰写了本书。

目前MCU国产化如火如荼，兆易创新也在不断推出新的GD32 MCU型号，GD32 MCU固件库也在持续更新中，笔者希望本书能降低一些GD32 MCU的入门门槛，为MCU国产化进程尽绵薄之力。

读者对象

- 希望学习MCU开发的学生。
- 希望切换到国产MCU的电子工程师。
- 使用GD32 MCU的DIY创客。
- 使用MCU进行开发的电子爱好者。
- 希望实现MCU国产化的公司和研究所。
- 使用GD32 MCU开发产品的人员。
- 开设相关课程的高等院校师生。

本书特色

本书聚焦在GD32 MCU基本原理和固件库上，重点在于对固件库API的介绍，并没有过多介绍GD32 MCU寄存器，对这类内容有兴趣的读者可以阅读相关MCU的用户手册。

在写作方面，本书力求做到通俗易懂，以降低用户入门门槛，并使之成为一本有趣的书，一本读者读起来不会犯困的书。

本书提供了大量实例代码，这些代码都可以直接编译运行，其中很多是经过实际工程验证的。这些代码都在Github和Gitee网站上开源，读者可以随时免费获取。

为了便于读者学习，笔者还设计了一款低成本开发板BluePill作为本书的配套开发板，所有实例代码都在该开发板上验证过了。该开发板以开源形式提供，读者可以直接购买成品开发板，也可以获取 PCB 设计资料，然后利用嘉立创网站的免费打样功能自行打样制作开发板。

如何阅读本书

本书共分为 8 章：

第 1 章对 GD32 MCU 进行概述，包括对兆易创新公司进行概述，介绍 GD32 MCU 的发展历程、产品家族和应用选型。

第 2 章介绍 GD32 MCU 快速入门与开发平台搭建的方法，包括对软硬件开发平台、调试工具、GD32 MCU 固件库架构及使用的介绍。

第 3 章介绍 GD32 MCU 系统架构、内核及存储器系统。

第 4 章介绍 GD32 MCU 的电源管理系统及复位、时钟系统。

第 5 章介绍 GD32 MCU 的基础外设，包括 GPIO、EXTI、DMA、TIMER、RTC 和 FWDGT/WWDGT。

第 6 章介绍 GD32 MCU 的模拟外设，包括 ADC 和 DAC。

第 7 章介绍 GD32 MCU 的基础通信外设，包括 USART、I2C 和 SPI。

第 8 章介绍 GD32 MCU 的高级通信外设，包括 CAN 和 USBD。

其中第 1 ～ 3 章偏重理论，通用性强。第 4 ～ 8 章偏重实践，主要以实例来讲解工程应用。如果你是一名经验丰富的资深用户，对 GD32 MCU 已经有了一定的了解，可以从第 4 章开始阅读。如果你是一名初学者，请从第 1 章开始阅读。

勘误和支持

除封面署名的作者外，参加本书撰写工作的还有康立新、李炜。由于笔者的水平有限，书中难免会出现一些错误或者不准确的地方，恳请读者批评指正。你可以在本书配套例程的 Github 仓库 https://github.com/xjtuecho/GD32F30x_Firmware_Library 中提交 Issues 或者 Pull Requests。书中的配套例程除了可以从上面的 Github 地址下载外，还可以从 https://gitee.com/xjtuecho/GD32F30x_Firmware_Library 下载。配套的 BluePill 开发板资料可从 https://oshwhub.com/spadger/bluepill 下载。如果你有更多的宝贵意见，也欢迎发送邮件至邮箱 echo.xjtu@gmail.com 或者 renbaohong.hi@163.com，期待能够得到你的真挚反馈。

致谢

首先要感谢兆易创新公司推出了 GD32 这样好用的 MCU 芯片，同时提供多款 MCU 芯片产品，让国内的相关企业在面对国外芯片封锁时不再恐慌。

感谢映时科技康立新、李炜在本书编写过程中所做的组织和督促工作，感谢映时科技胡工、捷士盟朱工对书稿提出的宝贵意见。

谨以此书献给众多使用 GD32 MCU 的电子爱好者们！

Contents 目录

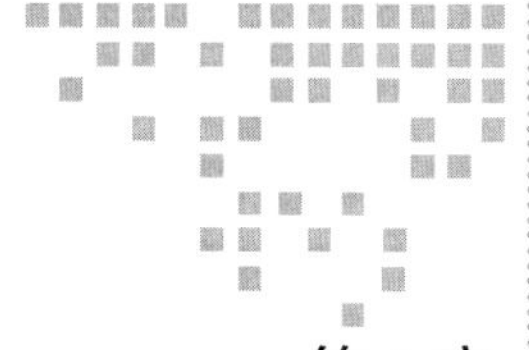

第 1 章 Chapter 1

GD32 MCU 概述

GD32 MCU（MicroController Unit，微控制单元，又称微控制器）是兆易创新科技集团股份有限公司（以下简称 GigaDevice 公司）于 2013 年起推向市场的一种 32 位通用微控制器，至今共推出以 Cortex-M3（下文简称 M3）、Cortex-M4（下文简称 M4）、Cortex-M23（下文简称 M23）及 Cortex-M33（下文简称 M33）为 ARM 内核的 4 种通用 MCU 产品系列，且均为中国首例。GigaDevice 公司在全球范围内首个推出基于 RISC-V 内核的通用 MCU 产品。GD32 MCU 目前共有 30 多个产品系列 400 余款产品，在工业、消费及汽车等领域得到广泛应用，已经成为中国 32 位通用 MCU 市场的主流之选。为了使读者对 GD32 MCU 有一个初步的认识和了解，本章首先简单介绍 GigaDevice 公司，接着介绍 GD32 MCU 的发展及应用，然后介绍 GD32 MCU 的产品家族，最后介绍 GD32 MCU 的应用选型。

1.1 GigaDevice 公司概述

GigaDevice 公司成立于 2005 年，是一家总部设在北京的全球化芯片设计公司，在上海、深圳、合肥、西安等地，以及美国、韩国、日本、英国等多个国家均设有分支机构和办事处，营销网络遍布全球，为客户提供优质、便捷的本地化支持服务。

GigaDevice 公司的核心产品线为存储器、32 位通用 MCU，以及智能人机交互传感器芯片及相关整体解决方案。公司产品以“高性能、低功耗”著称，可为工业、汽车、计算、消费类电子、物联网、移动应用以及网络和电信行业的客户提供全方位服务。

在中国市场，GigaDevice 公司的产品在 NOR Flash 市场的占有率排名第一。公司是全球排名前三的 Flash 供应商，截至本书完稿时，GigaDevice 公司的 Flash 产品累计出货量近 160 亿颗，年出货量超 28 亿颗。2021 年 6 月，GigaDevice 公司推出首颗 DRAM 产品 GDQ2BFAA 系列芯片，这标志着公司正式入局 DRAM 这一主流存储市场。

GD32 MCU 已经成为中国 32 位通用 MCU 的主流之选，出货数量已累计超过 10 亿颗，服务 2 万家以上客户。

GigaDevice 公司的触控和指纹识别芯片广泛应用在国内外知名移动终端厂商的产品上。GigaDevice 公司是国内仅有的两家可量产光学指纹芯片的供应商之一，公司触控芯片的全球市场占有率排名第四，指纹芯片的全球市场占有率排名第三。

1.2 GD32 MCU 发展历程及典型应用

学习 GD32 MCU，首先需了解其发展历程和典型应用。从发展历程中可以了解 GD32 MCU 的发展过程后续产品规划，从典型应用中可以了解产品常见的应用场景。

1.2.1 GD32 MCU 发展历程

GD32 MCU 的发展历程大致可以分为以下 3 个阶段。

1. 开始阶段

如图 1-1 所示，从 2013 年推出 GD32F103 系列 MCU 开始到 2016 年，GigaDevice 公司不断丰富基于 M3 内核的产品线，并陆续推出 GD32F10×、GD32F1×0 及 GD32F20×系列产品，从而使 M3 内核产品形成平台化。

2013 年 GigaDevice 公司推出第一款以 M3 为内核的主流系列产品 GD32F10×。该系列产品的最高主频为 108MHz，最大 Flash 容量为 3MB，最大 SRAM 容量为 96KB，具有丰富的片内外设资源，其中定时器模块多达 18 个，通信模块包括多路 USART/UART 串口、SPI、IIC 接口、USB 接口、SDIO 接口以及以太网接口，模拟模块包括多路 ADC 和 DAC，具有 EXMC 接口，可支持外扩 SRAM、NOR Flash 以及 NAND Flash 等存储器并可驱动 8080 接口液晶屏。相较于市场同类产品，GD32F10× 系列具有更高的主频、更大的 Flash 容量，并由于具有 gFlash 专利技术，在同主频下具有更高的代码执行效率。GD32F10× 系列推向市场后得到了广大客户的欢迎。

2014 年 GigaDevice 公司推出工作电压为 3.3V 以 M3 为内核的超值系列产品 GD32F130/150。该系列产品的最高主频为 72MHz，最大 Flash 容量为 64KB，最大 SRAM 容量为 8KB。相较于 GD32F10× 系列 MCU，该系列产品具有更低的成本和功耗，可满足低成本的应用需求。

性能/功能
Cortex®-M3
GD32F103
主流型 108MHz
Flash(KB)：16～128
SRAM(KB)：4～20
GD32F101
基本型 56MHz
Flash(KB)：16～128
SRAM(KB)：4～16
GD32F107
互联型 108MHz, Ethernet MAC
Flash(KB)：128～1024
SRAM(KB)：96
GD32F105
互联型 108MHz, USB OTG FS
Flash(KB)：64～1024
SRAM(KB)：64～96
GD32F103
主流型 108MHz
Flash(KB)：256～3072
SRAM(KB)：48～96
GD32F150
超值型 72MHz
Flash(KB)：16～64
SRAM(KB)：4～8
GD32F130
超值型 48MHz
Flash(KB)：16～64
SRAM(KB)：4～8
GD32F205
高性能 120MHz
Flash(KB)：256～3072
SRAM(KB)：128～256
GD32F207
高性能 120MHz
Flash(KB)：256～3072
SRAM(KB)：128～256
GD32F190
超值型 72MHz, 5V
Flash(KB)：16～64
SRAM(KB)：4～8
GD32F170
超值型 48MHz, 5V
Flash(KB)：16～64
SRAM(KB)：4～8
2013年4月
2013年10月
2014年3月
2015年8月
2016年1月
日期

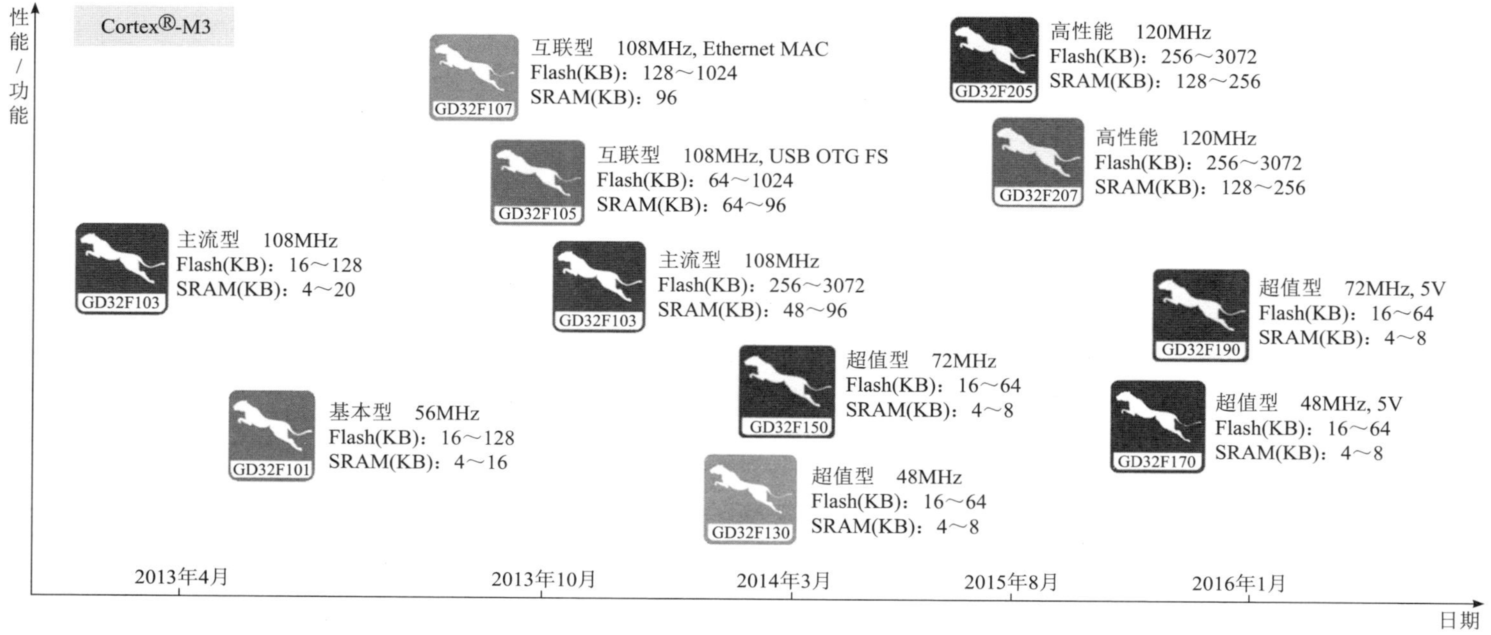

图 1-1 GD32 M3 内核 MCU 产品发展时间线

2015 年 GigaDevice 公司推出以 M3 为内核的高性能系列产品 G32F20×。该系列产品的最高主频为 120MHz，最大 Flash 容量为 3MB，最大 SRAM 容量为 256KB，可以覆盖 GD32F10× 系列的外设资源配置，并可向下软硬件兼容 GD32F10× 系列。除集成了 GD32F10× 系列片内外设外，GD32F20× 系列片内还集成了 CRC（循环冗余校验）计算单元、TRNG（真随机数生成器）、CAU（加密处理器）以及 HAU（哈希处理器）模块，这让它具有更高的安全性能。GD32F20× 还集成了摄像头接口及 TLI 接口（TFT_LCD 接口），这让它可支持外扩摄像头及 TFT 液晶屏。

2016 年 1 月 GigaDevice 公司推出工作电压为 5V 以 M3 为内核超值系列产品 GD32F170/190。该系列最高主频为 72MHz，最大 Flash 容量为 64KB，最大 SRAM 容量为 8KB，可兼容 GD32F130/150 系列。除集成了 GD32F130/150 系列片内外设外，GD32F170/190 系列片内还集成了 SLCD 段码液晶驱动模块、OPA（运算放大器）、CAN（内置 CAN PHY）及 TSI（电容触摸）模块等，让它可满足家电、工业等领域的部分 5V 供电的需求。

2. 成长阶段

如图 1-2 所示，自 2016 年 9 月（推出第一款基于 M4 内核的 GD32F450 系列 MCU）至 2017 年，GigaDevice 公司基于新的产品工艺以及 M4 内核，迅速推出 M4 系列产品并向下兼容 M3 系列产品。

2016 年年底至 2017 年年初，GigaDevice 公司推出以 M4 为内核的高性能产品 GD32F4××。该系列产品的最高主频为 200MHz，最大 Flash 容量为 3MB，最大 SRAM 容量为 512KB，具有非常丰富的片内外设资源，并可支持 BGA176 引脚封装，可满足高性能的应用需求。

2017 年 3 月 GigaDevice 公司推出以 M4 为内核的主流型产品 GD32F30×。该系列产品的最高主频为 120MHz，最大 Flash 容量为 3MB，最大 SRAM 容量为 96KB，可向下兼容 GD32F10× 系列产品。相较于 GD32F10× 系列，GD32F30× 系列产品具有更高的主频以及更优异的内核性能。

2017 年 5 月 GigaDevice 公司推出以 M4 为内核的超值系列产品 GD32F3×0。该系列产品的最高主频为 108MHz，最大 Flash 容量为 128KB，最大 SRAM 容量为 16KB，可向下兼容 GD32F1×0 系列产品，相较于 GD32F1×0 系列，GD32F3×0 系列产品具有更高的主频、更丰富的外设资源（新增 OTG 模块、TSI 模块、2 路比较器）以及更优异的内核性能。

3. 全面发展阶段

自 2017 年下半年至本书完稿时，GD32 MCU 进入全面发展阶段。

（1）引入嵌入式 eFlash 技术，先后推出 GD32E103、GD32C103、GD32E230、GD32E50× 等不同系列的 MCU，这些产品具有更宽的工作电压、更低的产品功耗、更短的 Flash 擦写时间等特性，可满足更高性能、更低功耗的应用需求。

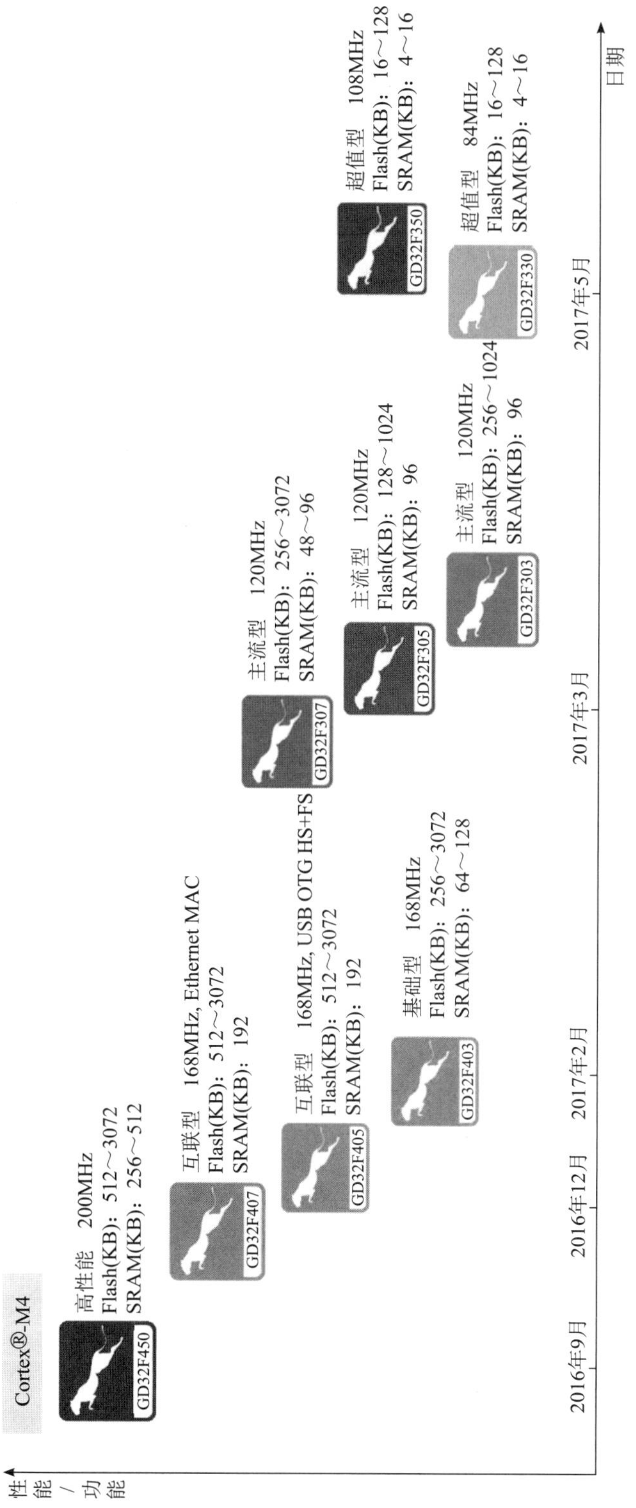

性能/功能

Cortex®-M4

GD32F450
高性能　200MHz
Flash(KB)：512～3072
SRAM(KB)：256～512

GD32F407
互联型　168MHz, Ethernet MAC
Flash(KB)：512～3072
SRAM(KB)：192

GD32F405
互联型　168MHz, USB OTG HS+FS
Flash(KB)：512～3072
SRAM(KB)：192

GD32F403
基础型　168MHz
Flash(KB)：256～3072
SRAM(KB)：64～128

GD32F307
主流型　120MHz
Flash(KB)：256～3072
SRAM(KB)：48～96

GD32F305
主流型　120MHz
Flash(KB)：128～1024
SRAM(KB)：96

GD32F303
主流型　120MHz
Flash(KB)：256～1024
SRAM(KB)：96

GD32F350
超值型　108MHz
Flash(KB)：16～128
SRAM(KB)：4～16

GD32F330
超值型　84MHz
Flash(KB)：16～128
SRAM(KB)：4～16

2016年9月　2016年12月　2017年2月　2017年3月　2017年5月

日期

图 1-2　GD32 M4 内核 MCU 产品时间线

（2）针对光模块应用市场，推出 GD32E232、GD32E501 光模块系列产品；针对行业应用需求，集成更小封装产品（支持 QFN24、QFN32、BGA64）以及相关外设，提供 IIC BOOT、CLA（可编程逻辑阵列）、8 路 DAC、MDIO 接口以及 IO 复位保持等功能。

（3）针对低功耗应用市场，推出 GD32L233 超低功耗系列产品。该系列产品的最高主频为 64MHz，集成了 64 ～ 256KB 的嵌入式 eFlash 和 16 ～ 32KB 的 SRAM，深度睡眠功耗降至 2μA㊀，唤醒时间低于 10μs，待机功耗仅为 0.4μA，深度睡眠模式下可支持 LPtimer、LPUART、RTC、LCD、IIC 等多个外设唤醒，具有多种运行模式和休眠模式，提供了优异的功耗效率和优化的处理性能。

（4）针对无线通信应用市场，推出 GD32W515 Wi-Fi 无线通信系列产品 SoC，集成 2.4GHz 单流 IEEE802.11b/g/n MAC/Baseband/RF 射频模块。该系列 MCU 集成 TrustZone 硬件安全机制，最高主频为 180MHz，配备了高达 2MB 的片上 Flash 和 448KB 的 SRAM，与各厂商无线路由器具有极佳的兼容性，可以快速建立连接并完成通信。

（5）针对汽车应用市场，推出 GD32A503 系列车规级 MCU，采用先进的车规级工艺平台以及生产标准，符合车用高可靠性和稳定性要求，可用于车身控制、辅助驾驶及智能座舱等多种电气化车用场景。

（6）推出全球首款基于 RISC-V 内核的 GD32VF103 系列 MCU，提供从芯片到程序代码库、开发套件、设计方案等的完整工具链支持。

（7）围绕 GD32 MCU，推出信号链相关的周边模拟产品 GD30 系列，包括电源管理单元、电机驱动 IC、高性能电源 IC 以及锂电管理 IC。这个系列的产品丰富了 GD32 MCU“百货商店”类产品，可为客户提供更多的产品解决方案。

（8）预计后续 GigaDevice 会不断推出新的 MCU 产品并继续丰富现有产品线，以满足更多应用场景下的 MCU 应用需求。

1.2.2 GD32 MCU 典型应用

GD32 MCU 为中国通用 MCU 领域领跑者，凭借丰富的外设、优越的性能以及平台化的产品，受到了越来越多工程师的青睐，具有非常广泛的应用场景。

1. 工业控制

GD32 MCU 集成了丰富的定时器、通信及模拟外设，可满足工业控制中有关电机驱动、数据运算以及通信的应用需求。部分产品集成了高级定时器或高分辨率定时器，可满足电机和电源等工业应用的更高要求。GD32 MCU 具有高 ESD、EMI 性能以及可靠性，可广泛应用于 PLC、伺服、电机控制、逆变器等。

㊀ 注意，本处为非规范用法，这里所说功耗实际为 3.3V × 2μA。因为在 MCU 中电压固定为 3.3V，所以业界均直接用电流值表示功耗。为了与业界保持一致，也为了便于读者阅读，本书沿用这种非规范用法。

2. 消费电子

GD32 MCU内部集成了各种性能优异的外设，例如GPIO、定时器、通信外设、模拟外设等，开发人员可利用这些片内外设开发出非常多的符合消费者需求的电子产品，例如电子烟、无人机、平衡车、TWS充电仓等。

3. 医疗设备

目前，医疗产品追求便携性成为一种趋势，制造商正在寻求更先进的技术以降低产品的设计复杂度和缩短产品的开发周期。在大多数医疗设备中，实际的生理信号是模拟的，并需要应用信号调理技术（例如信号放大和滤波）才可以进行测量、监视和显示。GD32 MCU由于对模拟和数字外设的高度集成，成为便携式医疗产品的开发的良好平台，在便携式医疗市场中获得广泛应用，例如体温枪、血氧仪、个人血压监控器、呼吸机等。

4. 智能家电

目前家电市场正在向智能化、功能化发展，且对联网以及OTA升级的需求正在增强。另外，家电市场对成本控制比较敏感。因为GD32 MCU集成了丰富的外设资源，具有较高的性能、集成度以及平台化特性，所以在智能家电市场获得广泛应用，比如冰箱、洗衣机、空调、机顶盒、抽油烟机、扫地机等。

5. 安防监控

GD32 MCU部分产品具有低成本、高性能、易使用的特性，因此在安防监控领域也获得广泛应用，包括球机、枪机、云台、烟感报警器等。

6. 物联网

GD32 MCU近年深耕物联网（IoT）应用，在智能生活、工业物联以及云链接等场景下均有应用。2021年GigaDevice公司推出GD32W515 WiFi无线通信系列SoC，助力IoT应用。后续GigaDevice公司会推出更多无线MCU产品组合，为IoT时代层出不穷的开发应用提供创新捷径。

7. USB应用

目前在大多数GD32 MCU中均集成了USBD或OTG模块，为数据记录器、模拟传感器系统、数字传感器系统及其他各种需要USB通信的应用提供了一个理想的解决方案。GigaDevice公司还为设计者提供USB开发固件库、技术文档、参考设计等相关支持，这不仅简化了设计流程，还加速了产品上市。相关应用包括身份证读卡器、嵌入式微型打印机、USB升级程序等。

8. 仪器仪表应用

仪器仪表应用既有高性能、高资源的需求，比如智能电表、码表盘等，又有低功耗、低成本的需求，比如水表、气表、点钞机、小型消费电子设备等。GD32 MCU凭借通用性及产品平台化特性，在仪器仪表中获得了广泛应用。2021 年 GigaDevice 公司推出了 GD32L233 超低功耗系列 MCU，为低功耗仪器仪表应用提供了更优选择。后续 GigaDevice 公司会不断丰富 GD32L××× 系列，为客户提供更多更优的低功耗产品解决方案。

9. 汽车应用

汽车在向智能化方向不断发展。作为汽车电子系统内部运算和处理的核心，MCU 是实现汽车智能化的关键，因而汽车对于 MCU 的需求也在不断增强。GigaDevice 公司持续关注汽车市场的需求变化，不断跟进汽车电子市场和前装后装领域。针对汽车后装，目前 GD32 MCU 已应用于车载影音、导航、跟踪诊断等周边应用；对于汽车前装，GD32 MCU 于 2022 年 9 月面向车身电子应用需求推出 GD32A503 系列车规级 MCU，并支持车规级 AEC-Q100 认证及安全标准认证，后续会不断丰富车规产品线。

随着 GD32 MCU 技术的不断发展，后续 GigaDevice 公司会推出更多产品并将服务于更多领域。

1.3 GD32 MCU 产品家族介绍

GD32 MCU 产品家族如表 1-1 所示。GD32 MCU 完整的产品线可满足客户各种应用场景的需求。GD32 MCU 的内核包括 32 位 ARM Cortex-M× 和 RISC-V，其中 ARM Cortex-M× 内核包括 M3、M4、M23 和 M33 内核。GD32 MCU 包含专用型、入门型、主流型和高性能全平台系列产品。另外，GD32FFPR 为以 M4 为内核的指纹行业专用 MCU，GD32EPRT 为以 M33 为内核的打印机行业专用 MCU。目前，GD32 MCU 可提供全平台化产品并实现平台化软硬件兼容，目前服务的企业已超过 2 万家。

表 1-1 GD32 MCU 产品家族

性能	32 位 ARM Cortex-M× 内核 MCU				32 位 RISC-V 内核 MCU
	M23	M3	M4	M33	RISC-V
高性能	—	GD32F205 GD32F207	GD32F403 GD32F405 GD32F407 GD32F450 GD32F425 GD32F427 GD32F470	GD32E503 GD32E505 GD32E507 GD32E508	—
主流型	—	GD32F101 GD32F103 GD32F105 GD32F107	GD32F303 GD32F305 GD32F307 GD32E103 GD32C103	GD32E501 GD32A503	GD32VF103

（续）

性能	32 位 ARM Cortex-M× 内核 MCU				32 位 RISC-V 内核 MCU
	M23	M3	M4	M33	RISC-V
入门型	GD32E230 GD32E231 GD32E232	GD32F130 GD32F150 GD32F170 GD32F190	GD32F310 GD32F330 GD32F350	—	—
专用型			GD32FFPR	GD32EPRT	—

1.4　GD32 MCU 应用选型

MCU 应用选型是嵌入式开发的第一步，合适的选型会使后续的开发及量产更加顺利，因为这会避免因更换选型带来的推倒重来以及资源冗余带来的成本过高问题。

1.4.1　GD32 MCU 型号解码

在进行应用选型之前，首先需要了解 GD32 MCU 的型号命名规则，具体规则如图 1-3 所示，这里以 GD32F303VCT6 为例。GD32 代表 GD32 MCU；F 代表产品类型；303 代表产品子系列，相同子系列中不同型号的产品在容量和片内外设资源配置方面略有不同，但共有的片内外设功能相同；V 代表引脚数；C 代表 Flash 容量；T 代表封装类型；6 代表温度范围。

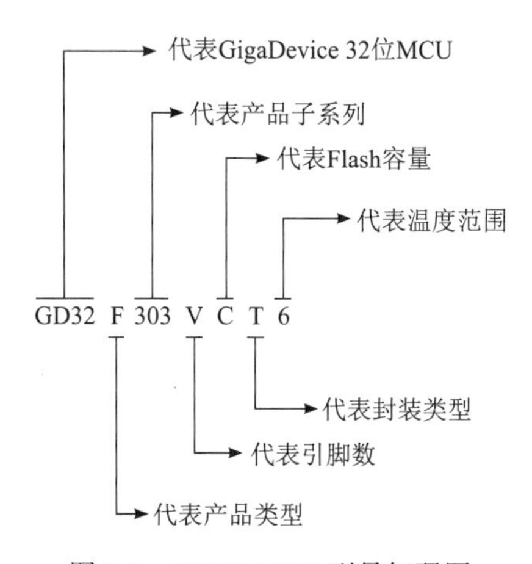

图 1-3　GD32 MCU 型号解码图

GD32 MCU 型号解码的详细说明如表 1-2 所示。

图 1-4 所示是 GD32 MCU 部分封装形式。

表 1-2　GD32 MCU 型号解码的表

字符	说　明	列　举
GD32	代表 GigaDevice 32 位 MCU	无
F	代表产品类型	F：SIP 系列 E：eFlash 系列 L：超低功耗系列 VF：RISC-V 系列 W：WiFi 无线系列
303	代表产品子系列	GD32F10×、F1×0、F20×、F30×、F3×0、F4××、E103、E50×、E23×、L233、W515、VF103、A503 等
V	代表引脚数	F：20 E：24 G：28 K：32 T：36 C：48 R：64 V：100 Z：144 I：176
C	代表 Flash 容量	4：16KB 6：32KB 8：64KB B：128KB C：256KB D：384KB E：512KB F：768KB G：1MB I：2MB K：3MB
T	代表封装类型	T：LQFP U：QFN H：BGA P：TSSOP V：LGA
6	代表温度范围	6：-40～85℃ 7：-40～105℃

前文介绍过，GD32 MCU 中有一些针对特殊应用设计的专用 MCU，如 GD32FFPR 为指纹行业专用 MCU。GD32FFPR 在 GD32F30× 系列通用 MCU 的基础上缩小了封装并增大了容量，以适应指纹行业算法对运算能力的需求。GD32EPRT 为打印机行业专用 MCU。GD32EPRT 在 GD32E50× 系列通用 MCU 的基础上封装了 4MB PSRAM，以适应打印机行业对大容量存储的需求。GD32C103 为小容量 CAN FD 专用 MCU。GD32C103

在GD32E103系列通用MCU的基础上增加了2路CAN FD，可满足小容量CAN FD通信需求。GD32E232和GD32E501系列为光模块行业专用MCU，它们内部集成多路DAC、CLA、IIC BOOT以及IO复位保持功能。

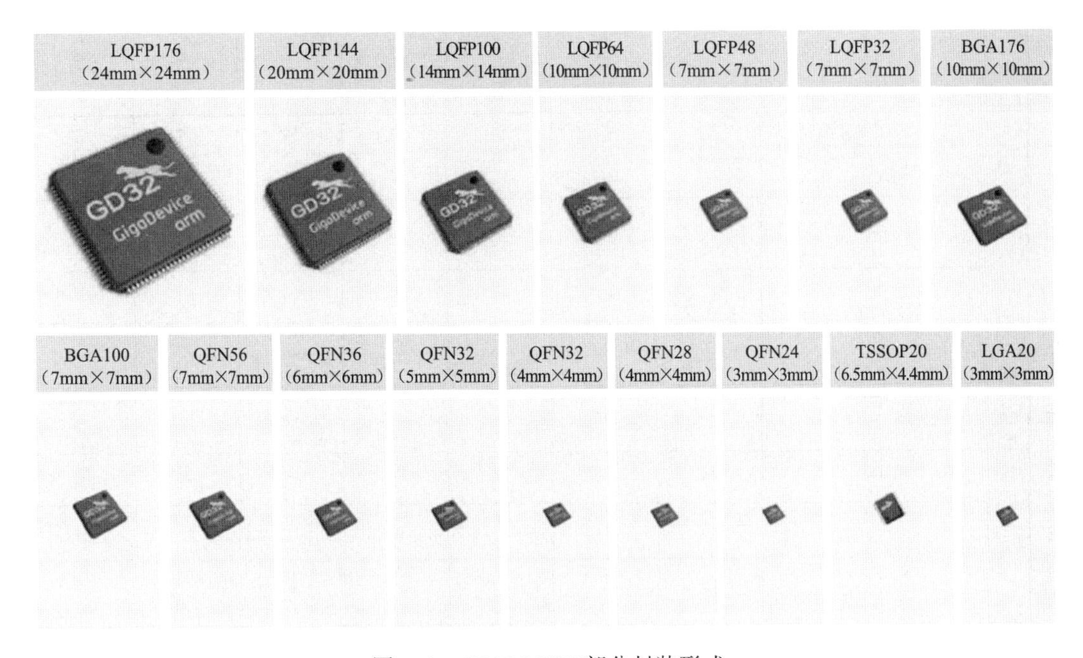

图1-4 GD32 MCU 部分封装形式

1.4.2 GD32 MCU 选型方法简介

GD32 MCU具有非常多的型号，在构建应用系统之前，需慎重考虑MCU选型的问题。一般来说，在进行GD32 MCU选型时，可以考虑以下几个原则：

（1）若系统开发任务重，且时间比较紧迫，可以优先考虑比较熟悉的型号。

（2）选择片内外设资源最接近系统需求的型号。

（3）考虑所选型号的Flash和SRAM空间是否能够满足系统设计的要求。

（4）考虑单片机的价格，尽量在满足系统设计要求的前提下，选用价格最低的型号。

（5）考虑产品后续升级，尽量选择后续可实现硬件引脚兼容且片内资源可扩展的型号。

（6）在有多个型号可满足以上条件的情况下，尽量选择内核更新、工艺更高的型号，因为在相同价格的情况下这类产品可能会有更高的资源配置。

GD32F303系列MCU选型如表1-3所示。最新的、完整的全系列选型表可通过官方网站（www.gd32mcu.com）下载。GD32 MCU选型表详细列举了相应型号MCU的主频、Flash容量、SRAM容量、IO数量、片内外设资源及数量，以及封装的引脚数，可方便读者进行资源对比并完成产品选型。

表 1-3 GD32F303 系列 MCU 选型表

型号	主频 / MHz	存储器		IO 数量	定时器						通信外设							EXMC	模拟外设		封装
		Flash 容量 / KB	SAR M 容量 / KB		通用定时器数量	高级定时器数量	基本定时器数量	滴答定时器数量	WDG	RTC	USART/UART	I2C	SPI	CAN	USB	I2S	SDIO		ADC	DAC	
GD32F303CCT6	120	256	48	37	4	1	2	1	2	1	3	2	3	1	1	2	—	不支持	3（10）	2	LQFP48
GD32F303CET6	120	512	64	37	4	1	2	1	2	1	3	2	3	1	1	2	—	不支持	3（10）	2	LQFP48
GD32F303CGT6	120	1024	96	37	10	1	2	1	2	1	3	2	3	1	1	2	—	不支持	3（10）	2	LQFP48
GD32F303RCT6	120	256	48	51	4	2	2	1	2	1	5	2	3	1	1	2	1	不支持	3（16）	2	LQFP64
GD32F303RET6	120	512	64	51	4	2	2	1	2	1	5	2	3	1	1	2	1	不支持	3（16）	2	LQFP64
GD32F303RGT6	120	1024	96	51	10	2	2	1	2	1	5	2	3	1	1	2	1	不支持	3（16）	2	LQFP64
GD32F303RIT6	120	2048	96	51	10	2	2	1	2	1	5	2	3	1	1	2	1	不支持	3（16）	2	LQFP64

GD32F303RKT6	120	3072	96	51	10	2	2	1	2	1	5	2	3	1	1	2	1	不支持	3（16）	2	LQFP64
GD32F303VCT6	120	256	48	80	4	2	2	1	2	1	5	2	3	1	1	2	1	支持	3（16）	2	LQFP10
GD32F303VET6	120	512	64	80	4	2	2	1	2	1	5	2	3	1	1	2	1	支持	3（16）	2	LQFP10
GD32F303VGT6	120	1024	96	80	10	2	2	1	2	1	5	2	3	1	1	2	1	支持	3（16）	2	LQFP10
GD32F303VIT6	120	2048	96	80	10	2	2	1	2	1	5	2	3	1	1	2	1	支持	3（16）	2	LQFP10
GD32F303VKT6	120	3072	96	80	10	2	2	1	2	1	5	2	3	1	1	2	1	支持	3（16）	2	LQFP10
GD32F303ZCT6	120	256	48	112	4	2	2	1	2	1	5	2	3	1	1	2	1	支持	3（21）	2	LQFP14
GD32F303ZET6	120	512	64	112	4	2	2	1	2	1	5	2	3	1	1	2	1	支持	3（21）	2	LQFP14
GD32F303ZGT6	120	1024	96	112	10	2	2	1	2	1	5	2	3	1	1	2	1	支持	3（21）	2	LQFP14
GD32F303ZIT6	120	2048	96	112	10	2	2	1	2	1	5	2	3	1	1	2	1	支持	3（21）	2	LQFP14
GD32F303ZKT6	120	3072	96	112	10	2	2	1	2	1	5	2	3	1	1	2	1	支持	3（21）	2	LQFP14

本书主要以 GD32F303 系列 MCU 为例进行介绍。该系列 MCU 采用 M4 内核，支持 DSP 指令集以及 FPU 单精度浮点运算，具有最高 120MHz 主频、3MB Flash 容量和 96KB SRAM 容量，集成了丰富的片内外设资源，性能强大，成本适中，用户使用较为广泛。读者可通过学习该系列 MCU，掌握 GD32 MCU 的嵌入式系统开发方法。

1.5 本章小结

自 2013 年开始，GigaDevice 公司推出基于 M3 内核的 GD32 MCU，经过近 10 年的发展，GD32 MCU 已拥有 5 种内核、30 多个系列共 400 多个产品型号。这些产品在诸多领域得到了广泛应用，越来越多的工程师使用 GD32 MCU 来开发各具特色的电子产品。本章介绍了 GigaDevice 公司的概括，以及 GD32 MCU 的发展历程、应用领域、产品家族和应用选型方法。通过对本章的学习，读者应对 GD32 MCU 有了初步的认识，这会为后续的学习打下良好的基础。

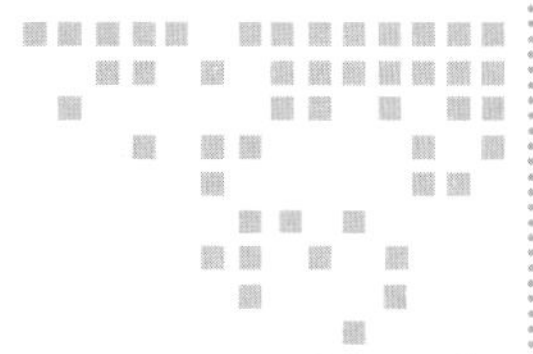

第 2 章

GD32 MCU 快速入门与开发平台搭建

工欲善其事，必先利其器。在进行 GD32 MCU 嵌入式开发之前，读者需要准备相关开发资料，搭建软硬件开发平台以及烧录调试工具等。本章主要介绍 GD32 MCU 快速入门与开发环境搭建的方法，这是 GD32 MCU 嵌入式开发的基础。

2.1　开发资料和软件开发平台

在进行 GD32 MCU 开发之前需要下载开发资料，包括用户手册、数据手册、固件库以及相关开发软件等，建议通过官网（www.gd32mcu.com）下载最新版本的开发资料。相关开发资料说明如表 2-1 所示。

表 2-1　GD32 MCU 相关开发资料说明

开发资料	举　例	说　明
用户手册	GD32F30x_User_Manual_Rev2.8_CN.pdf、GD32F30x_User_Manual_Rev2.8.pdf 等	包含对应系列 MCU 片内外设功能及寄存器说明
数据手册	GD32F303xx_Datasheet_Rev1.7.pdf、GD32F305xx_Datasheet_Rev1.4.pdf、GD32F307xx_Datasheet_Rev1.4.pdf 等	包含对应型号 MCU 引脚定义、片内外设资源数量、电气特性参数等
固件库	GD32F30x_Firmware_Library_V2.1.3.rar	包含片内外设历程、底层外设库、示例工程等

（续）

开发资料	举　例	说　明
开发软件	GD32AllInOneProgrammer、GD_Link_Programmer 等	包含多合一编程工具（Bootloader ISP 上位机软件，支持串口或 DFU 升级操作）、GD-Link 上位机编程软件等
开发板资料	GD32F30x_Demo_Suites	包含官方提供的开发板电路图以及开发板例程

GD32 MCU 开发环境一般使用通用 IDE（Integrated Development Environment，集成开发环境），开发环境主要用于代码编写、下载和调试等，目前使用较多的是 Keil MDK、IAR 和 Eclipse。掌握 IDE 的基本操作是必要的，这样可以提高开发效率。本书以 Keil MDK 和 IAR 为例介绍软件开发环境的使用方法。

2.1.1 Keil MDK 开发环境介绍

Keil 是 8051 时代广泛使用的 IDE，由 Keil 公司推出。2005 年 ARM 公司收购 Keil 公司，并将 Keil 更名为 Keil MDK，作为 ARM 公司旗下 ARM Cortex-M MCU 的默认开发环境。Keil MDK 为商业软件，2022 年 3 月 ARM 推出社区版（MDK-Community edition），该版本可供业余爱好者、创客、学生以及学术界人士进行产品评估使用。社区版不限制代码大小，可支持所有非商业应用场景。本书后续所有实例均使用 Keil MDK 社区版。

Keil MDK 是一种基于 ARM Cortex-M MCU 的完整软件开发环境，包括 μVision IDE、调试器、ARM C/C++ 编译器和基本中间件，支持 STM32、Atmel、Freescale、NXP、TI、Gigadevice 等国内外 MCU 厂商所拥有的 9500 多款 MCU 产品，具有易于学习和使用的特点。读者可通过 Keil 官网（https://www.keil.com/download/）下载并安装 Keil MDK。

注意，基于 M23 和 M33 内核的 GD32 MCU 型号产品需使用 Keil MDK 5.26 及以上版本。

1. Keil 新建工程

创建工程为搭建软件开发平台的基础，读者可以选择新建工程，也可以选择使用固件库中官方提供的示例工程。本节为读者介绍新建工程以及工程配置操作。

新建工程一般有 3 个步骤——建立工程、添加文件和工程配置。本节将带领读者新建一个 demo 工程。

1）建立工程

首先新建一个文件夹，命名为 LED_Toggle，用于存储工程及相关文件。然后打开 Keil MDK 软件，依次选择 Project → New μVision Project 新建工程，如图 2-1 所示。

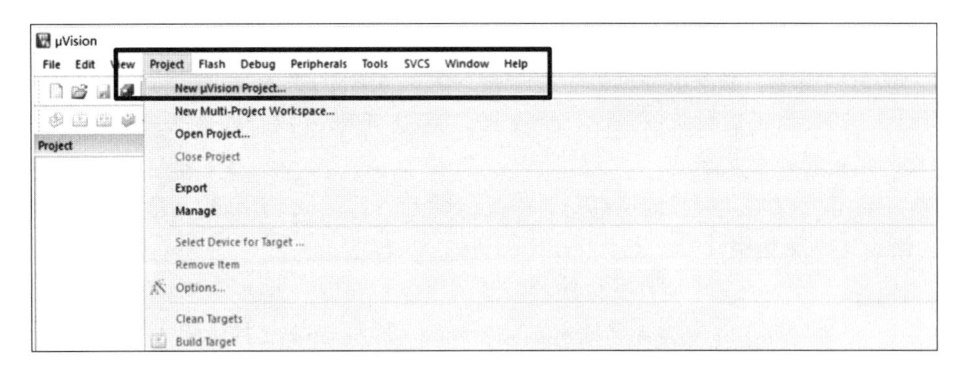

图 2-1 Project → New µVision Project

之后设置工程名称，工程路径选择新建的 LED_Toggle 文件夹，工程名称为 LED_Toggle。

然后进行工程选型，如图 2-2 所示，在此选择 GD32F303 系列产品。目前较新的 Keil MDK5 软件安装时会自动添加部分 GD32 MCU 型号。若在选型列表中未找到对应的 MCU 型号，则可能是因为 Keil MDK 版本较低或未安装选型插件。添加 GD32 MCU 型号一般有以下两种方法：

（1）通过 keil pack install 在线安装。

（2）通过 GD32 官网（www.gd32mcu.com）下载 ADDON 插件并手动安装。

笔者建议选择第二种方式，因为这样可安装最新版本选型插件。

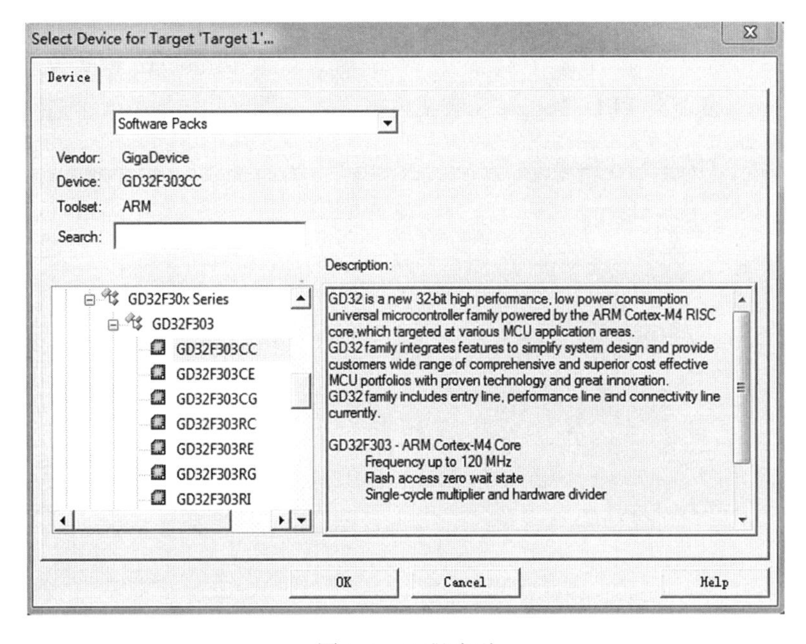

图 2-2 工程选型

之后进入 Manage Run-Time Environment 界面，在此可选择 Keil MDK 自带的软件组件。对于设备固件库，笔者建议选择手动添加 GD32 MCU 官网发布的最新版本固件库，而非选择 Keil MDK 自带的设备固件库，因为 Keil MDK 自带的设备固件库可能版本较陈旧，某些外设驱动可能存在问题。

至此工程建立成功，但目前这仅是一个工程模板，下一步需要新建并添加文件。

2）新建及添加文件

首先新建一个 main.c 主文件，依次单击菜单栏中的 File → New 来新建文件，然后依次单击 File → save 保存，并将文件名称定义为 main.c。在 main.c 文件中输入主函数代码，如下所示。在该工程中通过翻转 PA8 引脚实现 LED3 的翻转，读者可根据实际使用的引脚修改代码。

```
#include "gd32f30x.h"
int main(void)
{
    uint32_t i_delay=0;
    rcu_periph_clock_enable(RCU_GPIOA);
    gpio_init(GPIOA,GPIO_MODE_OUT_PP,GPIO_OSPEED_50MHZ,GPIO_PIN_8);
    while(1){
        gpio_bit_reset(GPIOA,GPIO_PIN_8);
        for(i_delay=0;i_delay<10000;i_delay++);
        gpio_bit_set(GPIOA,GPIO_PIN_8);
        for(i_delay=0;i_delay<10000;i_delay++);
    }
}
```

从 GD32F30× 官方固件库中将底层外设库文件夹 Firmware 和头文件包含文件 gd32f30x_libopt.h 复制到 LED_Toggle 工程文件夹内用于后续库文件添加，如图 2-3 所示。

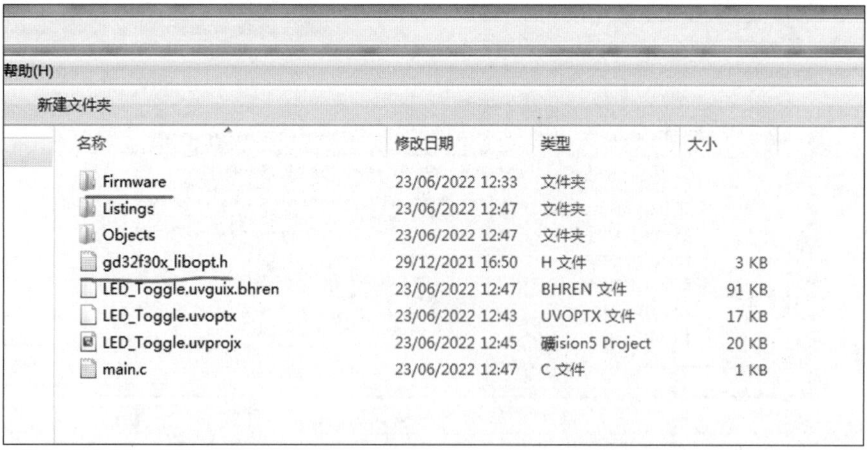

帮助(H)

新建文件夹

名称	修改日期	类型	大小
Firmware	23/06/2022 12:33	文件夹	
Listings	23/06/2022 12:47	文件夹	
Objects	23/06/2022 12:47	文件夹	
gd32f30x_libopt.h	29/12/2021 16:50	H 文件	3 KB
LED_Toggle.uvguix.bhren	23/06/2022 12:47	BHREN 文件	91 KB
LED_Toggle.uvoptx	23/06/2022 12:43	UVOPTX 文件	17 KB
LED_Toggle.uvprojx	23/06/2022 12:45	礦ision5 Project	20 KB
main.c	23/06/2022 12:47	C 文件	1 KB

图 2-3　复制 Firmware 底层外设库和 gd32f30x_libopt.h 文件

依次单击菜单栏中的 Project → Manage → Project Items 进入"项目管理"界面，在此可设置工程名称、配置文件分组、增删文件等，如图 2-4 和图 2-5 所示。将工程名称修改为 LED_Toggle，新建 App 和 Firmware 文件分组，在 App 文件组内添加新建的 main.c 文件，在 Firmware 文件组内添加 system_gd32f30x.c 系统文件、startup_gd32f30x_hd.s 启动文件和 gd32f30x_xxx.c 外设库文件。

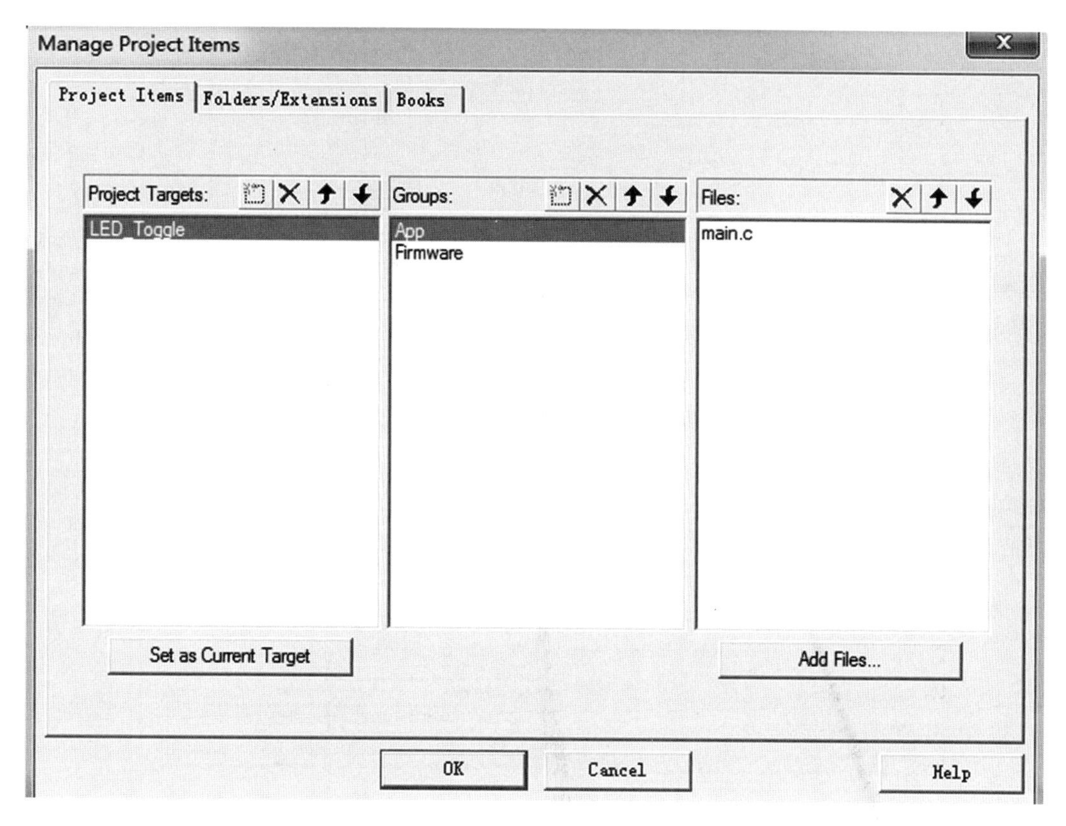

图 2-4　项目管理界面 1

3）**工程配置**

文件新建并添加完成后，还要进行工程配置，依次单击菜单栏中的 Project → Option for Target'LED_Toggle'，进入工程配置界面，如图 2-6 所示。在 Device 选项卡下，可以更换芯片选型，检查 Pack 包版本。

如图 2-7 所示，在 Target 选项卡下，可以修改 Flash、SRAM 起始地址和大小，修改开关 FPU 配置，选择 ARM 编译链工具等。

如图 2-8 所示，在 Output 选项卡下，可以配置输出 hex 文件，配置生成 lib 封装库文件以及调试信息等。

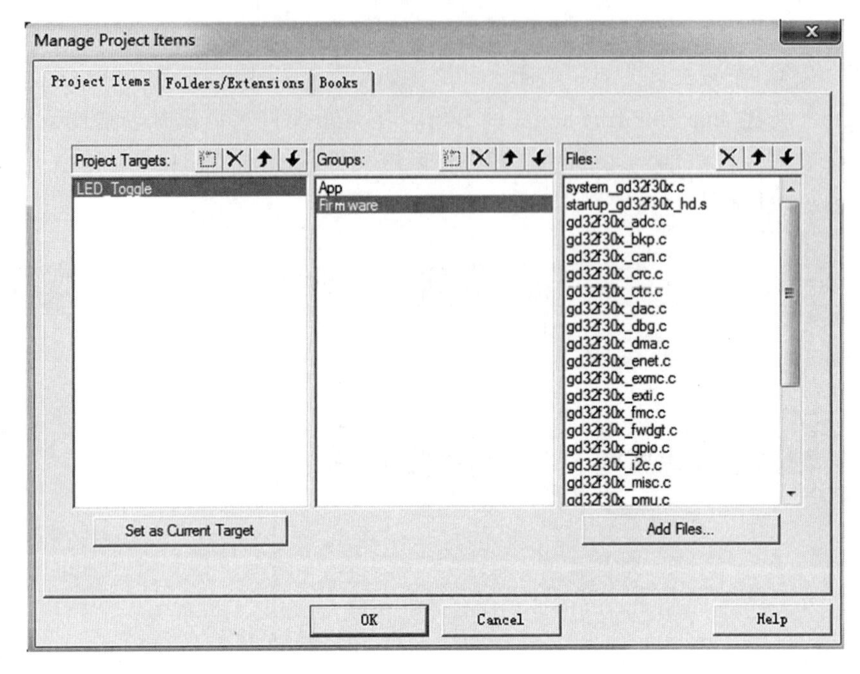

图 2-5　项目管理界面 2

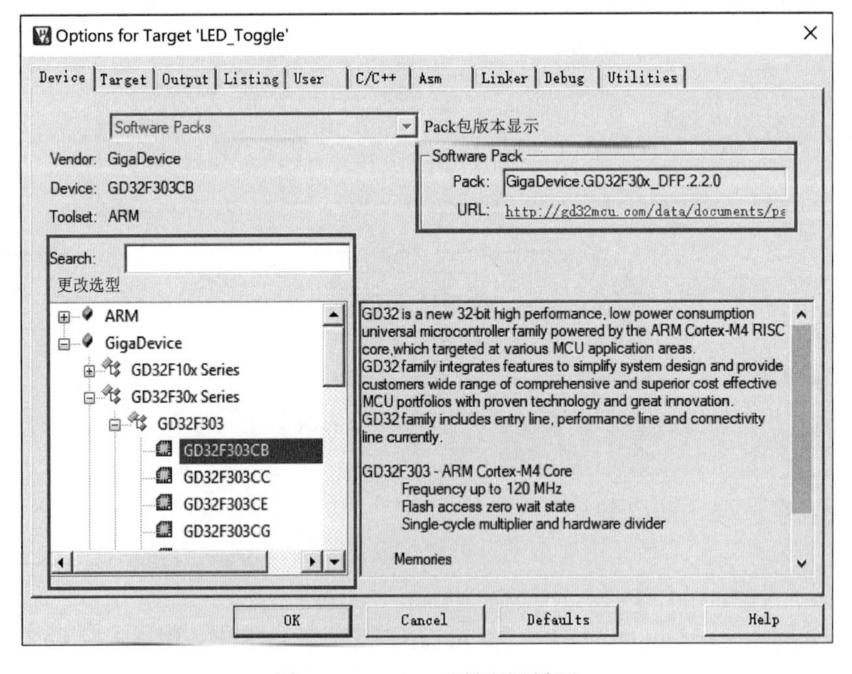

图 2-6　Device 工程配置界面

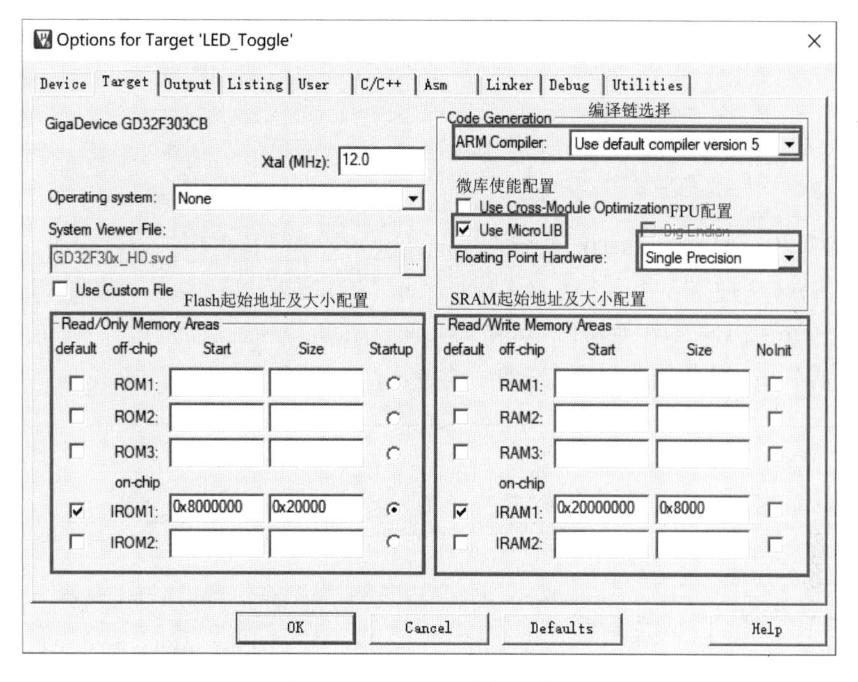

图 2-7　Target 工程配置界面

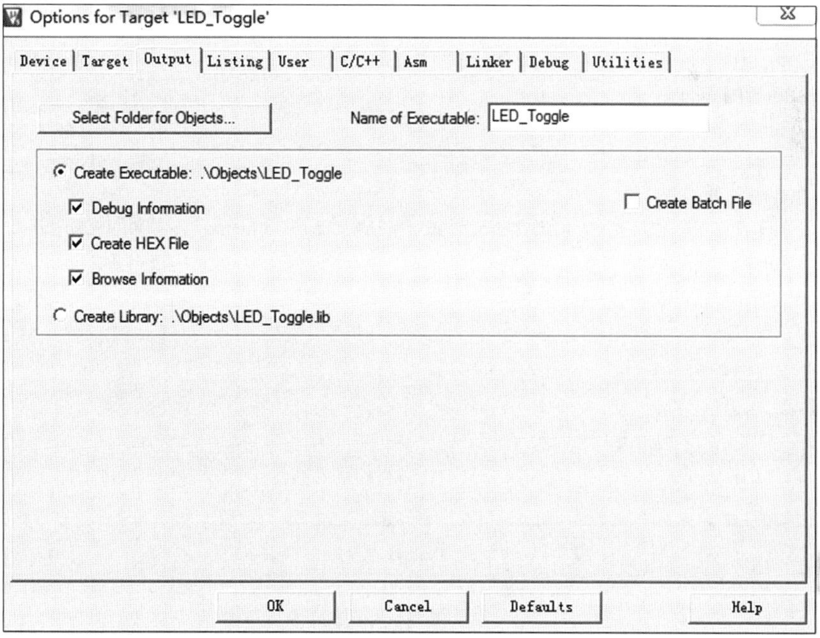

Options for Target 'LED_Toggle'
Device | Target | Output | Listing | User | C/C++ | Asm | Linker | Debug | Utilities
Select Folder for Objects...
Name of Executable: LED_Toggle
Create Executable: .\Objects\LED_Toggle
Debug Information
Create HEX File
Browse Information
Create Batch File
Create Library: .\Objects\LED_Toggle.lib
OK
Cancel
Defaults
Help

图 2-8　Output 工程配置界面

如图 2-9 所示，在 User 选项卡下，可配置并输出 bin 文件，可以在 After Build/Rebuild 命令行中输入以下命令：

```
D:\Keil5\KEIL526\ARM\ARMCC\bin\fromelf.exe --bin -o .\Objects\LED_Toggle.bin
.\Objects\LED_Toggle.axf
```

上述命令表示使用 Keil MDK 自带的 fromelf.exe 工具将 axf 文件转换为 bin 文件：首先输入 fromelf.exe 文件路径（读者可自主根据 Keil MDK 安装路径对这里的路径进行修改），然后输入 --bin –o（表示转换输出 bin 格式文件），接着输入生成的 bin 文件存放路径和生成 bin 文件的名称，最后输入 axf 文件的路径和名称。

hex 文件和 bin 文件均可作为烧录镜像文件。hex 文件包含地址信息，文件比较大。bin 文件无地址信息，文件会小一些。读者可根据实际需要进行选择。

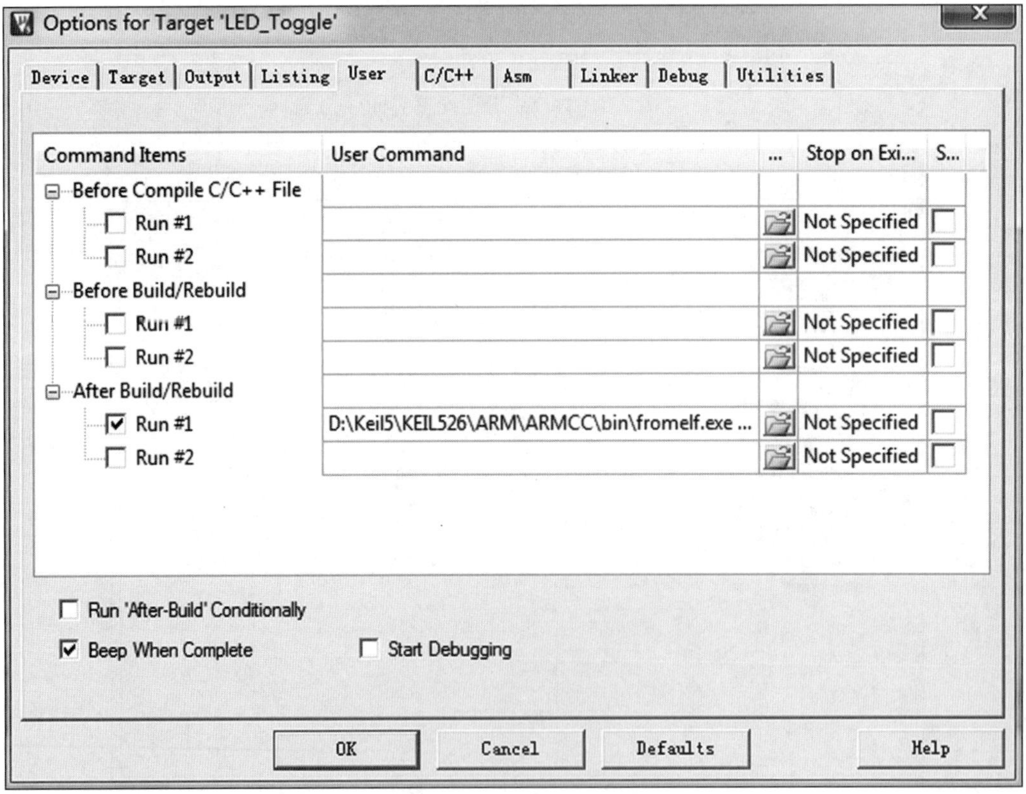

图 2-9 User 工程配置界面

如图 2-10 所示，在 C/C++ 选项卡下可设置预定义宏，本例程中输入两个预定义宏——USE_STDPERIPH_DRIVER 和 GD32F30X_HD。可修改头文件包含路径，如图 2-11 所示，添加所有头文件所在路径。可选择不同的优化等级，在不同的优化等级下对代码进行执行和对代码大小进行优化的方法也不同。在容量满足的情况下，建议尽量选择低优化等级，这样可以避免由于代码不规范导致的异常现象，比如由于局部变量优化导致的读取数据异常等。

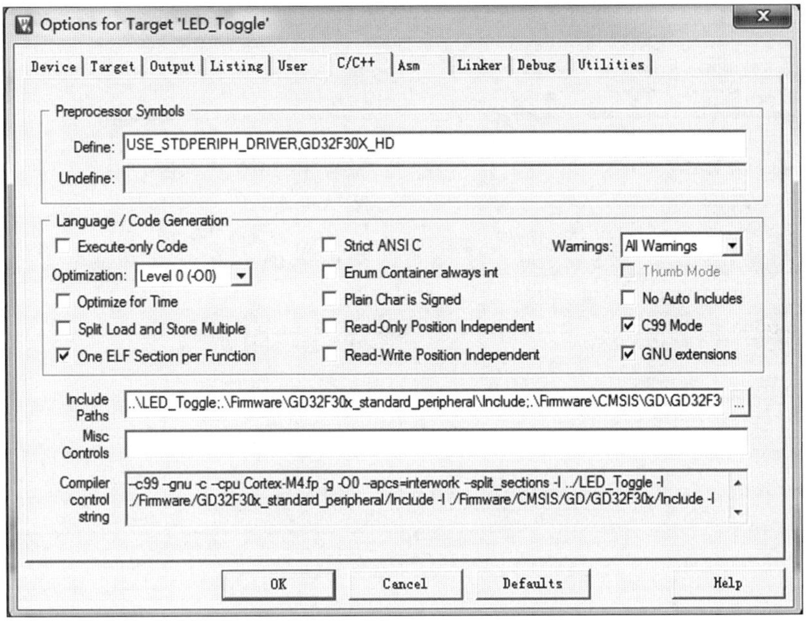

图 2-10　C/C++ 工程配置界面

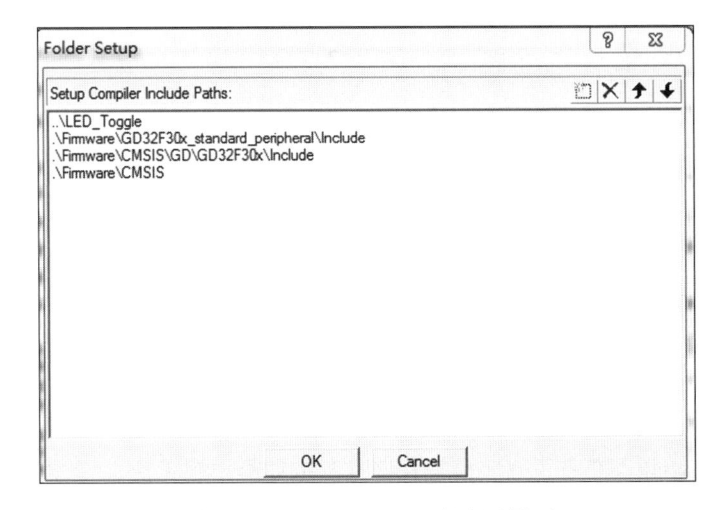

图 2-11　Folder Setup 工程配置界面

如图 2-12 所示，在 Debug 选项卡下可以选择要使用的调试烧录工具，在本例中选择 JLink 作为调试烧录工具。

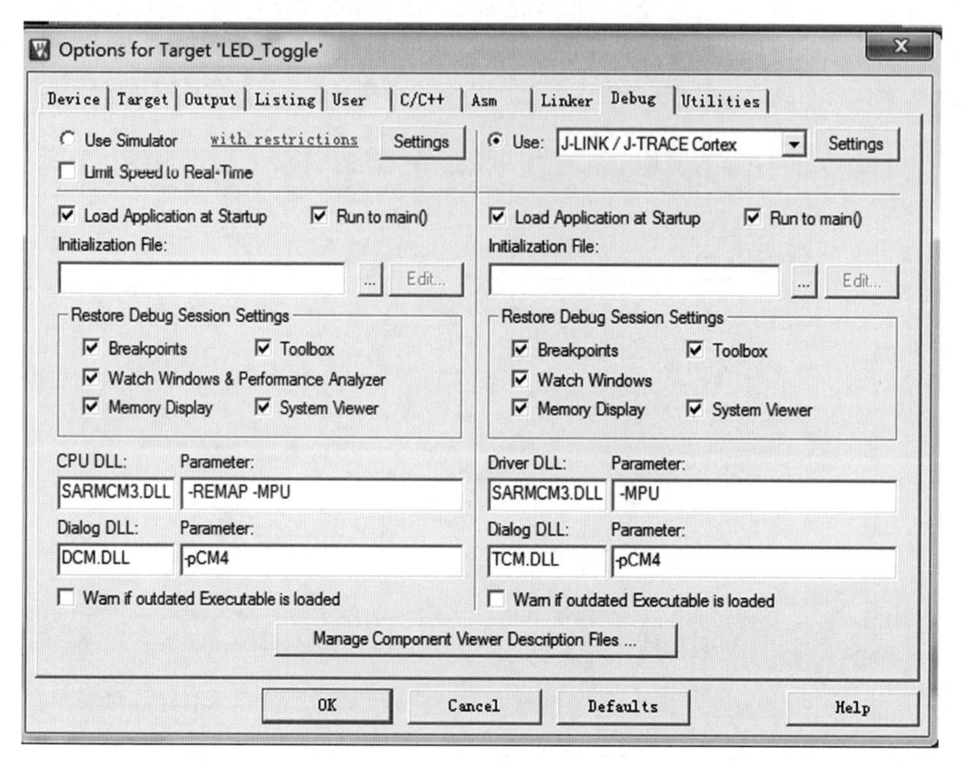

图 2-12 Debug 工程配置界面

在 Utilities 界面下单击 Settings 按钮，在弹出的界面（见图 2-13）中可以进行 Flash Download 配置，可以配置 Flash 擦除类型、编程校验方法、复位运行方法、下载烧录算法等。

至此，工程新建完成，依次单击菜单栏中的 Project → Build Target，可对工程进行编译，此时会发现工程编译无错误、无警告，并生成了 LED_Toggle.bin 文件（若在线进行调试及烧录，则无须生成 bin 文件）。

2. Keil MDK 导入已有工程

Keil MDK 导入已有工程，可以选择在 .uvprojx 工程文件上双击打开工程或者在菜单栏中依次单击 file → Open 并选择对应工程。

由于部分 GD32 MCU 固件库中仅有 Keil MDK4 工程，因此本节重点介绍使用 Keil MDK5 打开 Keil MDK4 工程的方法，若直接打开工程会出现无法选择 MCU 型号以及出现编译报错的情况。读者可以选择以下两种方法进行工程格式转换。

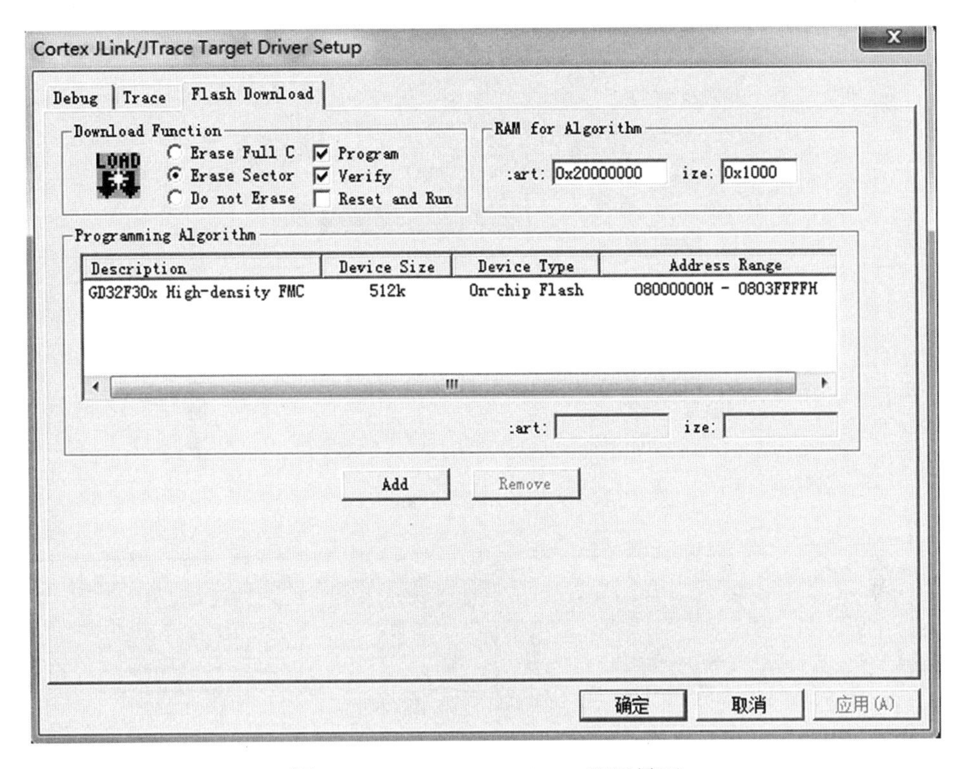

图 2-13　Target Driver Setup 配置界面

（1）将 Keil MDK4 工程后缀名 .uvproj 改成 .uvprojx。

（2）在打开的工程中依次单击 Project → Manage → Migrate to version 5 format。

导入 GD32F30× 固件库 Template 中官方提供的 Keil 工程，如图 2-14 所示，读者可根据目标板芯片型号选择对应的目标工程。其中，GD32F30X_HD 工程对应 Flash 容量小于或等于 512KB 的 GD32F303 系列产品，GD32F30X_XD 工程对应 Flash 容量大于 512KB 的 GD32F303 系列产品，GD32F30X_CL 工程对应 GD32F305 和 GD32F307 系列产品。

3. Keil MDK 调试工程

在嵌入式软件开发过程中，很大一部分时间用于功能调试，其中，IDE 的在线调试是一种很好的调试方式。在线调试可以进行单步调试、断点调试、查看底层外设寄存器、查看变量等操作。

在调试之前需要建立目标板的连接，如图 2-15 所示。在调试器连接目标板且目标板正常供电的情况下，打开 Debug 工程配置界面，选择要使用的调试工具并单击 Setting 按钮，此时会进入 Device 连接状态查看界面。若能在该界面查到设备，则表明目标板连接成功；若无法查到设备，则可通过以下方式进行问题排查，直至目标板连接成功。

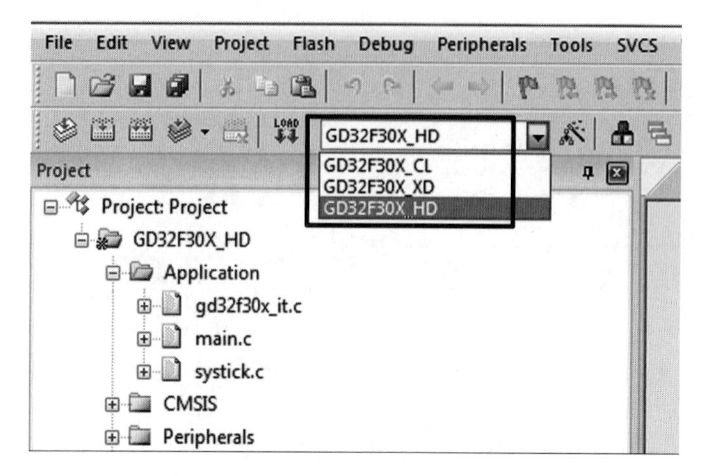

图 2-14 导入官方 Template Keil 工程

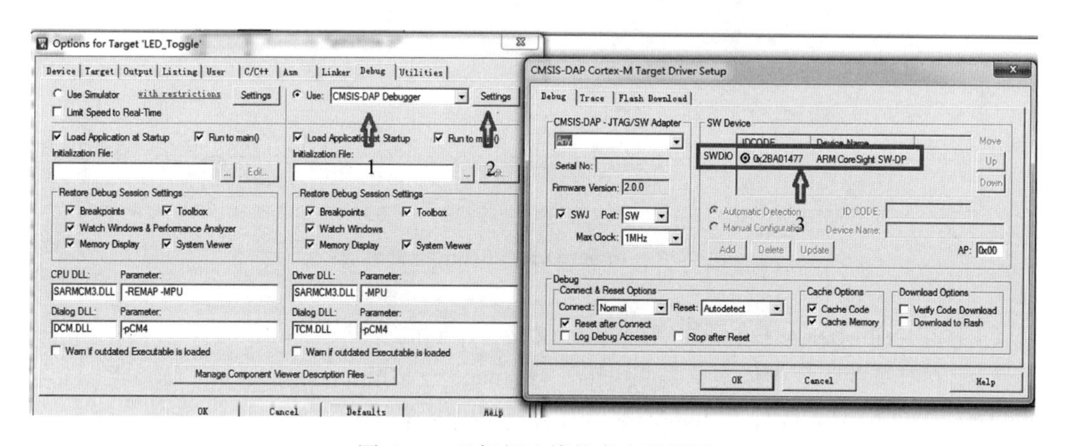

图 2-15 目标板连接状态查看界面

（1）测量 VDD 和 NRST 引脚电平状态，排查目标板供电是否正常。

（2）排查烧录端口时序及连接是否正常。

（3）排查芯片焊接以及烧录端口焊接是否正常。

（4）降低烧录端口速率测试。

（5）减小烧录器到目标板连线的长度，建议控制在 20cm 以内。

（6）在烧录端口上对地接 20pF 左右的电容进行测试。

（7）若烧录端口上有串连电阻或其他防护器件，则将其去掉并再次测试。

（8）排查上次烧录代码时是否有设置读写保护、禁用烧录端口、进入低功耗模式等操作，若有，则需要进入 ISP 将代码擦除后再次连接。

（9）若完成以上排查后仍无法连接，则可能是芯片损坏了，此时可以更换芯片并再次测试。

目标板连接后，可以依次单击 Debug → Start/Stop Debug Session 进入调试界面，如图 2-16 所示。Keil MDK 提供了很多调试工具窗口，比如寄存器窗口、反汇编窗口、Watch 窗口等，读者可根据需要通过 View 下拉选项进行选择。调试工具窗口的放置位置也可根据个人喜好进行调整。图 2-16 所示界面列出了常用调试窗口，具体如下。

- **工具栏**包含部分调试所需工具，包括复位、全速运行、单步调试（单步进入、单步跳过等）、开关调试、查看寄存器、增删断点等。
- **工程栏**包含工程文件，可方便打开相关文件。
- **反汇编栏**用于调试反汇编语句，C 语言代码会被反汇编为多条汇编语句进行执行。在调试 C 语言无法分析原因时，可以通过调试反汇编语句。对照内核通用寄存器进行调试，可以发现更底层的问题。
- **代码调试栏**用于调试 C 语言代码。
- **Watch/Memory 等调试窗口栏**用于查看变量以及内存数据等。如果希望在全速运行的情况下实时刷新窗口并查看变量变化，则需要依次单击 View → Periodic Window Updata 进行配置。
- **寄存器窗口栏**用于查看外设寄存器配置状态，在实际进行 MCU 嵌入式底层代码调试时，希望读者能够养成查看外设实际寄存器配置的习惯，并对照用户手册检查相关外设配置是否正常。
- **命令栏**用于显示与操作相关的命令。

实际调试时，读者可结合多种调试窗口以及工具进行分析，以实现对代码的快速调试。

图 2-16 Debug 调试界面

2.1.2 IAR 开发环境介绍

IAR 是一种增强型一体化开发平台，其中完全集成了开发嵌入式系统所需要的文件编辑、项目管理、编译、链接和调试等工具，读者可通过 IAR 官网（https://www.iar.com/）下载和安装它。本节将介绍使用 IAR 集成开发环境并进行 GD32 MCU 开发的基本操作。

1. IAR 导入已有工程

对于如何利用 IAR 新建工程，本节不再赘述，可参考新建 Keil 工程的操作过程。为快速进行 GD32 MCU IAR 开发，建议读者使用 GigaDevice 官方固件库中提供的 IAR 示例工程。本节以 GD32F30× 固件库为例，介绍固件库中 IAR 示例工程的使用和配置方法。

在导入 IAR 示例工程之前，读者需要先安装 GD32 MCU IAR 选型插件。在较新版本的 IAR 中已具有部分 GD32 MCU 选型插件。若 IAR 版本过低或所选择的 GD32 MCU 较新，则可能在 IAR 中没有对应的 MCU 选型插件，此时建议通过 GD32 MCU 官网（www.gd32mcu.com）下载 ADDON 插件，安装后即可在 IAR 中找到对应的 MCU 型号。

利用 IAR 导入已有工程一般有两种方法：双击 .eww 工程文件或选择在工程中导入。其中，在工程中导入可依次单击 File → Open Workspace，然后打开对应工程文件即可。在导入工程时，可能会出现示例工程 IAR 版本与使用的 IAR 版本不同的情况，此时系统会给出进行工程转换的提示，读者按照提示进行转换即可。

如图 2-17 所示，在 Workspace 下拉选项中，可根据目标板 MCU 型号选择对应的工程。各选项的含义前面已介绍过，这里不再重复。

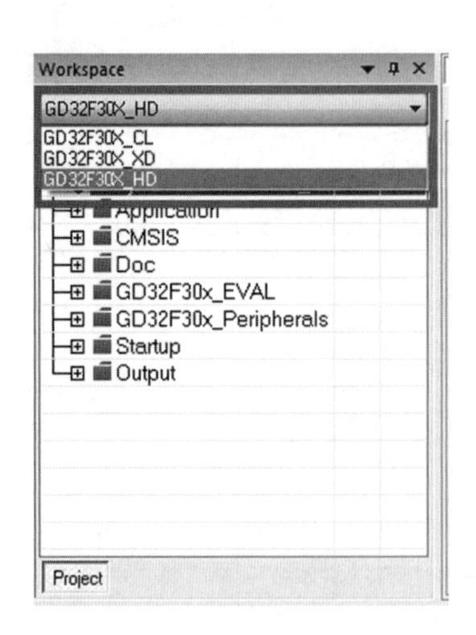

图 2-17 Workspace 工程选择

如图 2-18 所示，在工程名称上右击，在弹出的菜单中选择 Options... 即可进入工程配置界面。接下来介绍在 GD32 MCU 开发过程中需要用到的几个基本配置。

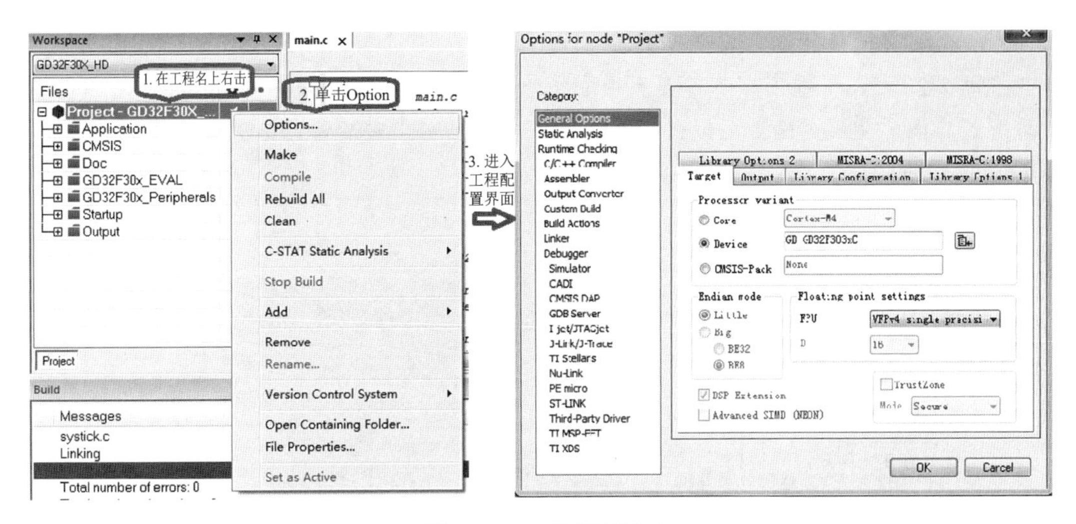

图 2-18　工程配置界面

1）芯片选型和 FPU 配置

如图 2-19 所示，在工程配置界面中依次单击 General Options → Target，进入目标板配置界面，在该界面下可以进行芯片选型和 FPU 配置。

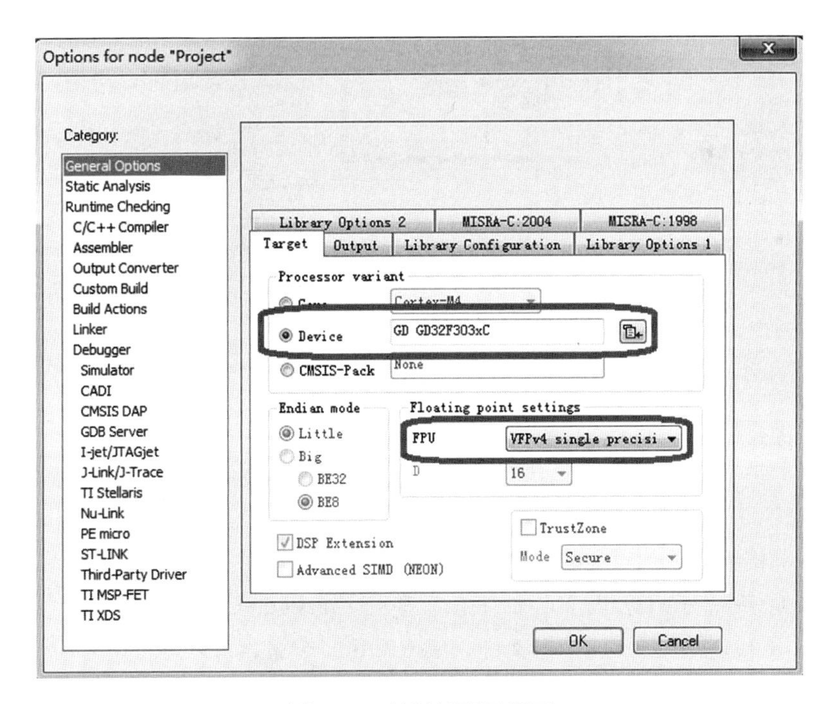

图 2-19　目标板配置界面

2）头文件包含和预定义宏配置

如图 2-20 所示，在工程配置界面中依次单击 C/C++ Compiler → Preprocessor，进入预处理配置界面，在该界面下可以进行头文件包含和预定义宏配置，单击头文件包含右边的带 3 个小点的按钮即可增删头文件路径。

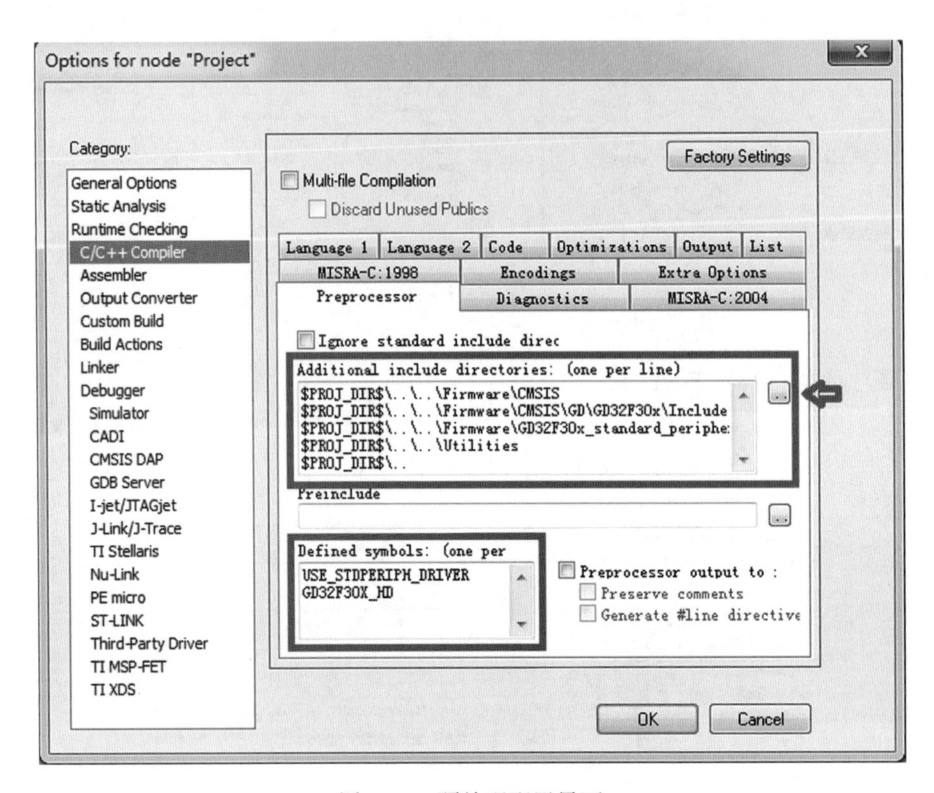

图 2-20　预处理配置界面

3）工程优化配置

如图 2-21 所示，在工程配置界面中依次单击 C/C++ Compiler → Optimizations，进入工程优化配置界面，在该界面下可以进行工程优化配置。

4）编译链接配置

如图 2-22 所示，在工程配置界面中依次单击 Linker → Config，进入编译链接配置界面，在该界面下可以选择对应的 icf 文件，单击 Edit... 按钮，可以进行中断向量表、内存范围以及堆栈大小配置。

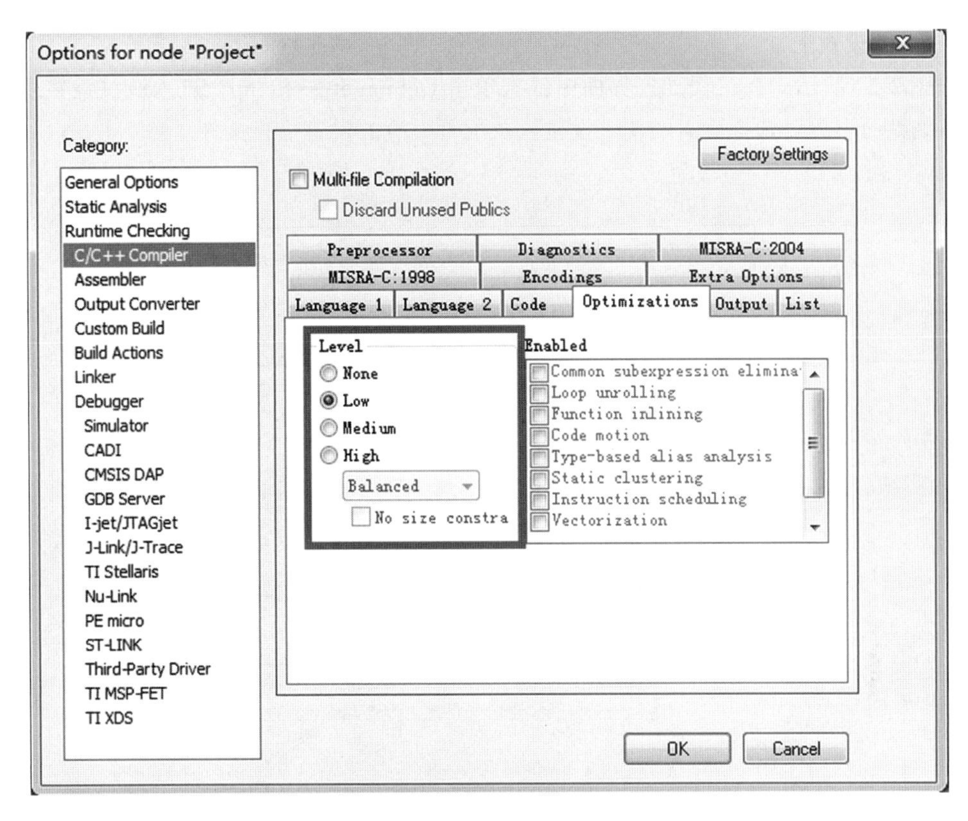

图 2-21　工程优化配置

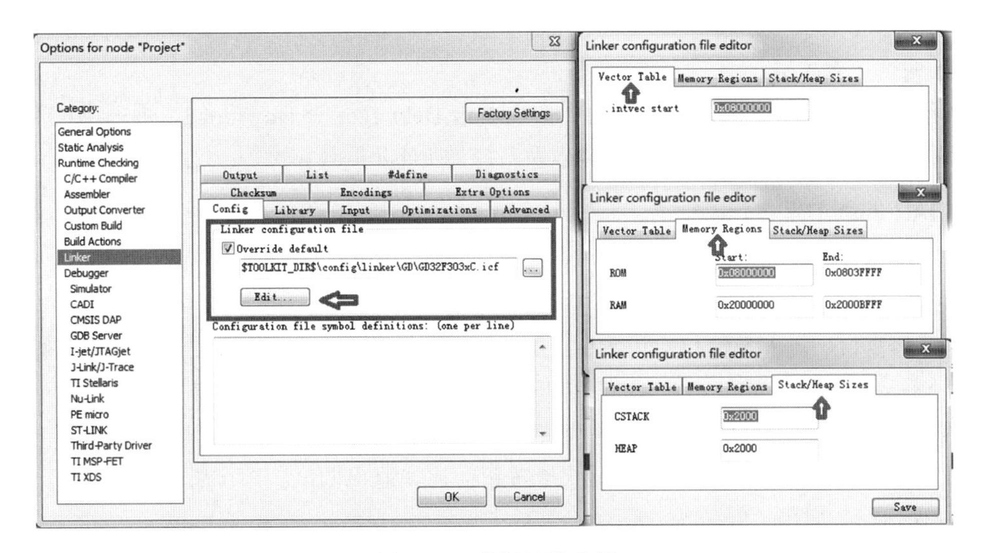

图 2-22　编译链接配置

5）调试设置配置

如图 2-23 所示，在工程配置界面中依次单击 Debugger → Setup，进入调试设置配置界面，在该界面下可以选择所需的调试设备以及配置对应的设备描述文件。

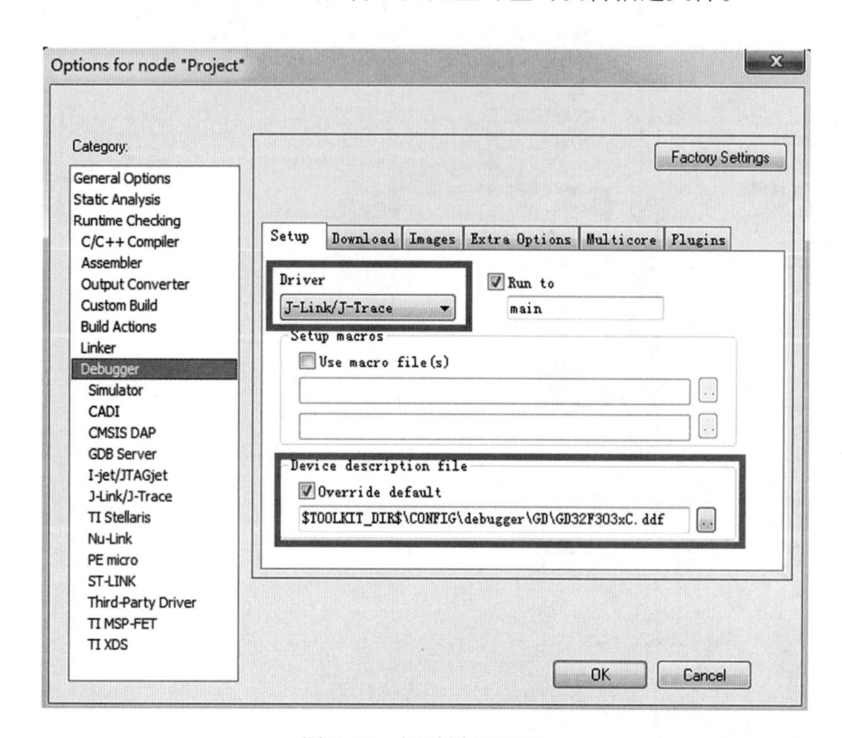

图 2-23　调试设置配置

6）调试下载配置

如图 2-24 所示，在工程配置界面中依次单击 Debugger → Download，进入调试下载配置界面，在该界面下可以配置下载校验以及对应的 Flash 下载算法等。

2. IAR 调试工程

在调试器连接了目标板的情况下，依次单击 Project → Download and Debug，进入工程调试界面，如图 2-25 所示。与 Keil MDK 工程调试类似，IAR 也提供了各种调试工具窗口，包括工具栏窗口、反汇编窗口、Watch 窗口、寄存器窗口、Memory 窗口等，用户可根据需要通过 View 下拉选项对相应窗口进行打开和关闭操作，也可手动调整窗口位置。

图 2-25 所示界面包含几个常用的调试窗口。

- **工具栏窗口**中包含常用的调试快捷按钮，比如退出调试、单步跳过、单步进入、全速运行、暂停、复位等。
- **工程文件管理窗口**用于查看文件调整工程配置等。
- **C 语言窗口**用于 C 语言代码调试。

- **反汇编语言窗口**用于反汇编代码调试。
- Watch **窗口**用于查看变量等。
- **寄存器窗口**用于查看外设寄存器配置。
- Memory **窗口**用于查看 Flash 或 SRAM 中的数据。
- Debug Log **窗口**用于查看调试日志以及命令结果显示等。

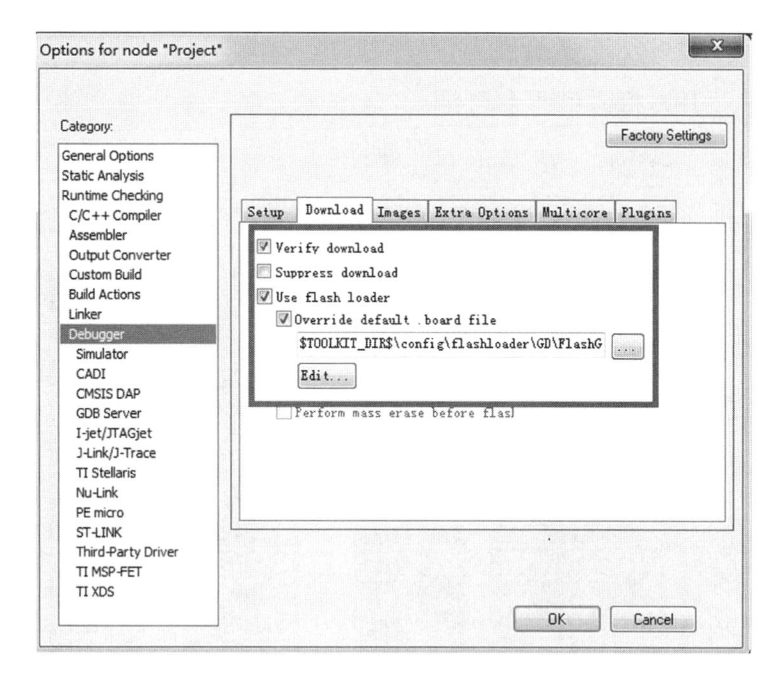

图 2-24　调试下载配置

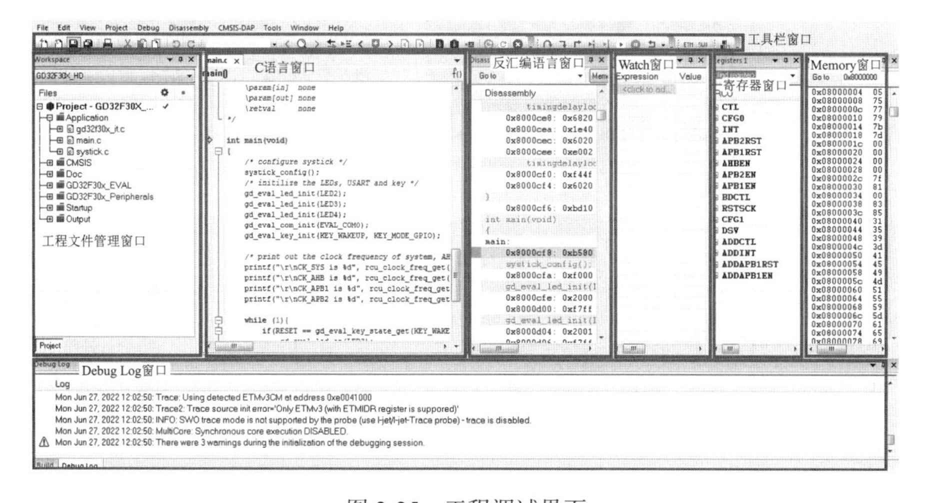

图 2-25　工程调试界面

2.2 硬件开发平台介绍

本节主要介绍本书实验所用 BluePill 开发板以及 GigaDevice 官方可提供的开发板。开发板一般仅包含 MCU 最小系统以及外围接口电路，这样可以方便开发者进行学习及测试验证。在实际项目开发中，也可以在硬件系统未完成的情况下先在开发板上进行软件开发，从而加快项目进度。

2.2.1 BluePill 开发板硬件平台介绍

本书中大部分实验均可在 BluePill 开发板上进行测试验证。如图 2-26 所示，BluePill 开发板分为母板和子板，下面将详细介绍母板和子板的电路原理。

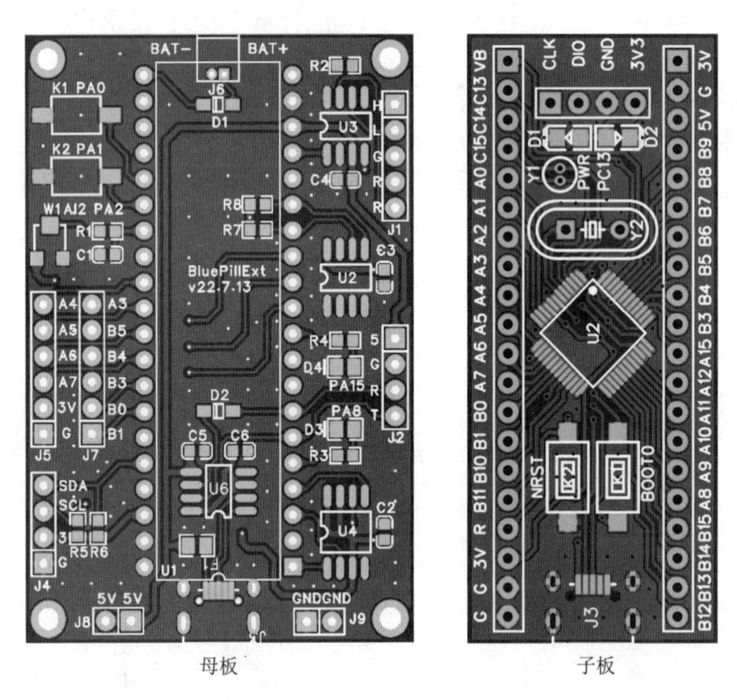

图 2-26 BluePill 开发板

1. BluePill 子板介绍

BluePill 子板为 GD32 MCU 最小系统板，主要包括 MCU 最小系统和 USB 通信及供电模块。

1）MCU 最小系统

BluePill 开发板中 MCU 最小系统的电路如图 2-27 所示，主要包括 GD32F303CBT6 及外部晶振电路、引脚接口电路、NRST 复位电路、烧录接口电路、BOOT 电路及 LED 电路。

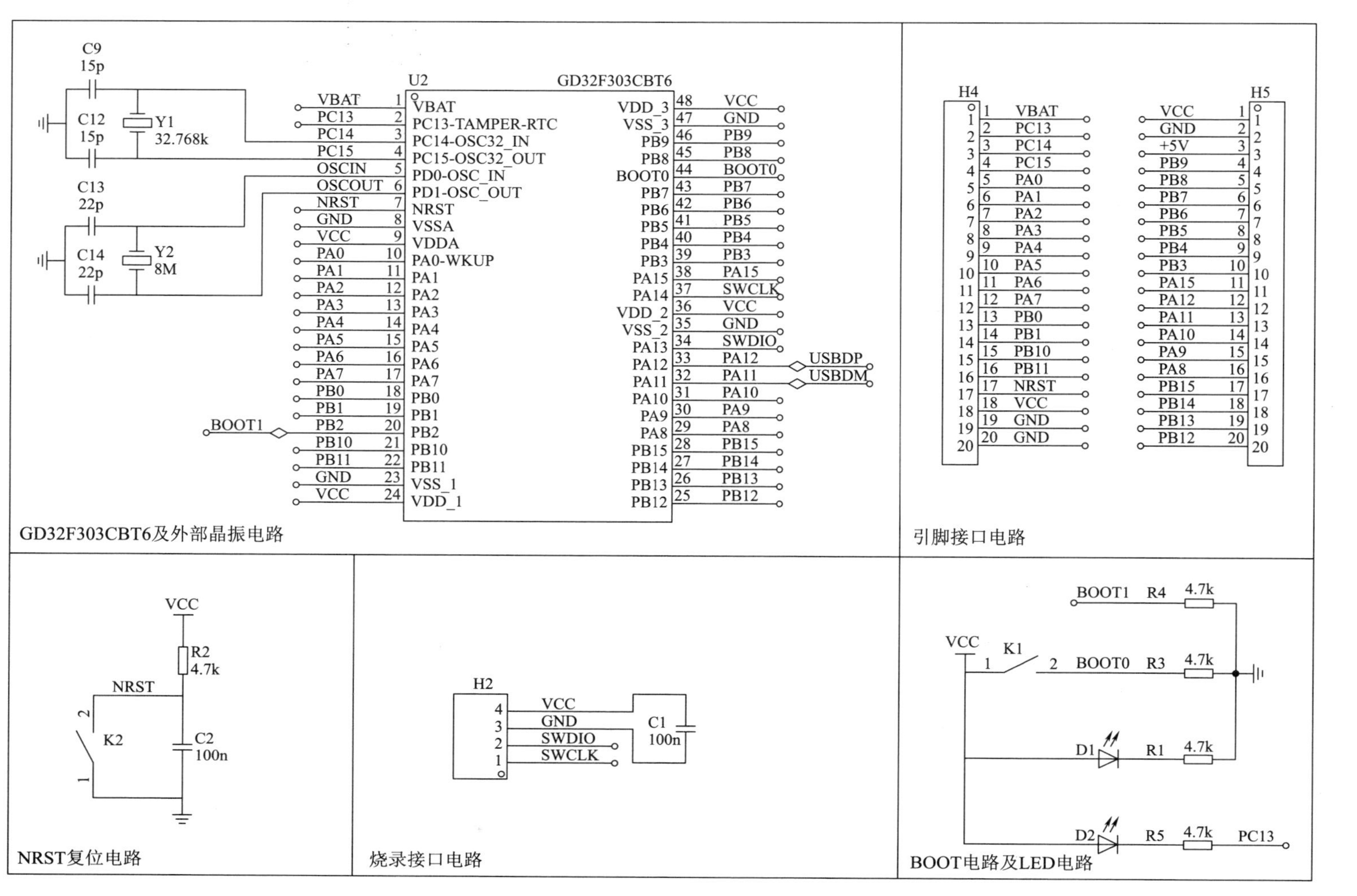

图 2-27　GD32 MCU 最小系统电路

GD32F303CBT6及外部晶振电路包括GD32F303CBT6、LXTAL外部低频晶振和HXTAL外部高频晶振。LXTAL一般选择一个32.768kHz的无源晶振，该无源晶振能够为RTC提供一个低功耗、高精度的时钟源。匹配电容一般可根据晶振负载电容和杂散电容推算得出。LXTAL也可以支持旁路时钟输入（有源晶振等），可以通过配置RCU_BDCTL里面的LXTALBPS位来使能。HXTAL可以为系统提供准确的主时钟，可选晶振范围一般为4～32MHz，晶振必须靠近HXTAL引脚放置，和晶振连接的外部电阻和匹配电容必须根据所选择的振荡器参数来调整。HXTAL还可以使用旁路输入的模式来输入时钟源（1～50MHz有源晶振等）。旁路输入时，信号接至OSCIN，OSCOUT保持悬空状态或可作为GPIO使用。软件上需要打开HXTAL的Bypass功能（使能RCU_CTL里的HXTALBPS位）。

引脚接口电路用于引出子板的MCU引脚接口，用以与母板进行连接。

NRST复位电路一般推荐在外部接RC复位电路，上拉电阻可选择4.7kΩ或10kΩ的电阻，对地电容可选择100nF或1μF的电容，可通过外部按键手动进行系统复位。如无手动复位需求，外部按键可忽略。注意，对MCU内部系统复位时，内部脉冲触发器会产生至少20μs复位信号，该信号会发送到NRST引脚，因而NRST外部电路不能影响MCU内部脉冲触发器的拉低操作，否则可能造成MCU内部系统复位异常。

烧录接口电路可选择JTAG或SWD端口。BluePill选择的是比较常用的SWD端口，该端口具有占用引脚少的优点。虽然SWD端口内部有上、下拉电阻，但仍然建议SWDIO引脚外部通过10kΩ上拉电阻上拉到VDD，SWCLK引脚外部通过10kΩ下拉电阻下拉到VSS，且预留对地20pF电容。若布板面积有限，也可将SWD端口直接引出，注意布线应尽量短。另外，为提高SWD端口烧录的可靠性，若采用杜邦线连接，建议Link到MCU之间的连线尽量短，应控制在20cm内。

BOOT及LED电路包括BOOT电路、电源LED指示电路以及LED控制电路。其中BOOT0和PB2（BOOT1）默认采用4.7kΩ下拉电阻下拉到VSS，即上电后会从主Flash中运行，若需要进入出厂的Bootloader ISP中，可以在K1闭合的情况下上电，即将BOOT0拉高上电。D1用于指示VCC上电情况，D1常亮表明VCC正常上电。D2为指示PC13控制情况，当PC13输出低电平时，该灯亮；当PC13输出高电平时，该灯灭。

2）USB通信及供电模块

USB通信及供电模块电路如图2-28所示。该电路中使用USB接口供电，通过SE8533 LDO将输入电位转换为3.3V为MCU系统供电。建议VDD电源域选择4.7μF/10μF+$N\times$100nF（N代表VDD个数）电容组合，每个VDD引脚靠近引脚端接一个100nF解耦电容，VDDA电源域选择10nF+1μF电容组合（包括VREF引脚），VBAT引脚可外接电池或电源，若无外接电池或电源，可连接到VDD并对地接100nF电容。USB通信使用PA11和PA12引脚，GD32F303的USB模块为USBD外设，仅支持作为USB设备，D+（PA12）需通过1.5kΩ上拉电阻进行上拉，由于引脚资源有限加之考虑硬件平台兼容性，BluePill 子板中将 D+ 直接上拉到 VCC。强烈建议读者在实际使用时可将 D+ 上拉到某个 GPIO 引脚，通过 GPIO 引脚控制 D+ 线的上拉，这样可以方便控制 USB 设备的断开和连接。

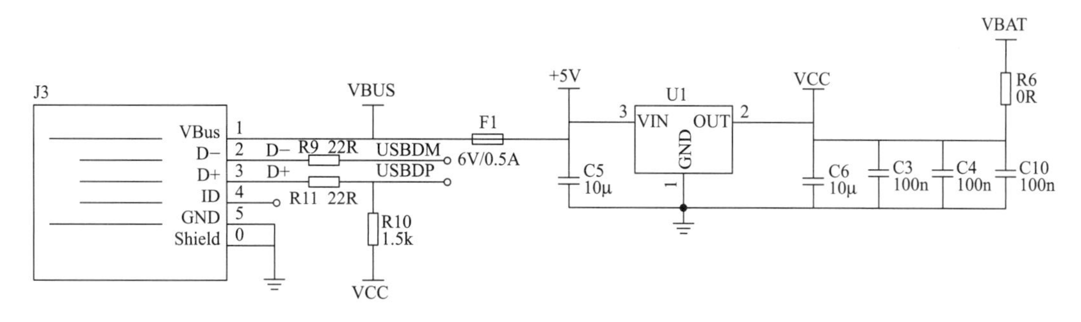

图 2-28　USB 通信及供电模块电路

2. BluePill 母板介绍

BluePill 母板为外部硬件拓展板，主要包括 USB 转串口模块、I2C EEPROM 及通信模块、SPI Flash 模块、CAN 通信接口模块、ADC 采集模块、按键及 LED 模块、MCU 引脚接口模块等。母板具有丰富外部硬件资源，可供对各片内外设进行学习及实验。

1）USB 转串口模块

USB 转串口模块电路如图 2-29 所示。由于目前 PC 端广泛使用 USB 接口，很少具有 DB9 的实际串口，通过 USB 转串口模块电路可方便实现开发板对 PC 的串口互连。该模块电路采用 CH340N USB 转串口芯片，该芯片可将 USB 信号转换为 TLL 串口信号。USB 接口插入 PC 并安装驱动后，系统即可被识别为一个串口设备，实际串口选择使用 USART0 的 PA9（TXD）和 PA10（RXD）引脚。

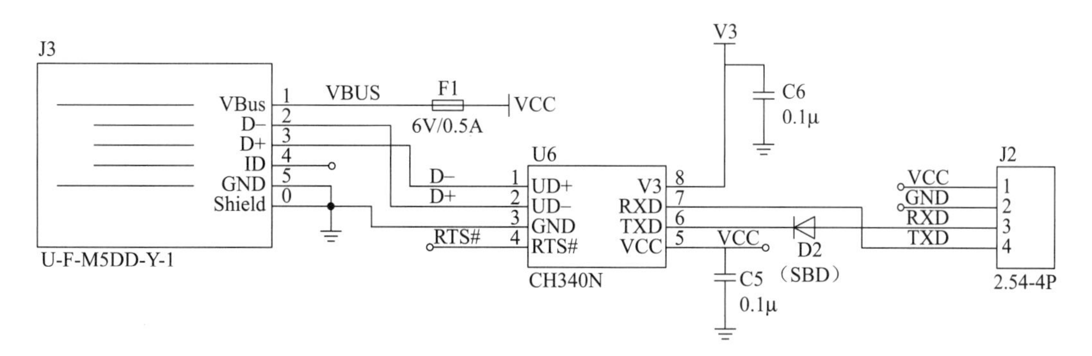

图 2-29　USB 转串口模块电路

2）I2C EEPROM 及通信模块

I2C EEPROM 及通信模块电路如图 2-30 所示。I2C EEPROM 接口选择 I2C0 接口的 PB6（I2C0_SCL）和 PB7（I2C0_SDA）引脚，通过该接口可实现对 24C02 EEPROM 的读写操作；I2C 通信接口选择 PB10（I2C1_SCL）和 PB11（I2C1_SDA）引脚，通过该接口可实现对外部 I2C 设备的通信连接。两个 I2C 接口电路均使用 4.7kΩ 上拉电阻。

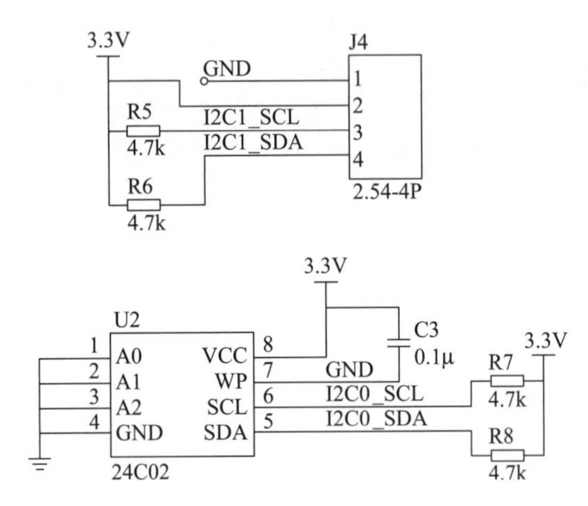

图 2-30 I2C EEPROM 及通信模块电路

3）SPI Flash 模块

SPI Flash 模块电路如图 2-31 所示。SPI Flash 模块选择 SPI1 接口的 PB12（NCS）、PB13（SCK）、PB14（MISO）和 PB15（MOSI）引脚，通过该接口可实现对 GD25Q16ESIG SPI Flash 的读写。

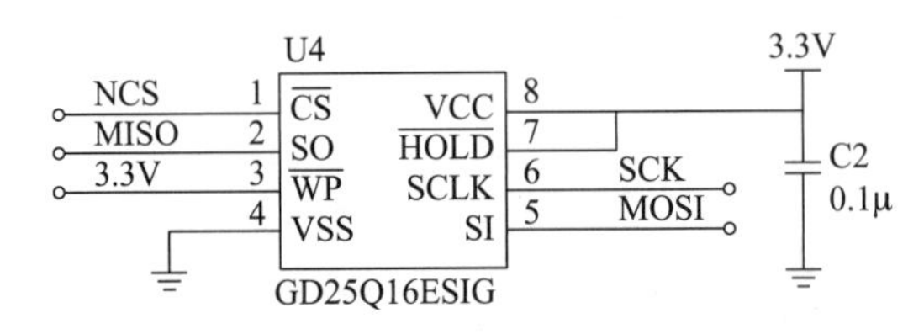

图 2-31 SPI Flash 模块电路

4）CAN 通信接口模块

CAN 通信接口模块电路如图 2-32 所示。CAN 通信接口模块选择 CAN0 接口的 PB8（CAN0_RX）和 PB9（CAN0_TX）引脚。信号可通过 SIT1050T CAN PHY 芯片转换为 CAN 差分信号并引出到 J1 接口。读者可通过 J1 接口连接外设以实现 CAN 网络通信。

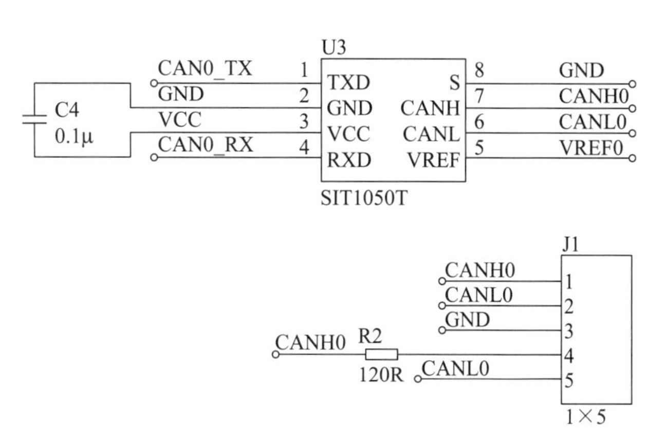

图 2-32　CAN 通信接口模块电路

5）ADC 采集模块

ADC 采集模块电路如图 2-33 所示，其中 W1 为滑动变阻器，R1 和 C1 组成采集前端 RC 滤波电路，PA2 为 ADC 采集引脚，通过调整 W1 滑动变阻器可以调整 PA2 引脚电压，进而实现对不同电压的数据采集。

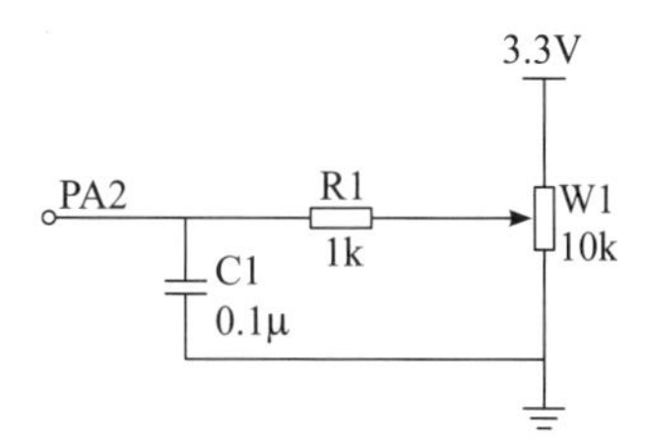

图 2-33　ADC采集模块电路

6）按键及 LED 模块

按键及 LED 模块电路如图 2-34 所示，在 BluePill 母板上分别配有 2 个 LED 和 2 个按键，其中 D3 使用 PA8 控制，D4 使用 PA15 控制，对应引脚输出高电平即可点亮相关 LED；K1 使用 PA0 进行检测，K2 使用 PA1 进行检测，外部未接上拉电阻要使能内部上拉电阻，这可节省 BOM 成本。另外，建议进行软件消抖以避免按键误触发。在某些干扰较大的应用场景下建议增加硬件消抖，比如增加外部上拉电阻、下拉电阻以及对地电容等，以保证按键检测的可靠性。

7）MCU 引脚接口模块

MCU 引脚接口模块电路如图 2-35 所示，U1 接口可实现母板与子板的连接，J5 和 J7 接口为 2 个 MCU 引脚接口。读者可通过这 3 个接口测量对应引脚的波形及通信数据。

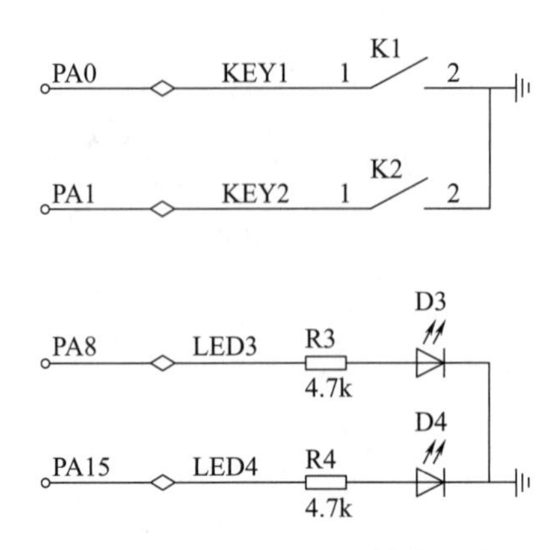

图 2-34　按键及 LED 模块电路

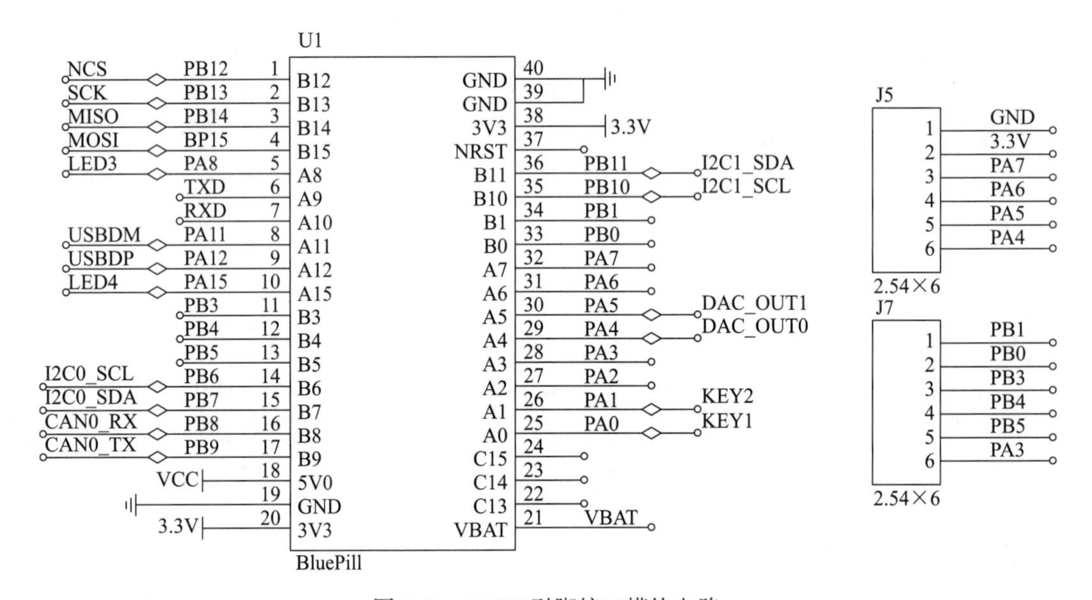

图 2-35　MCU 引脚接口模块电路

2.2.2　GD32 官方开发板介绍

GD32 官方可提供全系列配套开发板，如图 2-36 所示。GD32 官方可提供的开发板类型主要包括 EVAL 全功能开发板和 START KIT 快速启动套件（每个主系列均支持），分别如图 2-36 中左右两图所示。这两种开发板均支持板载 GD-Link 在线烧录调试器，其中 EVAL 全功能开发板具有更多的片上硬件资源，一般包括以太网接口、液晶屏、CAN 接口、NAND、EERPOM、NOR Flash 等，这些资源可为学习及产品验证提供便利；START KIT 快速启动套件主要为 GD32 MCU 最小系统。

GD32 MCU全功能开发板（EVAL）

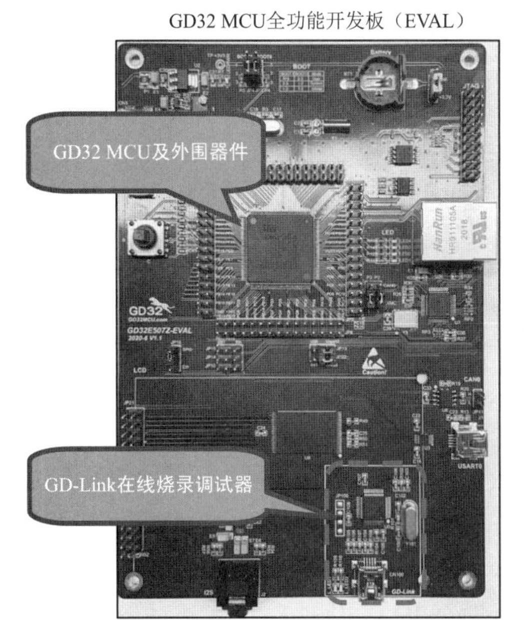

GD32 MCU快速启动套件（START KIT）

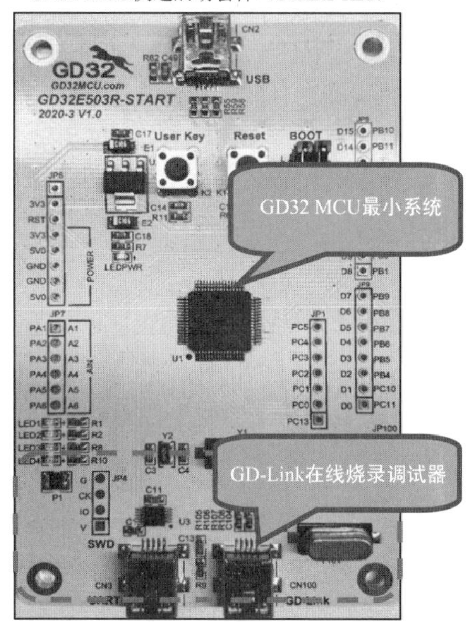

图 2-36　GD32 官方可提供的开发板类型

以上介绍的 BluePill 开发板和 GD32 官方开发板均可作为学习本书的硬件开发平台，读者可根据实际情况进行选择。

2.3　烧录调试工具介绍

GD32 MCU 嵌入式系统开发需要使用烧录调试工具进行烧录调试，目前可支持 GD-Link、JLink、ULink 等烧录调试器。本节主要介绍 GD-Link 和 JLink 的使用方法。

2.3.1　GD-Link 烧录调试

如图 2-37 所示，GD-Link 是一个全功能的三合一仿真调试器和烧录器，集成了在线调试、在线烧录和脱机烧录 3 种功能。GD-Link 具有结构设计紧凑、携带方便等特点。GD-Link 可通过 USB 2.0 全速接口连接到电脑主机，即插即用且免安装驱动，并由 SWD 接口连接到目标芯片进行调试编程。GD-Link 配备了 1 组 4 个 LED 状态指示灯，可以显示上电、在线调试、在线编程和脱机烧录等不同模式下的工作状态，还配备了一个脱机烧录按钮。GD-Link 提供了针对 GD32 全系列 MCU 产品的调试和编程功能，包括芯片设置、单步调试、断点调试、寄存器定义、Flash 编程等，并兼容 Keil　MDK、IAR 等多种 IDE 集成开发环境。增强的脱机烧录功能可以使得开发人员和设计公司不用将用代码交付产线，仅需交接已烧录有代码的 GD-Link 即可实现量产。此外，GD-Link 开发套件还包括了上位机软件 GD-Link Programmer，可灵活方便地连接芯片并进行 Flash 擦写操作和编程设置。

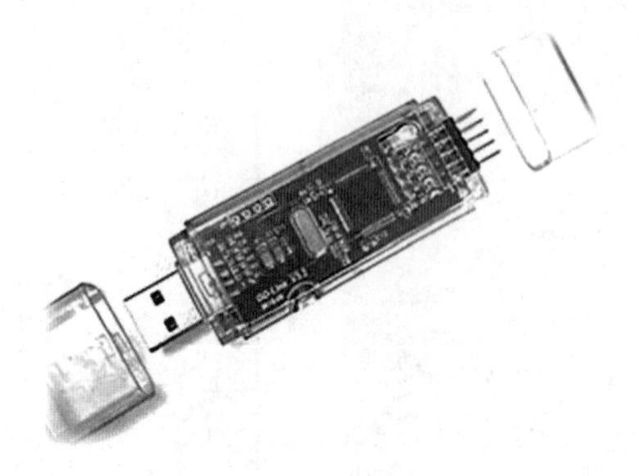

图 2-37　GD-Link 外观

GD-Link 仿真器接口为 10 针，支持在 JTAG 和 SWD 模式下载和调试，接口定义如图 2-38 所示。使用 SWD 时只需使用引脚 2（TMS/IO）、引脚 4（TCK/CLK）连接目标板 PA13、PA14，通过引脚 1（电源引脚）可以为目标板供电。

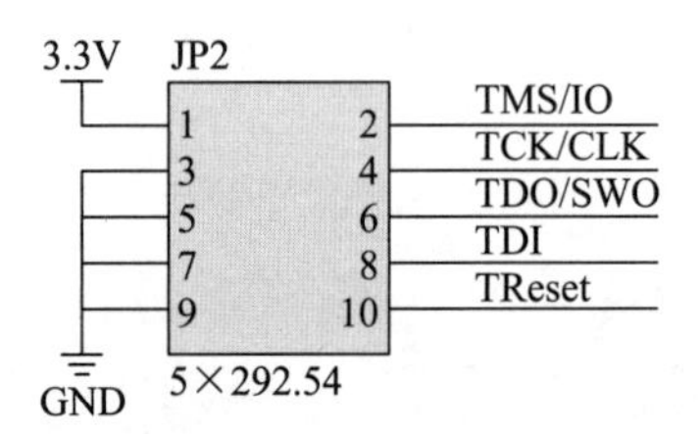

图 2-38　GD-Link 接口定义

YSPROG FOR GD32 MCU（见图 2-39）去掉了 GD-Link 的离线烧录功能，只保留了常用的 SWD 调试功能，这是为了降低成本，但在使用上却可完全兼容 GD-Link。

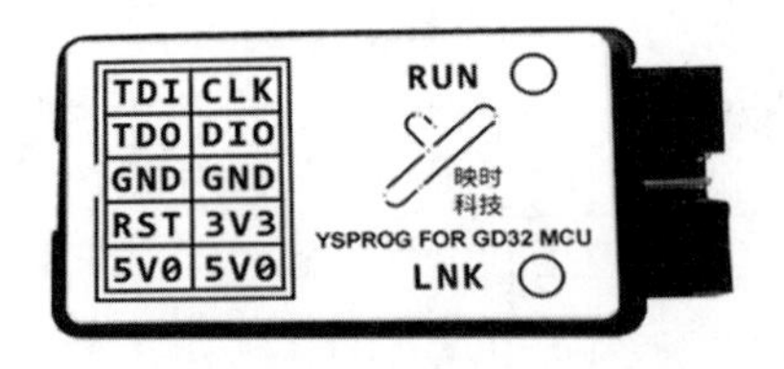

图 2-39　YSPROG FOR GD32 MCU 正面外观

1. 在线调试

在目标板上电且 GD-Link 通过 SWD/JTAG 端口连接至目标板的情况下，在 IDE 中可选择 CMSIS-DAP 进行在线仿真调试。在此，以 Keil MDK IDE 在线仿真调试为例进行演示，如图 2-40 所示，在 Debug 页面中选择 CMSIS-DAP Debugger。

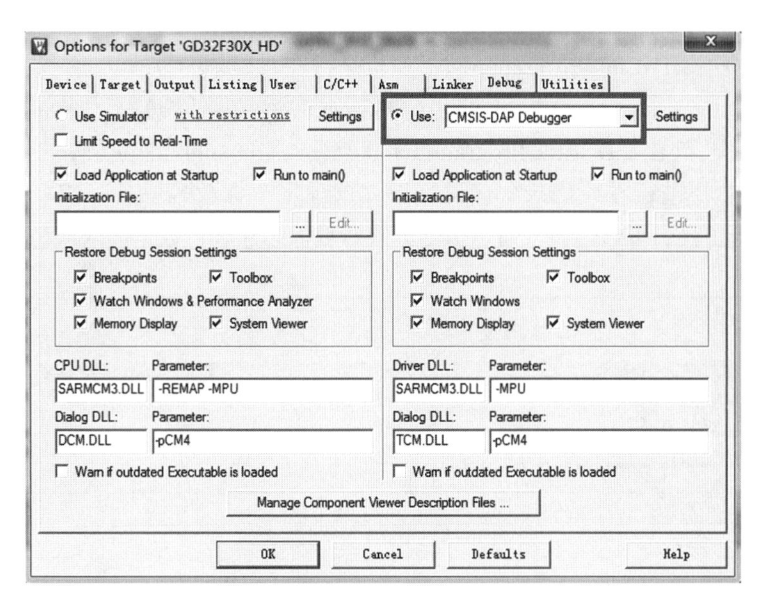

图 2-40　CMSIS-DAP 调试器选择

之后单击 Settings 按钮，此时会进入图 2-41 所示对话框界面，在此应根据硬件连接情况选择 SWD 或 JTAG 端口，在 Device 状态显示栏可显示当前设备连接状态。在设备状态正常连接的情况下，可通过 IDE 对目标板进行在线调试仿真。

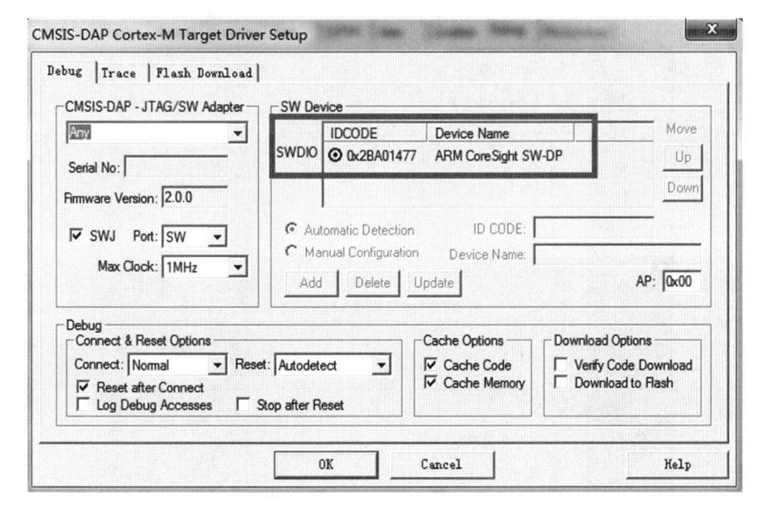

图 2-41　连接设备显示

2. 在线烧录

GD32 支持 IDE 环境下的在线烧录和使用 GD-Link Programer 上位机进行在线烧录、IDE 环境下的在线烧录可在设备正常连接的情况下通过 IDE 的 Flash Download 进行烧录，本节主要介绍使用 GD-Link Programmer 上位机进行在线烧录的方法。

GD-Link Programmer 上位机可通过 GD32 MCU 官方网站进行下载，解压后的文件如图 2-42 所示。双击 GD-Link Programmer.exe 进入 GD-Link 上位机，通过 GD-Link 上位机可对目标芯片进行在线烧录、代码读取、选项字节修改等操作。GD_Link_CLI.exe 为 GD-Link 命令行工具，可通过输入命令行的方式对目标芯片进行数据读取或仿真调试等操作。

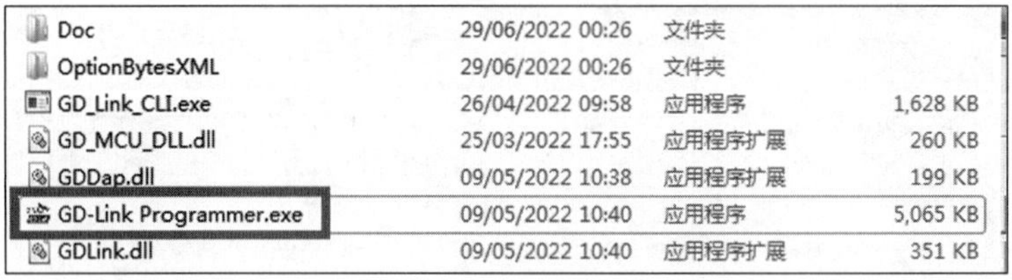

Doc	29/06/2022 00:26	文件夹	
OptionBytesXML	29/06/2022 00:26	文件夹	
GD_Link_CLI.exe	26/04/2022 09:58	应用程序	1,628 KB
GD_MCU_DLL.dll	25/03/2022 17:55	应用程序扩展	260 KB
GDDap.dll	09/05/2022 10:38	应用程序扩展	199 KB
GD-Link Programmer.exe	09/05/2022 10:40	应用程序	5,065 KB
GDLink.dll	09/05/2022 10:40	应用程序扩展	351 KB

图 2-42　GD-Link 上位机

如图 2-43 所示，在目标板正常上电且通过烧录口与 GD-Link 硬件连接的情况下，打开 GD-Link 上位机，依次单击 Target → Connect 可进行目标板上位机连接。

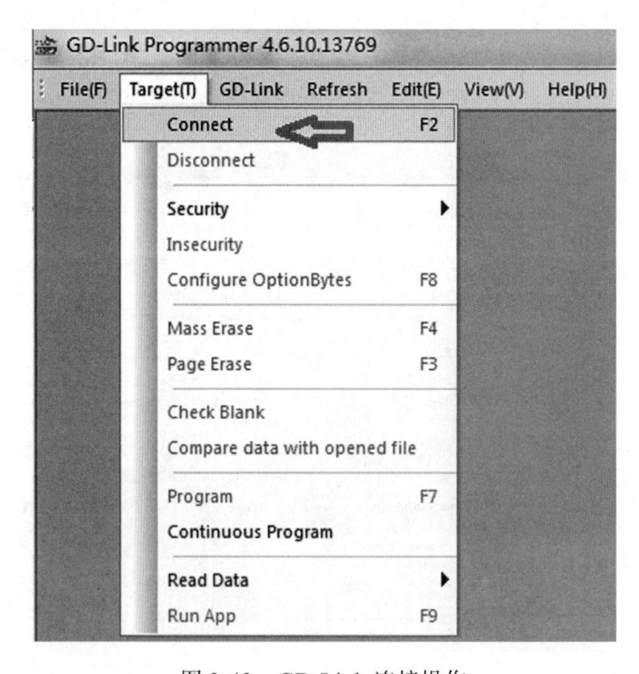

图 2-43　GD-Link 连接操作

如图 2-44 所示，GD-Link 连接成功后，在 GD-Link 上位机右侧会显示获取的 GD-Link 信息和 MCU 信息，在上位机下侧会显示连接状态和获取的选项字节信息。

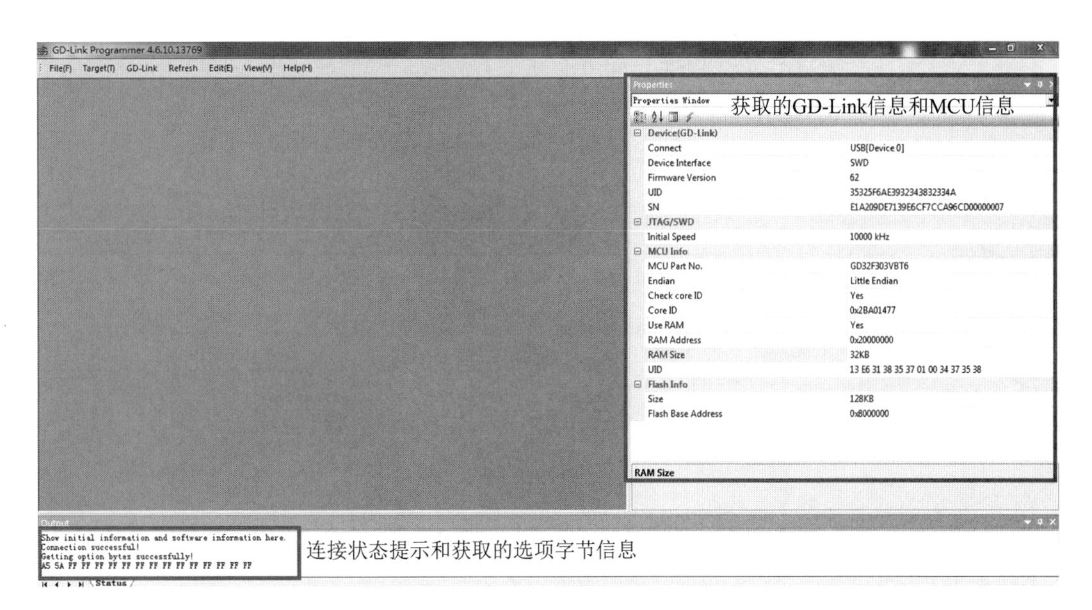

图 2-44 GD-Link 连接成功界面

GD-Link 连接成功后，就要进行 GD-Link 在线烧录了，具体操作如图 2-45 所示。

（1）依次单击 File → Open 打开需要下载的 bin/hex 文件。

（2）为 bin 文件选择下载 Flash 地址，无须选择 hex 文件的 Flash 地址。

（3）依次单击 Target → Program 进行在线擦除及烧录。

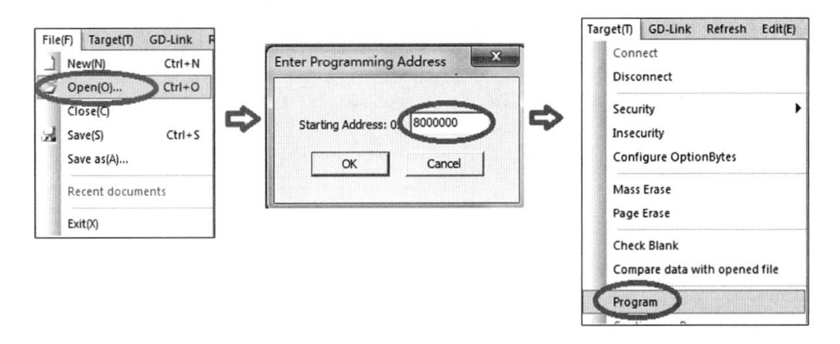

图 2-45 GD-Link 在线烧录操作流程

GD-Link 读取操作如图 2-46 所示，依次单击 Target → Read Data，可以选择整片或按地址范围读取片内 Flash 数据。

图 2-46　GD-Link 读取数据

GD-Link 修改选项字节和读保护操作的流程如图 2-47 左图所示，依次单击 Target→Security 或 Insecurity 可设置或去除读保护。单击 Configure OptionBytes，可修改图 2-47 右图所示选项字节配置。

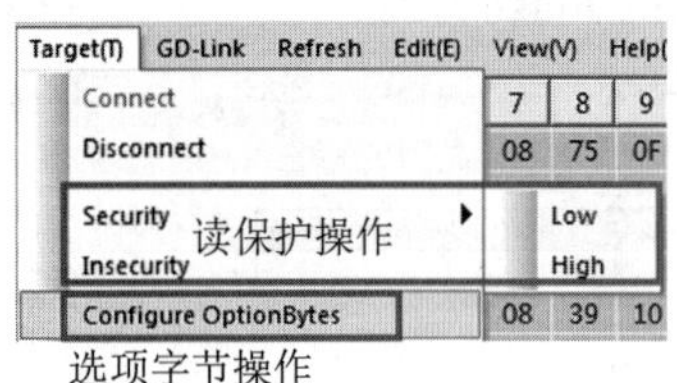

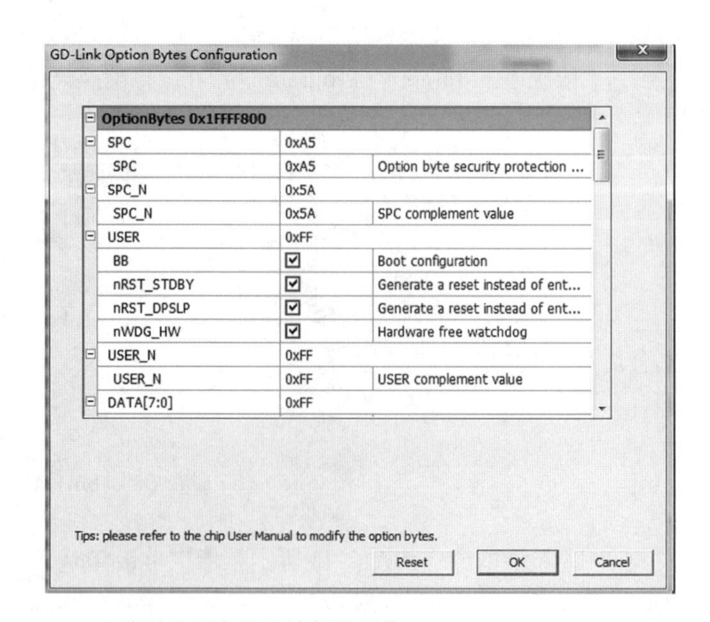

图 2-47　GD-Link 配置选项字节和读保护操作

3. 脱机烧录

GD-Link 可支持一拖一脱机烧录，即可在不连接 PC 的情况下，使用充电宝等供电设备为 GD-Link 和目标板供电，然后通过脱机烧录按钮对目标板进行烧录。GD-Link 还可控制脱机烧录次数以及烧录 SN 码，以方便烧录管控。

在脱机烧录之前，首先进行离线烧录配置，依次单击 GD-Link → configuration 即可进入 GD-Link 配置界面，如图 2-48 所示。在该界面下可以进行离线烧录配置、在线烧录配置和产品 SN 码配置。在离线烧录配置中，可以设置烧录后的读保护、擦除类型以及烧录次数限制；在产品 SN 码配置中，可以设置是否写入 SN 码，以及 SN 码的数值和写入地址。

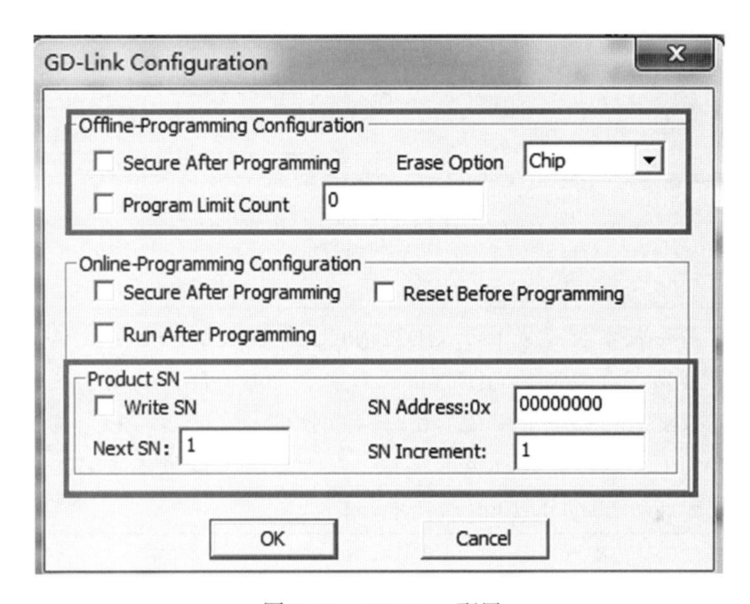

图 2-48　GD-Link 配置

之后将 bin/hex 镜像文件下载到 GD-Link 中。GD-Link 可支持多个镜像文件合并烧录，依次单击 GD-Link → Update File（若该选项为灰色，则需要断开 GD-Link 在线连接），将进入镜像文件更新配置界面，如图 2-49 所示，选好目标型号后，单击 Add 按钮即可添加镜像文件，单击 Update 按钮即可将选择的镜像文件下载到 GD-Link 中。

镜像文件下载到 GD-Link 之后，在设备正常供电的情况下，按下 GD-Link 的脱机烧录按钮，此时红色的烧录指示灯会闪烁，这表明此时正在烧录过程中。烧录完成后，红色的烧录指示灯会熄灭。

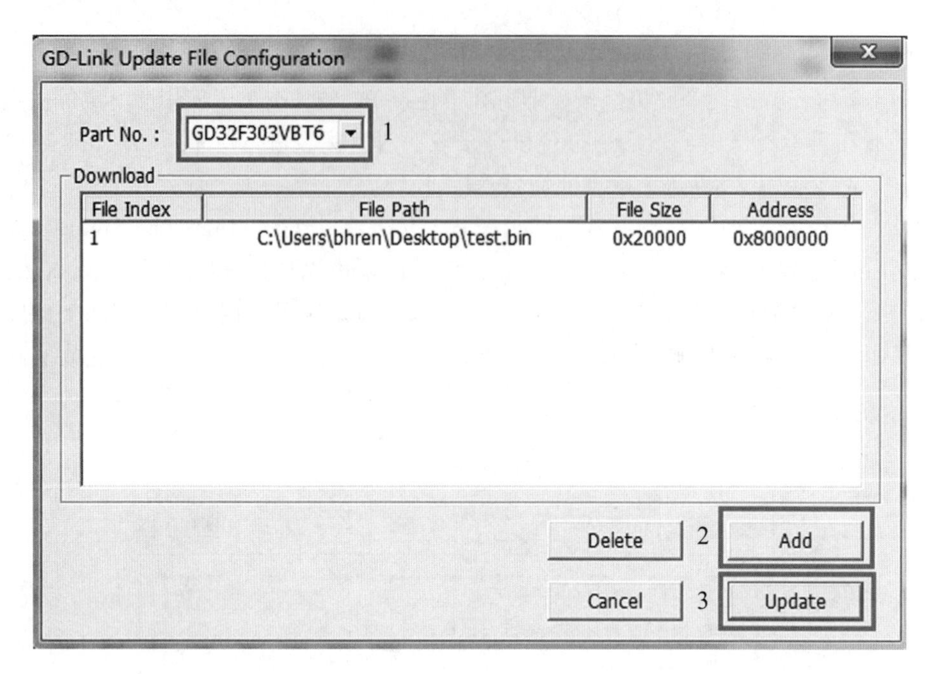

图 2-49　GD-Link 更新文件配置界面

在 GD-Link 固件版本较低或较新 GD32 MCU 产品上位机无法被识别时，可以从 GD32 MCU 官网下载最新的 GD-Link 上位机，并对 GD-Link 进行固件更新。固件更新方法为：按下脱机烧录按钮不松，然后将 GD-Link 插入 PC，GD-Link 将进入固件升级模式，之后松开脱机烧录按钮，在上位机中依次单击 GD-Link → Updata Firmware 即可自动进行 GD-Link 固件更新。

2.3.2　JLink 烧录调试

JLink 为 ARM 通用的烧录调试器，可以支持全系列 GD32 MCU 的在线调试和在线烧录。JLink 接口为 20 针接口，可以支持 JTAG 和 SWD 接口烧录。JTAG 和 SWD 接口定义如图 2-50 所示。JTAG 接口可使用 VCC、TRST、TDI、TMS、TCLK、RTCK、TDO、RESET 和 GND 引脚，SWD 接口可使用 VCC、SWDIO、SWCLK、SWO（一般不接）、RESET 和 GND 引脚。

M23 和 M33 内核的 GD32 MCU 需要使用 JLink V9 及以上版本。

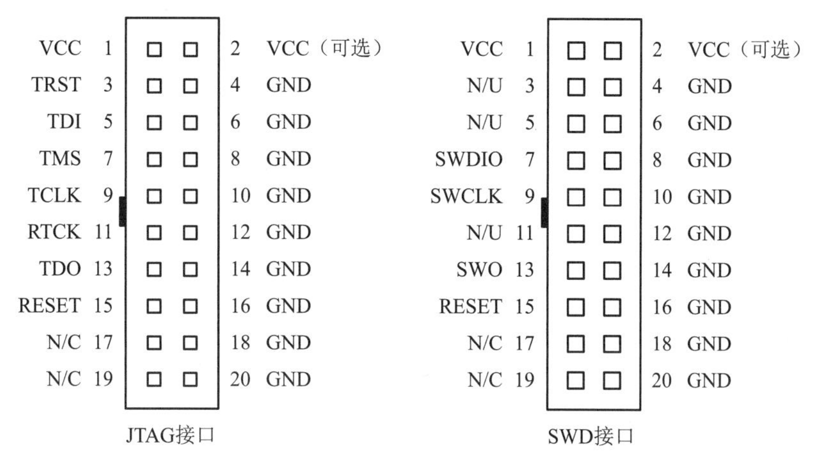

图 2-50　JTAG 和 SWD 接口定义

1. 在线调试

在目标板上电且 JLink 通过 SWD 或 JTAG 接口连接至目标板的情况下，在 IDE 中可选择 JLink 进行在线仿真调试。在此，以 Keil　MDK IDE 在线仿真调试为例进行演示。如图 2-51 所示，首先在 Linker　Debug 选项卡下的 Use 下拉列表中选择 J-LINK/J-TRACE Cortex 选项，然后单击 Settings 按钮进入设置界面，之后根据烧录接口选择 SWD 或 JTAG 接口，最后在设备连接状态窗口中查看当前设备连接状态。在设备正常连接状态下，可进入调试界面进行在线调试仿真。

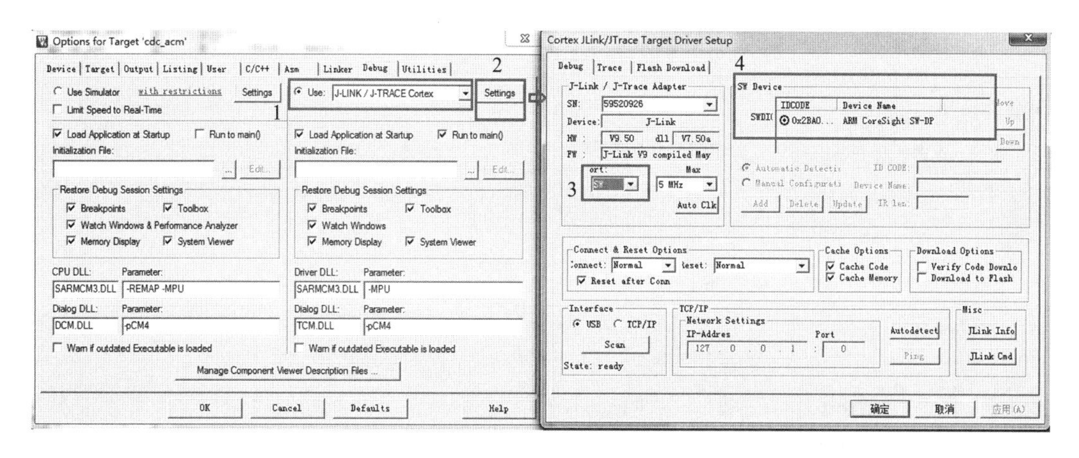

图 2-51　JLink 调试器连接

2. 在线烧录

JLink 可支持使用 J-Flash 上位机对 GD32 MCU 进行在线烧录，本节将为读者介绍

J-Flash 的使用方法。

（1）在目标板上电且JLink正常连接的情况下打开J-Flash软件，依次单击Options → Project settings，如图 2-52 所示。

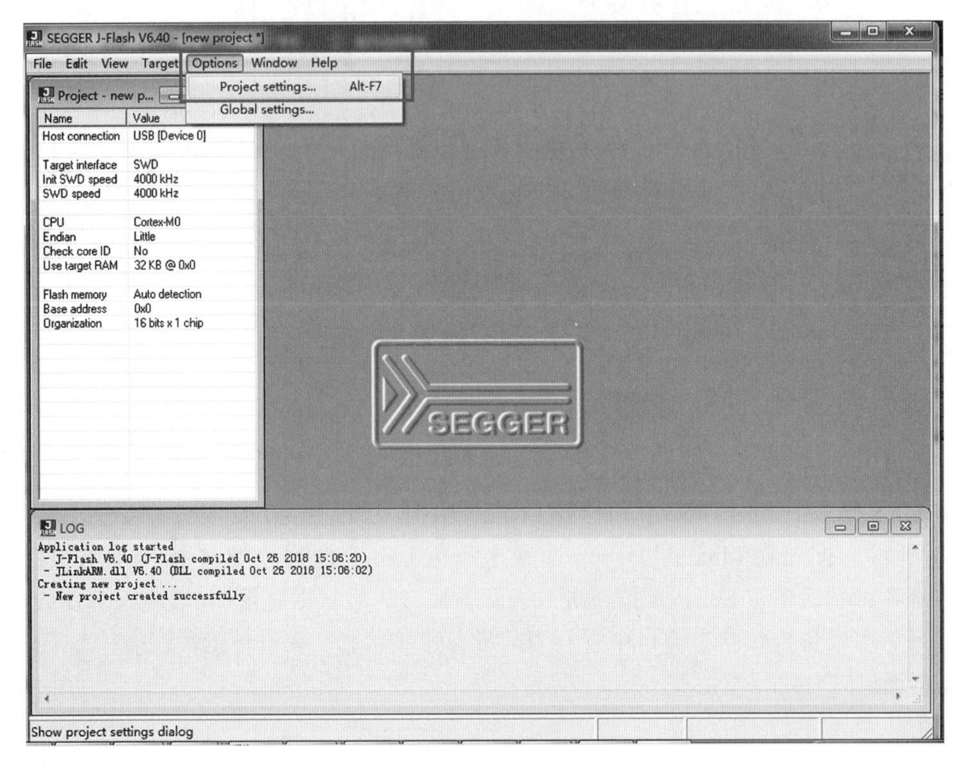

图 2-52　J-Flash 主界面

（2）在 Project settings 界面中的 MCU 选项卡下设置 Device 选项，选择需要下载的 MCU 型号，如图 2-53 所示。若无法选择 GD32 MCU 型号，可能 Jflash 版本较低，可以通过 segger 官网下载最新版本即可。

（3）在 Target Interface 选项卡下选择烧录口的类型和速度，如图 2-54 所示。

（4）工程配置完成后，相关操作便都显示在 J-Flash 首页面的 Target 菜单栏下，依次单击 Target → Connect 对目标板进行连接，连接成功后的界面如图 2-55 所示。

（5）依次单击 File → Open data file，选择需要下载的 bin 或 hex 文件，bin 文件需要填写起始地址，之后即可打开文件，如图 2-56 所示。

（6）在 Target 菜单栏下 Manual Programming 选项中有擦除、编程、回读等操作可供选择，如图 2-57 所示。如需下载相应内容只需单击 Target 菜单栏下 Production Programming 或按下 F7 键即可开始下载，下载成功后会有弹窗提示，如图 2-58 所示。如果下载失败，则下方 LOG 窗口中会显示详细错误信息。

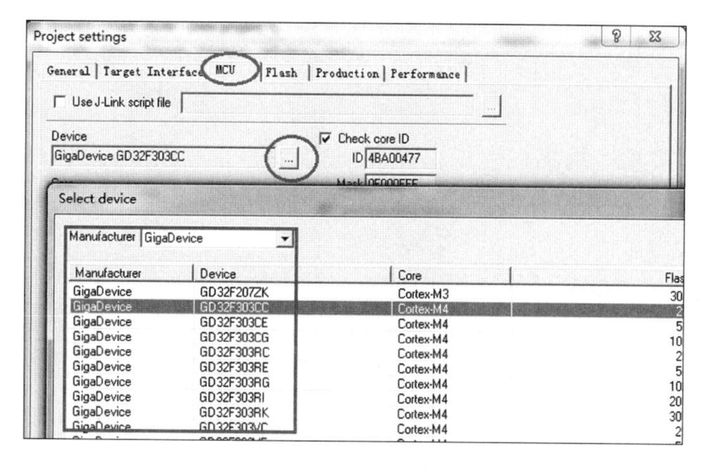

图 2-53　MCU 选型

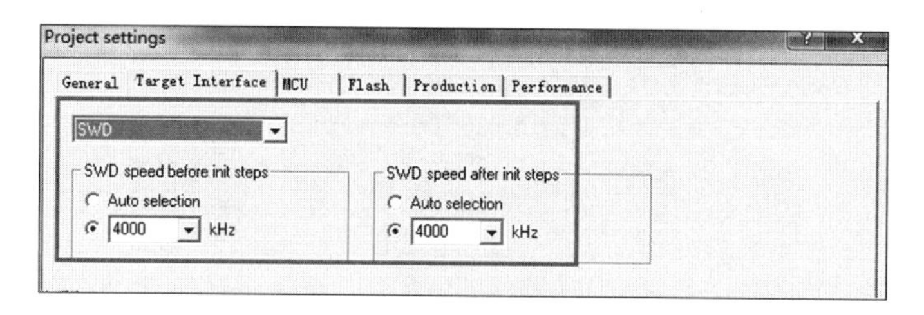

图 2-54　烧录接口配置

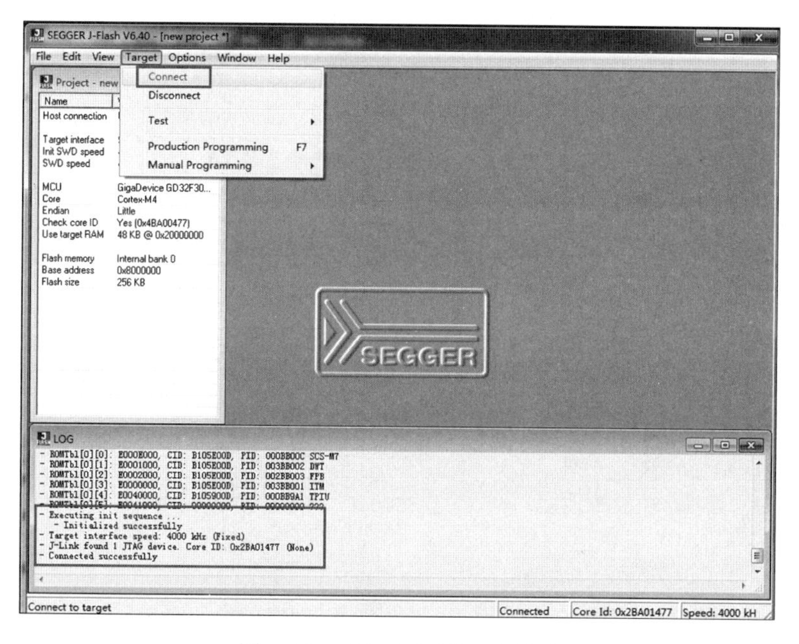

图 2-55　J-Flash 连接成功界面

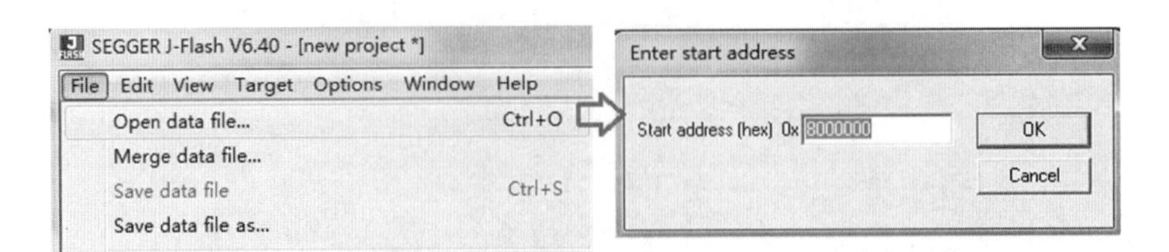

图 2-56 打开下载文件

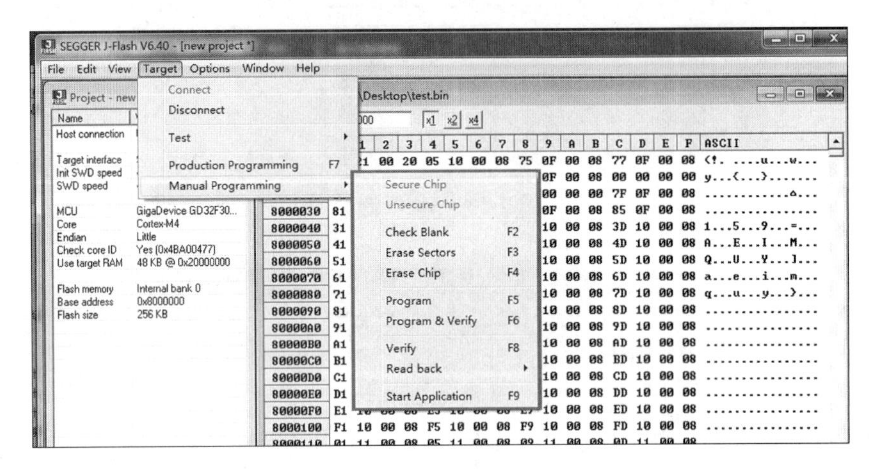

图 2-57 用户操作选项

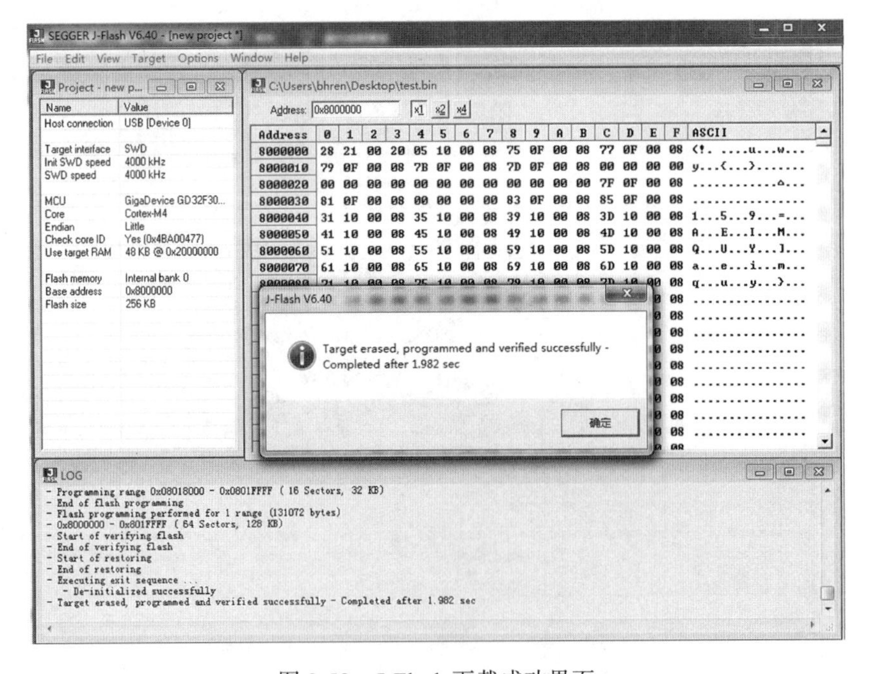

图 2-58 J-Flash 下载成功界面

2.4　GD32 MCU 固件库架构及使用介绍

随着 MCU 集成度不断提升，片内外设资源和功能也越来越丰富。若采用传统的直接操作寄存器的方法进行开发，则会带来开发进度慢、代码可读性差的问题，因而 MCU 厂商一般都会推出寄存器操作封装库（即固件库），以方便用户使用及开发。

GD32 MCU 固件库是一个固件函数包，它由程序、数据结构和宏组成，包括了 GD32 MCU 所有外设的性能特征。固件库中还有对每一个外设的驱动描述和基于评估板的固件库使用例程。通过使用固件库，用户无须深入掌握细节，也可以轻松应用每一个外设。使用固件库可以大大减少用户的编程时间，从而降低开发成本。每个外设驱动都由一组函数组成，这组函数覆盖了该外设所有功能。可以通过调用一组通用 API 来实现对外设的驱动，这些 API 的结构、函数名称和参数名称都进行了标准化处理。

在此以 GD32F30× 系列固件库为例说明固件库的架构及使用方法，其他系列固件库可类比学习。GD32F30× 固件库架构如表 2-2 所示。

表 2-2　GD32 MCU 固件库架构

GD32F30x_Firmware_Library_V2.1.3		
文件夹	子文件夹及文件	说　明
Examples	以外设命名的文件夹，比如 ADC、USART 等外设	每个文件夹都包含了关于该片内外设的一个或多个例程，这些例程用来示范如何使用对应外设
Firmware	CMSIS	子文件夹中包含 M4 内核的支持文件、基于 M4 内核处理器的启动代码和库引导文件，以及基于 GD32F30× 的全局头文件和系统配置文件
	GD32F30x_standard_peripheral	各片内外设底层封装库
	GD32F30x_usbd_library	USBD 外设库所包含的 USB 协议实现文件
	GD32F30x_usbfs_library	USBFS 外设库所包含的 USB 协议实现文件
Template	IAR_project	IAR 示例工程
	Keil_project	Keil 示例工程
	main.c、gd32f30x_libopt.h 等	示例工程代码文件
Utilities	Binary	USB 例程测试所需文件
	LCD_Commom	LCD 字体及 Log 配置文件
	Third_Party	第三方库文件
	gd32f303e_eval.c/.h 等	开发板配置文件

在 GD32 MCU 固件库的 Template 文件夹内有两个示例工程模板，分别为 Keil 和 IAR 工程模板，它们主要用于实现 LED 控制、USART 打印、按键控制等简单操作，用户可以使用该工程模板进行固件库例程的移植编译或直接进行产品功能开发。

为减少固件库文件大小，Examples 文件夹中的外设例程仅包含例程文件，需要借助 Template 示例工程来运行。下面介绍 Example 例程的使用方法，读者可以将例程中的文件复制到 Template 中并覆盖原有文件，之后可直接打开工程运行例程，也可以在工程中修改添加文件运行例程，后者可以不用覆盖原有文件并保留修改后的文件。在此演示在工程中修改、添加文件运行例程的方法，如图 2-59 所示。

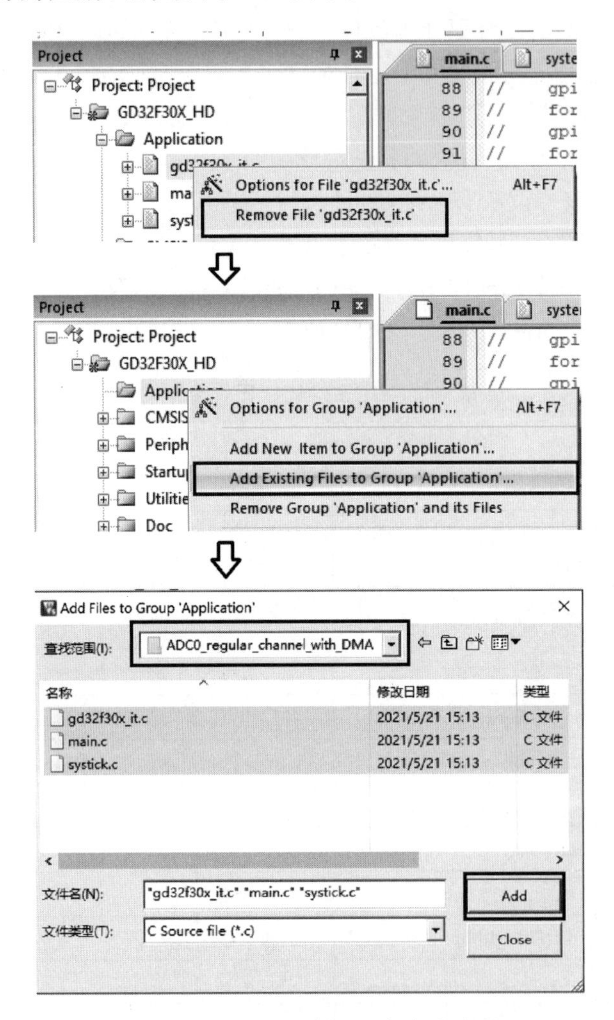

图 2-59　Example 例程运行方法演示

（1）打开 Template 例程后，右击 Application 文件夹内部任一文件，然后在弹出的快捷菜单中选择 Remove File 命令移除文件。

（2）Application 文件夹内部所有文件都移除后，在 Application 文件夹上右击，在弹出的快捷菜单中选择 Add Existing Files to Group ‘Application’ ... 命令添加文件。

（3）在弹出的对话框中选择需要运行的 Example 下的外设例程中所有的文件，然后单击 add 按钮。

（4）文件添加完成后选择编译即可对所选 Example 例程进行编译了。

2.5　本章小结

本章旨在为 GD32 MCU 初学者提供入门开发指导。本章介绍了 GD32 MCU 开发所需资料及其获取途径；在软件平台开发方面主要介绍了 Keil MDK 和 IAR IDE 开发环境的使用，包括新建工程、导入已有工程以及调试工程等；在硬件系统设计方面主要介绍了 GD32 MCU 最小系统的推荐设计，这可以为读者后续进行产品设计提供参考；在烧录调试工具方面主要介绍了 GD-Link 和 JLink 烧录调试方法，包括接口电路、在线调试、在线烧录、离线烧录（仅介绍了 GD-Link）的使用方法；在固件库架构及使用方法方面主要介绍了固件库中各文件夹及文件的功能以及例程的使用方法。通过对本章的学习，读者对 GD32 MCU 的开发基础会有全面了解。

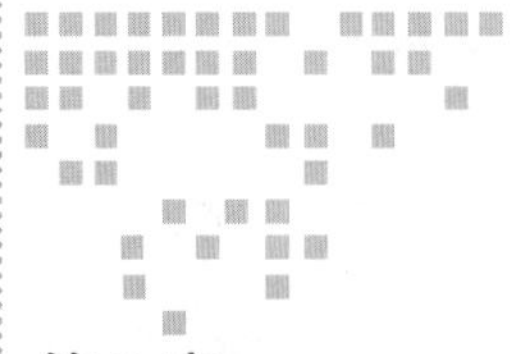

Chapter 3 第3章

GD32 MCU 系统架构、内核及存储器系统

无论学习什么新知识，都建议采用先粗略了解整体再深入学习局部的方法。这种方法可让学习者随时把所学知识融入系统和体系，从而加深理解。这也是避免出现“只在此山中，云深不知处”问题的最好方法。对于 GD32 MCU 的学习也是如此。所以本章将从宏观角度介绍 GD32 MCU 结构，包括系统架构、内核及存储器系统，让读者对 GD32 MCU 产生整体的认识和了解，便于对后续内容的学习。

3.1 GD32 MCU 系统架构介绍

GD32 MCU 一般采用 32 位多层总线结构。多层总线结构包括一个 AHB（Advanced High performance Bus，增强型高性能总线）互连矩阵、一个 AHB 和多个 APB（Advanced Peripheral Bus，增强型外围总线）。借助多层总线，可以实现主控总线到被控总线的访问，这样即使在多个高速外设同时运行期间，系统也可以实现并行访问和高效运行。

以 GD32F303 系列 MCU 为例，GD32 MCU 的系统架构如图 3-1 所示。

AHB 互连矩阵用于主控总线之间的访问仲裁管理，其中主控总线包括 IBUS、DBUS、SBUS 和 DMA。

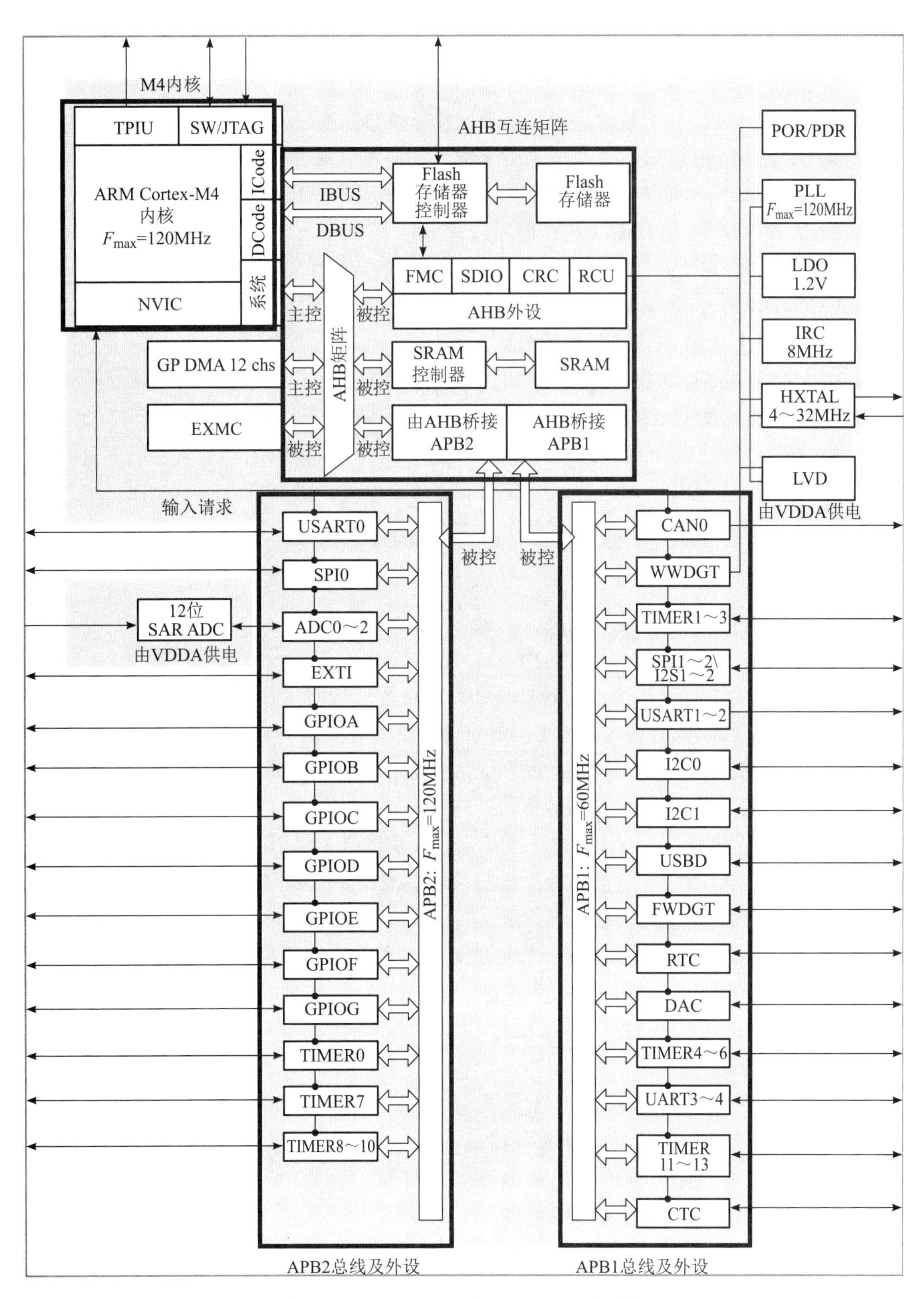

图 3-1　GD32F303 系列 MCU 系统架构

- IBUS 是 M4 内核的指令总线，用于从代码区域（0x0000 0000 ~ 0x1FFF FFFF）取指令和向量。
- DBUS 是 M4 内核的数据总线，用于加载和存储数据，以及调试、访问代码区域。
- SBUS 是 M4 内核的系统总线，用于指令和向量获取、数据加载和存储以及系统区域的调试访问，系统区域包括内部 SRAM 区域和外设区域。
- DMA 是 DMA0 和 DMA1 的存储器总线。

被控总线包括 FMC_I、FMC_D、SRAM、EXMC、AHB、APB1 和 APB2。

- FMC_I 是 Flash 控制器的指令总线，而 FMC_D 是 Flash 控制器的数据总线。
- SRAM 是片上静态随机存取存储器。
- EXMC 是外部存储器控制器。
- AHB 是连接所有 AHB 外设的 AHB 总线，而 APB1 和 APB2 是连接所有 APB 外设的两条 APB 总线，APB 总线和 AHB 互连矩阵之间通过 AHB/APB 总线桥连接，用以实现总线同步。APB1 总线一般为低速外设总线，最高频率为 60MHz；APB2 总线一般为高速外设总线，最高频率为 120MHz。

3.2 GD32 MCU 内核介绍

ARM 内核已经主导了当今嵌入式处理和计算市场。目前 ARM Cortex 内核分为 3 个系列，分别为 A、R 和 M，旨在为各种不同的市场提供服务。

- A 系列主要针对消费娱乐级产品和无线产品，用于具有高计算要求、要运行丰富操作系统及提供交互媒体和图形体验的应用领域，如智能手机、平板电脑、汽车娱乐系统、数字电视、智能本、电子阅读器、家用网络、家用网关等。
- R 系列主要针对需要运行实时操作的系统应用，如面向汽车制动系统、动力传动解决方案、大容量存储控制器等的深层嵌入式实时应用。
- M 系列主要面向 MCU 领域，尤其是对成本和功耗敏感的应用，如智能测量产品、人机接口设备、汽车和工业控制系统、家用电器、消费性电子产品和医疗器械等。

目前 GD32 MCU 具有 M3、M4、M23 和 M33 这 4 种 ARM 内核产品，下面就对这 4 种内核的特点进行简单介绍。

- M3 是一种高性能、低成本和低功耗的 32 位 RISC 处理器，采用 ARMV7-M 架构，拥有高效的哈佛三级流水线内核，支持 NVIC（嵌套向量中断控制器）、可选的 MPU（内存保护单元）、Systick 滴答定时器、DAP（调试访问端口）以及可选的 ETM（嵌入式跟踪宏）单元等组件。
- M4 在 M3 的基础上强化了运算能力，新加了浮点、DSP、并行计算等功能，用于满足对有效性和易用性有较高要求的控制和信号处理功能混合的数字信号控制场景。

- M23和M33内核为ARM近年新推出的M家族产品。其中，M23为M0/M0+内核升级产品，主打超低功耗，采用ARMv8-M架构中的Baseline子架构；M33为M3/M4内核升级产品，主打高性能，采用ARMv8-M架构中的Mainline子架构。相较于之前系列的内核，M23和M33内核最主要的特点是升级了架构和安全性，支持可选的TrustZone功能，利用隔离技术将地址空间划分为安全和非安全两种区域，实现了空间隔离，以保护用户的关键代码和关键数据，满足物联网时代节点的安全要求。

GD32 MCU的4种内核的特性对比如表3-1所示。

表3-1 GD32 MCU内核特性对比

特性	M23	M3	M4	M33
架构	ARMv8-M Baseline Thumb, Thumb-2	ARMv7-M Thumb, Thumb-2	ARMv7-M Thumb, Thumb-2 DSP, FPU	ARMv8-M Mainline Thumb, Thumb-2 DSP, FPU
DMIPS/MHz	0.99	1.25	1.25	1.5
CoreMark®/MHz	2.5	3.34	3.42	4.02
流水线	2	3	3	3
内存保护单元（MPU）	支持（可选）	支持（可选）	支持（可选）	支持（可选）
最大MPU区域	16	8	8	16
追踪单元（ETM或MTB）	MTB（可选）或ETMv3（可选）	ETMv3（可选）	ETMv3（可选）	MTB（可选）和/或ETMv4（可选）
DSP	不支持	不支持	支持	支持（可选）
单精度浮点单元（FPU）	不支持	不支持	支持（可选）	支持（可选）
Systick滴答定时器	支持	支持	支持	支持
TrustZone安全模块	支持（可选）	不支持	不支持	支持（可选）
协处理器接口	不支持	不支持	不支持	支持（可选）
最大外部中断数量	240	240	240	480
硬件除法器	支持	支持	支持	支持
单时钟周期乘法	支持	支持	支持	支持

下面以GD32F30×系列使用的M4内核为例简要介绍GD32 MCU的内核结构。M4处理器是基于ARMV7架构开发的，采用三级的指令流水线，可以对指令依次进行取指、解码、执行等操作；采用哈佛架构，可以同时获取指令和数据；使用32位的地址总线，可以访问4GB的地址空间。

如图 3-2 所示，M4 内核大体上可以分为 5 个部分：处理器内核（M4）、NVIC、MPU、总线接口和调试系统。

- 处理器内核采用可扩展的单时钟周期乘法累加（MAC）单元、优化的单指令多数据（SIMD）指令、饱和运算指令和可选的单精度浮点单元（FPU），这提高了 M4 内核数字信号处理能力。
- NVIC 可实现低延时中断处理，可支持中断优先级分组、多级中断优先级配置（抢占优先级和次优先级）、中断嵌套和中断咬尾，可选唤醒中断控制器（WIC），支持超低功耗睡眠模式。
- MPU 用于保护内存中的数据，可分配 8 个独立定义和配置的存储区或 1 块背景存储区，可监视 CPU 的内存访问行为。若某个程序命令 CPU 要访问被 MPU 禁止访问的空间，MPU 将产生一个内存管理故障异常。
- 总线接口支持内部总线矩阵，用于实现 ICode 总线、DCode 总线、系统总线、专用总线（PPB）以及调试专用总线（AHB-AP）的互连。
- 调试系统可实现对所有内存和寄存器的访问，支持串行线调试端口（SWDP）或串行线 JTAG 调试端口（SWJ-DP）的调试访问，具有 Flash 地址重载及断点单元（FPB）、数据观测点及跟踪单元（DWT）、指令跟踪宏单元（ITM）、跟踪端口接口单元（TPIU）及嵌入式跟踪宏单元（ETM）等模块。

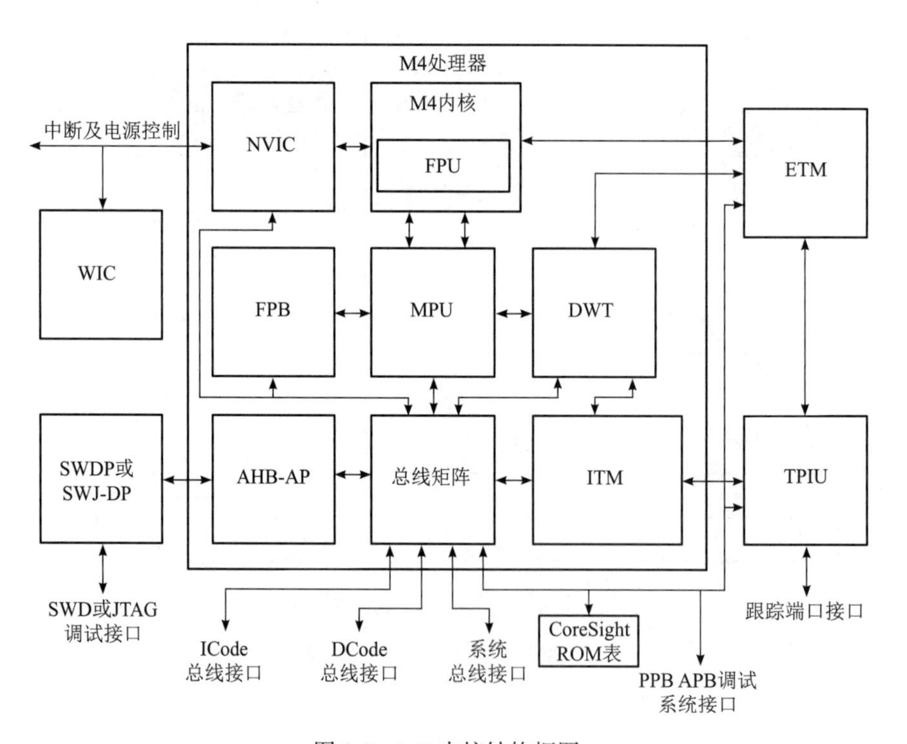

图 3-2　M4 内核结构框图

3.3　GD32 MCU NVIC与中断系统

中断是嵌入式系统中的重要概念，开发者需要了解嵌入式系统中所使用的中断类型、中断个数并合理分配中断优先级。GD32 MCU中断的响应及处理在NVIC中实现。本节主要介绍NVIC概况、中断响应序列及中断配置等。

3.3.1　NVIC概述

NVIC支持1～240个外部中断输入，具体数量由芯片厂商在设计芯片时确定（具体可通过读取ICTR寄存器获取），可支持中断优先级分组、中断优先级动态分配、中断嵌套及低功耗唤醒等。对NVIC寄存器的描述如表3-2所示，所有的NVIC中断控制、状态寄存器都只能在特权级下访问，访问可选择字、半字、字节方式。

表3-2　NVIC寄存器描述

寄存器地址	寄存器名称	读写类型	默认值	描　述
0xE000E004	ICTR	RO	—	中断控制类型寄存器：用于显示所支持的中断线数量
0xE000E100～0xE000E11C	NVIC_ISER0～NVIC_ISER7	RW	0x00000000	中断设置使能寄存器：用于使能中断配置
0xE000E180～0xE000E19C	NVIC_ICER0～NVIC_ICER7	RW	0x00000000	中断设置禁用寄存器：用于禁用中断配置
0xE000E200～0xE000E21C	NVIC_ISPR0～NVIC_ISPR7	RW	0x00000000	中断设置挂起寄存器：用于读取当前挂起的中断以及手动设置中断挂起
0xE000E280～0xE000E29C	NVIC_ICPR0～NVIC_ICPR7	RW	0x00000000	中断清除挂起寄存器：用于清除中断挂起
0xE000E300～0xE000E31C	NVIC_IABR0～NVIC_IABR7	RO	0x00000000	中断有效（活动）寄存器：用于指示当前有效（活动）中断
0xE000E400～0xE000E4EC	NVIC_IPR0～NVIC_IPR59	RW	0x00000000	中断优先级寄存器：用于设置中断优先级

GD32固件库中与NVIC相关的API配置在gd32f30x_misc.h和gd32f30x_misc.c两个文件中，前者为头文件，包含寄存器地址、常量的定义、API函数声明等，后者为API的具体实现。常用的API函数的简单介绍如表3-3所示。

表 3-3 GD32 固件库中与 NVIC 相关的常用 API 函数

API 函数原型	说　明
void nvic_priority_group_set(uint32_t nvic_prigroup)	中断分组配置
void nvic_irq_enable(uint8_t nvic_irq, uint8_t nvic_irq_pre_priority, uint8_t nvic_irq_sub_priority)	中断使能及优先级配置
void nvic_irq_disable(uint8_t nvic_irq)	禁用中断配置
void nvic_vector_table_set(uint32_t nvic_vict_tab, uint32_t offset)	中断向量表重映射

3.3.2 中断响应序列

当产生一个中断请求后，M4 内核将产生以下中断响应序列：入栈、取中断向量、更新寄存器、中断处理及中断返回。其中，入栈是响应中断的第一个步骤，主要用于保护现场，即把内核当前使用的 xPSR、PC、LR、R12 以及 R3 ～ R0 寄存器由硬件自动压入堆栈；取中断向量是指令总线从中断向量表中找出正确的中断向量，然后在对应的中断服务程序的入口处预取指；更新寄存器即更新 SP、PSR、PC、LR 等寄存器，为进行中断处理做准备；中断处理是真正执行中断服务程序；中断返回即在中断服务程序执行完毕后，恢复之前的系统状态，使被中断的程序得以继续执行。中断返回涉及的主要操作为出栈和更新 NVIC 寄存器。出栈是将之前压入堆栈的寄存器恢复，内部的出栈顺序与入栈顺序相对应，堆栈指针的值也会被改回去。更新 NVIC 寄存器主要是清除当前中断有效（活动）标志。至此一个中断响应序列产生流程结束。

3.3.3 中断配置

GD32 MCU 中断配置主要包括中断优先级及优先级分组配置、中断向量表偏移配置、中断使能及禁用配置。

1. 中断优先级及优先级分组配置

中断优先级用于解决当多个中断同时挂起时如何响应中断的问题，即优先级高的中断先处理（若允许抢占，优先级高的中断会抢占优先级低的中断的处理过程，即中断嵌套）。因此，配置系统各中断优先级非常重要。GD32 MCU 每个中断线的优先级在 NVIC_IPR 中断优先级寄存器中配置。每个中断线对应一个中断优先级寄存器，M4 内核可支持 240 个中断线优先级配置。中断线优先级寄存器使用 8 位进行定义，如图 3-3 所示，寄存器值越小，优先级越高。GD32 MCU 仅使用高 4 位进行优先级定义，即 GD32 MCU 最多支持 16 级中断优先级配置。

bit7	bit6	bit5	bit4	bit3	bit2	bit1	bit0
用于表示优先级				没有实现，回读0			

图 3-3　NVIC_IPR 中断优先级寄存器定义

GD32 MCU 支持抢占优先级和次优先级配置，如图 3-3 所示，其中 bit4 ～ bit7 表示对应中断号的中断优先级。M4 内核可以通过中断优先级分组来定义其中低位作为次优先级，剩余高位作为抢占优先级，中断优先级分组控制位定义在应用程序中断及复位控制寄存器（AIRCR，地址 0xE000ED00）的 bit8 ～ bit10。中断优先级分组控制位的配置和抢占优先级、次优先级的配置关系如表 3-4 所示。

表 3-4　中断优先级分组控制位和抢占优先级、次优先级的配置关系

PRIGROUP（bit8 ～ bit10@AIRCR）	NVIC_IPR 中抢占优先级的位段	NVIC_IPR 中次优先级的位段
0	[1 ～ 7]（表示 bit1 ～ bit7，余同）	[0 ～ 0]
1	[2 ～ 7]	[0 ～ 1]
2	[3 ～ 7]	[0 ～ 2]
3	[4 ～ 7]	[0 ～ 3]
4	[5 ～ 7]	[0 ～ 4]
5	[6 ～ 7]	[0 ～ 5]
6	[7 ～ 7]	[0 ～ 6]
7	无	[0 ～ 7]

在 gd32f30x_misc.c 中通过 nvic_priority_group_set() 进行中断优先级分组配置，由于中断优先级分组会影响抢占优先级和次优先级的配置，因而建议读者针对中断优先级分组配置预先进行计算论证，并且在系统启动初始化时进行尽早设置，且之后不再随意改动。

在 gd32f30x_misc.c 中通过 nvic_irq_enable() 进行中断使能及中断优先级配置。中断使能将在后续进行介绍。nvic_irq_enable() 函数可配置对应中断号的抢占优先级和次优先级，GD32 MCU 所支持的中断号可在 gd32f30x.h 中获取。中断号的定义代码如下。

```
typedef enum IRQn
{
    /*M4 处理器异常数 */
    NonMaskableInt_IRQn=-14,/*!< 2 不可屏蔽中断 */
    MemoryManagement_IRQn        =-12,         /*!< 4 M4 内存管理中断 t*/
    BusFault_IRQn                =-11,         /*!< 5 M4 总线故障中断 */
    UsageFault_IRQn              =-10,         /*!< 6 M4 使用故障中断 */
    SVCall_IRQn                  =-5,          /*!< 11 M4 SV 调用中断 */
    …
   }IRQn_Type;
```

2. 中断向量表偏移配置

当有中断请求需要响应时，M4 需要通过中断获取中断入口地址，该中断入口地址存储在中断向量表中。GD32 MCU 中断向量表定义在 gd32f30x_hd/xd/cl.s 启动文件中，每个中断向量占用 4 字节，中断向量表的起始地址存放堆栈指针，之后是复位中断向量地址，再之后是异常及其他中断向量地址。中断向量的定义代码如下。

```
__Vectors       DCD     __initial_sp            ; 堆栈顶部
                DCD     Reset_Handler           ; 复位中断入口地址
                DCD     NMI_Handler             ;NMI 中断入口地址
                DCD     HardFault_Handler       ;Hard Fault 中断入口地址
                DCD     MemManage_Handler       ;MPU Fault 中断入口地址
                ...
```

当系统需要支持 IAP 升级（在应用中编程升级）或多个 APP 程序段跳转时，需要进行中断向量表偏移，否则跳转之后无法找到正确的中断入口地址。在 gd32f30x_misc.c 中通过 nvic_vector_table_set() 进行中断向量表偏移设置。注意，中断向量表偏移地址需要是 0x100 的整数倍。

3. 中断使能及禁用配置

在 gd32f30x_misc.c 中通过 nvic_irq_enable() 设置相应中断号的中断使能，对应操作 NVIC_ISERx 中断用于设置使能寄存器；通过 nvic_irq_disable() 设置相应中断号的中断禁用，对应操作 NVIC_ICERx 中断用于设置禁用寄存器。

3.4 GD32 MCU 存储器系统

存储器是 MCU 的重要组成部分，主要用于存储数据、代码、变量以及外设寄存器等。本节主要介绍 GD32 MCU 存储器架构以及 Flash 相关操作。

3.4.1 存储器架构

M4 处理器采用哈佛结构，可以使用相互独立的总线来读取指令，加载或存储数据。指令代码和数据都位于相同的存储器地址空间，但在不同的地址范围。由于地址的总线宽度是 32 位，M4 最大寻址空间为 4GB，为了降低因不同器件供应商重复定义带来的复杂度，M4 处理器支持预先对存储器映射进行框架定义。在存储器映射表中，一部分地址空间被 M4 的系统外设占用，且不可更改，其余部分地址空间可由芯片供应商定义和使用。GD32F30× 系列 MCU 的存储器映射如表 3-5 所示，其中包括主 Flash、SRAM、外设和其他预先定义的区域，读者可通过该表获取外设寄存器基地址以及各模块存储器空间。

表 3-5　GD32F30× 系列 MCU 存储器映射表

预定义的区域	总线	地　址	外　设
外设	AHB3	0xA000 0000 ～ 0xA000 0FFF	EXMC - SWREG
外部 RAM		0x9000 0000 ～ 0x9FFF FFFF	EXMC - PC CARD
		0x7000 0000 ～ 0x8FFF FFFF	EXMC - NAND
		0x6000 0000 ～ 0x6FFF FFFF	EXMC - NOR/PSRAM/SRAM
Peripheral	AHB1	0x5000 0000 ～ 0x5003 FFFF	USBFS
		0x4008 0000 ～ 0x4FFF FFFF	保留
		0x4004 0000 ～ 0x4007 FFFF	保留
		0x4002 BC00 ～ 0x4003 FFFF	保留
		0x4002 B000 ～ 0x4002 BBFF	保留
		0x4002 A000 ～ 0x4002 AFFF	保留
		0x4002 8000 ～ 0x4002 9FFF	ENET
		0x4002 6800 ～ 0x4002 7FFF	保留
		0x4002 6400 ～ 0x4002 67FF	保留
		0x4002 6000 ～ 0x4002 63FF	保留
		0x4002 5000 ～ 0x4002 5FFF	保留
		0x4002 4000 ～ 0x4002 4FFF	保留
		0x4002 3C00 ～ 0x4002 3FFF	保留
		0x4002 3800 ～ 0x4002 3BFF	保留
		0x4002 3400 ～ 0x4002 37FF	保留
		0x4002 3000 ～ 0x4002 33FF	CRC
		0x4002 2C00 ～ 0x4002 2FFF	保留
		0x4002 2800 ～ 0x4002 2BFF	保留
		0x4002 2400 ～ 0x4002 27FF	保留
		0x4002 2000 ～ 0x4002 23FF	FMC
		0x4002 1C00 ～ 0x4002 1FFF	保留
		0x4002 1800 ～ 0x4002 1BFF	保留
		0x4002 1400 ～ 0x4002 17FF	保留
		0x4002 1000 ～ 0x4002 13FF	RCU
		0x4002 0C00 ～ 0x4002 0FFF	保留
		0x4002 0800 ～ 0x4002 0BFF	保留
		0x4002 0400 ～ 0x4002 07FF	DMA1

（续）

预定义的区域	总线	地　址	外　设
Peripheral	AHB1	0x4002 0000 ～ 0x4002 03FF	DMA0
		0x4001 8400 ～ 0x4001 FFFF	保留
		0x4001 8000 ～ 0x4001 83FF	SDIO
	APB2	0x4001 7C00 ～ 0x4001 7FFF	保留
		0x4001 7800 ～ 0x4001 7BFF	保留
		0x4001 7400 ～ 0x4001 77FF	保留
		0x4001 7000 ～ 0x4001 73FF	保留
		0x4001 6C00 ～ 0x4001 6FFF	保留
		0x4001 6800 ～ 0x4001 6BFF	保留
		0x4001 5C00 ～ 0x4001 67FF	保留
		0x4001 5800 ～ 0x4001 5BFF	保留
		0x4001 5400 ～ 0x4001 57FF	TIMER10
		0x4001 5000 ～ 0x4001 53FF	TIMER9
		0x4001 4C00 ～ 0x4001 4FFF	TIMER8
		0x4001 4800 ～ 0x4001 4BFF	保留
		0x4001 4400 ～ 0x4001 47FF	保留
		0x4001 4000 ～ 0x4001 43FF	保留
		0x4001 3C00 ～ 0x4001 3FFF	ADC2
		0x4001 3800 ～ 0x4001 3BFF	USART0
		0x4001 3400 ～ 0x4001 37FF	TIMER7
		0x4001 3000 ～ 0x4001 33FF	SPI0
		0x4001 2C00 ～ 0x4001 2FFF	TIMER0
		0x4001 2800 ～ 0x4001 2BFF	ADC1
		0x4001 2400 ～ 0x4001 27FF	ADC0
		0x4001 2000 ～ 0x4001 23FF	GPIOG
		0x4001 1C00 ～ 0x4001 1FFF	GPIOF
		0x4001 1800 ～ 0x4001 1BFF	GPIOE
		0x4001 1400 ～ 0x4001 17FF	GPIOD
		0x4001 1000 ～ 0x4001 13FF	GPIOC
		0x4001 0C00 ～ 0x4001 0FFF	GPIOB
		0x4001 0800 ～ 0x4001 0BFF	GPIOA
		0x4001 0400 ～ 0x4001 07FF	EXTI
		0x4001 0000 ～ 0x4001 03FF	AFIO

（续）

预定义的区域	总线	地　址	外　设
Peripheral	APB1	0x4000 CC00 ～ 0x4000 FFFF	保留
		0x4000 C800 ～ 0x4000 CBFF	CTC
		0x4000 C400 ～ 0x4000 C7FF	保留
		0x4000 C000 ～ 0x4000 C3FF	保留
		0x4000 8000 ～ 0x4000 BFFF	保留
		0x4000 7C00 ～ 0x4000 7FFF	保留
		0x4000 7800 ～ 0x4000 7BFF	保留
		0x4000 7400 ～ 0x4000 77FF	DAC
		0x4000 7000 ～ 0x4000 73FF	PMU
		0x4000 6C00 ～ 0x4000 6FFF	BKP
		0x4000 6800 ～ 0x4000 6BFF	CAN1
		0x4000 6400 ～ 0x4000 67FF	CAN0
		0x4000 6000 ～ 0x4000 63FF	共享 USBD/CAN SRAM 512 B
		0x4000 5C00 ～ 0x4000 5FFF	USBD
		0x4000 5800 ～ 0x4000 5BFF	I2C1
		0x4000 5400 ～ 0x4000 57FF	I2C0
		0x4000 5000 ～ 0x4000 53FF	UART4
		0x4000 4C00 ～ 0x4000 4FFF	UART3
		0x4000 4800 ～ 0x4000 4BFF	USART2
		0x4000 4400 ～ 0x4000 47FF	USART1
		0x4000 4000 ～ 0x4000 43FF	保留
		0x4000 3C00 ～ 0x4000 3FFF	SPI2/I2S2
		0x4000 3800 ～ 0x4000 3BFF	SPI1/I2S1
		0x4000 3400 ～ 0x4000 37FF	保留
		0x4000 3000 ～ 0x4000 33FF	FWDGT
		0x4000 2C00 ～ 0x4000 2FFF	WWDGT
		0x4000 2800 ～ 0x4000 2BFF	RTC
		0x4000 2400 ～ 0x4000 27FF	保留
		0x4000 2000 ～ 0x4000 23FF	TIMER13
		0x4000 1C00 ～ 0x4000 1FFF	TIMER12
		0x4000 1800 ～ 0x4000 1BFF	TIMER11

（续）

预定义的区域	总线	地 址	外 设
Peripheral	APB1	0x4000 1400 ～ 0x4000 17FF	TIMER6
		0x4000 1000 ～ 0x4000 13FF	TIMER5
		0x4000 0C00 ～ 0x4000 0FFF	TIMER4
		0x4000 0800 ～ 0x4000 0BFF	TIMER3
		0x4000 0400 ～ 0x4000 07FF	TIMER2
		0x4000 0000 ～ 0x4000 03FF	TIMER1
SRAM	AHB	0x2007 0000 ～ 0x3FFF FFFF	保留
		0x2006 0000 ～ 0x2006 FFFF	保留
		0x2003 0000 ～ 0x2005 FFFF	保留
		0x2002 0000 ～ 0x2002 FFFF	保留
		0x2001 8000 ～ 0x2001 FFFF	保留
		0x2000 0000 ～ 0x2001 7FFF	SRAM
Code	AHB	0x1FFF F810 ～ 0x1FFF FFFF	保留
		0x1FFF F800 ～ 0x1FFF F80F	选项字节（Option Bytes）
		0x1FFF F000 ～ 0x1FFF F7FF	引导加载程序（Boot loader）
		0x1FFF C010 ～ 0x1FFF EFFF	
		0x1FFF C000 ～ 0x1FFF C00F	
		0x1FFF B000 ～ 0x1FFF BFFF	
		0x1FFF 7A10 ～ 0x1FFF AFFF	保留
		0x1FFF 7800 ～ 0x1FFF 7A0F	保留
		0x1FFF 0000 ～ 0x1FFF 77FF	保留
		0x1FFE C010 ～ 0x1FFE FFFF	保留
		0x1FFE C000 ～ 0x1FFE C00F	保留
		0x1001 0000 ～ 0x1FFE BFFF	保留
		0x1000 0000 ～ 0x1000 FFFF	保留
		0x083C 0000 ～ 0x0FFF FFFF	保留
		0x0830 0000 ～ 0x083B FFFF	保留
		0x0800 0000 ～ 0x082F FFFF	主 Flash
		0x0030 0000 ～ 0x07FF FFFF	保留
		0x0010 0000 ～ 0x002F FFFF	映射主 Flash 或引导加载程序
		0x0002 0000 ～ 0x000F FFFF	
		0x0000 0000 ～ 0x0001 FFFF	

3.4.2　Flash 操作说明

GD32F30× 系列 MCU 中有关 Flash 的操作是通过 FMC 模块实现的，包括对 Flash 进行擦、写、读以及选项字节操作，相关操作的 API 函数在 gd32f30x_fmc.c 和 gd32f30x_-fmc.h 中实现，具体如表 3-6 所示。

表 3-6　GD32 固件库中与 FMC 相关的常用 API 函数

API 函数原型	说　明
void fmc_wscnt_set(uint32_t wscnt)	设置 FMC 等待状态计数值
void fmc_unlock(void)	解锁 FMC 主编程块操作
void fmc_bank0_unlock(void)	解锁 FMC Bank0 块操作
void fmc_bank1_unlock(void)	解锁 FMC_Bank1 块操作
void fmc_lock(void)	锁定 FMC 主编程块操作
void fmc_bank0_lock(void)	锁定 FMC BANK0 块操作
void fmc_bank1_lock(void)	锁定 FMC BANK1 块操作
fmc_state_enum fmc_page_erase(uint32_t page_address)	擦除 FMC 页
fmc_state_enum fmc_mass_erase(void)	擦除 FMC 全片
fmc_state_enum fmc_bank0_erase(void)	擦除 FMC BANK0
fmc_state_enum fmc_bank1_erase(void)	擦除 FMC BANK1
fmc_state_enum fmc_word_program(uint32_t address, uint32_t data)	在相应地址进行全字编程
fmc_state_enum fmc_halfword_program(uint32_t address, uint16_t data)	在相应地址进行半字编程
fmc_state_enum fmc_word_reprogram(uint32_t address, uint32_t data)	在相应地址进行全字编程，无预检查该处内存是否擦除，注意仅可将 bit 为 1 的位的值改为 0
void ob_unlock(void)	解锁选项字节操作
void ob_lock(void)	锁定选项字节操作
fmc_state_enum ob_erase(void)	擦除选项字节
fmc_state_enum ob_write_protection_enable(uint32_t ob_wp)	使能写保护
fmc_state_enum ob_security_protection_config(uint8_t ob_spc)	配置安全保护
fmc_state_enum ob_user_write(uint8_t ob_fwdgt, uint8_t ob_deepsleep, uint8_t ob_stdby, uint8_t ob_boot)	写用户选项字节
fmc_state_enum ob_data_program(uint32_t address, uint8_t data)	写数据选项字节
uint8_t ob_user_get(void)	获取用户选项字节
uint16_t ob_data_get(void)	获取数据选项字节
uint32_t ob_write_protection_get(void)	获取写保护选项字节

（续）

API 函数原型	说　明
FlagStatus ob_spc_get(void)	获取安全保护选项字节
void fmc_interrupt_enable(uint32_t interrupt)	使能 FMC 中断
void fmc_interrupt_disable(uint32_t interrupt)	除能 FMC 中断
FlagStatus fmc_flag_get(uint32_t flag)	检查标志位是否置位
void fmc_flag_clear(uint32_t flag)	清除 FMC 标志
FlagStatus fmc_interrupt_flag_get(fmc_interrupt_flag_enum flag)	获取 FMC 中断标志状态
void fmc_interrupt_flag_clear(fmc_interrupt_flag_enum flag)	清除 FMC 中断标志状态
fmc_state_enum fmc_bank0_state_get(void)	获取 FMC BANK0 状态
fmc_state_enum fmc_bank1_state_get(void)	获取 FMC BANK1 状态
fmc_state_enum fmc_bank0_ready_wait(uint32_t timeout)	检查 FMC BANK0 是否准备好
fmc_state_enum fmc_bank1_ready_wait(uint32_t timeout)	检查 FMC BANK1 是否准备好

1. 主 Flash 擦、写、读操作

对主 Flash 进行写操作，首先要对主 Flash 进行解锁，然后进行擦、写操作，操作完成后需要进行加锁。在对应的地址写入数据之前需要确保对应地址的数据为 0xFF，如果不为 0xFF，写入数据会报编程错误，因而需要先擦除再写入。

对 Flash 页进行擦除的示例函数代码如下所示。该函数实现从地址 FMC_WRITE_START_ADDR 到地址 FMC_WRITE_END_ADDR 的数据擦除。注意，擦除的起始地址和结束地址均为对应页的首地址，PageNum 为根据起止地址和 FMC_PAGE_SIZE 计算得到的页的个数，其中 FMC_PAGE_SIZE 为页大小。

```
/*!
    \简介          从 FMC_WRITE_START_ADDR 到 FMC_WRITE_END_ADDR 按页擦除
    \参数[输入]    无
    \参数[输出]    无
    \返回值        无
*/
void fmc_erase_pages(void)
{
    uint32_t EraseCounter;
    fmc_unlock();
    fmc_flag_clear(FMC_FLAG_BANK0_END);
    fmc_flag_clear(FMC_FLAG_BANK0_WPERR);
    fmc_flag_clear(FMC_FLAG_BANK0_PGERR);

    /*按页擦除 Flash*/
    for(EraseCounter=0;EraseCounter < PageNum;EraseCounter++){
```

```
        fmc_page_erase(FMC_WRITE_START_ADDR+(FMC_PAGE_SIZE * EraseCounter));
        fmc_flag_clear(FMC_FLAG_BANK0_END);
        fmc_flag_clear(FMC_FLAG_BANK0_WPERR);
        fmc_flag_clear(FMC_FLAG_BANK0_PGERR);
    }

    fmc_lock();
}
```

Flash编程（写）示例函数代码如下所示。该函数实现从地址FMC_WRITE_START_-ADDR到地址FMC_WRITE_END_ADDR的数据按字写入。

```
/*!
    \简介           从FMC_WRITE_START_ADDR到FMC_WRITE_END_ADDR按字编程
    \参数[输入]     无
    \参数[输出]     无
    \返回值         无
*/
void fmc_program(void)
{
    fmc_unlock();
    address=FMC_WRITE_START_ADDR;

    /*按字编程*/
    while(address < FMC_WRITE_END_ADDR){
        fmc_word_program(address,data0);
        address+=4;
        fmc_flag_clear(FMC_FLAG_BANK0_END);
        fmc_flag_clear(FMC_FLAG_BANK0_WPERR);
        fmc_flag_clear(FMC_FLAG_BANK0_PGERR);
    }
    fmc_lock();
}
```

Flash读取示例代码如下所示。对Flash进行读取时可以直接进行寻址访问，注意若按字访问，读取地址需4字节对齐。

```
uint32_t ptrd;
ptrd = *(uint32_t *)FMC_WRITE_START_ADDR;
```

2. 选项字节操作

GD32F30×的选项字节用于实现对MCU的相关配置，包括Flash读保护配置、擦写保护配置、硬件独立看门狗使能配置、Standby/Deepsleep低功耗模式唤醒后是否选择复位配置以及用户自定义数据等。选项字节定义如表3-7所示。

表 3-7 选项字节定义

地址	名称	说明
0x1fff f800	SPC	可选字节安全保护值 0xA5：未保护状态 除 0xA5 外的任何值：已保护状态
0x1fff f801	SPC_N	SPC 补字节
0x1fff f802	USER	bit7 ~ bit4：保留 bit3：BB，相关取值及含义如下。 • 0：当配置为从主存储块启动时，若 BANK1 有启动程序，则从 BANK1 启动，否则从 BANK0 启动 • 1：当配置为从主存储块启动时，从 BANK0 启动 bit2：nRST_STDBY，相关取值及含义如下。 • 0：设置待机模式时产生复位而不进入待机模式 • 1：设置待机模式时进入待机模式而不产生复位 bit1：nRST_DPSLP，相关取值及含义如下。 • 0：设置深度睡眠模式时产生复位而不进入深度睡眠模式 • 1：设置深度睡眠模式时进入深度睡眠模式而不产生复位 bit0：nWDG_HW，相关取值及含义如下。 • 0：硬件使能独立看门狗功能 • 1：软件使能独立看门狗功能
0x1fff f803	USER_N	USER 补字节值
0x1fff f804	DATA[7:0]	用户定义数据 7 ~ 0 位
0x1fff f805	DATA_N[7:0]	DATA 补字节值的 7 ~ 0 位
0x1fff f806	DATA[15:8]	用户定义数据 15 ~ 8 位
0x1fff f807	DATA_N[15:8]	DATA 补字节值的 15 ~ 8 位
0x1fff f808	WP[7:0]	页擦除 / 编程保护值的 7 ~ 0 位 0：保护生效 1：未保护
0x1fff f809	WP_N[7:0]	WP 补字节值的 7 ~ 0 位
0x1fff f80a	WP[15:8]	页擦除 / 编程保护值的 15 ~ 8 位
0x1fff f80b	WP_N[15:8]	WP 补字节值的 15 ~ 8 位
0x1fff f80c	WP[23:16]	页擦除 / 编程保护值的 23 ~ 16 位
0x1fff f80d	WP_N[23:16]	WP 补字节值的 23 ~ 16 位
0x1fff f80e	WP[31:24]	页擦除 / 编程保护值的 31 ~ 24 位 WP[30:24]: 每个位可设置 4KB Flash 的保护状态，对于 GD32F30x_CL、GD32F30x_HD 和 GD32F30x_XD 是 2 页 Flash。第 0 位设置前 4KB Flash 的保护状态，以此类推。这 31 位总计可设置前 124KB 的 Flash 保护状态 WP[31]：第 31 位可设置 Flash 剩下部分的保护状态
0x1fff f80f	WP_N[31:24]	WP 补字节值的 31 ~ 24 位

对选项字节进行操作，首先要解锁 Flash、解锁选项字节，然后进行擦写操作，之后加锁选项字节、加锁 Flash。下面演示通过配置选项字节设置芯片读保护的操作，其他选项字节操作可参考使用。具体操作如下所示。

```
if(ob_spc_get()!=SET)
{
    fmc_unlock();
    ob_unlock();
    ob_erase();
    ob_security_protection_config(FMC_USPC);
    ob_lock();
    fmc_lock();
}
```

3.5　本章小结

本章从介绍 GD32 MCU 系统架构出发，首先从整体上介绍了 GD32 MCU 框架结构，接着介绍了 GD32 MCU 采用的 4 种 M 内核的特性以及 M4 内核结构，然后介绍了 GD32 MCU NVIC 与中断系统，包括中断响应序列和中断相关配置操作，最后介绍了 GD32 MCU 存储器架构及 Flash 相关操作，包括主 Flash 擦、写、读操作和选项字节操作。通过对本章的学习，相信读者能够从整体上把握 GD32 MCU 结构，在以后的学习中能够做到“不畏浮云遮望眼，只缘身在最高层”。

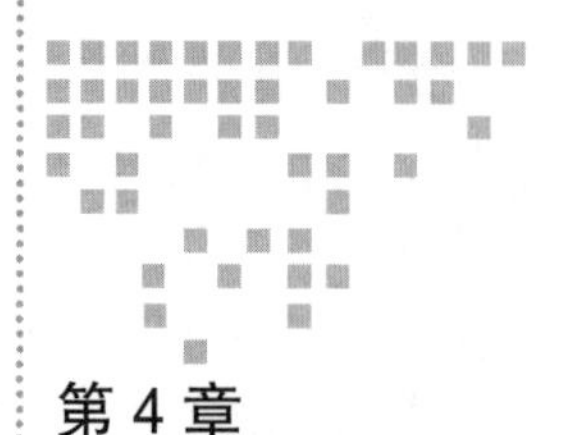

Chapter 4 第4章

GD32 MCU电源管理系统、复位和时钟系统

本章学习GD32 MCU的电源管理系统、复位和时钟系统。电源对于MCU就像吃饭对于我们人类一样重要，事实上电源是任何电子系统都不能忽视的重要组成部分，良好的电源管理可以使用更少的电能完成更多的任务。复位可以使MCU进入确定的状态，保证后续的所有操作都是确定的。时钟则是MCU的心跳，时钟频率往往代表了MCU的性能水平。

4.1 GD32电源管理系统

在使用外部供电设备的电子系统中，MCU的功耗往往不是工程师关注的重点，然而把供电设备换成电池，控制功耗就成为工程师的一项十分重要的工作了。以常见的CR2032的纽扣电池为例，标称电压为3.0V，容量为210mAh，如何让这样一颗电池的工作时间尽量长就成了摆在工程师面前一个很重要的问题。很显然，系统功耗越低工作时间就越长。以GD32为代表的国产MCU大多数使用成熟的55nm或者40nm工艺，相比早期采用90nm工艺的MCU，功耗更低。

4.1.1 PMU简介

GD32的PMU（电源管理单元）提供了3种省电模式——睡眠模式、深度睡眠模式和待机模式。这些模式可以降低功耗，使得应用程序可以在速度和功耗间获得平衡。

GD32 有 3 个电源域——VDD/VDDA 电源域、1.2V 电源域和备份电源域。VDD/VDDA 电源域由电源直接供电。VDD/VDDA 电源域中嵌入了一个 LDO（电压调节器），用来为 1.2V 电源域供电。在备份电源域中有一个电源切换器，当 VDD 电源关闭时，电源切换器可以将备份电源域的电源切换到 VBAT 引脚，此时备份电源域由 VBAT 引脚（电池）供电。

GD32 的 PMU 主要特性如下。

- 提供低电压检测器，当电压低于所设定的阈值时能发出中断或事件。
- 当 VDD 供电关闭时，由 VBAT（电池）为备份域供电。
- LDO 输出电压用于节约能耗。
- 低驱动模式用在深入睡眠模式下，可实现超低功耗。高驱动模式用在高频模式下。

1. GD32 的电源域

GD32 的电源域概览如图 4-1 所示。

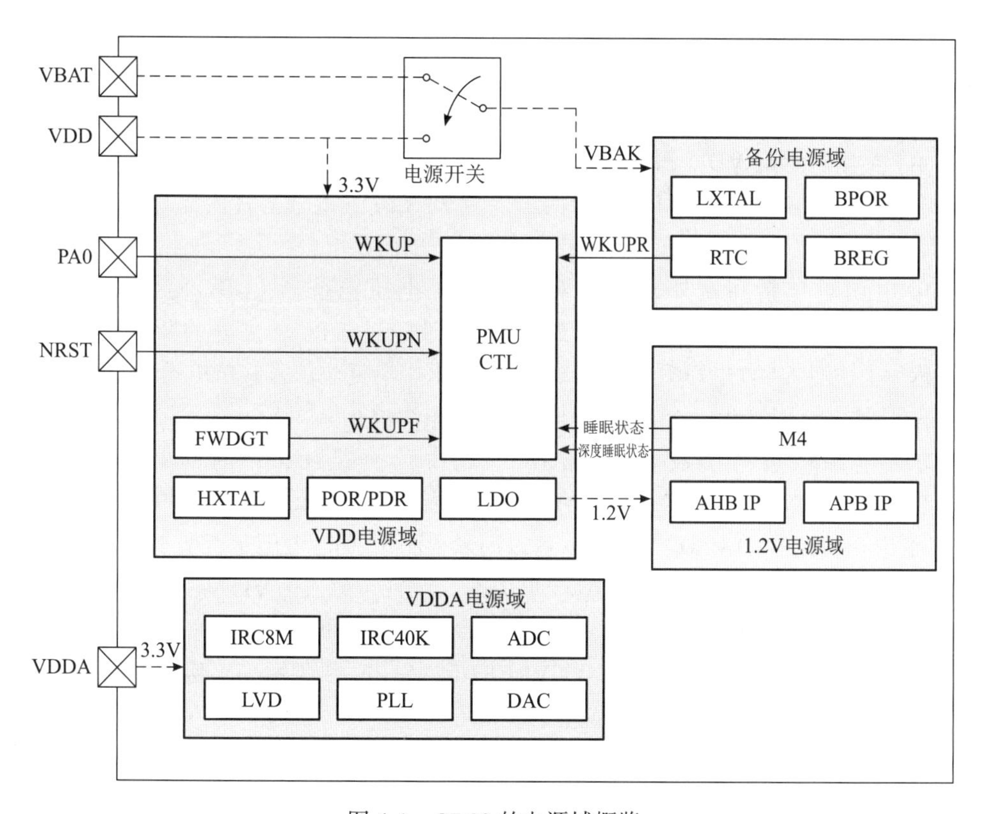

图 4-1　GD32 的电源域概览

对图 4-1 中所示各个名词解释如下。

- LVD：低压检测器。
- LDO：电压调节器。
- BPOR：备份域上电复位。
- POR：上电复位。
- PDR：掉电复位。
- BREG：备份寄存器。

观察图4-1可以发现，图中有4个带有灰色底纹的部分，对应了GD32内部的3个电源域（可认为VDD和VDDA是一个电源域）。

图4-1右上角为备份电源域（又称电池备份域），它的供电VBAK可以通过内部的电源切换器来选择是由VDD供电还是由VBAT（电池）供电。备份电源域包含实时时钟RTC、低速外部晶振LXTAL、备份域上电复位BPOR、备份寄存器BREG，以及PC13、PC14、PC15这3个引脚。备份电源域最大的特点是有一个专门的供电引脚VBAT，通过该引脚可以实现芯片在主电源VDD掉电的时候保持低功耗运行。

PC13、PC14、PC15这3个引脚通过电源切换器供电，而电源切换器仅可通过小电流，因这3个引脚作为GPIO工作在输出模式时，其工作速度不能超过2MHz。

图4-1左侧所示的VDD和VDDA电源域分别对应芯片的VDD和VDDA引脚。从命名就可以看出，VDD对应芯片内部的数字电路，而VDDA对应芯片内部的模拟电路。在大多数应用中，VDD和VDDA在芯片外部使用3.3V电压供电。

VDD电源域包括高速外部晶振（HXTAL）、电压调节器（LDO）、上电/掉电复位（POR/PDR）、独立看门狗定时器（FWDGT）和除PC13～PC15之外的所有引脚等。POR保证在芯片上电且VDD电压升高到约2.4V时产生一个复位信号，PDR保证在芯片掉电且电压降低到约1.8V时产生一个复位信号，迟滞电压约为0.6V。

VDDA电源域包括模数转换器ADC、数模转换器DAC、内部8MHz RC振荡器（IRC8M）、内部48MHz RC振荡器（IRC48M）、内部40kHz RC振荡器（IRC40K）、锁相环（PLL）、低电压检测器（LVD）等。LVD可以用来检测VDDA电压是否低于预设的阈值。低电压事件出现以后可以通过EXTI_16产生中断，软件可以在EXTI_16的ISR中做一些事情，比如保存参数之类。VDDA和VDD独立供电有助于提高ADC和DAC的转换精度，在100引脚及以上的芯片上还有独立的VREF+和VREF-引脚用来连接外部基准电源，这可以进一步提高ADC和DAC的转换精度。

1.2V电源域主要包括M4内核逻辑，AHB和APB上的各种外设，备份电源域和VDD/VDDA电源域的APB接口等。1.2V电源域的供电由VDD电源域通过内部LDO提供。

2. GD32 的省电模式

MCU 省电最简单的方法是减慢系统时钟，比如降低 HCLK、PCLK2、PCLK1 的频率，关闭不用的外设时钟。此外 M4 内核还有 3 种省电模式来实现更低的功耗：

- 睡眠模式；
- 深度睡眠模式；
- 待机模式。

睡眠模式仅关闭 M4 内核时钟，通过清除 M4 系统控制寄存器中的 SLEEPDEEP 位并执行 WFI 或者 WFE 指令进入睡眠模式。如果睡眠模式是通过执行 WFI 指令进入的，那么任何中断都可以唤醒系统。如果睡眠模式是通过执行 WFE 指令进入的，那么任何唤醒事件都可以唤醒系统，且由于无须在进入或退出中断上消耗时间，睡眠模式需要的唤醒时间最短。睡眠模式使用方便，但是省电效果一般。

深度睡眠模式下，1.2V 电源域中的所有时钟会全部关闭，IRC8M、HXTAL 及 PLL 也会全部被禁用，SRAM 和寄存器中的内容会被保留。通过设置 M4 系统控制寄存器中的 SLEEPDEEP 位，清除 PMU_CTL 寄存器的 STBMOD 位，然后执行 WFI 或 WFE 指令即可进入深度睡眠模式。与睡眠模式不同，深度睡眠模式只能由 EXTI 中断或者事件来唤醒，具体取决于进入深度睡眠模式执行的是 WFI 还是 WFE 指令。深度睡眠模式使用也很方便，省电效果较好，通过 EXTI 唤醒也比较方便，在实际工程中应用广泛。

待机模式下，整个 1.2V 电源域全部断电，同时 LDO、IRC8M、HXTAL 和 PLL 也会被关闭。先将 M4 系统控制寄存器的 SLEEPDEEP 位置 1，再将 PMU_CTL 寄存器的 STBMOD 位置 1，接着清除 PMU_CS 寄存器的 WUF 位，然后执行 WFI 或 WFE 指令，系统即可进入待机模式。待机模式功耗最低，但是唤醒时间最长，而且 SRAM 和寄存器内容全部丢失。唤醒时系统会发生上电复位，相当于重新上电。

3 种省电模式总结如表 4-1 所示。

表 4-1　GD32 省电模式总结

	睡眠模式	深度睡眠模式	待机模式
描述	仅关闭 CPU 时钟	（1）关闭 1.2V 电源域的所有时钟 （2）禁用 IRC8M、HXTAL 和 PLL	（1）关闭 1.2V 电源域的供电 （2）关闭 LDO、IRC8M、HXTAL 和 PLL
LDO 状态	开启	开启，低功耗模式或低驱动模式	关闭
配置	SLEEPDEEP=0	SLEEPDEEP=1 STBMOD=0	SLEEPDEEP=1 STBMOD=1，WURST=1
进入指令	WFI 或 WFE	WFI 或 WFE	WFI 或 WFE

（续）

	睡眠模式	深度睡眠模式	待机模式
唤醒	若通过 WFI 进入，则任何中断均可唤醒；若通过 WFE 进入，则任何事件（或 SEVONPEND=1 时的中断）均可唤醒	若通过 WFI 进入，来自 EXTI 的任何中断可唤醒；若通过 WFE 进入，来自 EXTI 的任何事件（或 SEVONPEND=1 时的中断）可唤醒	唤醒方式 （1）NRST 引脚外部复位 （2）WKUP 引脚上升沿 （3）FWDGT 复位 （4）RTC 闹钟报警
唤醒延迟	无	IRC8M 唤醒时间 如果 LDO 处于低功耗模式，则需增加 LDO 唤醒时间	上电序列

4.1.2 固件库中 PMU 相关的主要 API

GD32 固件库中 PMU 相关的 API 定义在 gd32f30x_pmu.h 和 gd32f30x_pmu.c 两个文件中，前者为头文件，包含寄存器地址、常量的定义、API 函数声明，后者为 API 的具体实现。常用的 API 函数的简单介绍如表 4-2 所示。包括 GD32 在内的绝大多数芯片内部只有一个 PMU 模块，因此 API 无须指定实例。

表 4-2　GD32 固件库 PMU 模块常用 API 函数

API 函数原型	说　明
void pmu_deinit(void);	复位 PMU 模块
void pmu_lvd_select(uint32_t lvdt_n);	选择低压检测器阈值
void pmu_ldo_output_select(uint32_t ldo_output);	选择 LDO 输出电压
void pmu_lvd_disable(void);	关闭低电压检测器
void pmu_highdriver_switch_select(uint32_t highdr_switch);	选择高驱动模式
void pmu_highdriver_mode_enable(void); void pmu_highdriver_mode_disable(void);	使能和禁止高驱动模式
void pmu_lowdriver_mode_enable(void); void pmu_lowdriver_mode_disable(void);	使能和禁止低驱动模式
void pmu_lowpower_driver_config(uint32_t mode);	使用低功耗 LDO 时的驱动模式配置
void pmu_normalpower_driver_config(uint32_t mode);	使用正常功耗 LDO 时的驱动模式配置
void pmu_to_sleepmode(uint8_t sleepmodecmd);	进入睡眠模式
void pmu_to_deepsleepmode(uint32_t ldo, uint8_t deepsleepmodecmd);	进入深度睡眠模式
void pmu_to_standbymode(uint8_t standbymodecmd);	进入待机模式

（续）

API 函数原型	说 明
void pmu_wakeup_pin_enable(void); void pmu_wakeup_pin_disable(void);	使能和禁止唤醒引脚
void pmu_backup_write_enable(void); void pmu_backup_write_disable(void);	使能和禁止备份域写入
FlagStatus pmu_flag_get(uint32_t flag); void pmu_flag_clear(uint32_t flag_reset);	读取和清除 PMU 标志

4.1.3 实例：深度睡眠进入和退出

深度睡眠模式的省电效果比较好，而且进入深度睡眠模式以后 SRAM 和寄存器都保持不变，使用比较方便。本节通过实例演示如何进入和退出深度睡眠模式。

BluePillExt 母板上有两个按键 K1 和 K2，分别连接到 GD32F303 的 PA0 和 PA1 引脚。我们按下 K1（PA0）进入深度睡眠模式，按下 K2（PA1）退出深度睡眠模式。K1（PA0）按照普通按键输入处理即可，而为了唤醒深度睡眠模式的 MCU，K2（PA1）需要连接到 EXTI_1 上，使用 EXTI_1 来唤醒处于深度睡眠模式的 MCU。

相关实现代码如下。

```
#include "gd32f30x.h"
#include "gd32f303c_eval.h"
#include "main.h"

void systick_config(void)
{
    /* 设置 systick 定时器中断频率为 1000Hz*/
    if(SysTick_Config(SystemCoreClock / 1000U)){
        /* 捕获错误 */
        while(1){
        }
    }
    /* 配置 SysTick 优先级 */
    NVIC_SetPriority(SysTick_IRQn,0x00U);
}

void SysTick_Handler(void)
{
    static __IO uint32_t timingdelaylocal=0;

    if(timingdelaylocal !=0x00){
        /* 点亮所有 LED*/
        if(timingdelaylocal < 200){
            gpio_bit_reset(GPIOA,GPIO_PIN_8);
```

```
                gpio_bit_reset(GPIOA,GPIO_PIN_15);
                gpio_bit_set(GPIOC,GPIO_PIN_13);
            }else{
                /* 熄灭所有 LED*/
                gpio_bit_set(GPIOA,GPIO_PIN_8);
                gpio_bit_set(GPIOA,GPIO_PIN_15);
                gpio_bit_reset(GPIOC,GPIO_PIN_13);
            }
            timingdelaylocal--;
        }else{
            timingdelaylocal=400;
        }
    }
```

systick_config 将 SysTick 配置为 1000Hz 中断频率，在中断服务程序 SysTick_Handler 中控制 3 个 LED，使它们大约 400ms 点亮一次，对应闪烁频率约为 2.5Hz。

gpio_config 函数用于完成 GPIO 的初始化，实现代码如下。

```
void gpio_config(void)
{
    rcu_periph_clock_enable(RCU_GPIOA);
    rcu_periph_clock_enable(RCU_GPIOC);
    rcu_periph_clock_enable(RCU_AF);

    /*PA0=KEY1*/
    gpio_init(GPIOA,GPIO_MODE_IPU,GPIO_OSPEED_2MHZ,GPIO_PIN_0);
    /*PA1=KEY2*/
    gpio_init(GPIOA,GPIO_MODE_IPU,GPIO_OSPEED_2MHZ,GPIO_PIN_1);

    /*PA8=LED3*/
    gpio_init(GPIOA,GPIO_MODE_OUT_PP,GPIO_OSPEED_2MHZ,GPIO_PIN_8);
    gpio_bit_reset(GPIOA,GPIO_PIN_8);

    /*PA15=LED4*/
    gpio_init(GPIOA,GPIO_MODE_OUT_PP,GPIO_OSPEED_2MHZ,GPIO_PIN_15);
    gpio_bit_reset(GPIOA,GPIO_PIN_15);
    gpio_pin_remap_config(GPIO_SWJ_SWDPENABLE_REMAP,ENABLE);

    /*PC13=LED*/
    gpio_init(GPIOC,GPIO_MODE_OUT_PP,GPIO_OSPEED_2MHZ,GPIO_PIN_13);
    gpio_bit_set(GPIOC,GPIO_PIN_13);
}
```

本实例使用了 PA8、PA15、PC13 这 3 个 GPIO，需要使能 GPIOA 和 GPIOC 的时钟，由于 PA15 使用了重映射，所以还要使能 AF 模块的时钟。3 个 GPIO 分别调用 gpio_init 函数进行初始化，模式选择推挽输出，速度选择 2MHz；PA8 和 PA15 在高电平时点亮 LED，初始化过程中调用 gpio_bit_reset 函数将这 2 个 GPIO 设置为低电平，LED 保持熄灭；PC13

为低电平时点亮 LED，初始化过程中调用 gpio_bit_set 函数将这个 GPIO 设置为高电平，LED 保持熄灭。由于 PA15 在默认状态下作为 JTAG 调试接口的 JTDI 信号来使用，所以我们需要调用 gpio_pin_remap_config 函数关闭 JTAG 接口。

exti_config 函数用于完成 EXTI 的初始化。我们使用 PA1 作为按键，调用 nvic_irq_-enable 使能 EXTI1 的中断，调用 gpio_exti_source_select 将 PA1 连接到 EXTI_1；调用 exti_init 初始化 EXTI_1 为中断模式下降沿触发，最后调用 exti_interrupt_flag_clear 清除 EXTI_1 的中断标志。该函数的实现代码如下。

```
void exti_config(void)
{
    nvic_irq_enable(EXTI1_IRQn,2U,0U);
    /* 连接按键的 EXTI 线到 GPIO 引脚 */
    gpio_exti_source_select(GPIO_PORT_SOURCE_GPIOA,GPIO_PIN_SOURCE_1);
    /* 配置按键的 EXTI 线 */
    exti_init(EXTI_1,EXTI_INTERRUPT,EXTI_TRIG_FALLING);
    exti_interrupt_flag_clear(EXTI_1);
}
```

main 函数的实现代码如下。

```
int main(void)
{
    systick_config();
    gpio_config();
    exti_config();
    rcu_periph_clock_enable(RCU_PMU);
    while(1){
        if(RESET == gpio_input_bit_get(GPIOA,GPIO_PIN_0))
            pmu_to_deepsleepmode(PMU_LDO_LOWPOWER,WFI_CMD);
    }
}

void EXTI1_IRQHandler(void)
{
    if(SET == exti_interrupt_flag_get(EXTI_1)){
        exti_interrupt_flag_clear(EXTI_1);
    }
}
```

在 main 函数中调用 systick_config 函数初始化 SysTick 定时器，调用 gpio_config 函数初始化 GPIO，调用 exti_config 函数初始化 EXTI，然后使能 PMU 时钟，在 while 循环中等待 K1（PA0）被按下。检测到 K1 被按下以后，调用 pmu_to_deepsleepmode 函数使 MCU 进入深度睡眠模式。

EXTI1_IRQHandler 为 EXTI_1 的中断服务程序，只用于清除中断标志，无实质性内容。K2 被按下后触发 EXTI_1 中断即可唤醒处于深度睡眠模式的 MCU。

本实例的工程路径为：GD32F30x_Firmware_Library\PMU\Deepsleep_wakeup_exti。

在 MDK 中编译代码，然后将代码下载到 BluePill 开发板，方法参考 5.1.3 节。按下 BluePill 开发板上的 NRST 按键并运行用户代码，即可观察到 3 颗 LED 开始闪烁，闪烁频率大约为 2.5Hz。此时按下 K1，MCU 进入深度睡眠模式，3 颗 LED 停止闪烁；按下 K2，MCU 退出深度睡眠模式，3 颗 LED 开始闪烁，但是闪烁频率与之前相比大大降低。这是由于 MCU 从深度睡眠模式中被唤醒以后，默认时钟为 IRC8M，完全恢复运行还需要重新设置时钟。

唤醒深度睡眠模式的 MCU 除了使用 EXTI 外，还可以使用 RTC 闹钟，5.5.4 节我们会对此进行详细介绍。

4.1.4 实例：待机模式进入和退出

待机模式省电效果最好，但是所有 SRAM 和寄存器中的内容在进入待机模式后会全部丢失，MCU 相当于经历了一次上电复位。本节我们通过实例演示如何进入和退出待机模式。

我们选择使用 WKUP 引脚来唤醒处于待机模式的 MCU，GD32F303 的 WKUP 引脚为 PA0。需要注意的是，WKUP 引脚唤醒为上升沿有效，由于 BluePillExt 扩展板上的 PA0 连接按键在不按下时是悬空的，按下时是接 GND 的，所以需要对测试方法做一些修改。

WKUP 引脚使能 wkup 功能后内部会自动配置为下拉模式，下拉电阻为 40kΩ。因此在使用 WKUP 引脚进行唤醒时建议外部做下拉处理，所以不要使用上拉电阻，否则会产生额外功耗损失。

本节使用的代码由 4.1.3 节所用实例代码修改而来，除了 main 函数和去掉了 EXTI 的配置代码外，其他代码完全相同。下面直接给出 main 函数。

```
int main(void)
{
    systick_config();
    gpio_config();
    rcu_periph_clock_enable(RCU_PMU);
    pmu_wakeup_pin_enable();
    while(1){
        if(RESET == gpio_input_bit_get(GPIOA,GPIO_PIN_1)){
            pmu_to_standbymode(WFI_CMD);
        }
    }
}
```

在 main 函数中调用 systick_config 函数来初始化 SysTick 定时器，调用 gpio_config 函数来初始化 GPIO，然后使能 PMU 时钟，调用 pmu_wakeup_pin_enable 使能唤醒引脚

WKUP。在 while 循环中等待 K2（PA1）被按下，检测到 K2 被按下以后，调用 pmu_to_-standbymode 函数进入待机模式。

本实例的工程路径为：GD32F30x_Firmware_Library\PMU\Standby_wakeup_pin。

在 MDK 中编译代码，然后将代码下载到 BluePill 开发板，方法参考 5.1.3 节。按下 BluePill 开发板上的 NRST 按键并运行用户代码，即可观察到 3 颗 LED 开始闪烁，闪烁频率大约为 2.5Hz。此时按下 K2，MCU 进入待机模式，3 颗 LED 停止闪烁；由于唤醒引脚 WKUP 为高电平有效，所以当我们按下 K1（PA0/WKUP）时连接的是 GND，无法唤醒 MCU，解决方法是使用杜邦线将 PA0 连接到 3.3V 电源，之后即可唤醒处于待机模式的 MCU。由于从待机模式唤醒 MCU 会经历一次上电复位，即唤醒后 MCU 会从 0x00000000 地址重新运行代码，所以唤醒后 LED 闪烁的频率与之前相同，即都为 2.5Hz 左右。

待机模式下的 MCU 的功耗仅有 5 ～ 6μA，所以理论上一枚 210mAh 的纽扣电池可以支持 MCU 在待机模式下运行 4 年左右。

4.1.5　实例：低压检测器的使用

在实际工程中往往会有这样的需求：希望系统在断电时执行某些操作，比如保存必要的参数。低压监测器（LVD）可以用来检测 VDD/VDDA 的电压是否低于预设的阈值。低压事件出现以后可以通过 EXTI_16 产生中断，软件可以在 EXTI_16 的中断服务程序 ISR 中执行期待的操作。本节我们来学习 GD32 的 PMU 内部的低压检测电路的使用方法。相关代码清单如下。

```
#include "gd32f30x.h"

int main(void)
{
    /* 配置 NVIC*/
    nvic_priority_group_set(NVIC_PRIGROUP_PRE0_SUB4);
    nvic_irq_enable(LVD_IRQn,0,0);
    rcu_periph_clock_enable(RCU_PMU);
    rcu_periph_clock_enable(RCU_GPIOC);
    /* 初始化并点亮 LED*/
    gpio_init(GPIOC,GPIO_MODE_OUT_PP,GPIO_OSPEED_2MHZ,GPIO_PIN_13);
    gpio_bit_reset(GPIOC,GPIO_PIN_13);
    /* 配置 EXTI_16 */
    exti_init(EXTI_16,EXTI_INTERRUPT,EXTI_TRIG_BOTH);
    /* 配置 LVD 阈值到 3.1V*/
    pmu_lvd_select(PMU_LVDT_7);
    while(1){
    }
}

void LVD_IRQHandler(void)
```

```
{
    if(RESET !=exti_interrupt_flag_get(EXTI_16)){
        gpio_bit_write(GPIOC,GPIO_PIN_13,1-gpio_input_bit_get(GPIOC,GPIO_
        PIN_13));
        exti_interrupt_flag_clear(EXTI_16);
    }
}
```

所有的设置均在 main 函数中完成，LVD_IRQHandler 为 LVD 的中断服务程序，这里仅将 LED 反转。在 main 函数中，首先使能 LVD 中断，然后使能 PMU 和 GPIOC 时钟，初始化并点亮 LED，调用 exti_init 函数配置 EXTI_16，选择中断模式和双边沿触发，最后调用 pmu_lvd_select 函数将低压检测阈值设置为 3.1V。

本实例的工程路径为：GD32F30x_Firmware_Library\PMU\Low_voltage_detector。

在 MDK 中编译代码，然后将代码下载到 BluePill 开发板，方法参考 5.1.3 节。我们将 BluePill 开发板从母板上取下，使用可调电源单独给 BluePill 供电，首先提供 3.3V 电压，此时 LED 点亮，调整电压到 3.0V（低于设置的 3.1V 低压检测阈值)，触发 LVD 中断，在中断服务程序中将 LED 反转，LED 熄灭；重新设置供电电压为 3.3V，LED 重新点亮。

4.2 GD32 复位和时钟系统

对于同步时序电路，复位信号和时钟信号是最常见的信号。D 触发器是多种时序电路的最基本的逻辑单元。图 4-2 所示是一个带复位功能的 D 触发器，clk 和 rst 分别为时钟信号和复位信号，d 和 q 分别为 D 触发器的输入数据和输出数据。时钟是数字电路里面最重要的信号，用于决定时序逻辑电路中的状态何时更新，时钟对于数字电路就像脉搏对于人体一样重要。复位信号可以将时序电路恢复到一个确定的状态，在 MCU 上电时需要上电复位以避免进入随机状态造成混乱。在遇到严重错误时，也可以通过复位使 MCU 进入确定的状态。本章学习 GD32 的复位和时钟系统。

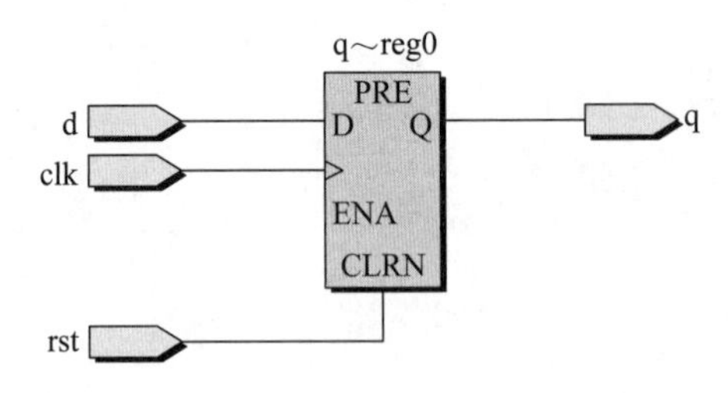

图 4-2 一个带复位功能的 D 触发器

4.2.1　GD32 中的复位和时钟简介

在 GD32 中，RCU（Reset and Clock Unit）指复位和时钟模块。本节就来简单介绍 GD32 的 RCU。

1. 3 种复位控制方式

GD32F303 的复位控制包括 3 种方式：电源复位、系统复位和备份域复位。

电源复位发生在上电（POR）或者掉电（PDR）时，从待机模式返回时也会发生电源复位。电源复位为低电平有效，会复位除备份以外的所有寄存器。电源复位以后，MCU 执行存储器地址 0x00000004 处的复位向量。

系统复位电路如图 4-3 所示。系统复位可对 SW-DP 控制器和备份电源域之外的部分进行复位，包括处理器内核和外设 IP。GD32 支持多个系统复位事件：

- ❑ 芯片的外部 NRST 引脚被拉低。
- ❑ 上电复位（POWER_RSTn）。
- ❑ 窗口看门狗计数终止（WWDGT_RSTn）。
- ❑ 独立看门狗计数终止（FWDGT_RSTn）。
- ❑ M4 的中断应用和复位控制寄存器中的 SYSRESETREQ 位置 1（SW_RSTn）。
- ❑ 将用户选择字节寄存器 nRST_STDBY 设置为 0，在进入待机模式时将产生复位（OB_STDBY_RSTn）;
- ❑ 将用户选择字节寄存器 nRST_DPSLP 设置为 0，在进入深度睡眠模式时复位（OB_DPSLP_RSTn）。

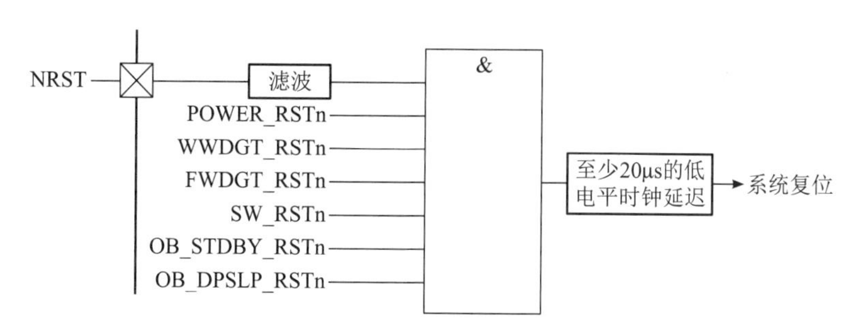

图 4-3　系统复位电路

备份电源域的复位条件为：将备份电源域控制寄存器中的 BKPRST 位设为 1；备份电源域上电复位，即在 VDD 和 VBAT 都掉电的情况下有一个进入上电状态。

2. 时钟源

GD32 支持多个时钟源，具体包括如下几个。

- ❑ IRC8M：内部 8MHz RC 振荡器时钟。

- HXTAL：外部高速晶振时钟。
- IRC48M：内部 48MHz RC 振荡器时钟。
- IRC40K：内部 40kHz RC 振荡器时钟。
- LXTAL：外部低速晶振时钟。

IRC8M 和 HXTAL 在功能上类似，可以放在一起学习。IRC8M 是 MCU 上电后的默认时钟源，固定频率为 8MHz，IRC8M 不需要任何外部器件，因此成本最低，可靠性也高，缺点是不够准确，在 –40 ～ 85°C 全温度范围内误差可能在 ±2.5%，即使在 25°C 环境下，精度也只有 ±1%。某些外设对时钟精度有很高的要求，比如全速 USB 要求时钟精度在 ±0.25%，高速 USB 要求时钟精度在 ±0.05%。HXTAL 可以提供更为精确的时钟源，一只很便宜的 49S 晶振就可以提供 50ppm（0.005%，$1ppm=1\times10^{-6}$）的频率精度，精度比 IRC8M 提高了两个数量级。HXTAL 的频率范围为 4 ～ 32MHz，具体频率取决于外部连接的晶振频率，由于 IRC8M 为固定频率 8MHz，故 HXTAL 最常用的晶振频率也是 8MHz。

IRC8M 和 HXTAL 可以直接作为系统时钟 CK_SYS 使用，也可以作为 PLL（Phase Locked Loop）输入，可借助 PLL 获得更高的系统时钟 CK_SYS 频率。在实际项目中可根据对时钟精度和成本的要求，灵活选择 IRC8M 和 HXTAL。

IRC40K 和 LXTAL 在功能上类似，可以放在一起学习。IRC40K 是 MCU 内部一个低功耗时钟源，不需要外部器件，没有额外成本，用来为独立看门狗和实时时钟电路提供时钟。它的频率大约为 40kHz，在 –40 ～ 85°C 全温度范围内频率在 20 ～ 45kHz 之间，误差较大。对于独立看门狗来说，时钟误差大一些通常可以接受。但实时时钟电路为了计时准确需要高精度的时钟，而 LXTAL 可以提供低功耗且高精度的时钟源。LXTAL 需要外接一个 32.768kHz 的外部低速晶振，这个晶振的频率精度通常在 20ppm 以内。

IRC48M 频率固定为 48MHz，主要用途是给 USBD 外设提供低成本的时钟源。IRC48M 本身的精度也不够高，通常不能满足 USBD 外设要求的 ±0.05%。CTC 单元提供了一种硬件自动执行动态调整的功能，通过 CTC 可将 IRC48M 时钟调整到需要的频率。对于使用 USBD 的应用，如果成本和面积不是特别紧张，还是建议使用 HXTAL 作为时钟源。

3. 锁相环

GD32F303 的最高主频为 120MHz，但是 IRC8M 只有 8MHz，HXTAL 常用频率也为 8MHz，最高频率只有 32MHz，怎么办？借助 PLL 可以获得更高的系统时钟 CK_SYS 频率。

PLL 的输入可以选择 IRC8M 或者 HXTAL。选择 IRC8M 作为输入，优点是成本低，可靠性高，但是精度低。IRC8M 精度低，通过 PLL 得到的 CK_SYS 频率的精度也低。选择 HXTAL 作为输入，通过 PLL 可以获得高精度的输出频率。使用 PLL 输出作为系统时钟 CK_SYS，具有最大的灵活性，用户可以根据性能和功耗的需求来选择合适的频率。一个好的工程应使用满足项目需求的最低时钟频率。

4. 外设时钟

系统时钟 CK_SYS 经过分频得到 AHB 时钟，AHB 时钟经过分频得到 APB2 和 APB1 时钟。大多数外设使用 AHB、APB2、APB1 时钟，个别外设有专用时钟。

- ❑ SysTick 使用 AHB 的 8 分频时钟作为输入。
- ❑ ADC 时钟由 APB2 时钟经 2、4、6、8、12、16 分频或由 AHB 时钟经 5、6、10、20 分频获得。
- ❑ 定时器时钟由 APB2 或者 APB1 时钟分频获得。
- ❑ USBD 时钟由 IRC48M 或者 PLL 时钟分频获得。

对于外设时钟，每种芯片的数据手册中都会包含模块框图和时钟树的图，查阅这两个图很容易知道外设应挂在哪个外设时钟下面。GD32F303 的系统架构如图 3-1 所示。

4.2.2　固件库中 RCU 相关的主要 API

GD32 固件库中 RCU 相关的 API 定义在 gd32f30x_rcu.h 和 gd32f30x_rcu.c 两个文件中，前者为头文件，包含寄存器地址、常量的定义、API 函数声明，后者为 API 的具体实现。常用的 API 函数简单介绍如表 4-3 所示。

表 4-3　GD32 固件库 RCU 模块常用 API 函数

API 函数原型	说　明
void rcu_deinit(void);	复位 RCU 模块
void rcu_periph_clock_enable(rcu_periph_enum periph); void rcu_periph_clock_disable(rcu_periph_enum periph);	使能与禁止外设时钟
void rcu_periph_clock_sleep_enable(rcu_periph_sleep_enum periph); void rcu_periph_clock_sleep_disable(rcu_periph_sleep_enum periph);	使能与禁止睡眠模式下外设时钟
void rcu_periph_reset_enable(rcu_periph_reset_enum periph_reset); void rcu_periph_reset_disable(rcu_periph_reset_enum periph_reset);	使能与禁止外设复位
void rcu_bkp_reset_enable(void); void rcu_bkp_reset_disable(void);	使能与禁止备份域复位
void rcu_system_clock_source_config(uint32_t ck_sys); uint32_t rcu_system_clock_source_get(void);	设置与读取系统时钟 CK_SYS
void rcu_ahb_clock_config(uint32_t ck_ahb);	设置 AHB 时钟
void rcu_apb1_clock_config(uint32_t ck_apb1);	设置 APB1 时钟
void rcu_apb2_clock_config(uint32_t ck_apb2);	设置 APB2 时钟

（续）

API 函数原型	说　明
void rcu_ckout0_config(uint32_t ckout0_src);	设置时钟输出
void rcu_pll_config(uint32_t pll_src, uint32_t pll_mul);	设置 PLL 时钟源和倍频因子
void rcu_pllpresel_config(uint32_t pll_presel);	预选择 PLL 时钟源
void rcu_adc_clock_config(uint32_t adc_psc);	设置 ADC 时钟分频系数
void rcu_usb_clock_config(uint32_t usb_psc);	设置 USB 时钟分频系数
void rcu_rtc_clock_config(uint32_t rtc_clock_source);	设置 RTC 时钟
void rcu_ck48m_clock_config(uint32_t ck48m_clock_source);	选择 48MHz 时钟源
FlagStatus rcu_flag_get(rcu_flag_enum flag);	读取 RCU 标志
void rcu_all_reset_flag_clear(void)	清理所有复位标志
FlagStatus rcu_interrupt_flag_get(rcu_int_flag_enum int_flag); void rcu_interrupt_flag_clear(rcu_int_flag_clear_enum int_flag);	读取和清除 RCU 中断标志
void rcu_lxtal_drive_capability_config(uint32_t lxtal_dricap);	配置 LXTAL 驱动能力
ErrStatus rcu_osci_stab_wait(rcu_osci_type_enum osci);	等待时钟稳定
void rcu_osci_on(rcu_osci_type_enum osci); void rcu_osci_off(rcu_osci_type_enum osci);	打开和关闭时钟
void rcu_osci_bypass_mode_enable(rcu_osci_type_enum osci); void rcu_osci_bypass_mode_disable(rcu_osci_type_enum osci);	使能和禁止时钟旁路模式
void rcu_hxtal_clock_monitor_enable(void); void rcu_hxtal_clock_monitor_disable(void);	使能和禁止 HXTAL 时钟监视
void rcu_irc8m_adjust_value_set(uint32_t irc8m_adjval);	设置 IRC8M 时钟调整值
void rcu_deepsleep_voltage_set(uint32_t dsvol);	设置深度睡眠模式内核电压
uint32_t rcu_clock_freq_get(rcu_clock_freq_enum clock);	读取系统时钟的频率，以及 AHB、APB1、APB2 时钟频率

4.2.3 实例：时钟设置

本书大多数实例中的时钟均设置为使用 8MHz HXTAL，通过 PLL 倍频到 120MHz；系统时钟均设置为 PLL 输出；AHB 和 APB2 均设置为 120MHz；APB1 均设置为 60MHz；代码实现在 system_gd32f30x.c 文件的 system_clock_120m_hxtal 函数中。时钟设置相关的代码清单如下。

```
static void system_clock_120m_hxtal(void)
{
    uint32_t timeout=0U;
    uint32_t stab_flag=0U;

    /* 使能 HXTAL*/
    RCU_CTL |=RCU_CTL_HXTALEN;

    /* 等待 HXTAL 稳定或者超时，超时时间为 HXTAL_STARTUP_TIMEOUT*/
    do{
        timeout++;
        stab_flag=(RCU_CTL & RCU_CTL_HXTALSTB);
    }while((0U == stab_flag)&&(HXTAL_STARTUP_TIMEOUT !=timeout));

    /* 检查超时是否失效 */
    if(0U == (RCU_CTL & RCU_CTL_HXTALSTB)){
        while(1){
        }
    }

    RCU_APB1EN |=RCU_APB1EN_PMUEN;
    PMU_CTL |=PMU_CTL_LDOVS;

    /*HXTAL 已经稳定运行 */
    /*AHB=SYSCLK*/
    RCU_CFG0 |=RCU_AHB_CKSYS_DIV1;
    /*APB2=AHB/1*/
    RCU_CFG0 |=RCU_APB2_CKAHB_DIV1;
    /*APB1=AHB/2*/
    RCU_CFG0 |=RCU_APB1_CKAHB_DIV2;

    /* 选择 HXTAL/2 作为时钟源 */
    RCU_CFG0 &=~(RCU_CFG0_PLLSEL | RCU_CFG0_PREDV0);
    RCU_CFG0 |=(RCU_PLLSRC_HXTAL_IRC48M | RCU_CFG0_PREDV0);

    /*CK_PLL=(CK_HXTAL/2)* 30=120 MHz*/
    RCU_CFG0 &=~(RCU_CFG0_PLLMF | RCU_CFG0_PLLMF_4 | RCU_CFG0_PLLMF_5);
    RCU_CFG0 |=RCU_PLL_MUL30;

    /* 使能 PLL*/
    RCU_CTL |=RCU_CTL_PLLEN;

    /* 等待 PLL 稳定 */
    while(0U == (RCU_CTL & RCU_CTL_PLLSTB)){
    }

    /* 主频 120MHz 需要使能高驱动模式 */
    PMU_CTL |=PMU_CTL_HDEN;
    while(0U == (PMU_CS & PMU_CS_HDRF)){
    }
```

```
    /* 选择高驱动模式 */
    PMU_CTL |=PMU_CTL_HDS;
    while(0U == (PMU_CS & PMU_CS_HDSRF)){
    }

    /* 选择 PLL 作为系统时钟 */
    RCU_CFG0 &= ~ RCU_CFG0_SCS;
    RCU_CFG0 |=RCU_CKSYSSRC_PLL;

    /* 等待 PLL 成为系统时钟 */
    while(0U == (RCU_CFG0 & RCU_SCSS_PLL)){
    }
}
```

system_clock_120m_hxtal 函数直接使用寄存器实现，没有调用固件库，我们使用固件库来重写这个函数，代码如下。

```
static void system_clock_120m_hxtal(void)
{
    /* 使能 HXTAL*/
    rcu_osci_on(RCU_HXTAL);

    /* 等待 HXTAL 稳定 */
    if(ERROR == rcu_osci_stab_wait(RCU_HXTAL)){
        while(1){
        }
    }

    rcu_periph_clock_enable(RCU_PMU);
    pmu_ldo_output_select(PMU_LDOVS_HIGH);

    /*HXTAL 已经稳定运行 */
    /*AHB=SYSCLK*/
    rcu_ahb_clock_config(RCU_AHB_CKSYS_DIV1);
    /*APB2=AHB/1*/
    rcu_apb2_clock_config(RCU_APB2_CKAHB_DIV1);
    /*APB1=AHB/2*/
    rcu_apb1_clock_config(RCU_APB1_CKAHB_DIV2);

    /* 选择 HXTAL/2 作为时钟源 */
    /*CK_PLL=(CK_HXTAL/2)* 30=120 MHz*/
    rcu_predv0_config(RCU_PREDV0_DIV2);
    rcu_pll_config(RCU_PLLSRC_HXTAL_IRC48M,RCU_PLL_MUL30);

    /* 使能 PLL*/
    rcu_osci_on(RCU_PLL_CK);

    /* 等待 PLL 稳定 */
    if(ERROR == rcu_osci_stab_wait(RCU_PLL_CK)){
```

```
        while(1){
        }
    }

    /* 主频 120MHz 需要使能高驱动模式 */
    pmu_highdriver_mode_enable();
    while(0U == pmu_flag_get(PMU_FLAG_HDRF)){
    }

    /* 选择高驱动模式 */
    pmu_highdriver_switch_select(PMU_HIGHDR_SWITCH_EN);
    while(0U == pmu_flag_get(PMU_FLAG_HDSRF)){
    }

    /* 选择 PLL 作为系统时钟 */
    rcu_system_clock_source_config(RCU_CKSYSSRC_PLL);

    /* 等待 PLL 成为系统时钟 */
    while(RCU_SCSS_PLL !=rcu_system_clock_source_get()){
    }
}
```

上述两个函数分别使用寄存器和固件库方式实现，功能完全等同。使用寄存器方式实现，代码篇幅稍大，且需要用户熟悉芯片寄存器结构，代码可读性也较差，但是效率稍高。使用固件库方式实现，代码篇幅减小，代码可读性好。两种方式各有优缺点，GD32 MCU 资源丰富，推荐用户使用固件库方式实现。

4.2.4　实例：PA8 输出时钟

GD32 具备时钟输出功能，可以通过 PA8 引脚输出频率为 4 ～ 120MHz 的时钟，实际工程中可以使用该方法来检查时钟配置是否准确或者给外部电路提供时钟信号。输出时钟可从以下 4 个来源中选择。

- 系统时钟 CK_SYS。
- 内部 8MHz RC 振荡器时钟 CK_IRC8M。
- 外部高速晶振时钟 CK_HXTAL。
- PLL 输出频率一半的 CK_PLL/2。

使用固件库中的 rcu_ckout0_config 函数来选择输出时钟，代码清单如下。

```
#include "gd32f30x.h"
#include "gd32f303c_eval.h"

void gpio_config(void)
{
    rcu_periph_clock_enable(RCU_GPIOA);
```

```
    rcu_periph_clock_enable(RCU_AF);

    /*PA8=CK_OUT0*/
    gpio_init(GPIOA,GPIO_MODE_AF_PP,GPIO_OSPEED_50MHZ,GPIO_PIN_8);
}

int main(void)
{
    gpio_config();
    rcu_ckout0_config(RCU_CKOUT0SRC_IRC8M);
    //rcu_ckout0_config(RCU_CKOUT0SRC_HXTAL);
    //rcu_ckout0_config(RCU_CKOUT0SRC_CKPLL_DIV2);
    while(1){
    }
}
```

在 gpio_config 函数中使能 GPIOA 和 AF 的时钟，将 PA8 配置为 AF 模式，输出频率选择最高的 50MHz。在 main 函数中调用 rcu_ckout0_config 函数选择输出时钟源。

本实例的工程路径为：GD32F30x_Firmware_Library\Examples\RCU\PA8_CLKOUT。

在 MDK 中编译代码，然后使用 ISP 工具将代码下载到 BluePill 开发板，方法参考 5.1.3 节。按下复位按键并运行用户代码。选择不同的时钟并多次运行，使用示波器观察 PA8 引脚输出。IRC8M、HXTAL、PLL/2 输出波形如图 4-4 ～图 4-6 所示。

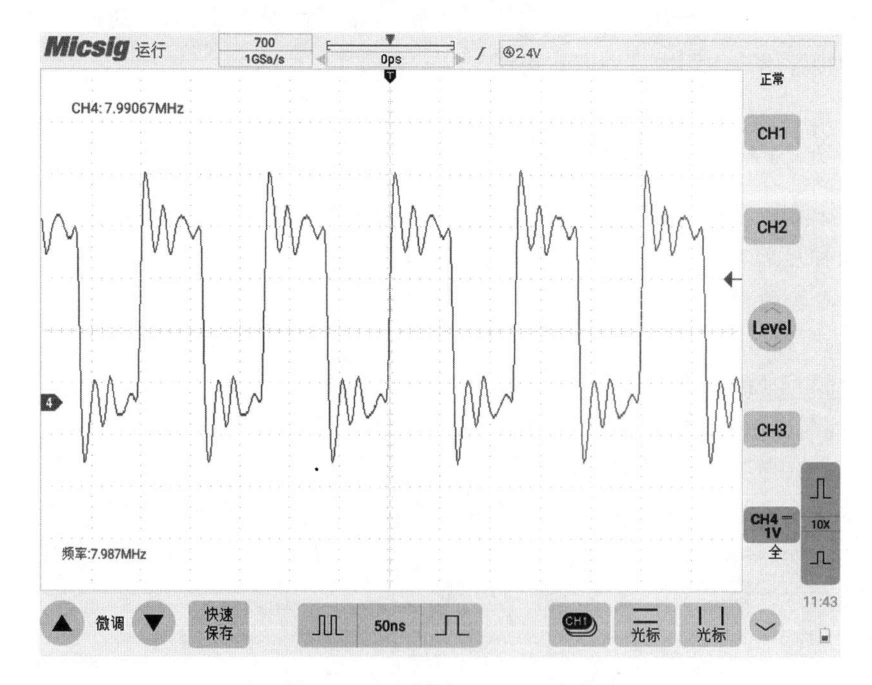

图 4-4 PA8 输出 IRC8M 波形

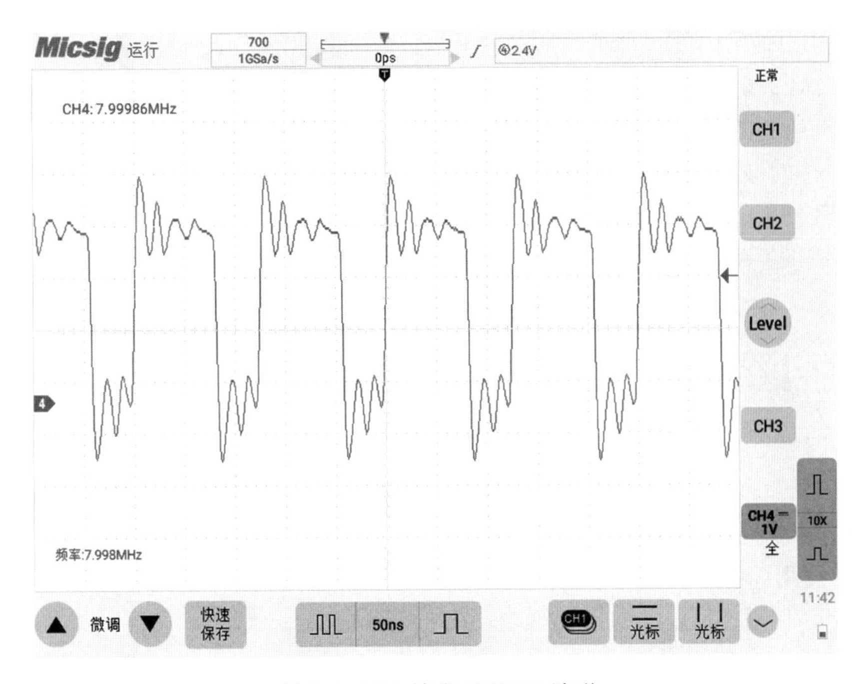

图 4-5　PA8 输出 HXTAL 波形

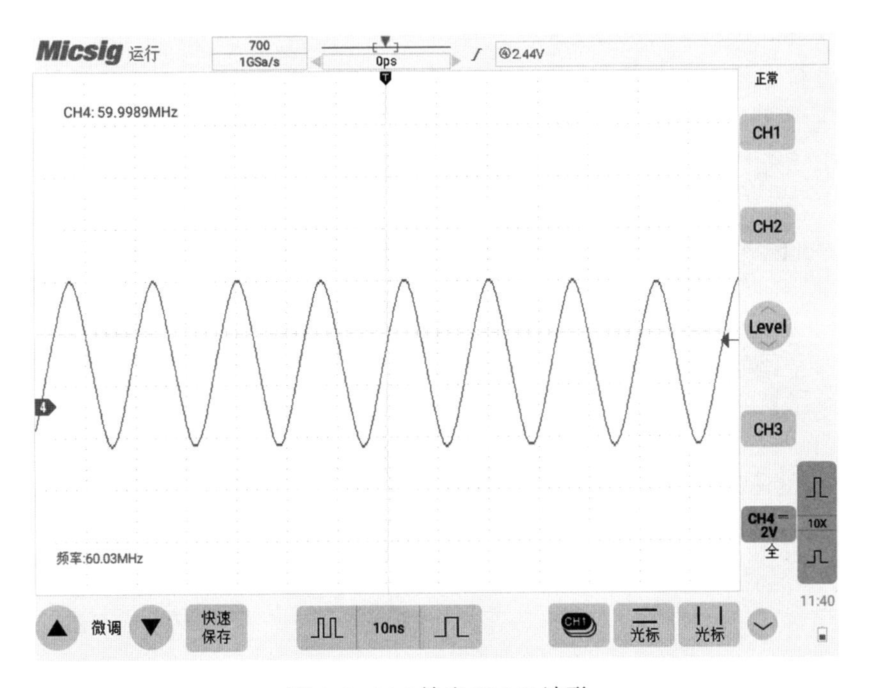

图 4-6　PA8 输出 PLL/2 波形

对比 3 个时钟我们可以发现：

- IRC8M 的误差为（1–7.99067/8）$\times 10^6$=1166ppm。
- HXTAL 的误差为（1–7.99986/8）$\times 10^6$=17.5ppm。
- PLL/2 的误差为（1–59.9989/60）$\times 10^6$=18.3ppm。

显然 HXTAL 的精度要远远高于 IRC8M。受限于示波器的带宽，频率为 8MHz 的时候还能看出方波的影子，频率为 60MHz 时就只能看到正弦波了。

4.3 本章小结

本章介绍了 GD32 的电源管理系统、复位和时钟系统。

首先介绍了 GD32 的 3 个电源域和 3 种省电模式，以及 GD32 固件库中与 PMU 相关的 API。通过 3 个实例依次学习了深度睡眠模式的进入和退出、待机模式的进入和退出以及低压检测器的使用。在电池供电系统中，低功耗是系统设计中非常重要的目标，掌握 GD32 的 PMU，灵活使用 3 种省电模式，有助于用户设计出功能强大、功耗低的系统方案。

然后介绍了 GD32 的 3 种复位控制方式，学习了时钟源、PLL 及外设时钟配置的方法。

接着介绍了固件库中与 RCU 相关的 API。本章通过一个实例介绍了分别用寄存器方式和固件库方式初始化系统时钟的方法，还通过一个实例介绍了使用 PA8 引脚输出系统时钟的方法。

GD32 复位主要涉及硬件设计，软件设计较少。时钟系统是软件开发过程中非常重要的一部分，本书中所有的实例都会用到 RCU 中与时钟相关的 API，时钟相关内容比较多，但是其内在规律性很强，每一款芯片的规格说明书都会同时提供模块框图（Block diagram）和时钟树图（Clock tree），读懂这两个图就会理解芯片的时钟系统。学习过程中对此无须死记硬背，知道大概的架构即可，细节部分可以随时查阅芯片规格说明书。

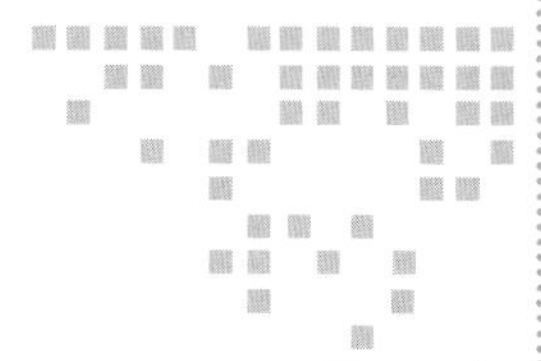

第5章 Chapter 5

GD32 MCU 基础外设

本章学习 GD32 MCU 的基础外设，包括通用 IO 端口（GPIO）、外部中断（EXTI）、直接内存存取（DMA）、定时器（TIMER）、实时时钟（RTC）、看门狗定时器（FWDGT/WWDGT）。这些外设存在于几乎所有使用 ARM Cortex-M 内核的 MCU 中，属于必须掌握的内容。

5.1 通用 IO 端口

回忆我们学习编程语言的过程，第一个运行的实例往往是 Hello world，就是在计算机屏幕上输出“Hello world”这个字符串的计算机程序。它的核心代码非常简单：

```
printf("Hello, world\n");
```

这个简单的实例在 MCU 上实现并不容易，因为和通用计算机系统不同，屏幕并不是 MCU 系统的标准配置，在没有屏幕的情况下“Hello world”这个字符串应该往哪里打印呢？通常在 MCU 系统中标准输出 stdout 和标准错误 stderr 会指向串口，而 MCU 中往往同时存在多个串口，如何指定 printf 函数使用哪个串口？这些问题我们会在后文中逐一解答。

由于上述原因，在学习 MCU 的过程中，我们学习的第一个实例往往是“流水灯”实验，即使用 GPIO 控制发光二极管点亮和熄灭。用于指示状态的发光二极管几乎存在于每个 MCU 系统中，用户只需要掌握 GPIO 的使用方法，即可轻松写出“流水灯”的代码。

5.1.1 GD32 的 GPIO 简介

GD32 的 GPIO（General-Purpose Input/Output，通用输入输出）按照端口（Port）来组织，每个端口最多有 16 个 GPIO，共有 A ～ G 共 7 个端口。不同封装的器件引出的 GPIO 不同，具体可参考相关芯片型号的数据手册（datasheet）。通常来讲，7 个端口从 PA 到 PG 优先级依次下降，采用小封装、引脚少的器件会优先引出 PA、PB 这样靠前的端口；一些比较重要的功能，比如 SWD 接口和 IAP 使用的通信接口（如 USART0）会优先放到 PA 这样靠前的端口上。小封装中没有引出的端口也是客观存在的，在低功耗应用中需要将这些端口设置为模拟输入，否则会造成额外的功耗。

GD32 标准 GPIO 端口位的基本结构如图 5-1 所示，图中右侧对应实际硬件引脚。左侧从上往下分为 3 部分：

- 数字输出，输出来自软件写入和备用（AF）功能的内容，软件也可以读取输出控制寄存器状态，输出驱动由推挽电路（由 PMOS 和 NMOS 组成）组成，如果不使能 PMOS，那么就是 OD（漏极开路，简称开漏）输出了。
- 模拟输入输出，对应 ADC 输入和 DAC 输出。
- 数字输入，数据来自芯片物理引脚，经过可选择的上下拉电阻和施密特触发器，进入输入状态寄存器供软件读取，也可直接由备用功能输入。

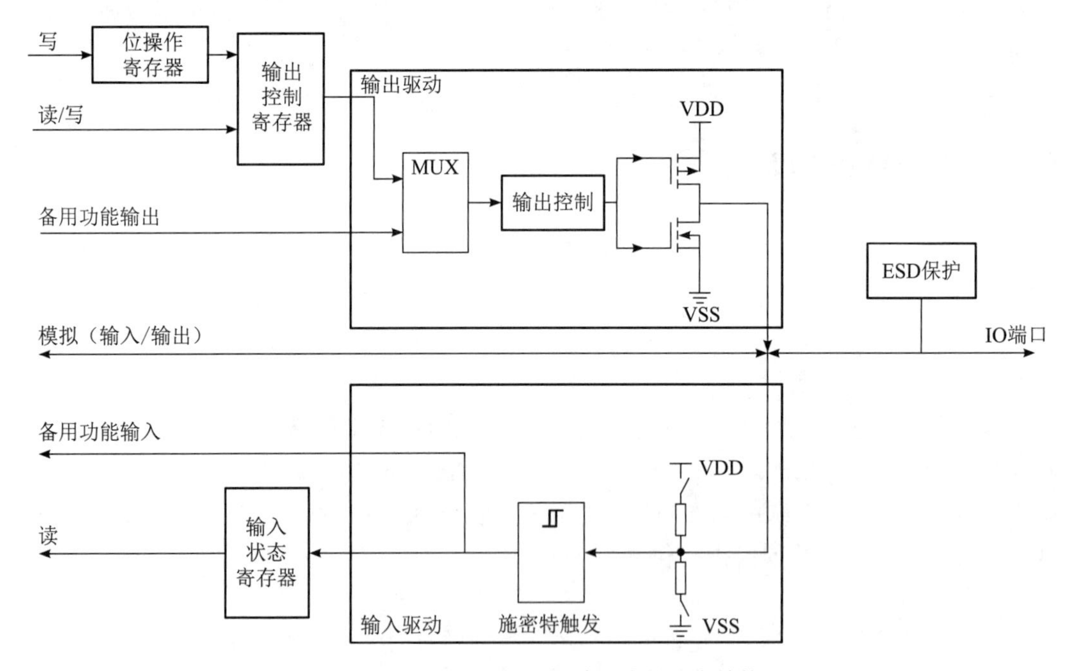

图 5-1　GD32 标准 GPIO 端口位的基本结构

GPIO 的数字输出支持 2MHz、10MHz、50MHz、120MHz 这 4 种输出速度。需要注

意的是，输出速度并不是越高越好，更高的输出速度意味着更大的驱动电流和功耗，还有更严重的EMI问题。一个SPI的时钟SCLK选择50MHz的输出速度无可厚非，但是点亮一个0805封装LED完全没有必要，这种LED使用1mA的驱动电流就已经足够亮，所以GPIO使用2MHz的输出速度足够了。还有一些需要大电流的应用，比如驱动一个蜂鸣器或者数码管，驱动电流可能需要20mA，即使速度要求不高，GPIO也需要设置为50MHz甚至120MHz来提高IO的电流输出能力。

GPIO的数字输入支持浮空、上拉、下拉3种模式。上拉电阻和下拉电阻典型值为40kΩ，在GPIO的数字输入上使用上下拉电阻可以保证引脚悬空时有确定的电平。在按键输入这样的应用中，合理使用GPIO内部上下拉电阻，配合软件去抖算法，可以简化硬件设计，降低硬件BOM（Bill Of Material，物料清单）成本。

除了调试端口，绝大多数GPIO在复位以后都处于浮空输入模式，GD32F303的调试端口相关引脚在复位后状态如下。

- PA15：JTDI为上拉模式。
- PA14：JTCK / SWCLK为下拉模式。
- PA13：JTMS / SWDIO为上拉模式。
- PB4：NJTRST为上拉模式。
- PB3：JTDO为浮空模式。

相比传统的JTAG调试接口，SWD调试接口只需要PA14/SWCLK和PA13/SWDIO两个引脚，占用资源更少，因此在实际工作中得到了更广泛的应用。用户程序可以选择关闭JTAG调试接口只保留SWD调试接口，释放PA15、PB4、PB3调试功能，作为GPIO供用户使用。

GD32F303的GPIO具有的主要特性如下。

- 输入 / 输出方向控制。
- 施密特触发器输入功能使能控制。
- 每个引脚都具有弱上拉 / 下拉功能。
- 推挽 / 开漏输出使能控制。
- 置位 / 复位输出使能。
- 可编程触发沿的外部中断，使用EXTI配置寄存器。
- 模拟输入 / 输出配置。
- 备用功能输入 / 输出配置。
- 端口锁定配置。

5.1.2 固件库中GPIO相关的主要API

GD32固件库中GPIO相关的API定义在gd32f30x_gpio.h和gd32f30x_gpio.c两个文件中，前者为头文件，包含寄存器地址、常量的定义、API函数声明，后者为API的具体实现。常用的 API 函数的简单介绍如表 5-1 所示。GD32F303 有 GPIOA 到 GPIOG 共 7 个端口，大多数 API 的第一个参数为 gpio_periph，该参数表示操作的 GPIO 端口。

表 5-1 GD32 固件库 GPIO 模块中常用 API 函数

常用 API 函数原型	说　明
void gpio_deinit(uint32_t gpio_periph);	复位 GPIO 端口
void gpio_afio_deinit(void);	复位备用功能 IO
void gpio_init(uint32_t gpio_periph, uint32_t mode, uint32_t speed, uint32_t pin);	GPIO 端口位初始化
void gpio_bit_set(uint32_t gpio_periph, uint32_t pin); void gpio_bit_reset(uint32_t gpio_periph, uint32_t pin);	置位和复位 GPIO 输出端口位
void gpio_bit_write(uint32_t gpio_periph, uint32_t pin, bit_status bit_value);	写 GPIO 输出端口位
void gpio_port_write(uint32_t gpio_periph, uint16_t data);	写 GPIO 输出端口
FlagStatus gpio_input_bit_get(uint32_t gpio_periph, uint32_t pin);	读取 GPIO 输入端口位
uint16_t gpio_input_port_get(uint32_t gpio_periph);	读取 GPIO 输入端口
FlagStatus gpio_output_bit_get(uint32_t gpio_periph, uint32_t pin);	读取 GPIO 输出端口位
uint16_t gpio_output_port_get(uint32_t gpio_periph);	读取 GPIO 输出端口
void gpio_pin_remap_config(uint32_t remap, ControlStatus newvalue);	重映射 GPIO 端口位
void gpio_exti_source_select(uint8_t output_port, uint8_t output_pin);	选择 GPIO 外部中断源
void gpio_event_output_config(uint8_t output_port, uint8_t output_pin);	配置 GPIO 事件输出
void gpio_event_output_enable(void); void gpio_event_output_disable(void);	使能和禁止 GPIO 事件输出
void gpio_pin_lock(uint32_t gpio_periph, uint32_t pin);	锁定 GPIO 端口位配置
void gpio_compensation_config(uint32_t compensation);	设置 GPIO 补偿单元
FlagStatus gpio_compensation_flag_get(void);	读取 GPIO 补偿单元状态

5.1.3　实例：用 GPIO 点亮流水灯

本节使用 BluePill 开发板来完成流水灯实例。BluePill 开发板上有一个 LED，使用 PC13 控制，低电平点亮。同时在 BluePillExt 母板上还有两个 LED，分别使用 PA8 和 PA15 控制，高电平点亮。早期 MCU（比如 8051）的 GPIO 为“准双向端口”，低电平具备很强的电流输出能力，而高电平不具备电流输出能力，因此很多 LED 硬件都使用低电平点亮。包括 GD32 在内的现代 MCU 的 GPIO 都具备推挽输出能力，使用高电平和低电平都可以轻松点亮 LED。实际工程中很多电路使用低电平点亮 LED，这更多是一种习惯而已。实际上使用高电平点亮 LED 在硬件布线上更容易实现一些，因为在 PCB 上找一个 GND 比找一个电源容易多了。

相关实现代码比较简单，所以这里我们直接给出代码，具体如下。

```
#include "gd32f30x.h"
#include "gd32f303c_eval.h"

volatile uint32_t sysTickTimer=0;

void systick_config(void)
{
    /* 设置 systick 中断频率为 1000Hz*/
    if(SysTick_Config(SystemCoreClock / 1000U)){
        /* 捕获错误 */
        while(1){
        }
    }
    /* 设置 systick 中断优先级 */
    NVIC_SetPriority(SysTick_IRQn,0x00U);
}

void SysTick_Handler(void)
{
    sysTickTimer++;
}

// 延时 Ticks 数（1ms）
void Delay(uint32_t dlyTicks)
{
    uint32_t curTicks;

    curTicks=sysTickTimer;
    while((sysTickTimer-curTicks)< dlyTicks){
        __NOP();
    }
}
```

上述代码中的 Delay 函数用来实现毫秒级延时，systick_config 和 SysTick_Handler 函数是服务于 Delay 函数的。我们使用了 Cortex-M 内核自带的 SysTick 定时器及其中断服务程序。

gpio_config 函数的实现代码如下。

```
void gpio_config(void)
{
    rcu_periph_clock_enable(RCU_GPIOA);
    rcu_periph_clock_enable(RCU_GPIOC);
    rcu_periph_clock_enable(RCU_AF);

    /*PA8=LED3*/
    gpio_init(GPIOA,GPIO_MODE_OUT_PP,GPIO_OSPEED_2MHZ,GPIO_PIN_8);
    gpio_bit_reset(GPIOA,GPIO_PIN_8);
    /*PA15=LED4*/
    gpio_init(GPIOA,GPIO_MODE_OUT_PP,GPIO_OSPEED_2MHZ,GPIO_PIN_15);
    gpio_bit_reset(GPIOA,GPIO_PIN_15);
    gpio_pin_remap_config(GPIO_SWJ_SWDPENABLE_REMAP,ENABLE);
    /*PC13=LED*/
    gpio_init(GPIOC,GPIO_MODE_OUT_PP,GPIO_OSPEED_2MHZ,GPIO_PIN_13);
    gpio_bit_set(GPIOC,GPIO_PIN_13);
}
```

gpio_config 函数完成了 GPIO 的初始化，本实例中我们使用了 PA8、PA15、PC13 这 3 个 GPIO（对应 3 颗 LED），故需要使能 GPIOA 和 GPIOC 的时钟。由于 PA15 使用了重映射，故也要使能 AF 模块的时钟。3 个 GPIO 分别调用 gpio_init 函数进行初始化，其中模式选择推挽输出，速度选择 2MHz。PA8 和 PA15 对应的 LED 为高电平点亮，初始化过程中调用 gpio_bit_reset 函数将这两个 GPIO 设置为低电平，LED 保持熄灭；PC13 对应的 LED 为低电平点亮，初始化过程中调用 gpio_bit_set 函数将这个 GPIO 设置为高电平，LED 保持熄灭。由于 PA15 默认状态下作为 JTAG 调试接口的 JTDI 信号使用，所以我们需要调用 gpio_pin_remap_config 函数关闭 JTAG 接口。

main 函数的实现如下。

```
/*!
    \简介          main 函数
    \参数[输入]    无
    \参数[输出]    无
    \返回值        无
*/
int main(void)
{
    gpio_config();
    systick_config();
    while(1){
        gpio_bit_set(GPIOA,GPIO_PIN_8);
```

```
        gpio_bit_set(GPIOA,GPIO_PIN_15);
        gpio_bit_reset(GPIOC,GPIO_PIN_13);
        Delay(500);
        gpio_bit_reset(GPIOA,GPIO_PIN_8);
        gpio_bit_reset(GPIOA,GPIO_PIN_15);
        gpio_bit_set(GPIOC,GPIO_PIN_13);
        Delay(500);
    }
}
```

main函数中调用gpio_config初始化GPIO，调用systick_config函数初始化用于延时的SysTick定时器，在while循环中点亮PA8、PA15、PC13对应的LED，延时500ms后熄灭PA8、PA15、PC13对应的LED，再延时500ms继续点亮PA8、PA15、PC13对应的LED，如此循环。

本实例的工程路径为：GD32F30x_Firmware_Library\Examples\GPIO\Running_led。

在MDK中编译代码，然后将代码下载到BluePill开发板，按下复位按键运行用户代码，即可观察到3颗LED开始闪烁。

可以使用GD-Link调试器连接BluePill开发板的SWD接口，用MDK或者GD-Link Programmer软件下载代码，也可以使用ISP工具借助MCU内部Bootloader下载代码。由于BluePillExt母板内置了USB转TTL串口电路，如果没有调试器，可以选择使用ISP方式下载代码，方法如下：

（1）使用MicroUSB数据线连接PC和BluePillExt母板，注意不是BluePill主板上的MicroUSB。PC会可能要求安装驱动，等待系统自动安装即可。

（2）通过设备管理器查找新安装的串口号，运行GD32 All In One Programmer软件，界面如图5-2所示。

（3）按下BluePill开发板的BOOT0按键不松手，然后按一下NRST按键，这时松开BOOT0按键，MCU会重启进入内部Bootloader。

（4）在Interface字段选择COM，在Bootlaoder字段选择UART，之后单击Connect按钮。连接成功以后软件左下角会显示器件的Flash和SRAM容量。在右侧Download标签页中选择好要下载的hex文件后，单击Download按钮下载代码即可，下载完成页面如图5-3所示。

（5）关掉软件，按下BluePill开发板上的NRST按键复位运行新用户代码。

5.1.4　实例：以查询方式实现按键输入

在5.1.3节中我们实现了用GPIO来控制LED闪烁，这可以用来输出一些信息。那么如何输入一些信息呢？最简单的方式就是使用按键。BluePill开发板上有两个按键，分别是引导按键BOOT0和复位按键NRST，但它们在用户程序中是不可用的，因此在BluePillExt母板上提供了两个用户可用的按键，如图5-4所示，两个按键KEY1和KEY2分别接入PA0和PA1两个GPIO。

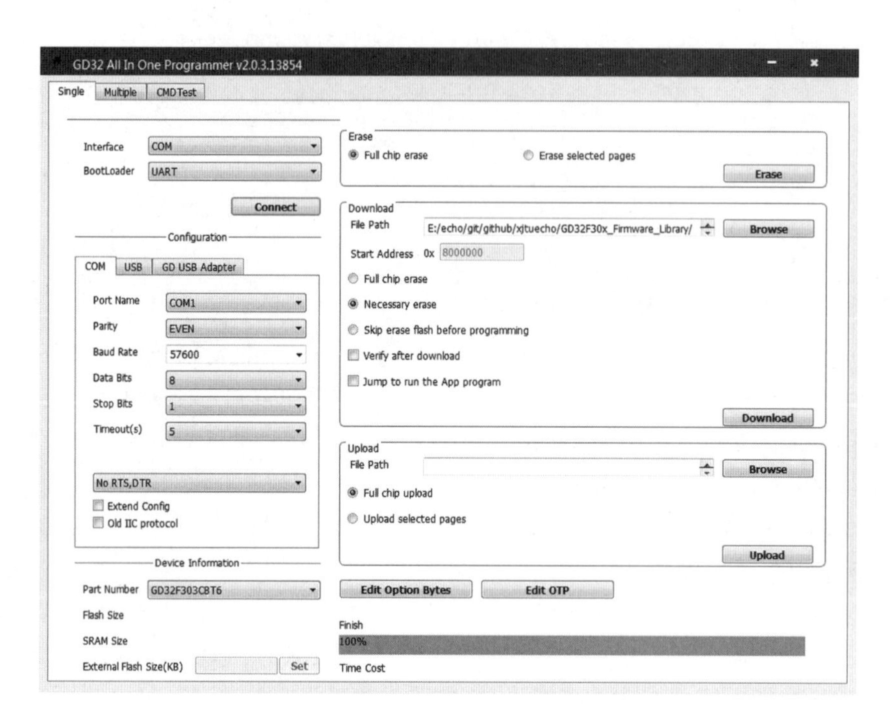

图 5-2 GD32 All In One Programmer 界面

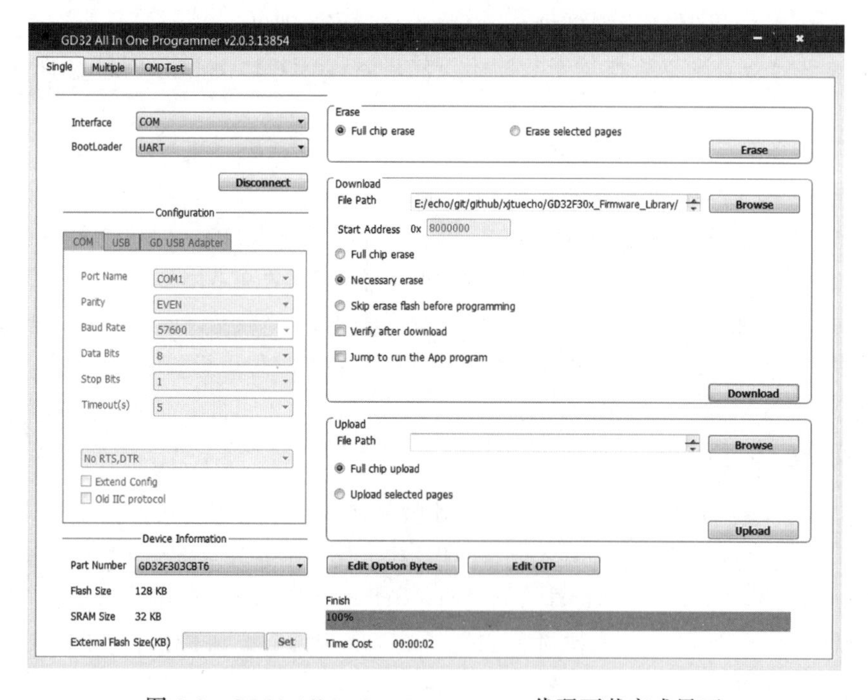

图 5-3 GD32 All In One Programmer 代码下载完成界面

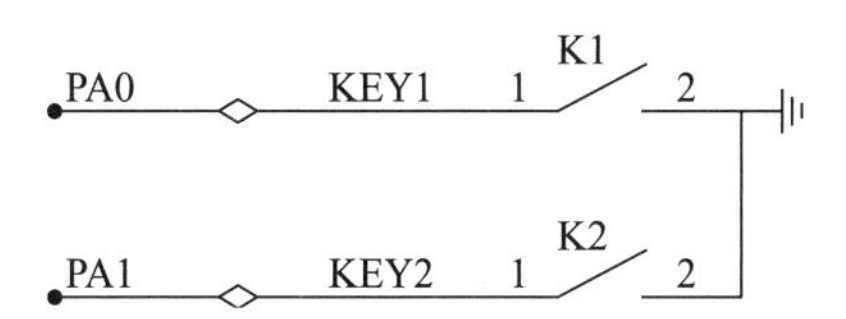

图 5-4　BluePillExt 母板上的两个按键

我们在 5.1.3 介绍的实例代码的基础上增加通过 PA0 和 PA1 按键进行输入的代码，具体如下。

```
#include "gd32f30x.h"
#include "gd32f303c_eval.h"

volatile uint32_t sysTickTimer=0;

void systick_config(void)
{
    /* 设置 systick 定时器中断频率为 1000Hz*/
    if(SysTick_Config(SystemCoreClock / 1000U)){
        /* 捕获错误 */
        while(1){
        }
    }
    /* 配置 systick 优先级 */
    NVIC_SetPriority(SysTick_IRQn,0x00U);
}

void SysTick_Handler(void)
{
    sysTickTimer++;
}

// 延时 Ticks 数 (1ms)
void Delay(uint32_t dlyTicks)
{
    uint32_t curTicks;

    curTicks=sysTickTimer;
    while((sysTickTimer-curTicks)< dlyTicks){
        __NOP();
    }
}
```

上述代码中的 Delay 函数用来实现毫秒级延时，systick_config 和 SysTick_Handler 是服务于 Delay 函数的。我们使用了 Cortex-M 内核自带的 SysTick 定时器及其中断服务程序。

gpio_config 函数的实现代码如下。

```
void gpio_config(void)
{
    rcu_periph_clock_enable(RCU_GPIOA);
    rcu_periph_clock_enable(RCU_GPIOC);
    rcu_periph_clock_enable(RCU_AF);

    /*PA0=KEY1*/
    gpio_init(GPIOA,GPIO_MODE_IPU,GPIO_OSPEED_2MHZ,GPIO_PIN_0);
    /*PA1=KEY2*/
    gpio_init(GPIOA,GPIO_MODE_IPU,GPIO_OSPEED_2MHZ,GPIO_PIN_1);

    /*PA8=LED3*/
    gpio_init(GPIOA,GPIO_MODE_OUT_PP,GPIO_OSPEED_2MHZ,GPIO_PIN_8);
    gpio_bit_reset(GPIOA,GPIO_PIN_8);

    /*PA15=LED4*/
    gpio_init(GPIOA,GPIO_MODE_OUT_PP,GPIO_OSPEED_2MHZ,GPIO_PIN_15);
    gpio_bit_reset(GPIOA,GPIO_PIN_15);
    gpio_pin_remap_config(GPIO_SWJ_SWDPENABLE_REMAP,ENABLE);

    /*PC13=LED*/
    gpio_init(GPIOC,GPIO_MODE_OUT_PP,GPIO_OSPEED_2MHZ,GPIO_PIN_13);
    gpio_bit_set(GPIOC,GPIO_PIN_13);
}
```

在 gpio_config 函数中调用 gpio_init 函数完成 PA0 和 PA1 的初始化，其中模式设置为上拉输入，输出速度参数无意义。由于 2 个硬件按键连接 GPIO 和 GND，因此按键要设置为上拉输入，利用 GPIO 内置上拉电阻保证按键没有按下时为高电平，按键按下时为低电平。PA8、PA15、PC13 对应 3 个 LED，设置与 5.1.3 节完全相同，不再赘述。

main 函数的实现代码如下。

```
/*!
    \简介          main 函数
    \参数 [ 输入 ]   无
    \参数 [ 输出 ]   无
    \返回值         无
*/
int main(void)
{
    systick_config();
    gpio_config();

    while(1){
        /* 检测按键是否按下 */
        if(RESET == gpio_input_bit_get(GPIOA,GPIO_PIN_0)){
            Delay(100);

            /* 检测按键是否按下 */
```

```
                if(RESET == gpio_input_bit_get(GPIOA,GPIO_PIN_0)){
                    if(RESET == gpio_input_bit_get(GPIOC,GPIO_PIN_13)){
                        gpio_bit_reset(GPIOA,GPIO_PIN_8);
                        gpio_bit_reset(GPIOA,GPIO_PIN_15);
                        gpio_bit_set(GPIOC,GPIO_PIN_13);
                    } else {
                        gpio_bit_set(GPIOA,GPIO_PIN_8);
                        gpio_bit_set(GPIOA,GPIO_PIN_15);
                        gpio_bit_reset(GPIOC,GPIO_PIN_13);
                    }
                }
            }
        }
    }
```

main 函数中调用 systick_config 函数初始化用于延时的 SysTick 定时器，调用 gpio_-config 初始化 GPIO。

在 while 循环中检测 PA0 是否被按下，若检测到 PA0 被按下，则延时 100ms 后再次检测 PA0 是否被按下，通过这种方式实现按键防抖。

经过两次检测确认 PA0 已经被按下以后，判断 PC13 的状态。如果 PC13 为低电平，则说明 PC13 控制的 LED 为点亮状态，此时熄灭 PA8、PA15、PC13 对应的 3 个 LED。若 PC13 控制的 LED 为熄灭状态，则点亮与 PA8、PA15、PC13 对应的 3 个 LED。

本实例的工程路径为：GD32F30x_Firmware_Library\Examples\GPIO\Keyboard_-polling_mode。

在 MDK 中编译代码，然后使用 ISP 工具将代码下载到 BluePill 开发板，方法参考 5.1.3 节。按下复位按键运行用户代码。3 个 LED 均为熄灭状态，此时按下 KEY1，3 个 LED 全部点亮，再次按下 KEY1，3 个 LED 全部熄灭。每按下一次 KEY1，3 个 LED 就会点亮或者熄灭一次。

5.2　外部中断

熟悉 8051 的朋友都知道，标准 8051 有两个外部中断 INT0 和 INT1，可以选择电平或者下降沿触发中断，那么 GD32 是否有类似的硬件呢？答案是肯定的，这就是外部中断（EXTI）。EXTI 的功能非常强大。

5.2.1　GD32 的 EXTI 简介

GD32 的 EXTI 外设实现了外部中断的处理，它有 3 种触发类型：上升沿触发、下降沿触发和任意沿触发。EXTI 中的每一个边沿检测电路都可以独立配置和屏蔽。EXTI 的 20 个相互独立的边沿检测电路可以分为两组：第一组 16 个，对应每个 GPIO 端口的 16 个端口位，GPIO 有 PA ～ PG 共 7 个端口，每个端口有 16 个端口位，EXTI_0 对应 PA0 ～ PG0，以此类推；第二组 4 个，对应 LVD、RTC 闹钟、USB 唤醒、以太网唤醒。GD32 的 EXTI 框图如图 5-5 所示。

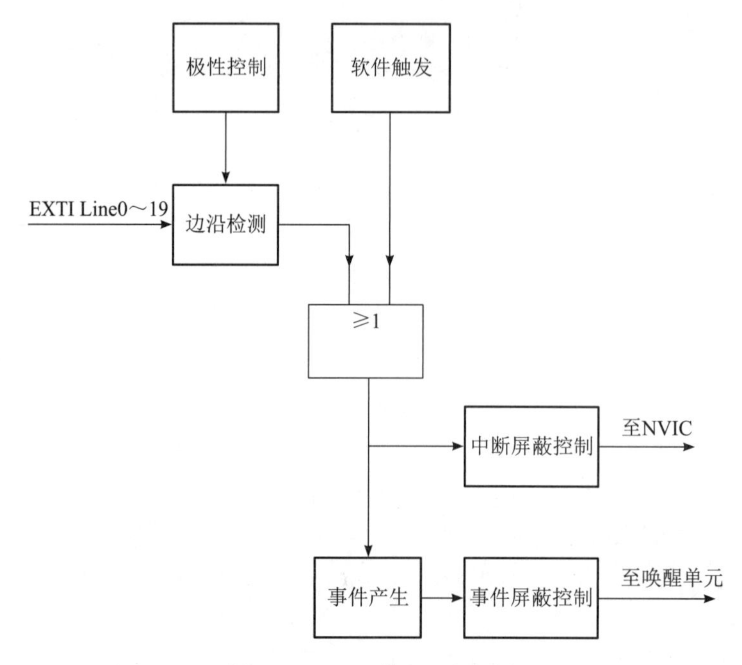

图 5-5　GD32 的 EXTI 框图

需要注意的是，Cortex-M 内核的 NVIC 和 EXTI 是完全不同的概念。NVIC 是 Cortex-M 内核集成的嵌套式矢量型中断控制器（Nested Vectored Interrupt Controller），用来实现高效的异常和中断处理。NVIC 实现了低延时的异常和中断处理，以及电源管理控制，它和内核是紧密耦合的。而 EXTI 包括 20 个相互独立的边沿检测电路，并且能够为处理器内核产生中断请求或唤醒事件，所以 EXTI 和 GPIO 是紧密耦合的。

为了节省处理器的中断资源，GD32F303 EXTI_0 ～ EXTI_4 使用独立的中断服务程序，EXTI_5 ～ EXTI_9 共享一个中断服务程序，EXTI_10 ～ EXTI_15 共享一个中断服务程序。除了中断，EXTI 还可以向处理器提供事件信号，在低功耗应用中，EXTI 用来唤醒处于省电模式的处理器。在后文中我们还会进一步学习相关内容。

5.2.2 固件库中 EXTI 相关的主要 API

GD32 固件库中与 EXTI 相关的 API 定义在 gd32f30x_exti.h 和 gd32f30x_exti.c 两个文件中，前者为头文件，包含寄存器地址、常量的定义、API 函数声明，后者为 API 的具体实现。常用的 API 函数的简单介绍如表 5-2 所示。EXTI 有 20 个相互独立的边沿检测电路，大多数 API 函数的第一个参数为 extix，表示边沿检测电路的编号。

表 5-2 GD32 固件库 EXTI 模块常用函数

常用 API 函数原型	说 明
void exti_deinit(void);	复位 EXTI 外设
void exti_init(exti_line_enum linex, exti_mode_enum mode, exti_trig_type_enum trig_type);	初始化 EXTI 线 x
void exti_interrupt_enable(exti_line_enum linex); void exti_interrupt_disable(exti_line_enum linex);	使能和禁止 EXTI 线 x 的中断
void exti_event_enable(exti_line_enum linex); void exti_event_disable(exti_line_enum linex);	使能和禁止 EXTI 线 x 的事件
FlagStatus exti_flag_get(exti_line_enum linex); void exti_flag_clear(exti_line_enum linex);	读取和清除 EXTI 线 x 的标志
FlagStatus exti_interrupt_flag_get(exti_line_enum linex); void exti_interrupt_flag_clear(exti_line_enum linex);	读取和清除 EXTI 线 x 的中断标志
void exti_software_interrupt_enable(exti_line_enum linex); void exti_software_interrupt_disable(exti_line_enum linex);	使能和禁止 EXTI 线 x 的软件中断 / 事件请求

5.2.3 实例：以中断方式实现按键输入

在 5.1.4 节我们实现了以查询方式进行按键输入的实例，本节我们使用中断方式来实现相同的功能，相关代码清单如下。

```
#include "gd32f30x.h"
#include "gd32f303c_eval.h"

void gpio_config(void)
{
    rcu_periph_clock_enable(RCU_GPIOA);
    rcu_periph_clock_enable(RCU_GPIOC);
    rcu_periph_clock_enable(RCU_AF);

    /*PA0=KEY1*/
    gpio_init(GPIOA,GPIO_MODE_IPU,GPIO_OSPEED_2MHZ,GPIO_PIN_0);
    /*PA1=KEY2*/
    gpio_init(GPIOA,GPIO_MODE_IPU,GPIO_OSPEED_2MHZ,GPIO_PIN_1);
    /*PA8=LED3*/
    gpio_init(GPIOA,GPIO_MODE_OUT_PP,GPIO_OSPEED_2MHZ,GPIO_PIN_8);
    gpio_bit_reset(GPIOA,GPIO_PIN_8);
    /*PA15=LED4*/
```

```
    gpio_init(GPIOA,GPIO_MODE_OUT_PP,GPIO_OSPEED_2MHZ,GPIO_PIN_15);
    gpio_bit_reset(GPIOA,GPIO_PIN_15);
    gpio_pin_remap_config(GPIO_SWJ_SWDPENABLE_REMAP,ENABLE);
    /*PC13=LED2*/
    gpio_init(GPIOC,GPIO_MODE_OUT_PP,GPIO_OSPEED_2MHZ,GPIO_PIN_13);
    gpio_bit_set(GPIOC,GPIO_PIN_13);
}
```

在上述代码中的gpio_config函数中调用了gpio_init函数完成PA0、PA1、PA8、PA15、PC13共5个GPIO的初始化。其中PA0和PA1对应2个按键，PA8、PA15、PC13对应3个LED。设置与5.1.4节完全相同，这里不再赘述。

exti_config函数的实现代码如下。

```
void exti_config(void)
{
    nvic_irq_enable(EXTI1_IRQn,2U,0U);
    /*将按键EXTI线连接到GPIO*/
    gpio_exti_source_select(GPIO_PORT_SOURCE_GPIOA,GPIO_PIN_SOURCE_1);
    /*配置按键EXTI线*/
    exti_init(EXTI_1,EXTI_INTERRUPT,EXTI_TRIG_FALLING);
    exti_interrupt_flag_clear(EXTI_1);
}
```

exti_config函数用于完成EXTI的初始化。我们使用PA1作为按键，调用nvic_irq_enable使能EXTI1的中断，调用gpio_exti_source_select将PA1连接到EXTI_1，调用exti_init初始化EXTI_1为中断模式下降沿触发，最后调用exti_interrupt_flag_clear清除EXTI_1的中断标志。

EXTI1_IRQHandler函数为中断服务程序，用于检测到EXTI_1中断标志置位以后反转3个LED，然后清除中断标志。相关实现代码如下。

```
void EXTI1_IRQHandler(void)
{
    if(RESET !=exti_interrupt_flag_get(EXTI_1)){
        gpio_bit_write(GPIOC,GPIO_PIN_13,
            (bit_status)(1-gpio_input_bit_get(GPIOC,GPIO_PIN_13)));
        gpio_bit_write(GPIOA,GPIO_PIN_8,
            (bit_status)(1-gpio_input_bit_get(GPIOA,GPIO_PIN_8)));
        gpio_bit_write(GPIOA,GPIO_PIN_15,
            (bit_status)(1-gpio_input_bit_get(GPIOA,GPIO_PIN_15)));
        exti_interrupt_flag_clear(EXTI_1);
    }
}
```

main函数的实现代码如下。

```
int main(void)
```

```
{
    gpio_config();
    exti_config();
    while(1);
}
```

main 函数调用 gpio_config 函数初始化 GPIO，调用 exti_config 函数使能 EXTI，然后等待 EXTI 中断。

本实例的工程路径为：GD32F30x_Firmware_Library\Examples\EXTI\Key_external_-interrupt_mode。

在 MDK 中编译代码，然后使用 ISP 工具将代码下载到 BluePill 开发板，方法参考 5.1.3 节。按下复位按键运行用户代码。3 个 LED 均为熄灭状态，此时按下 KEY2，3 个 LED 全部点亮，再次按下 KEY2，3 个 LED 全部熄灭。每按下一次 KEY2，3 个 LED 就会点亮或者熄灭一次。

由于本实例没有配备软件相关的按键输入端口实现去抖，BluePillExt 母板上也没有额外的硬件去抖电路，因此按下 KEY2 的时候，偶尔会出现 LED 无法点亮或者熄灭的情况。查询和中断两种按键输入方式各有优缺点：查询方式实现软件去抖比较容易，无须配有硬件去抖电路；而中断方式比较节省处理器资源，但实现软件去抖比较麻烦，需要额外的硬件去抖电路。采用两种方式中的哪一种，大家根据实际项目需要选择即可。

5.3 直接内存存取

在 CPU 工作过程中，搬运数据是非常常见的，由于各种外设速度不同，CPU 在外设和内存之间搬运大量数据要占用非常多的 CPU 时间，这会大大降低系统的效率。这时候我们希望有一种外设来专门应付这种场景，把 CPU 解放出来去做其他事情，DMA 就是这样的外设。

DMA（Direct Memory Access，直接内存存取）是一种外设不通过 CPU 而直接与系统内存交换数据的技术。在需要传输数据时，大体的工作流程是：CPU 设置 DMA 参数然后启动 DMA，外设请求传输，DMA 向 CPU 发出总线控制请求，CPU 把总线控制下发给 DMA 控制器。DMA 利用总线进行数据的快速传输。传输完毕后把总线控制权交还给 CPU。

DMA 控制器以硬件的方式在外设和存储器之间或者存储器和存储器之间传输数据，这个过程无须 CPU 介入，从而使 CPU 可以专注在处理其他系统功能上。

DMA 的工作过程类似发快递，CPU 是用户，DMA 是快递公司，而数据是货物。CPU 希望把数据从地址 A 发送到地址 B，虽然它可以选择自己把数据从地址 A 发送到地址 B，但是这样它就无法做其他事情了。CPU 是一个非常忙碌的“人”，有许多重要的事务等着他去处理，这时候他选择去找 DMA，他填写一张快递单，然后 DMA 负责把数据从地址 A 发送到地址 B。

5.3.1 GD32 的 DMA 简介

GD32F303 有 DMA0 和 DMA1 两个 DMA 控制器，共 12 个通道，其中 DMA0 有 7 个通道，DMA1 有 5 个通道。每个通道都专门用来处理一个或多个外设的存储器的访问请求。DMA 控制器内部实现了一个仲裁器，用来仲裁多个 DMA 请求的优先级。当 DMA 和 CPU 访问同样的地址空间时，DMA 访问可能会阻挡 CPU 访问系统总线几个总线周期。总线矩阵中实现了循环仲裁算法，该算法用来分配 DMA 与 CPU 的访问权，它可以确保 CPU 得到至少一半的系统总线带宽。

DMA0 的结构框图如图 5-6 所示。

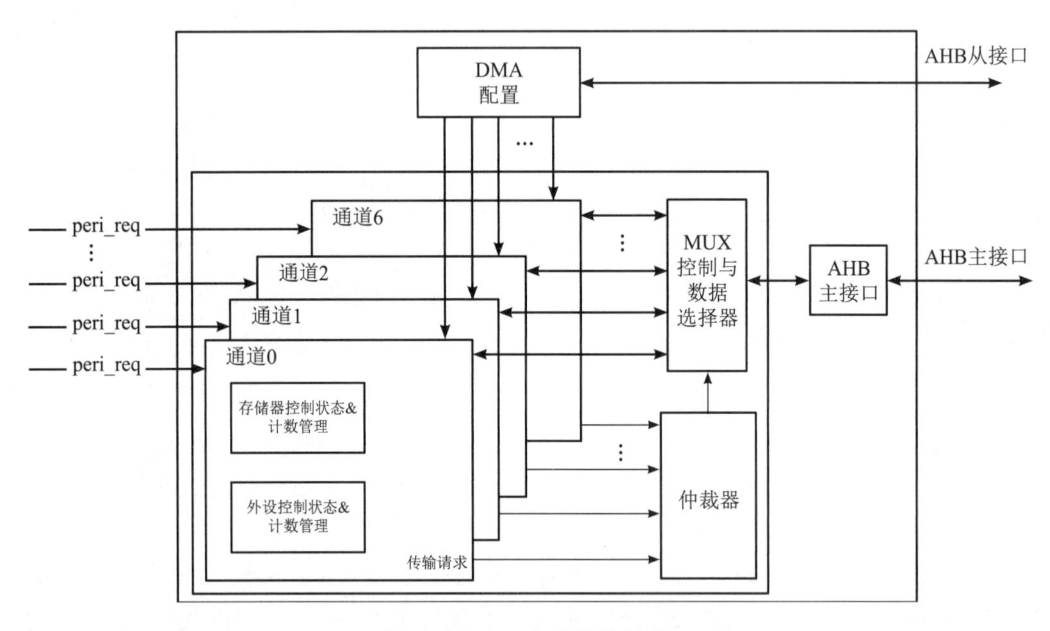

图 5-6　DMA0 的结构框图

5.3.2 固件库中与 DMA 相关的主要 API

GD32 固件库中与 DMA 相关的 API 定义在 gd32f30x_dma.h 和 gd32f30x_dma.c 两个文件中，前者为头文件，包含寄存器地址、常量的定义、API 函数声明，后者为 API 的具体实现。常用的 API 函数的简单介绍如表 5-3 所示。GD32F303 有 DMA0 和 DMA1 两个 DMA，大多数 API 函数的第一个参数为 dma_periph，表示操作的 DMA 外设实例。

表 5-3　GD32 固件库 DMA 模块的常用 API 函数

常用 API 函数原型	说　明
void dma_deinit(uint32_t dma_periph, dma_channel_enum channelx);	反初始化 DMA 通道
void dma_struct_para_init(dma_parameter_struct* init_struct);	初始化 DMA 参数结构体
void dma_init(uint32_t dma_periph, dma_channel_enum channelx, dma_parameter_struct* init_struct);	初始化 DMA 通道
void dma_circulation_enable(uint32_t dma_periph, dma_channel_enum channelx); void dma_circulation_disable(uint32_t dma_periph, dma_channel_enum channelx);	使能和禁止 DMA 循环模式
void dma_memory_to_memory_enable(uint32_t dma_periph, dma_channel_enum channelx); void dma_memory_to_memory_disable(uint32_t dma_periph, dma_channel_enum channelx);	使能和禁止存储器到存储器模式
void dma_channel_enable(uint32_t dma_periph, dma_channel_enum channelx); void dma_channel_disable(uint32_t dma_periph, dma_channel_enum channelx);	使能和禁止 DMA 通道
FlagStatus dma_flag_get(uint32_t dma_periph, dma_channel_enum channelx, uint32_t flag); void dma_flag_clear(uint32_t dma_periph, dma_channel_enum channelx, uint32_t flag);	读取和清除 DMA 标志
FlagStatus dma_interrupt_flag_get(uint32_t dma_periph, dma_channel_enum channelx, uint32_t flag); void dma_interrupt_flag_clear(uint32_t dma_periph, dma_channel_enum channelx, uint32_t flag);	读取和清除 DMA 中断标志
void dma_interrupt_enable(uint32_t dma_periph, dma_channel_enum channelx, uint32_t source); void dma_interrupt_disable(uint32_t dma_periph, dma_channel_enum channelx, uint32_t source);	使能和禁止 DMA 中断

DMA 的初始化主要在 dma_init 函数中完成，它的最后一个参数为结构体 dma_parameter_struct（实现代码如下），包含 DMA 初始化的主要参数，总共有 9 个参数，分为 3 组：

- 第一组分别用于设置外设的地址、宽度以及地址是否自增。
- 第二组分别用于设置内存的地址、宽度以及地址是否自增。
- 第三组分别用于设置传输数量、优先级、传输方向。

```
/* 初始化 DMA*/
typedef struct
{
    uint32_t periph_addr;         /*!< 外设地址 */
    uint32_t periph_width;        /*!< 外设传输数据大小（外设传输宽度）*/
    uint8_t periph_inc;           /*!< 外设是否自增 */
    uint32_t memory_addr;         /*!< 内存地址 */
    uint32_t memory_width;        /*!< 内存传输数据大小（内存宽度）*/
    uint8_t memory_inc;           /*!< 内存地址是否自增 */
    uint32_t number;              /*!< 传输数量 */
    uint32_t priority;            /*!< 传输优先级 */
    uint8_t direction;            /*!< 传输方向 */
} dma_parameter_struct;
```

针对 dma_parameter_struct 结构体中的参数，GD32 的 DMA 固件库也提供了单独的 API 进行设置，实际工程中根据项目需求进行选择即可。

5.3.3 实例：使用 DMA 在 SRAM 中搬运数据

本节我们学习 DMA 的存储器到存储器模式。

在 SRAM 中定义一个缓冲区 src_addr 并填入一些数据，然后使用 DMA_CH1、DMA_CH2、DMA_CH3、DMA_CH4 这 4 个 DMA 通道将数据搬运到 dst_addr1、dst_addr2、dst_addr3、dst_addr4 这 4 个缓冲区，最后检测源缓冲区和目的缓冲区中的数据是否相同。

相关代码清单如下。

```
#include "gd32f30x.h"
#include "gd32f303c_eval.h"
#include <string.h>
#include <stdio.h>

#define DATANUM           16

__IO ErrStatus trans_flag1=ERROR;
__IO ErrStatus trans_flag2=ERROR;
__IO ErrStatus trans_flag3=ERROR;
__IO ErrStatus trans_flag4=ERROR;
uint8_t src_addr[DATANUM]={
    0x01,0x02,0x03,0x04,0x05,0x06,0x07,0x08,
    0x09,0x0A,0x0B,0x0C,0x0D,0x0E,0x0F,0x10
};
uint8_t dest_addr1[DATANUM];
uint8_t dest_addr2[DATANUM];
uint8_t dest_addr3[DATANUM];
uint8_t dest_addr4[DATANUM];

ErrStatus memory_compare(uint8_t* src,uint8_t* dst,uint16_t length)
{
```

```
    while(length--){
        if(*src++ != *dst++){
            return ERROR;
        }
    }
    return SUCCESS;
}

int main(void)
{
    int i=0;
    dma_parameter_struct dma_init_struct;

    /* 使能 DMA 时钟 */
    rcu_periph_clock_enable(RCU_DMA0);

    /* 配置调试串口 */
    gd_eval_com_init(EVAL_COM1);
    printf("GD32F303 DMA RAM to RAM transfer demo.\r\n");

    memset(dest_addr1,0,DATANUM);
    memset(dest_addr2,0,DATANUM);
    memset(dest_addr3,0,DATANUM);
    memset(dest_addr4,0,DATANUM);

    /* 初始化 DMA 通道 1*/
    dma_deinit(DMA0,DMA_CH1);
    dma_init_struct.direction=DMA_PERIPHERAL_TO_MEMORY;
    dma_init_struct.memory_addr=(uint32_t)dest_addr1;
    dma_init_struct.memory_inc=DMA_MEMORY_INCREASE_ENABLE;
    dma_init_struct.memory_width=DMA_MEMORY_WIDTH_8BIT;
    dma_init_struct.number=DATANUM;
    dma_init_struct.periph_addr=(uint32_t)src_addr;
    dma_init_struct.periph_inc=DMA_PERIPH_INCREASE_ENABLE;
    dma_init_struct.periph_width=DMA_PERIPHERAL_WIDTH_8BIT;
    dma_init_struct.priority=DMA_PRIORITY_ULTRA_HIGH;
    dma_init(DMA0,DMA_CH1,&dma_init_struct);
    /* 配置 DMA 模式 */
    dma_circulation_disable(DMA0,DMA_CH1);
    dma_memory_to_memory_enable(DMA0,DMA_CH1);

    /* 初始化 DMA 通道 2*/
    dma_deinit(DMA0,DMA_CH2);
    dma_init_struct.memory_addr=(uint32_t)dest_addr2;
    dma_init(DMA0,DMA_CH2,&dma_init_struct);
    /* 配置 DMA 模式 */
    dma_circulation_disable(DMA0,DMA_CH2);
    dma_memory_to_memory_enable(DMA0,DMA_CH2);

    /* 初始化 DMA 通道 3*/
```

```
    dma_deinit(DMA0,DMA_CH3);
    dma_init_struct.memory_addr=(uint32_t)dest_addr3;
    dma_init(DMA0,DMA_CH3,&dma_init_struct);
    /* 配置 DMA 模式 */
    dma_circulation_disable(DMA0,DMA_CH3);
    dma_memory_to_memory_enable(DMA0,DMA_CH3);

    /* 初始化 DMA 通道 4*/
    dma_deinit(DMA0,DMA_CH4);
    dma_init_struct.memory_addr=(uint32_t)dest_addr4;
    dma_init(DMA0,DMA_CH4,&dma_init_struct);
    /* 配置 DMA 模式 */
    dma_circulation_disable(DMA0,DMA_CH4);
    dma_memory_to_memory_enable(DMA0,DMA_CH4);

    /* 使能 DMA 通道 1～通道 4*/
    dma_channel_enable(DMA0,DMA_CH1);
    dma_channel_enable(DMA0,DMA_CH2);
    dma_channel_enable(DMA0,DMA_CH3);
    dma_channel_enable(DMA0,DMA_CH4);

    /* 等待 DMA 传输完成 */
    for(i=0;i < 200;i++);

    /* 比较 src_addr 和 dest_addr 的内容 */
    trans_flag1=memory_compare(src_addr,dest_addr1,DATANUM);
    trans_flag2=memory_compare(src_addr,dest_addr2,DATANUM);
    trans_flag3=memory_compare(src_addr,dest_addr3,DATANUM);
    trans_flag4=memory_compare(src_addr,dest_addr4,DATANUM);

    /* 打印 DMA 传输结果 */
    printf("DMA_CH1 RAM to RAM transfer %s\r\n",
        (SUCCESS == trans_flag1)? "passed": "failed");
    printf("DMA_CH2 RAM to RAM transfer %s\r\n",
        (SUCCESS == trans_flag2)? "passed": "failed");
    printf("DMA_CH3 RAM to RAM transfer %s\r\n",
        (SUCCESS == trans_flag3)? "passed": "failed");
    printf("DMA_CH4 RAM to RAM transfer %s\r\n",
        (SUCCESS == trans_flag4)? "passed": "failed");

    while(1);
}

int fputc(int ch,FILE *f)
{
    usart_data_transmit(USART0,(uint8_t)ch);
    while(RESET == usart_flag_get(USART0,USART_FLAG_TBE));
    return ch;
}
```

上述代码中的 memory_compare 函数用来对比两段内存数据是否相同。

在 main 函数中，我们设置好调试串口，使能 DMA0 的时钟，调用 memset 库函数清空 4 个目标缓冲区，然后配置 4 个 DMA 通道。4 个 DMA 通道除了目的地址不同，其他参数完全相同，具体如下。

- 将外设地址设置为 src_addr 缓冲区，传输宽度为 8 位，地址自增。
- 将内存地址设置为通道各自的目的缓冲区，传输宽度为 8 位，地址自增。
- 将传输数量设置为 16B，方向为从外设到存储器，优先级最高。
- 采用禁止循环模式，使能存储器到存储器模式。

启动 4 个通道 DMA，等待一段时间以后，对比源缓冲区和目的缓冲区中的数据是否相同。

本实例的工程路径为：GD32F30x_Firmware_Library\Examples\DMA\Ram_to_ram。

在 MDK 中编译代码，然后使用 ISP 工具将代码下载到 BluePill 开发板，方法参考 5.1.3 节。

打开超级终端软件，按照图 5-7 所示设置参数，设置完成单击图中所示“确定”按钮，然后在超级终端中选择菜单呼叫（C）→呼叫（C），单击 BluePill 开发板上的 NRST 按键复位 MCU，在超级终端上观察程序运行结果，如图 5-8 所示。

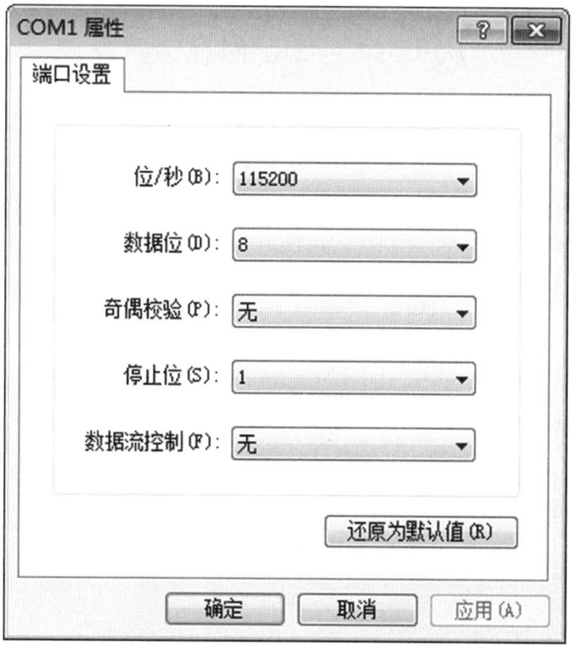

图 5-7 超级终端串口参数设置

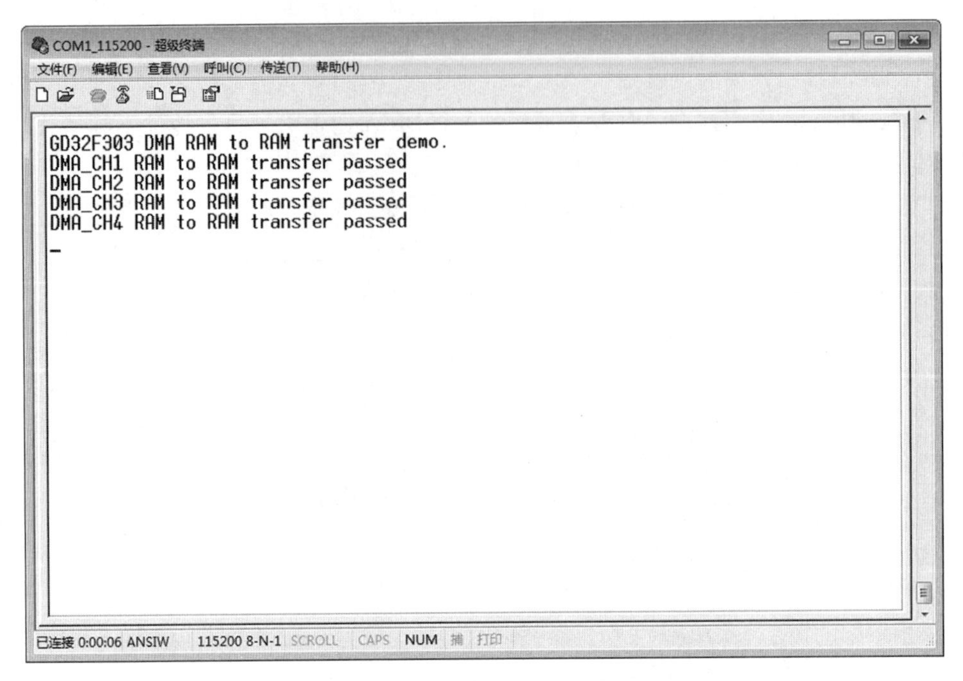

图 5-8 使用 DMA 在 SRAM 中搬运数据的运行结果

5.3.4 实例：使用 DMA 从 Flash 到 SRAM 搬运数据

上一节我们学习了使用 DMA 在 SRAM 中搬运数据，我们知道 MCU 中除了 SRAM 还有另外一类重要的存储器 Flash，Flash 是否可以使用 DMA 来搬运数据呢？答案是肯定的。由于 Flash 本身具有的先擦除再写入的特性，通常 Flash 不作为 DMA 传输的目的地址，只可以作为 DMA 传输的源地址。本节我们使用 DMA 从 Flash 的基地址 0x08000000 搬运 1KB 数据到 SRAM，然后检测 Flash 和 SRAM 中的数据是否相同。实现代码比较简单，下面直接给出代码。

```
#include "gd32f30x.h"
#include <string.h>
#include "gd32f303c_eval.h"
#include <stdio.h>

#define TRANSFER_NUM      0x400
uint8_t g_destbuf[TRANSFER_NUM];
__IO uint32_t g_dmacomplete_flag=0;

void DMA0_Channel0_IRQHandler(void)
{
    if(dma_interrupt_flag_get(DMA0,DMA_CH0,DMA_INT_FLAG_FTF)){
        g_dmacomplete_flag=1;
```

```
        dma_interrupt_flag_clear(DMA0,DMA_CH0,DMA_INT_FLAG_G);
    }
}
ErrStatus memory_compare(uint8_t* src,uint8_t* dst,uint32_t length)
{
    while(length--){
        if(*src++ != *dst++)
            return ERROR;
    }
    return SUCCESS;
}

int main(void)
{
    dma_parameter_struct dma_init_struct;

    /* 配置调试串口 */
    gd_eval_com_init(EVAL_COM1);
    printf("GD32F303 DMA FLASH to RAM transfer demo.\r\n");

    /* 使能 DMA 时钟 */
    rcu_periph_clock_enable(RCU_DMA0);
    nvic_irq_enable(DMA0_Channel0_IRQn,0,0);

    memset(g_destbuf,0 ,TRANSFER_NUM);

    /* 初始化 DMA 通道 0*/
    dma_deinit(DMA0,DMA_CH0);
    dma_init_struct.periph_addr=(uint32_t)0x08000000U;
    dma_init_struct.periph_width=DMA_PERIPHERAL_WIDTH_8BIT;
    dma_init_struct.periph_inc=DMA_PERIPH_INCREASE_ENABLE;
    dma_init_struct.memory_addr=(uint32_t)g_destbuf;
    dma_init_struct.memory_width=DMA_MEMORY_WIDTH_8BIT;
    dma_init_struct.memory_inc=DMA_MEMORY_INCREASE_ENABLE;
    dma_init_struct.number=TRANSFER_NUM;
    dma_init_struct.direction=DMA_PERIPHERAL_TO_MEMORY;
    dma_init_struct.priority=DMA_PRIORITY_ULTRA_HIGH;
    dma_init(DMA0,DMA_CH0,&dma_init_struct);
    /* 配置 DMA 通道 0 模式 */
    dma_circulation_disable(DMA0,DMA_CH0);
    dma_memory_to_memory_enable(DMA0,DMA_CH0);
    /* 配置 DMA 通道 0 中断 */
    dma_interrupt_enable(DMA0,DMA_CH0,DMA_INT_FTF);
    /* 使能 DMA 传输 */
    dma_channel_enable(DMA0,DMA_CH0);

    /* 等待 DMA 中断 */
    while(0 == g_dmacomplete_flag);

    /* 比较 destdata 和 transdata 数据 */
```

```
    if(memory_compare((uint8_t*)0x08000000U,g_destbuf,TRANSFER_NUM))
        printf("FLASH->RAM dma transfer passed\r\n");
    else
        printf("FLASH->RAM dma transfer failed\r\n");

    while(1);
}

int fputc(int ch,FILE *f)
{
    usart_data_transmit(USART0,(uint8_t)ch);
    while(RESET == usart_flag_get(USART0,USART_FLAG_TBE));
    return ch;
}
```

DMA0_Channel0_IRQHandler 为 DMA 中断服务程序，用于传输完成以后设置 g_dmacomplete_flag 标志。

memory_compare 函数用来对比两段内存中的数据是否相同。

在 main 函数中，我们设置好调试串口，使能 DMA0 的时钟和中断，调用 memset 库函数将目的缓冲区 g_destbuf 清空，然后配置 DMA0_CH0，具体配置如下。

- 将外设地址设置为 0x08000000，传输宽度为 8 位，地址自增。
- 将内存地址设置为 g_destbuf 缓冲区，传输宽度为 8 位，地址自增。
- 将传输数量设置为 1kB，传输方向为从外设到存储器，优先级最高。
- 采用禁止循环模式，使能存储器到存储器模式。

上述设置可使能 DMA_CH0 的传输完成中断，启动 DMA，等待 DMA 传输完成后检测 Flash 和 SRAM 中的数据是否相同。

本实例的工程路径为：GD32F30x_Firmware_Library\Examples\DMA\Flash_to_ram。

在 MDK 中编译代码，然后使用 ISP 工具将代码下载到 BluePill 开发板，方法参考 5.1.3 节。

打开超级终端软件，按照图 5-7 所示来设置参数，设置完成后单击图中所示“确定”按钮，然后在超级终端中选择菜单呼叫（C）→呼叫（C），单击 BluePill 开发板上的 NRST 按键复位 MCU，在超级终端上观察程序运行结果，如图 5-9 所示。

5.3.5 实例：使用 DMA 操作 GPIO

本节通过一个实例来学习如何使用 DMA 操作 GPIO。由于 GD32F303 的 GPIO 挂在 APB2 总线上，并且 DMA 的请求映射里面并没有 GPIO，所以应采用存储器到存储器的方式，直接在内存和端口输出寄存器之间搬运数据。注意，这种方式需要 CPU 参与，并且 DMA 会以尽可能快的速率搬运数据，所以在实际应用中若希望控制数据搬运的速率，则不适合采用这种方式。

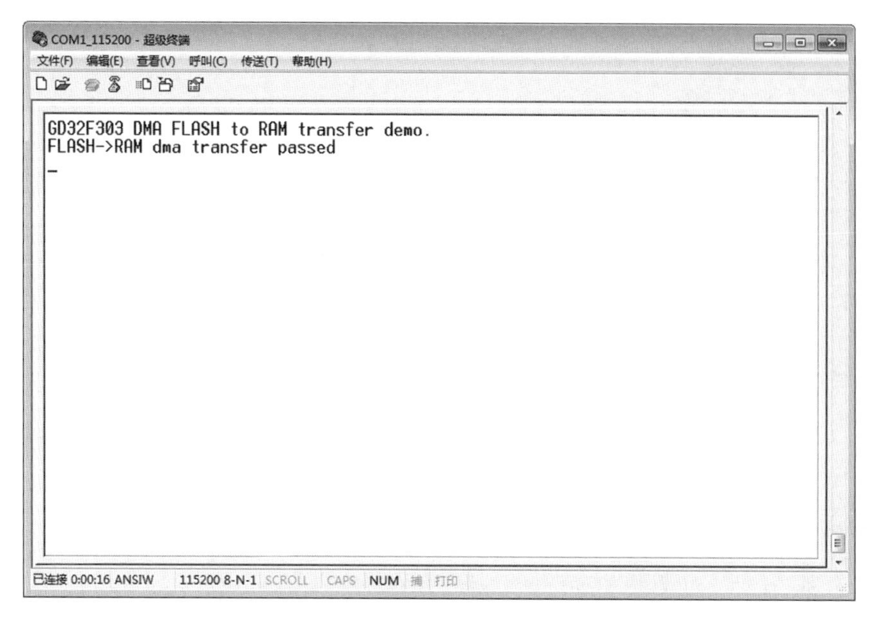

图 5-9　使用 DMA 从 Flash 到 SRAM 传输数据的运行结果

本节我们通过定时器 0 的更新事件来发出 DMA 请求，DMA 用于完成从内存到 GPIO 端口输出寄存器之间的数据搬运。通过表 5-4 所示可知，定时器 0 的 DMA 请求映射在 DMA0 的通道 4。为了接线和观察方便，这里只使用了 PB12 ～ PB15 这 4 个 GPIO，实际上 GPIOB 的 16 个引脚都可以通过本方法来控制。这里还要使用一个与 PA8 对应的 LED 来指示 DMA 传输中断的完成时刻。

表 5-4　DMA0 请求映射表

外设	通道 0	通道 1	通道 2	通道 3	通道 4	通道 5	通道 6
定时器 0	•	TIMER0_CH0	TIMER0_CH1	TIMER0_CH3 TIMER0_TG TIMER0_CMT	TIMER0_UP	TIMER0_CH2	•
定时器 1	TIMER1_CH2	TIMER1_UP	•	•	TIMER1_CH0	•	TIMER1_CH1 TIMER1_CH3
定时器 2	•	TIMER2_CH2	TIMER2_CH3 TIMER2_UP	•	•	TIMER2_CH0 TIMER2_TG	•
定时器 3	TIMER3_CH0	•	•	TIMER3_CH1	TIMER3_CH2	•	TIMER3_UP

注：• 表示不支持该功能。

src_buffer 定义了需要写入 GPIO 的数据，总共 16 个 16 位字，由于我们只使用了 PB12 ～ PB15 这 4 个 GPIO，因此数据只有高 4 位有变化。src_buffer 的实现代码如下。

```
#include "gd32f30x.h"
#include <string.h>
#include "gd32f303c_eval.h"
#include <stdio.h>

__IO uint32_t gDmaCounter=0;

#define BUFFER_SIZE       16
uint16_t src_buffer[BUFFER_SIZE]={
    0x0000,0x1000,0x2000,0x3000,0x4000,0x5000,0x6000,0x7000,
    0x8000,0x9000,0xA000,0xB000,0xC000,0xD000,0xE000,0xF000
};
```

DMA0_Channel4_IRQHandler 为 DMA0 通道 4 的中断服务程序，通过 PA8 对应的 LED 来提示 DMA 传输完成并触发 DMA 完成中断的时刻。相关代码如下。

```
void DMA0_Channel4_IRQHandler(void)
{
    if(dma_interrupt_flag_get(DMA0,DMA_CH4,DMA_INT_FLAG_FTF)){
        gpio_bit_set(GPIOA,GPIO_PIN_8);
        gDmaCounter++;
        dma_interrupt_flag_clear(DMA0,DMA_CH4,DMA_INT_FLAG_FTF);
        gpio_bit_reset(GPIOA,GPIO_PIN_8);
    }
}
```

main 函数的实现代码如下。

```
int main(void)
{
    dma_parameter_struct dma_init_struct={0};
    timer_parameter_struct timer_init_struct={0};

    /* 配置调试串口 */
    gd_eval_com_init(EVAL_COM1);
    printf("GD32F303 DMA DATA to GPIO transfer demo.\r\n");

    /* 配置 RCU*/
    rcu_periph_clock_enable(RCU_GPIOB);
    rcu_periph_clock_enable(RCU_TIMER0);
    rcu_periph_clock_enable(RCU_DMA0);

    /* 使能 NVIC*/
    nvic_irq_enable(DMA0_Channel4_IRQn,0,0);

    /* 配置 PA8*/
    gpio_init(GPIOA,GPIO_MODE_OUT_PP,GPIO_OSPEED_MAX,GPIO_PIN_8);
    /* 配置 GPIOB[12:15]*/
    gpio_init(GPIOB,GPIO_MODE_OUT_PP,GPIO_OSPEED_MAX,GPIO_PIN_12);
```

```
    gpio_init(GPIOB,GPIO_MODE_OUT_PP,GPIO_OSPEED_MAX,GPIO_PIN_13);
    gpio_init(GPIOB,GPIO_MODE_OUT_PP,GPIO_OSPEED_MAX,GPIO_PIN_14);
    gpio_init(GPIOB,GPIO_MODE_OUT_PP,GPIO_OSPEED_MAX,GPIO_PIN_15);

    /* 配置 TIMER0*/
    timer_deinit(TIMER0);
    timer_init_struct.prescaler=12-1;  //120MHz/12=10MHz
    timer_init_struct.alignedmode=TIMER_COUNTER_EDGE;
    timer_init_struct.counterdirection=TIMER_COUNTER_UP;
    timer_init_struct.period=10-1;              //10MHz/10=1MHz
    timer_init_struct.clockdivision=TIMER_CKDIV_DIV1;
    timer_init_struct.repetitioncounter=0;
    timer_init(TIMER0,&timer_init_struct);
    timer_channel_dma_request_source_select(TIMER0,TIMER_DMAREQUEST_
    UPDATEEVENT);
    timer_dma_enable(TIMER0,TIMER_DMA_UPD);

    /* 初始化 DMA 通道 4*/
    dma_deinit(DMA0,DMA_CH4);
    dma_init_struct.memory_addr=(uint32_t)src_buffer;
    dma_init_struct.memory_width=DMA_MEMORY_WIDTH_16BIT;
    dma_init_struct.memory_inc=DMA_MEMORY_INCREASE_ENABLE;
    dma_init_struct.periph_addr=(uint32_t)&GPIO_OCTL(GPIOB);
    dma_init_struct.periph_width=DMA_PERIPHERAL_WIDTH_16BIT;
    dma_init_struct.periph_inc=DMA_PERIPH_INCREASE_DISABLE;
    dma_init_struct.number=BUFFER_SIZE;
    dma_init_struct.direction=DMA_MEMORY_TO_PERIPHERAL;
    dma_init_struct.priority=DMA_PRIORITY_ULTRA_HIGH;
    dma_init(DMA0,DMA_CH4,&dma_init_struct);
    /* 配置 DMA 通道 4 模式 */
    dma_circulation_enable(DMA0,DMA_CH4);
    dma_memory_to_memory_disable(DMA0,DMA_CH4);
    /* 配置 DMA 通道 4 中断 */
    dma_interrupt_enable(DMA0,DMA_CH4,DMA_INT_FTF);
    /* 使能 DMA 传输 */
    dma_channel_enable(DMA0,DMA_CH4);
    /* 使能定时器 0*/
    timer_enable(TIMER0);
    while(1){
    }
}

int fputc(int ch,FILE *f)
{
    usart_data_transmit(USART0,(uint8_t)ch);
    while(RESET == usart_flag_get(USART0,USART_FLAG_TBE));
    return ch;
}
```

在 main 函数中，我们初始化调试串口，打开 GPIOB、TIMER0、DMA0 的时钟，使能

DMA 通道 4 的中断，然后初始化 PA8、PB12 ～ PB15 这几个 GPIO，并将输出模式设置为最大速度推挽输出。

定时器 0 初始化为 1μs 发出一次 DMA 请求，相关配置可参考 5.4 节，这里我们不做具体分析。

接下来配置 DMA0_CH4：

- 将外设地址设置为 GPIOB 的输出控制寄存器地址，传输宽度为 16 位，地址固定。
- 将内存地址设置为 src_buffer 缓冲区，传输宽度为 16 位，地址自增。
- 将传输数量设置为 16B，传输方向为从存储器到外设，优先级最高。
- 采用使能循环模式，禁止存储器到存储器模式。

上述设置可使能 DMA_CH4 的传输完成中断，之后启动 DMA0，启动定时器 0，剩余工作由定时器 0 和 DMA0 硬件完成。

本实例的工程路径为：GD32F30x_Firmware_Library\Examples\DMA\data_to_gpio。

在 MDK 中编译代码，然后使用 ISP 工具将代码下载到 BluePill 开发板，方法参考 5.1.3 节。

打开超级终端软件，按照图 5-7 所示来设置参数，设置完成后单击图中所示“确定”按钮，然后在超级终端中选择菜单呼叫（C）→呼叫（C），单击 BluePill 开发板上的 NRST 按键复位 MCU，在超级终端上观察程序运行结果，如图 5-10 所示。

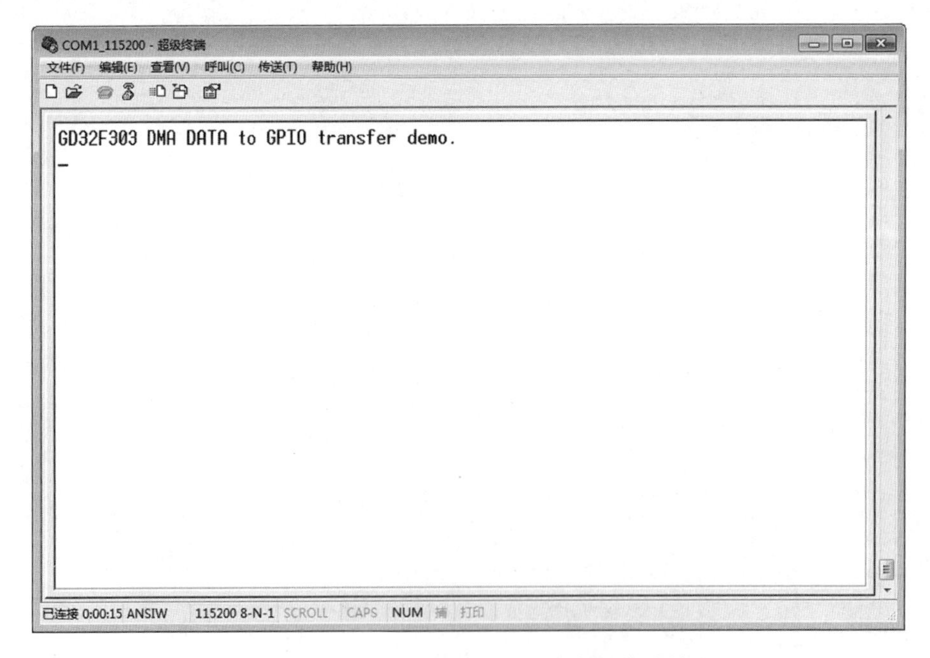

图 5-10 通过 DMA 操作 GPIO 实例的终端输出

我们使用逻辑分析仪来观察 PB12 ～ PB15、PA8 这几个 IO 接口的输出波形，由于在 BluePill 开发板上这些引脚在母板上连接了 SPI Flash 和 LED，所以我们可以将 BluePill 从母板上取下，用逻辑分析仪直接连接这些 GPIO 来测试输出波形。实际波形如图 5-11 所示。src_buffer 数据缓冲区的高 4 位决定了 PB12 ～ PB15 的输出，实际的数据为 0x0000 ～ 0xF000。由波形可以看出，每隔 1μs 定时器 0 的更新事件触发一次 DMA 数据搬运，PB12 变化一次。16 次数据搬运以后 DMA 传输完成，触发传输完成中断。由于使能了循环模式，DMA 传输完成以后马上开始下一次 DMA 转换。

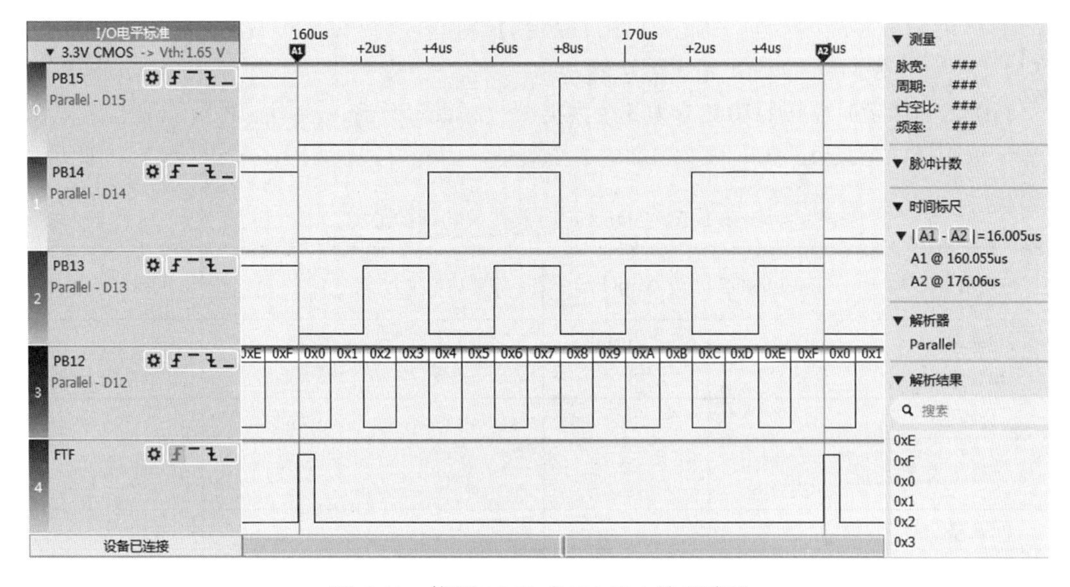

图 5-11 使用 DMA 在 PB 口上输出波形

使用 DMA 配合 GPIO 读写，再使用定时器增加一路高速时钟输出，可得到一个同步并行数据接口，从而完成高速数据交换。GD32F303 的 GPIO 数据宽度为 16 位，假设时钟频率达到 APB2 最高频率的一半，即 60MHz，那么因为此时频率和通信速率在数值上是一样的，所以可以得到实际的数据带宽将高达 60Mbps × 16=960Mbps——在 MCU 中这是一个相当高的速率了。

5.4 定时器

定时器（TIMER）本质上是一个计数器，用户可自定义计数值，计数器在时钟的驱动下会增加或者减少计数，到达特定计数值后可以执行相应的动作。定时器具有周期性操作、采集捕捉动作、脉冲输出等功能。定时器是现代 MCU 中的重要组成部分。在传统的 8051 MCU 中就已经有了 T0 和 T1 两个 16 位的定时器，在 GD32 MCU 中，定时器资源更多，功能也更加强大。

5.4.1 GD32 定时器的分类和介绍

除了 ARM 的 Cortex-M 内核提供的 SysTick 定时器外，GD32F303 还以外设形式提供了最多 14 个定时器，编号为 TIMER0 ～ TIMER13，引脚少、容量小的型号定时器会少一些，具体请参考芯片的数据手册。使用这些定时器，可以实现时间测量、信号频率测量、PWM 输出、任务调度、DMA 请求等功能。

GD32F303 定时器按照功能分为 3 个大类——高级定时器、通用定时器、基本定时器。其中，通用定时器又分为 L0、L1、L2 这 3 个类型，因此总共有 5 种类型，如表 5-5 所示。

表 5-5 GD32 定时器按照功能的分类

定时器	TIMER0 和 7	TIMER1 ～ 4	TIMER8 和 11	TIMER9、10、12、13	TIMER5 和 6
类型	高级	通用 (L0)	通用 (L1)	通用 (L2)	基本
预分频器	16 位	16 位	16 位	16 位	16 位
计数器	16 位	16 位	16 位	16 位	16 位
计数模式	向上，向下，中央对齐	向上，向下，中央对齐	只有向上	只有向上	只有向上
可重复性	•	×	×	×	×
捕获 / 比较通道数	4	4	2	1	0
互补和死区时间	•	×	×	×	×
中止输入	•	×	×	×	×
单脉冲	•	•	•	×	•
正交译码器	•	•	×	×	×
从设备控制器	•	•	•	×	×
内部连接	•	•	•	×	TRGO TO DAC
DMA	•	•	×	×	•
Debug 模式	•	•	•	•	•

注：• 代表可选；× 代表无对应功能。

高级定时器功能最全，但数量较少，只有 TIMER0 和 TIMER7，在 48 引脚封装的产品上只有 TIMER0。高级定时器的计数模式包括向上、向下、中央对齐。高级定时器具备重复计数功能，具备互补 PWM 输出功能，并支持死区时间和中止输入。带死区的互补 PWM 是电机控制和数字电源产品必备的外设，中止输入通常用于这些产品的硬件保护，是保护产品安全的最后一道防线。高级定时器结构框图如图 5-12 所示。

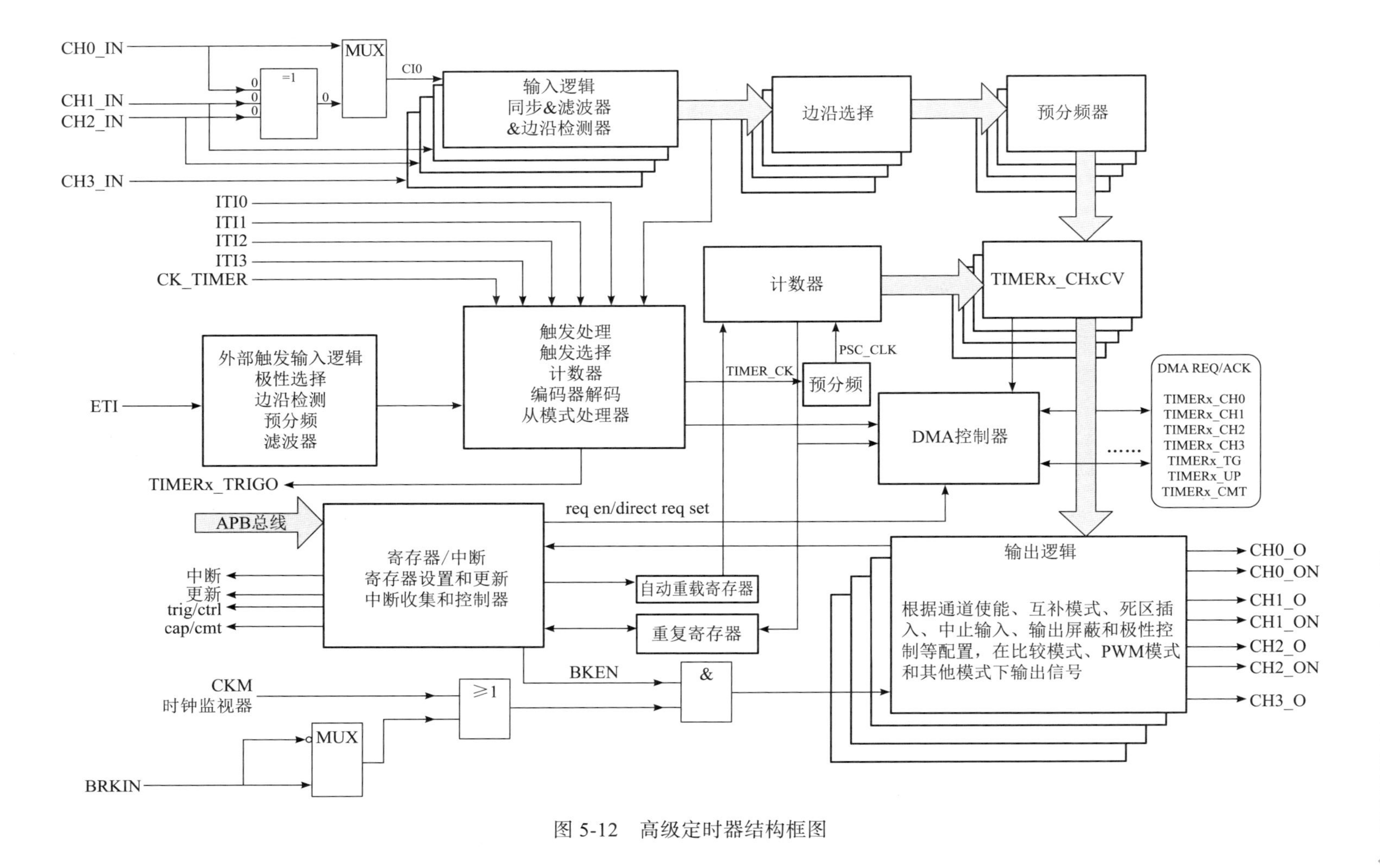

图 5-12　高级定时器结构框图

通用定时器 L0 相比高级定时器少了重复计数功能、带死区的互补 PWM 及中止输入功能。所有封装型号的产品中都有通用定时器 L0，编号为 TIMER1 ～ TIMER4。通用定时器 L1 和 L2 只在部分型号的产品上有，功能相较于 L0 有所减少，具体减少的功能如表 5-5 所示。

基本定时器 TIMER5 和 TIMER6 只具备基本的定时功能，所有封装型号的产品中均有，它们内部连接 DAC 和 DMA，内部结构框图如图 5-13 所示。

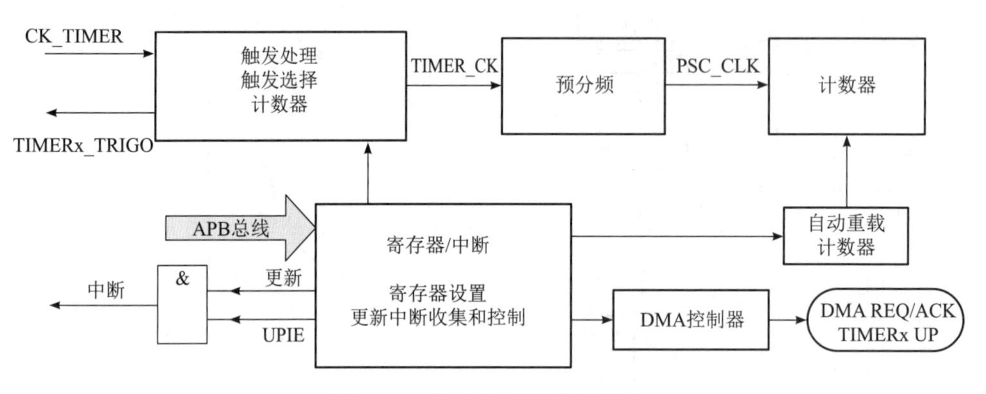

图 5-13　基本定时器结构框图

GD32F303 的定时器 0、7、8、9、10 挂在 APB2 上，其余定时器挂在 APB1 上。APB2 和 APB1 均由 AHB 分频而来，APB2 的最高频率为 120MHz，APB1 的最高频率为 60MHz。当 APB1 的频率为 60MHz 时，APB1 的分频系数为 2，此时定时器的时钟频率 CK_TIMERx 需要乘以 2，即实际为 120MHz，这一点在实际应用中需要特别注意，具体如图 5-14 所示。

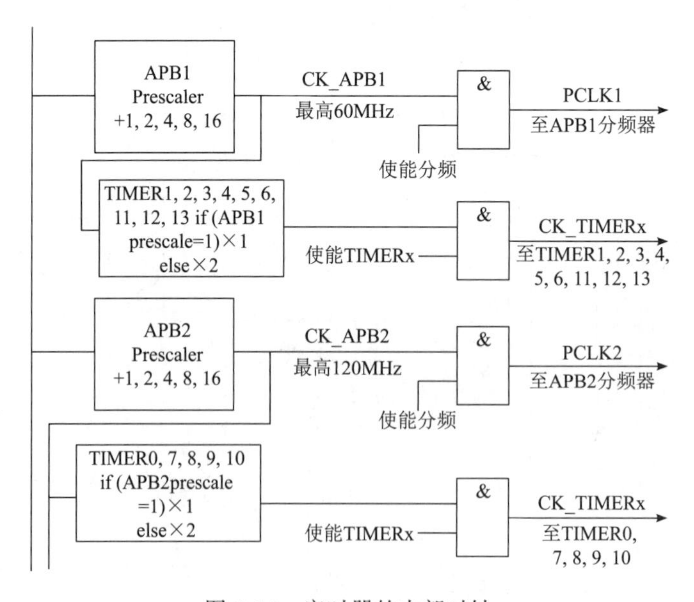

图 5-14　定时器的内部时钟

5.4.2　固件库中与定时器相关的主要 API

GD32 固件库中与定时器相关的 API 定义在 gd32f30x_timer.h 和 gd32f30x_timer.c 两个文件中，前者为头文件，包含寄存器地址、常量的定义、API 函数声明，后者为 API 的具体实现。常用的 API 函数简单介绍如表 5-6 所示。GD32F303 系列产品中的定时器，相关 API 的第一个参数大多数为 timer_periph，表示操作的定时器实例。

表 5-6　GD32 固件库定时器模块的常用 API 函数

常用 API 函数原型	说　明
void timer_deinit(uint32_t timer_periph);	定时器反初始化
void timer_struct_para_init(timer_parameter_struct* initpara);	定时器参数结构体初始化
void timer_init(uint32_t timer_periph, timer_parameter_struct* initpara);	定时器初始化
void timer_enable(uint32_t timer_periph); void timer_disable(uint32_t timer_periph);	使能和禁止定时器
void timer_auto_reload_shadow_enable(uint32_t timer_periph); void timer_auto_reload_shadow_disable(uint32_t timer_periph);	使能和禁止影子寄存器自动重载
void timer_update_event_enable(uint32_t timer_periph); void timer_update_event_disable(uint32_t timer_periph);	使能和禁止更新事件
void timer_counter_value_config(uint32_t timer_periph , uint16_t counter); uint32_t timer_counter_read(uint32_t timer_periph);	设置和读取定时器计数值
void timer_single_pulse_mode_config(uint32_t timer_periph, uint32_t spmode);	设置单脉冲模式
void timer_update_source_config(uint32_t timer_periph, uint32_t update);	设置更新事件源
void timer_interrupt_enable(uint32_t timer_periph, uint32_t interrupt); void timer_interrupt_disable(uint32_t timer_periph, uint32_t interrupt);	使能和禁止定时器中断
FlagStatus timer_interrupt_flag_get(uint32_t timer_periph, uint32_t interrupt); void timer_interrupt_flag_clear(uint32_t timer_periph, uint32_t interrupt);	读取和清除定时器中断标志
FlagStatus timer_flag_get(uint32_t timer_periph, uint32_t flag); void timer_flag_clear(uint32_t timer_periph, uint32_t flag);	读取和清除定时器标志
void timer_dma_enable(uint32_t timer_periph, uint16_t dma); void timer_dma_disable(uint32_t timer_periph, uint16_t dma);	使能和禁止定时器 DMA
void timer_channel_dma_request_source_select(uint32_t timer_periph, uint8_t dma_request);	选择 DMA 请求源
void timer_dma_transfer_config(uint32_t timer_periph,uint32_t dma_baseaddr, uint32_t dma_lenth);	配置 DMA 定时器传输
void timer_event_software_generate(uint32_t timer_periph, uint16_t event);	生成定时器软件事件

定时器的初始化主要在 timer_init 函数中完成，它的最后一个参数为结构体 timer_-parameter_struct（实现代码如下），包含定时器初始化的主要参数：预分频系数、对齐模式、计数方向、时钟分频、计数周期和重复计数值。

```
typedef struct
{
    uint16_t prescaler;                    /*!< 预分频系数 */
    uint16_t alignedmode;                  /*!< 对齐模式 */
    uint16_t counterdirection;             /*!< 计数方向 */
    uint16_t clockdivision;                /*!< 时钟分频 */
    uint32_t period;                       /*!< 计数周期 */
    uint8_t  repetitioncounter;            /*!< 重复计数 */
}timer_parameter_struct;
```

5.4.3 实例：使用定时器软件延时测量运行时间

延时是实际工程中经常遇到的需求，常见的方法是用软件延时，即 CPU 运行一段无用代码（比如 NOP 指令）来消耗时间。软件延时容易实现，但因机器指令受编译器优化选项影响极大，再加上中断服务程序的影响，想使用软件进行精确的时间控制几乎是不可能的。还有一种需求是测量项目中某段代码的运行时间，传统方法是用软件操作某个 GPIO，然后使用示波器或者逻辑分析仪来测量。

上述需求使用硬件定时器就很容易满足。GD32F303 内部的高级定时器、通用定时器、基本定时器都可以完成本实例的要求，这里我们使用基本定时器 TIMER5 来实现。

Dhrystone 是测量处理器运算能力的最常见的基准程序之一，常用于测量处理器的整型运算性能。代码中的 dhrystone 函数实现了 Dhrystone 测试，该函数的实现具体可参考下列实例代码。

```
#include "gd32f30x.h"
#include "gd32f303c_eval.h"
#include <stdio.h>

extern void dhrystone(void);

int main(void)
{
    timer_parameter_struct timer_init_struct={0};
    volatile uint32_t us=0;

    /* 配置调试串口 */
    gd_eval_com_init(EVAL_COM1);
    printf(" GD32F303 TIMER5 benchmark demo.\r\n");

    /* 配置 RCU*/
    rcu_periph_clock_enable(RCU_TIMER5);
```

```
    /* 配置 PA8*/
    gpio_init(GPIOA,GPIO_MODE_OUT_PP,GPIO_OSPEED_MAX,GPIO_PIN_8);

    /* 配置 TIMER5*/
    timer_deinit(TIMER5);
    timer_init_struct.prescaler=rcu_clock_freq_get(CK_APB1)*2/1000000UL-1;
    timer_init_struct.alignedmode=TIMER_COUNTER_EDGE;
    timer_init_struct.counterdirection=TIMER_COUNTER_UP;
    timer_init_struct.period=0xFFFF;
    timer_init_struct.clockdivision=TIMER_CKDIV_DIV1;
    timer_init_struct.repetitioncounter=0;
    timer_init(TIMER5,&timer_init_struct);
    /* 使能 TIMER5*/
    timer_enable(TIMER5);

    printf(" Delay 10ms using TIMER5...\r\n");
    timer_counter_value_config(TIMER5,0);
    gpio_bit_set(GPIOA,GPIO_PIN_8);
    while(timer_counter_read(TIMER5)< 10000);
    gpio_bit_reset(GPIOA,GPIO_PIN_8);

    printf(" Start Dhrystone 2.1 benchmark...\r\n");
    timer_counter_value_config(TIMER5,0);
    gpio_bit_set(GPIOA,GPIO_PIN_8);
    dhrystone();
    us=timer_counter_read(TIMER5);
    gpio_bit_reset(GPIOA,GPIO_PIN_8);
    printf(" Stopped,elasped time=%dus...\r\n",us);

    while(1){
    }
}

int fputc(int ch,FILE *f)
{
    usart_data_transmit(USART0,(uint8_t)ch);
    while(RESET == usart_flag_get(USART0,USART_FLAG_TBE));
    return ch;
}
```

在 main 函数中，我们首先初始化了调试串口，打开了 TIMER5 的时钟，初始化了用于调试的 PA8 引脚，然后初始化了 TIMER5。需要注意的是预分频系数和计数周期，注意事项如下：

- 由于 TIMER5 挂在 APB1 总线上，而 APB1 分频系数为 2，即 APB1 时钟频率为 AHB 的一半（60MHz），此时 TIMER5 的计数时钟频率需要乘以 2（120MHz），计数频率设置为 1MHz，计时精度为 1μs。

- 将计数周期直接设置为最大值 0xFFFF，最大可以测量 65535μs。

接下来进行 10ms 延时测试，先把 TIMER5 定时器清零，然后等待定时器计数值超过 10000 即可。

与测试 Dhrystone 运行时间的方法类似，开始测试前先把 TIMER5 定时器清零，测试结束以后读取 TIMER5 的计数值即可。为了便于对比，我们同时使用 GPIO 和逻辑分析仪来测量这两个时间。

本实例的工程路径为：GD32F30x_Firmware_Library\Examples\TIMER\TIMER5_benchmark。

在 MDK 中编译代码，然后使用 ISP 工具将代码下载到 BluePill 开发板，方法参考 5.1.3 节。

打开超级终端软件，按照图 5-7 所示来设置参数，设置完成后单击图中所示“确定”按钮，然后在超级终端中选择菜单呼叫（C）→呼叫（C），单击 BluePill 开发板上的 NRST 按键复位 MCU，在超级终端上观察程序运行结果，如图 5-15 所示。

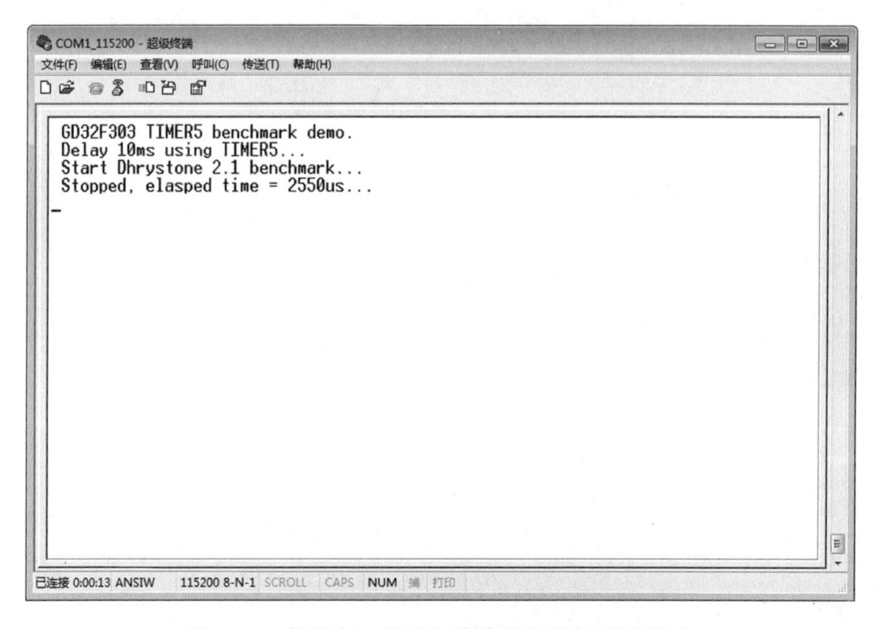

图 5-15　使用定时器进行精确延时运行时间测试

从测试结果来看，Dhrystone 测试用时 2.55ms，对应性能为 1000DMIPS/2.55/1.757=223.2DMIPS，GD32F303 运行频率为 120MHz，平均性能为 223.2DMIPS/120MHz=1.86DMIPS/MHz。

图 5-16 所示为使用 GPIO 和逻辑分析仪测试的延时时间和 Dhrystone 运行时间，对比以后发现两者测试结果基本相同。使用定时器来实现延时和测量运行时间可避免使用外部仪器，故使用这种方法更方便，这种方法的适用范围更广。

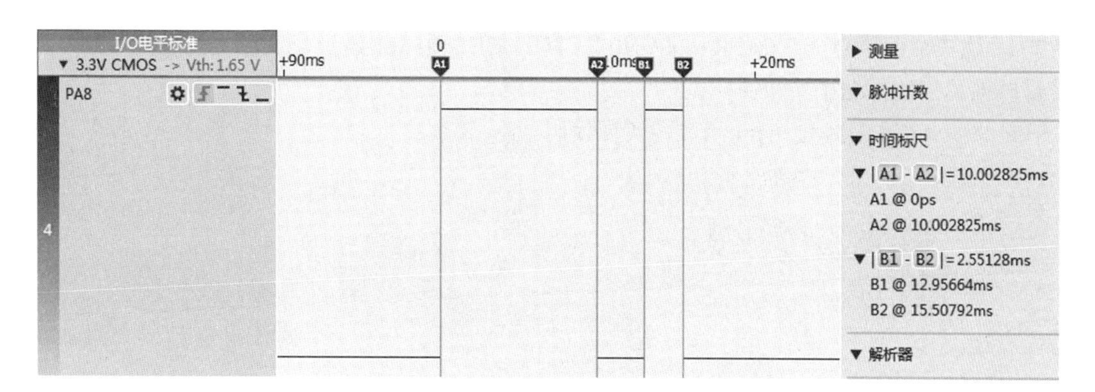

图 5-16　使用 GPIO 进行延时和运行时间测试

5.4.4　实例：使用定时器输出 PWM

PWM（Pulse Width Modulation，脉宽调制）即通过对一系列脉冲的宽度进行调制，来等效获得所需要的波形（含形状和幅值）。PWM 在电力电子技术中占据重要位置，从简单的 LED 调光，到各种开关电源、电机驱动，都要用到 PWM 技术。

在实际工程中，由于 CPU 性能限制，通过软件来实现 PWM 是不切实际的，PWM 通常都是由硬件定时器来实现的，CPU 只负责计算并更新占空比。本节我们通过实例来讲解如何使用 GD32F303 的定时器在 3 个引脚 PA0、PA1、PA2 上分别输出 25%、50%、75% 的 PWM 信号。相关实现代码如下。

```
#include "gd32f30x.h"
#include <stdio.h>
#include "gd32f303c_eval.h"

/*!
    \简介            配置 GPIO 端口
    \参数 [ 输入 ]   无
    \参数 [ 输出 ]   无
    \返回值          无
*/
void gpio_config(void)
{
    rcu_periph_clock_enable(RCU_GPIOA);
    rcu_periph_clock_enable(RCU_AF);

    gpio_init(GPIOA,GPIO_MODE_AF_PP,GPIO_OSPEED_50MHZ,GPIO_PIN_0);
    gpio_init(GPIOA,GPIO_MODE_AF_PP,GPIO_OSPEED_50MHZ,GPIO_PIN_1);
    gpio_init(GPIOA,GPIO_MODE_AF_PP,GPIO_OSPEED_50MHZ,GPIO_PIN_2);
}
```

gpio_config 函数配置了 PA0、PA1、PA2 这 3 个 GPIO，将它们都设置为备用功能（AF

功能），这 3 个引脚对应 TIMER1 的 CH0、CH1、CH2 这 3 个通道。实际定时器对应的引脚需要根据芯片的数据手册来决定。

timer_config 函数与 main 函数的实现代码如下。

```
/*!
    \简介           配置 TIMER 外设
    \参数 [ 输入 ]  无
    \参数 [ 输出 ]  无
    \返回值         无
*/
void timer_config(void)
{
    /*-----------------------------------------------------------------------
    TIMER1 配置：生成三路不同占空比的 PWM 信号：
    TIMER1CLK=SystemCoreClock / 12=10MHz

    TIMER1 channel0 duty cycle=(2500/ 10000)* 100=25%
    TIMER1 channel1 duty cycle=(5000/ 10000)* 100=50%
    TIMER1 channel2 duty cycle=(7500/ 10000)* 100=75%
    -----------------------------------------------------------------------*/
    timer_oc_parameter_struct timer_ocintpara;
    timer_parameter_struct timer_initpara;

    rcu_periph_clock_enable(RCU_TIMER1);

    timer_deinit(TIMER1);

    /*TIMER1 配置 */
    timer_initpara.prescaler            =12-1;
    timer_initpara.alignedmode          =TIMER_COUNTER_EDGE;
    timer_initpara.counterdirection     =TIMER_COUNTER_UP;
    timer_initpara.period               =10000-1;
    timer_initpara.clockdivision        =TIMER_CKDIV_DIV1;
    timer_initpara.repetitioncounter    =0;
    timer_init(TIMER1,&timer_initpara);

    /* 将 CH0、CH1 和 CH2 设置为 PWM 模式 */
    timer_ocintpara.outputstate         =TIMER_CCX_ENABLE;
    timer_ocintpara.outputnstate        =TIMER_CCXN_DISABLE;
    timer_ocintpara.ocpolarity          =TIMER_OC_POLARITY_HIGH;
    timer_ocintpara.ocnpolarity         =TIMER_OCN_POLARITY_HIGH;
    timer_ocintpara.ocidlestate         =TIMER_OC_IDLE_STATE_LOW;
    timer_ocintpara.ocnidlestate        =TIMER_OCN_IDLE_STATE_LOW;

    timer_channel_output_config(TIMER1,TIMER_CH_0,&timer_ocintpara);
    timer_channel_output_config(TIMER1,TIMER_CH_1,&timer_ocintpara);
    timer_channel_output_config(TIMER1,TIMER_CH_2,&timer_ocintpara);

    /* 将 CH0 配置为 PWM 模式 0，占空比为 25%*/
```

```
    timer_channel_output_pulse_value_config(TIMER1,TIMER_CH_0,2500-1);
    timer_channel_output_mode_config(TIMER1,TIMER_CH_0,TIMER_OC_MODE_PWM0);
    timer_channel_output_shadow_config(TIMER1,TIMER_CH_0,TIMER_OC_SHADOW_
    DISABLE);

    /* 将 CH1 配置为 PWM 模式 0，占空比为 50%*/
    timer_channel_output_pulse_value_config(TIMER1,TIMER_CH_1,5000-1);
    timer_channel_output_mode_config(TIMER1,TIMER_CH_1,TIMER_OC_MODE_PWM0);
    timer_channel_output_shadow_config(TIMER1,TIMER_CH_1,TIMER_OC_SHADOW_
    DISABLE);

    /* 将 CH2 配置为 PWM 模式 0，占空比为 75%*/
    timer_channel_output_pulse_value_config(TIMER1,TIMER_CH_2,7500-1);
    timer_channel_output_mode_config(TIMER1,TIMER_CH_2,TIMER_OC_MODE_PWM0);
    timer_channel_output_shadow_config(TIMER1,TIMER_CH_2,TIMER_OC_SHADOW_
    DISABLE);

    timer_auto_reload_shadow_enable(TIMER1);
    timer_enable(TIMER1);
}

int main(void)
{
    gpio_config();
    timer_config();

    while(1);
}
```

由于PWM是通过硬件定时器来实现的，所以main函数只是调用了GPIO和定时器的初始化函数，主要的工作在timer_config函数中完成。

timer_init定时器被初始化后，TIMER1使用APB1作为时钟，APB1的频率为60MHz，但是其分频系数为2，所以TIMER1的时钟频率为60MHz×2=120MHz。将TIMER1的分频系数设置为12，因此TIMER1的时钟频率为120MHz/12=10MHz，计数周期设置为10000，由此可知，PWM的频率为10MHz/10000=1kHz，计数方式为向上计数。

3个输出通道除了将输出脉冲宽度分别设置为2500、5000、7500，并分别对应到25%、50%、75%占空比以外，其他部分都是相同的。以CH0为例：

- 使用timer_channel_output_config函数将PWM输出极性设置为高电平有效。
- 使用timer_channel_output_mode_config函数启用PWM0模式，即定时器计数值小于比较值为有效电平。
- 使用timer_channel_output_shadow_config函数禁止输出比较影子寄存器。
- 打开计数器的影子寄存器然后使能TIMER1。

本实例的工程路径为：GD32F30x_Firmware_Library\Examples\TIMER\ TIMER1_-pwmout。

在 MDK 中编译代码，然后使用 ISP 工具将代码下载到 BluePill 开发板，方法参考 5.1.3 节。

单击 BluePill 开发板上的 NRST 按键复位 MCU，使用逻辑分析仪连接 PA0、PA1、PA2 这 3 个引脚，由于这 3 个引脚在 BluePillExt 母板上连接了按键和 ADC，所以可以将 BluePill 开发板从母板上取下并接入逻辑分析仪进行波形观察，实际波形如图 5-17 所示。由图可知，PWM 信号的周期为 1ms，频率为 1kHz，PA0 占空比为 25%，PA1 占空比为 50%，PA2 占空比为 75%。本例中 PWM 为固定占空比，在软件中调用 timer_channel_output_pulse_value_config 函数设置脉冲宽度即可实时修改占空比。

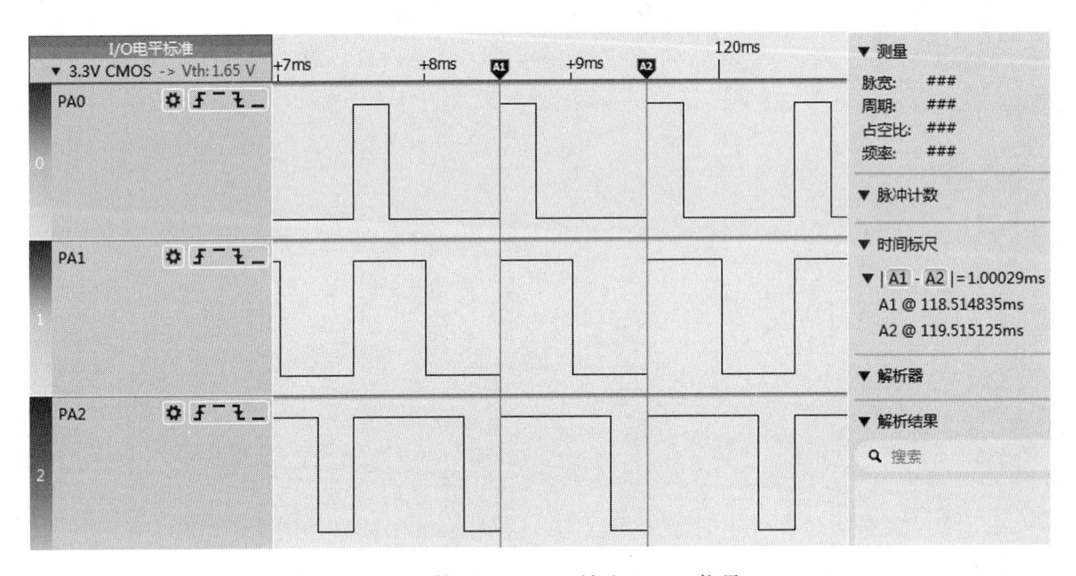

图 5-17 使用 TIMER1 输出 PWM 信号

5.4.5 使用定时器捕获功能测量外部信号频率

GD32 的定时器输入捕获逻辑如图 5-18 所示。以 CH0 为例，输入信号经过双 D 触发器实现同步，然后经过数字滤波器采样，通过边沿检测器可以选择上升沿或者下降沿。通过配置 CH0P 选择使用上升沿或者下降沿。通过配置 CH0MS 可以选择其他通道的输入信号和内部触发信号。配置 IC 预分频器，可实现在若干个输入事件后才产生一个有效的捕获事件。捕获事件发生后用 CH0VAL 来存储计数器的值。

本节我们使用定时器的捕获功能测量外部输入信号频率，基本思想是：测量信号中两个相邻的上升沿（或者下降沿），通过两个边沿之间的时间来计算频率。如果同时测量上升沿和下降沿，还可以进一步计算出信号的占空比信息。相关实现代码如下。

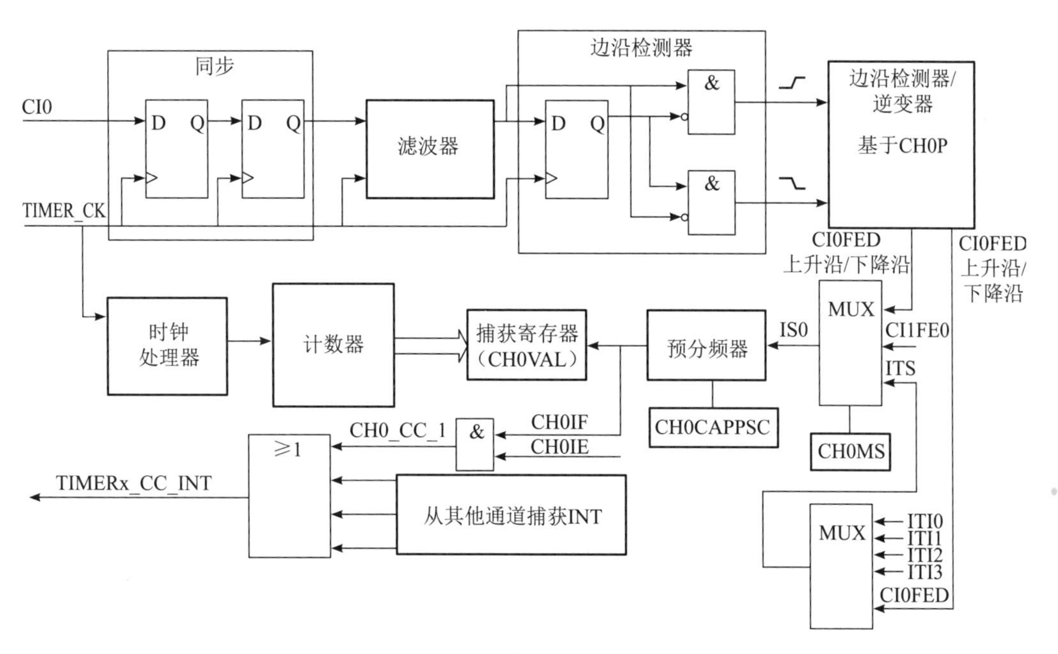

图 5-18 GD32 定时器输入捕获逻辑

```
#include "gd32f30x.h"
#include <stdio.h>
#include "gd32f303c_eval.h"

__IO uint32_t sysTickTimer=0;
uint16_t readvalue1=0,readvalue2=0;
__IO uint16_t ccnumber=0;
__IO uint32_t count=0;
__IO uint16_t freq=0;

void SysTick_Handler(void)
{
    sysTickTimer++;
}

void Delay(uint32_t dlyTicks)
{
    uint32_t curTicks=sysTickTimer;
    while(sysTickTimer-curTicks < dlyTicks);
}

void TIMER2_IRQHandler(void)
{
    if(SET == timer_interrupt_flag_get(TIMER2,TIMER_INT_FLAG_CH0)){
        /* 清除通道 0 中断标志位 */
        timer_interrupt_flag_clear(TIMER2,TIMER_INT_FLAG_CH0);
```

```
            if(0 == ccnumber){
                /* 读取通道 0 捕获值 */
                readvalue1=timer_channel_capture_value_register_read
                (TIMER2,TIMER_CH_0)+1;
                ccnumber=1;
            } else if(1 == ccnumber){
                /* 读取通道 0 捕获值 */
                readvalue2=timer_channel_capture_value_register_read
                (TIMER2,TIMER_CH_0)+1;

                if(readvalue2 > readvalue1){
                    count=(readvalue2-readvalue1);
                } else {
                    count=((0xFFFFU-readvalue1)+readvalue2);
                }

                freq=1000000U / count;
                ccnumber=0;
            }
        }
    }
```

上述代码中的 TIMER2_IRQHandler 为 TIMER2 的中断服务程序，通过 ccnumber 变量来区分两次上升沿，在第二次上升沿发生时计算信号频率。需要注意的是：由于定时器有可能溢出，如果第二次上升沿的采样值 readvalue2 小于第一次上升沿的采样值 readvalue1，那么就说明信号发生了溢出，此时需要特殊处理。

timer_config 函数完成了 TIMER2 定时器的初始化，我们使用 PA6 作为捕获信号的输入引脚，定时器计时频率选择 1MHz，采用向上计数模式，计数值为最大 0xFFFF，捕获边沿选择上升沿，不使用数字滤波和预分频。用于设置中断频率的 systick_config 函数及 time_config 函数的实现代码如下。

```
void systick_config(void)
{
    /* 设置 systick 定时器中断频率为 1000Hz*/
    if(SysTick_Config(SystemCoreClock / 1000U)){
        /* 捕获错误 */
        while(1){
        }
    }
    /* 配置 systick 优先级 */
    NVIC_SetPriority(SysTick_IRQn,0x00U);
}

void timer_config(void)
{
    /*TIMER2 配置 : 输入捕获模式 ----------------------------------
```

```
    外部信号连接到 TIMER2 CH0 引脚 (PA6)
    使用上升沿，使用 TIMER2 CH0CV 来计算频率
    -----------------------------------------------------------*/
    timer_ic_parameter_struct timer_icinitpara;
    timer_parameter_struct timer_initpara;

    rcu_periph_clock_enable(RCU_TIMER2);

    timer_deinit(TIMER2);

    /* 配置 TIMER2*/
    timer_initpara.prescaler              =120-1;
    timer_initpara.alignedmode            =TIMER_COUNTER_EDGE;
    timer_initpara.counterdirection       =TIMER_COUNTER_UP;
    timer_initpara.period                 =0xFFFF;
    timer_initpara.clockdivision          =TIMER_CKDIV_DIV1;
    timer_initpara.repetitioncounter      =0;
    timer_init(TIMER2,&timer_initpara);

    /* 配置 TIMER2*/
    /*TIMER2 CH0 输入捕捉配置 */
    timer_icinitpara.icpolarity           =TIMER_IC_POLARITY_RISING;
    timer_icinitpara.icselection          =TIMER_IC_SELECTION_DIRECTTI;
    timer_icinitpara.icprescaler          =TIMER_IC_PSC_DIV1;
    timer_icinitpara.icfilter             =0x0;
    timer_input_capture_config(TIMER2,TIMER_CH_0,&timer_icinitpara);

    timer_auto_reload_shadow_enable(TIMER2);
    timer_interrupt_flag_clear(TIMER2,TIMER_INT_FLAG_CH0);
    timer_interrupt_enable(TIMER2,TIMER_INT_CH0);

    /* 使能 TIMER2 */
    timer_enable(TIMER2);
}
```

main 函数的实现代码如下。

```
int main(void)
{
    gd_eval_com_init(EVAL_COM1);

    rcu_periph_clock_enable(RCU_GPIOA);
    rcu_periph_clock_enable(RCU_AF);

    /* 将 PA6(TIMER2 CH0) 设置为 AF 功能 */
    gpio_init(GPIOA,GPIO_MODE_IN_FLOATING,GPIO_OSPEED_50MHZ,GPIO_PIN_6);

    systick_config();

    nvic_priority_group_set(NVIC_PRIGROUP_PRE1_SUB3);
```

```
    nvic_irq_enable(TIMER2_IRQn,1,1);

    timer_config();

    while(1){
        Delay(1000);
        printf(" TIMER2 Input Capture Demo,the frequence is %dHz\r\n",
        freq);
    }
}

int fputc(int ch,FILE *f)
{
    usart_data_transmit(EVAL_COM1,(uint8_t)ch);
    while(RESET == usart_flag_get(EVAL_COM1,USART_FLAG_TBE));
    return ch;
}
```

在 main 函数中初始化了调试串口，初始化了 PA6 信号，设置了 TIMER2 的中断，初始化了 TIMER2，并实现了每隔 1s 打印一次频率信息。

本实例的工程路径为：GD32F30x_Firmware_Library\Examples\TIMER\TIMER2_inputcapture。

在 MDK 中编译代码，然后使用 ISP 工具将代码下载到 BluePill 开发板，方法参考 5.1.3 节。

使用信号发生器输入一个 3.3V 的方波信号到 PA6 引脚，打开超级终端软件，按照图 5-7 所示来设置参数，设置完成后单击“确定”按钮，然后在超级终端中选择菜单呼叫（C）→呼叫（C），单击 BluePill 开发板上的 NRST 按键复位 MCU，在超级终端上观察程序运行结果，如图 5-19 所示。运行过程中修改信号发生器输出信号频率，可以实时观察到信号频率的变化。

5.4.6 定时器级联实验

GD32F303 内部的各个定时器是互相独立的，但是它们的计数器可以被同步在一起形成一个更大的定时器。本节我们通过实例学习如何同步使用多个定时器。

本节我们共使用了 3 个定时器：TIMER1、TIMER2、TIMER0。

- TIMER1 作为主定时器，通过更新事件来触发输出。
- TIMER2 作为从定时器，通过触发输入的上升沿驱动计数器，触发源选择内部触发输入 1，通过更新事件来触发输出。
- TIMER0 作为从定时器，通过触发输入的上升沿驱动计数器，触发源选择内部触发输入 2。

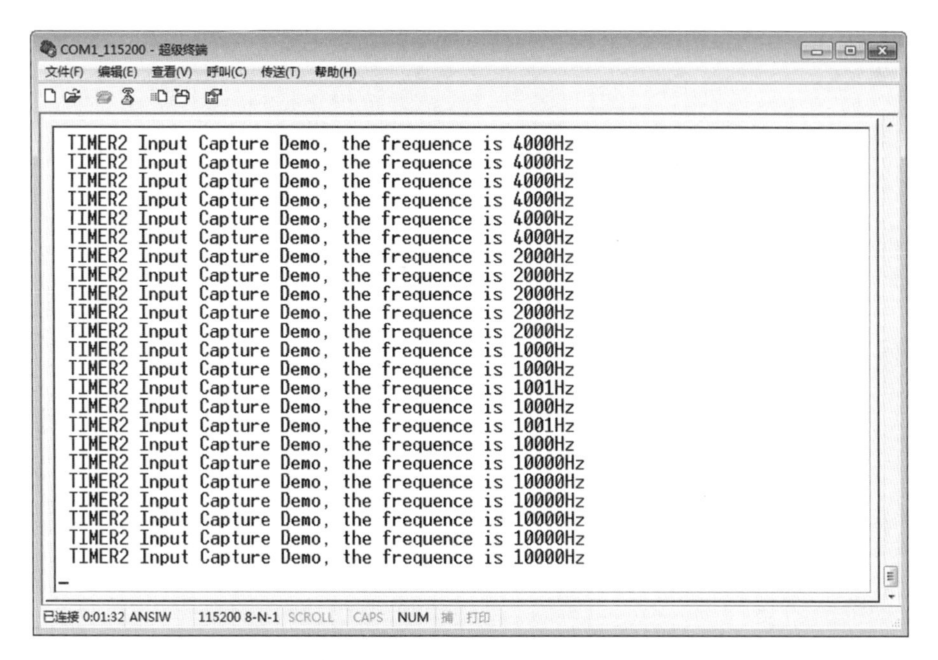

图 5-19　使用定时器捕获功能测量外部信号频率

相关实现代码如下。

```
#include "gd32f30x.h"
#include <stdio.h>
#include "gd32f303c_eval.h"

void gpio_config(void)
{
    rcu_periph_clock_enable(RCU_GPIOA);
    rcu_periph_clock_enable(RCU_AF);

    /* 将 PA1(TIMER1 CH1) 设置为 AF 功能 */
    /* 将 PA6(TIMER2 CH0) 设置为 AF 功能 */
    /* 将 PA8(TIMER0 CH0) 设置为 AF 功能 */
    gpio_init(GPIOA,GPIO_MODE_AF_PP,GPIO_OSPEED_50MHZ,GPIO_PIN_1);
    gpio_init(GPIOA,GPIO_MODE_AF_PP,GPIO_OSPEED_50MHZ,GPIO_PIN_6);
    gpio_init(GPIOA,GPIO_MODE_AF_PP,GPIO_OSPEED_50MHZ,GPIO_PIN_8);
}
```

上述代码中的 gpio_config 函数初始化 PA1 并将其作为 TIMER1 CH1 输出，初始化 PA6 并将其作为 TIMER2 CH0 输出，初始化 PA8 并将其作为 TIMER0 CH0 输出。

timer_config 函数的实现代码如下。

```
void timer_config(void)
{
```

```
    timer_oc_parameter_struct timer_ocintpara;
    timer_parameter_struct timer_initpara;

    rcu_periph_clock_enable(RCU_TIMER0);
    rcu_periph_clock_enable(RCU_TIMER1);
    rcu_periph_clock_enable(RCU_TIMER2);

    /* 配置 TIMER1*/
    timer_deinit(TIMER1);

    timer_initpara.prescaler            =6000-1;        //120MHz/6000=20kHz
    timer_initpara.alignedmode          =TIMER_COUNTER_EDGE;
    timer_initpara.counterdirection     =TIMER_COUNTER_UP;
    timer_initpara.period               =4000-1;        //20kHz/4000=5Hz
    timer_initpara.clockdivision        =TIMER_CKDIV_DIV1;
    timer_initpara.repetitioncounter    =0;
    timer_init(TIMER1,&timer_initpara);

    /* 将 CH1 设置为 PWM0 模式 */
    timer_ocintpara.outputstate         =TIMER_CCX_ENABLE;
    timer_ocintpara.outputnstate        =TIMER_CCXN_DISABLE;
    timer_ocintpara.ocpolarity          =TIMER_OC_POLARITY_HIGH;
    timer_ocintpara.ocnpolarity         =TIMER_OCN_POLARITY_HIGH;
    timer_ocintpara.ocidlestate         =TIMER_OC_IDLE_STATE_LOW;
    timer_ocintpara.ocnidlestate        =TIMER_OCN_IDLE_STATE_LOW;
    timer_channel_output_config(TIMER1,TIMER_CH_1,&timer_ocintpara);

    timer_channel_output_pulse_value_config(TIMER1,TIMER_CH_1,2000-1);
    timer_channel_output_mode_config(TIMER1,TIMER_CH_1,TIMER_OC_MODE_PWM0);
    timer_channel_output_shadow_config(TIMER1,TIMER_CH_1,TIMER_OC_SHADOW_
    DISABLE);

    timer_auto_reload_shadow_enable(TIMER1);
    timer_master_slave_mode_config(TIMER1,TIMER_MASTER_SLAVE_MODE_ENABLE);
    timer_master_output_trigger_source_select(TIMER1, TIMER_TRI_OUT_SRC_
    UPDATE);
```

上述代码中，将 TIMER1 的分频系数设置为 6000（定时器计数频率为 120MHz/6000=20kHz），将计数周期设置为 4000，将脉冲宽度设置为 2000（输出的 PWM 信号频率为 20kHz/4000=5Hz，占空比为 2000/4000 × 100%=50%），将 TIMER1 设置 CH1 为 PWM0 模式（关闭输出通道的影子寄存器）。

上述代码通过 timer_master_slave_mode_config 函数使能主从模式；通过 timer_master_-output_trigger_source_select 函数设置 TIMER1 的更新事件来触发输出，这个更新事件触发的输出将作为 TIMER1 的触发输入。

我们接着看下面的代码。

```
/* 配置 TIMER2 */
timer_deinit(TIMER2);

timer_initpara.prescaler              =1-1;          //5Hz/1=5Hz
timer_initpara.alignedmode            =TIMER_COUNTER_EDGE;
timer_initpara.counterdirection       =TIMER_COUNTER_UP;
timer_initpara.period                 =2-1;          //5Hz/2=2.5Hz
timer_initpara.clockdivision          =TIMER_CKDIV_DIV1;
timer_initpara.repetitioncounter      =0;
timer_init(TIMER2,&timer_initpara);

/* 将 CH0 配置为 PWM0 模式 */
timer_ocintpara.outputstate           =TIMER_CCX_ENABLE;
timer_ocintpara.outputnstate          =TIMER_CCXN_DISABLE;
timer_ocintpara.ocpolarity            =TIMER_OC_POLARITY_HIGH;
timer_ocintpara.ocnpolarity           =TIMER_OCN_POLARITY_HIGH;
timer_ocintpara.ocidlestate           =TIMER_OC_IDLE_STATE_LOW;
timer_ocintpara.ocnidlestate          =TIMER_OCN_IDLE_STATE_LOW;
timer_channel_output_config(TIMER2,TIMER_CH_0,&timer_ocintpara);

timer_channel_output_pulse_value_config(TIMER2,TIMER_CH_0,1);
timer_channel_output_mode_config(TIMER2,TIMER_CH_0,TIMER_OC_MODE_PWM0);
timer_channel_output_shadow_config(TIMER2,TIMER_CH_0,TIMER_OC_SHADOW_
DISABLE);

timer_auto_reload_shadow_enable(TIMER2);
timer_slave_mode_select(TIMER2,TIMER_SLAVE_MODE_EXTERNAL0);
timer_input_trigger_source_select(TIMER2,TIMER_SMCFG_TRGSEL_ITI1);
timer_master_slave_mode_config(TIMER2,TIMER_MASTER_SLAVE_MODE_ENABLE);
timer_master_output_trigger_source_select(TIMER2, TIMER_TRI_OUT_SRC_
UPDATE);
```

上述代码将 TIMER2 的分频系数设置为 1，将定时器计数频率设置为 5Hz，将计数周期设置为 2，将脉冲宽度设置为 1，输出的 PWM 信号频率为 5Hz/2=2.5Hz，占空比为 1/2 × 100%=50%；将 TIMER2 CH0 设置为 PWM0 模式，关闭输出通道的影子寄存器。

上述代码通过 timer_slave_mode_select 函数设置触发输入的上升沿驱动计数器；通过 timer_input_trigger_source_select 函数将内部触发输入 1 作为触发源；通过 timer_master_-slave_mode_config 函数使能主从模式；通过 timer_master_output_trigger_source_select 函数将 TIMER2 的更新事件作为触发输出，该触发输出作为 TIMER0 的触发输入。

继续看下面的代码。

```
/* 配置 TIMER0*/
timer_deinit(TIMER0);

timer_initpara.prescaler              =1-1;
timer_initpara.alignedmode            =TIMER_COUNTER_EDGE;
timer_initpara.counterdirection       =TIMER_COUNTER_UP;
```

```
    timer_initpara.period               =2-1;
    timer_initpara.clockdivision        =TIMER_CKDIV_DIV1;
    timer_initpara.repetitioncounter    =0;
    timer_init(TIMER0,&timer_initpara);

    /* 将 CH0 配置为 PWM0 模式 */
    timer_ocintpara.outputstate         =TIMER_CCX_ENABLE;
    timer_ocintpara.outputnstate        =TIMER_CCXN_DISABLE;
    timer_ocintpara.ocpolarity          =TIMER_OC_POLARITY_HIGH;
    timer_ocintpara.ocnpolarity         =TIMER_OCN_POLARITY_HIGH;
    timer_ocintpara.ocidlestate         =TIMER_OC_IDLE_STATE_LOW;
    timer_ocintpara.ocnidlestate        =TIMER_OCN_IDLE_STATE_LOW;
    timer_channel_output_config(TIMER0,TIMER_CH_0,&timer_ocintpara);

    timer_channel_output_pulse_value_config(TIMER0,TIMER_CH_0,1);
    timer_channel_output_mode_config(TIMER0,TIMER_CH_0,TIMER_OC_MODE_PWM0);
    timer_channel_output_shadow_config(TIMER0,TIMER_CH_0,TIMER_OC_SHADOW_
    DISABLE);

    timer_auto_reload_shadow_enable(TIMER0);
    timer_primary_output_config(TIMER0,ENABLE);
    timer_slave_mode_select(TIMER0,TIMER_SLAVE_MODE_EXTERNAL0);
    timer_input_trigger_source_select(TIMER0,TIMER_SMCFG_TRGSEL_ITI2);

    /* 使能 TIMER*/
    timer_enable(TIMER1);
    timer_enable(TIMER2);
    timer_enable(TIMER0);
}
```

上述代码将 TIMER0 的分频系数设置为 1，将定时器计数频率设置为 2.5Hz，将计数周期设置为 2，将脉冲宽度设置为 1，输出的 PWM 信号频率为 2.5Hz/2=1.25Hz，占空比为 $1/2 \times 100\%=50\%$，将 TIMER0 CH0 设置为 PWM0 模式，关闭输出通道的影子寄存器。

由于 TIMER0 为高级定时器，所以在上述代码中通过 timer_primary_output_config 使能总输出。

上述代码通过 timer_slave_mode_select 函数通过触发输入的上升沿来驱动计数器；通过 timer_input_trigger_source_select 函数选择触发源为内部触发输入 2。

main 函数的实现代码如下。

```
/*!
    \ 简介          main 函数
    \ 参数 [ 输入 ]  无
    \ 参数 [ 输出 ]  无
    \ 返回值        无
*/
```

```
int main(void)
{
    gpio_config();
    timer_config();

    while(1);
}
```

在 main 函数中初始化了 GPIO 和定时器，剩下的工作完全由定时器硬件完成。

本实例的工程路径为：GD32F30x_Firmware_Library\Examples\TIMER\TIMERs_-cascadesynchro。

在 MDK 中编译代码，然后使用 ISP 工具将代码下载到 BluePill 开发板，方法参考 5.1.3 节。

使用逻辑分析仪连接 PA1、PA6、PA8 这 3 个引脚进行观察，由于 PA1 和 PA8 在 BluePillExt 母板上连接了按键和 LED，所以可以将 BluePill 开发板从母板上取下并接入逻辑分析仪来观察波形。实际波形如图 5-20 所示。

- PA1 为 TIMER1 CH2 输出，实际信号为 5Hz 方波。
- TIMER1 在 PA1 的上升沿发出更新事件，触发 TIMER2 定时器，TIMER2 定时器在 PA6 引脚输出 2.5Hz 的方波信号。
- TIMER2 在 PA6 的上升沿发出更新事件，触发 TIMER0 定时器，TIMER0 定时器在 PA8 引脚输出 1.25Hz 的方波信号。

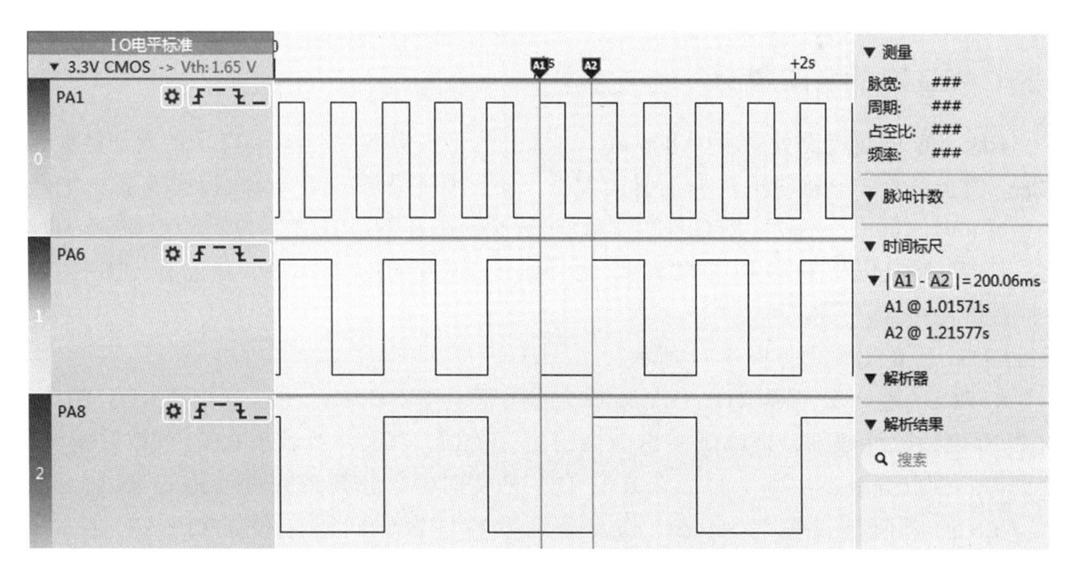

图 5-20　TIMER1-TIMER2-TIMER0 级联输出 PWM

5.5 实时时钟

如果我们想在 MCU 上实现精确计时，由于 MCU 应用中都有晶振及各种硬件定时器，所以可以在软件中维护一个变量，每秒该变量值加 1 就可以准确记录时间，唯一的问题是芯片断电以后这个变量就清零了，记录的时间也消失了。那么如何解决这个清零问题呢？很简单，我们使用硬件实现一个这样的变量就可以了，把它的功耗做得尽量低，这样使用一颗纽扣电池就可以供该硬件计时电路工作很多年。这个硬件电路就是实时时钟（RTC）。

RTC 可以是 MCU 内置的一个外设，也可以是各种独立的外部 RTC 芯片，比如 PCF8563、ISL1208、DS1302 等，它们通常具备简单的串行接口，采用 SO-8 封装方式，有些还具备 EEPROM 等额外的功能。如果使用的 MCU 没有内置的 RTC 功能，也可以选择这样的独立 RTC 芯片。

独立的外部 RTC 芯片通常可以直接读取包括年、月、日、时、分、秒在内的完整日历信息，相比之下 MCU 内置的 RTC 的核心部分只有一个 32 位的累加计数器，我们用这个计数器来保存 UNIX 时间戳，通过一定的算法，就可以得到完整的日历信息。独立的 RTC 芯片内部核心也是这个 32 位的累加计数器。本章会给出一个例子，使用 GD32 的 RTC 来实现一个完整的日历。

UNIX 时间戳（UNIX timestamp）又称 UNIX 时间、POSIX 时间，是一种时间表示方式，定义为从格林尼治时间 1970 年 01 月 01 日 00 时 00 分 00 秒起至现在的总秒数。UNIX 时间戳不仅被用在 UNIX 系统、类 UNIX 系统中，也在许多其他操作系统中被广泛采用。

5.5.1 GD32 的 RTC 简介

GD32 的 RTC 电路分属两个电源域。一部分位于备份域中，包括 32 位的累加计数器、闹钟、预分频器、分频器及 RTC 时钟配置寄存器。系统复位或者从待机模式唤醒时，RTC 的设置和时间都保持不变。RTC 计数逻辑位于备份域，只要 VBAT 有电，RTC 便会一直运行，不受系统复位及 VDD 掉电的影响。另一部分位于 VDD 电源域中，只包括 APB 接口及一组控制寄存器。

GD32 的 RTC 框图如图 5-21 所示。

RTCCLK 输入分频器 RTC_DIV 以后会被分频为 SC_CLK，注意分频器 RTC_DIV 是一个 20 位递减计数器，自减到溢出就会输出一个 SC_CLK，然后从 RTC_PSC 重新装载预设值。读取分频器实际上是读取 RTC_DIV 的实时值，分频系数写入 RTC_PSC。一般 SC_CLK 的周期被设置为 1s，SC_CLK 会触发秒中断，同时会使 RTC_CNT 加 1，当 RTC_CNT 和 RTC_ALARM 的值一致时会触发闹钟中断，当 RTC_CNT 增加到溢出时会触发溢出中断。

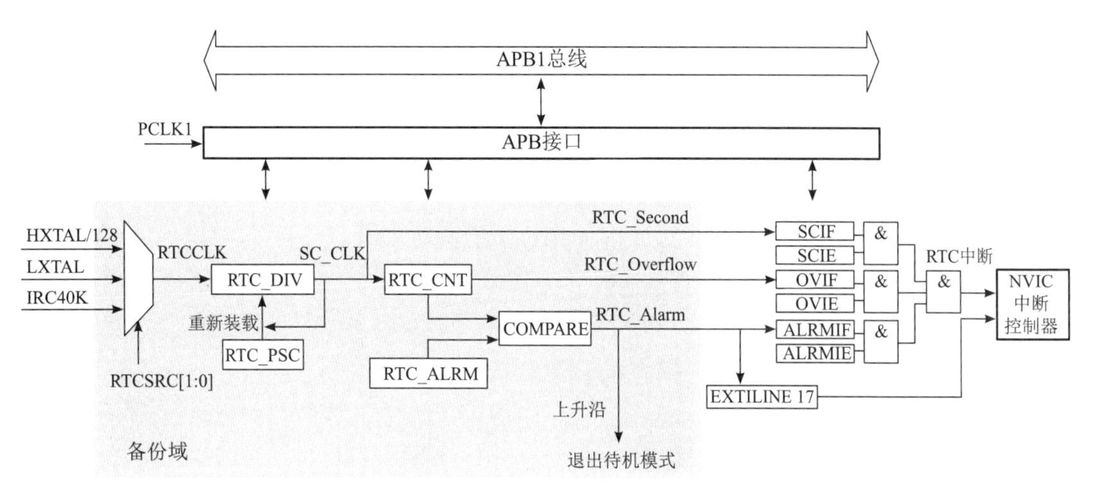

图 5-21　GD32 的 RTC 框图

5.5.2　固件库中 RTC 相关的主要 API

GD32 固件库中与 RTC 相关的 API 定义在 gd32f30x_rtc.h 和 gd32f30x_rtc.c 两个文件中，前者为头文件，包含寄存器地址、常量的定义、API 函数声明，后者为 API 的具体实现。常用的 API 函数简单介绍如表 5-7 所示。包括 GD32 在内的绝大多数芯片内部只有一个 RTC 外设，因此 API 无须指定外设实例。

表 5-7　GD32 固件库 RTC 模块的常用 API 函数

API 函数原型	说　明
void rtc_interrupt_enable(uint32_t interrupt); void rtc_interrupt_disable(uint32_t interrupt);	使能和禁止 RTC 中断
void rtc_configuration_mode_enter(void); void rtc_configuration_mode_exit(void);	进入和退出 RTC 的配置模式
void rtc_lwoff_wait(void);	等待 RTC 上次写操作完成
void rtc_register_sync_wait(void);	等待 RTC 寄存器同步完成
uint32_t rtc_counter_get(void);	获取 RTC 计数器数值
void rtc_counter_set(uint32_t cnt);	设置 RTC 计数器数值
void rtc_prescaler_set(uint32_t psc);	设置 RTC 预分频数值
void rtc_alarm_config(uint32_t alarm);	设置 RTC 闹钟数值
uint32_t rtc_divider_get(void);	获取 RTC 分频数值
FlagStatus rtc_flag_get(uint32_t flag);	获取 RTC 标志
void rtc_flag_clear(uint32_t flag);	清除 RTC 标志

5.5.3 实例：RTC 日历

GD32 的 RTC 核心是一个 32 位的累加计数器，我们把它配置为 1s 增加 1 次计数，然后设置为 UNIX 时间戳，这样就可以通过算法获取年、月、日、时、分、秒等日历信息了。本节我们通过一个实例来讲解具体的实现过程。

在开始之前，我们先回顾一下关于时间和日历的基础知识。

- 一年有 365 天或 366 天，平年 365 天，闰年 366 天。
- 一年 12 个月，每个月天数分别为 31、28、31、30、31、30、31、31、30、31、30 和 31，如果是闰年，那么 2 月为 29 天。
- 一天有 24h，共 86400s。
- 一小时为 60min，共 3600s。

闰年的判断规则可以用一句话总结为：四年一闰，百年不闰，四百年再闰。

- 可以被 4 整除但是不可以被 100 整除的年份是闰年。
- 可以被 400 整除的年份是闰年。

本实例的代码清单如下。

```
typedef struct {
    uint16_t year;        /* 年 */
    uint8_t  mon;         /*1 ～ 12 月 */
    uint8_t  mday;        /* 每月的天数 ,1 ～ 31*/
    uint8_t  hour;        /* 每天的小时数 ,0 ～ 23*/
    uint8_t  min;         /* 每小时的分钟数 ,0 ～ 59*/
    uint8_t  sec;         /* 每分钟的秒数 ,0 ～ 59*/
} calendar_t;

const uint8_t month_table[12]={31,28,31,30,31,30,31,31,30,31,30,31};

uint8_t is_leap_year(uint16_t year)
{
    return(year % 400 == 0 || year % 4 == 0 && year % 100 !=0)? 1 : 0;
}

uint32_t calc_rtc_counter(const calendar_t *c)
{
    uint32_t t,cnt=0;

    for(t=1970;t<c->year;t++)
        cnt+=is_leap_year(t)? 86400*366 : 86400*365;
    for(t=0;t<c->mon-1;t++){
        cnt+=month_table[t] * 86400;
        if(is_leap_year(c->year)&& t == 1)
            cnt+=86400;
    }
    cnt+=(c->mday-1)* 86400+c->hour * 3600+c->min * 60+c->sec;
```

```
    return cnt;
}

void calc_calendar(uint32_t rtc,calendar_t *c)
{
    uint32_t t=1970,day=rtc / 86400,tim=rtc % 86400;
    while(day >=365){
        if(is_leap_year(t)){
            if(day >=366){
                day-=366;
                t++;
            } else {
                t++;
                break;
            }
        } else {
            day-=365;
            t++;
        }
    }
    c->year=t;
    t=0;
    while(day >=28){
        if(is_leap_year(c->year)&& 1 == 0){
            if(day >=29)
                day-=29;
            else
                break;
        } else {
            if(day >=month_table[t])
                day-=month_table[t];
            else
                break;
        }
        t++;
    }
    c->mon=t+1;
    c->mday=day+1;
    c->hour=tim / 3600;
    c->min=tim % 3600 / 60;
    c->sec=tim % 3600 % 60;
}

/*!
    \简介          从超级终端获取数值
    \参数[输入]    超级终端的输入值
    \参数[输出]    无
    \返回值        BCD模式下的输入值
*/
```

```
uint8_t usart_scanf(uint32_t value)
{
    uint32_t index=0;
    uint32_t tmp[2]={0,0};

    while(index < 2){
        /* 循环至 RBNE=1*/
        while(usart_flag_get(USART0,USART_FLAG_RBNE) == RESET);
        tmp[index++]=(usart_data_receive(USART0));

        if((tmp[index-1] < 0x30)||(tmp[index-1] > 0x39)){
            printf("\n\rPlease enter valid number between 0 and 9\n");
            index--;
        }
    }
    /* 计算相应的值 */
    index=(tmp[1]-0x30)+((tmp[0]-0x30)* 10);
    /* 检查 */
    if(index > value){
        printf("\n\rPlease enter valid number between 0 and %d\n",value);
        return 0xFF;
    }
    return index;
}

/*!
    \简介          使用超级终端返回用户输入的时间
    \参数[输入]    无
    \参数[输出]    无
    \返回值        RTC 计数器的值，当前时间
*/
uint32_t time_regulate(void)
{
    calendar_t t={ .year=0xFFFF,.mon=0xFF,.mday=0xFF,
        .hour=0xFF,.min=0xFF,.sec=0xFF };

    printf("\r\n==============Calendar Settings=======================");

    printf("\r\n  Please Set Year(0-99,such as:21 for 2021)");
    while(t.year == 0xFFFF){
        t.year=usart_scanf(99);
    }
    t.year+=2000;
    printf(":  %d",t.year);

    printf("\r\n  Please Set Month(1-12)");
    while(t.mon == 0xFF){
        t.mon=usart_scanf(12);
    }
```

```
    printf(":  %d",t.mon);

    printf("\r\n  Please Set Day(1-31)");
    while(t.mday == 0xFF){
        t.mday=usart_scanf(31);
    }
    printf(":  %d",t.mday);

    printf("\r\n  Please Set Hour(0-23)");
    while(t.hour == 0xFF){
        t.hour=usart_scanf(23);
    }
    printf(":  %d",t.hour);

    printf("\r\n  Please Set Minute(0-59)");
    while(t.min == 0xFF){
        t.min=usart_scanf(59);
    }
    printf(":  %d",t.min);

    printf("\r\n  Please Set Second(0-59)");
    while(t.sec == 0xFF){
        t.sec=usart_scanf(59);
    }
    printf(":  %d",t.sec);

    /* 返回存储在 RTC 计数器寄存器中的值 */
    return calc_rtc_counter(&t);
}

void time_display(uint32_t timevar)
{
    calendar_t t;
    calc_calendar(timevar,&t);
    printf(" %04d-%d-%d %02d:%02d:%02d\r",
        t.year,t.mon,t.mday,
        t.hour,t.min,t.sec);
}
```

在上面的代码中我们定义了一个结构体 calendar_t 来按“年 – 月 – 日时 : 分 : 秒”格式存放日历。上述代码还给出了几个辅助函数：

- calc_rtc_counter 用来将“年 – 月 – 日时 : 分 : 秒”的日历格式转换成 RTC 秒计数值。
- calc_calendar 用来将 RTC 秒计数值转换为“年 – 月 – 日时 : 分 : 秒”的日历格式。
- usart_scanf 用来通过串口输入数字。
- time_regulate 用来通过串口设置“年 – 月 – 日时 : 分 : 秒”的日历格式。
- time_display 用来将 RTC 秒计数值按照“年 – 月 – 日时 : 分 : 秒”的日历格式显示出来。

上述代码实际上和 RTC 硬件关系不大，我们不做具体分析，有兴趣的读者可以根据我们之前提到的日历和时间基础知识自行对代码进行研究。

在 rtc_configuration 函数中，我们完成了 RTC 的初始化工作，将时钟输入设置为外部 32.768kHz 晶振 LXTAL，打开秒中断，然后将分频系数设置为 32768，即 1s 产生 1 次秒中断。同时初始化了备份寄存器，用来判断设备的掉电行为。该函数的实现代码如下。

```
__IO uint32_t timedisplay;

void rtc_configuration(void)
{
    rcu_periph_clock_enable(RCU_BKPI);
    rcu_periph_clock_enable(RCU_PMU);
    pmu_backup_write_enable();
    bkp_deinit();
    rcu_osci_on(RCU_LXTAL);
    rcu_osci_stab_wait(RCU_LXTAL);
    rcu_rtc_clock_config(RCU_RTCSRC_LXTAL);
    rcu_periph_clock_enable(RCU_RTC);
    rtc_register_sync_wait();
    rtc_lwoff_wait();
    rtc_interrupt_enable(RTC_INT_SECOND);
    rtc_lwoff_wait();
    /* 设置 RTC 预分频器：将 RTC 周期设置为 1s*/
    rtc_prescaler_set(32768-1);
    rtc_lwoff_wait();
}
```

main 函数的实现代码如下。

```
int main(void)
{
    gd_eval_com_init(EVAL_COM1);

    nvic_priority_group_set(NVIC_PRIGROUP_PRE1_SUB3);
    nvic_irq_enable(RTC_IRQn,1,0);

    printf("\r\n This is a RTC demo...... \r\n");

    if(bkp_read_data(BKP_DATA_0)!=0xA5A5){
        /* 备份数据寄存器的值不正确或尚未编码（当第一次执行程序时）*/
        printf("\r\nThis is a RTC demo!\r\n");
        printf("\r\n\n RTC not yet configured....");

        rtc_configuration();

        printf("\r\n RTC configured....");
```

```
        rtc_lwoff_wait();
        rtc_counter_set(time_regulate());
        rtc_lwoff_wait();

        bkp_write_data(BKP_DATA_0,0xA5A5);
    }else{
        /* 检查上电复位标志 */
        if(rcu_flag_get(RCU_FLAG_PORRST)!=RESET){
            printf("\r\n\n Power On Reset occurred....");
        }else if(rcu_flag_get(RCU_FLAG_SWRST)!=RESET){
            /* 检查外部复位标志 */
            printf("\r\n\n External Reset occurred....");
        }

        rcu_periph_clock_enable(RCU_PMU);
        pmu_backup_write_enable();

        printf("\r\n No need to configure RTC....");
        rtc_register_sync_wait();

        rtc_interrupt_enable(RTC_INT_SECOND);
        rtc_lwoff_wait();
    }

#ifdef RTCCLOCKOUTPUT_ENABLE
    /* 使能PMU和BKPI时钟 */
    rcu_periph_clock_enable(RCU_BKPI);
    rcu_periph_clock_enable(RCU_PMU);
    /* 允许访问BKP域 */
    pmu_backup_write_enable();

    /* 禁用tamper引脚 */
    bkp_tamper_detection_disable();

    /* 使能tamper引脚上的RTC时钟 */
    bkp_rtc_calibration_output_enable();
#endif

    rcu_all_reset_flag_clear();
    printf("\n\r");
    while(1){
        if(timedisplay == 1){
            time_display(rtc_counter_get());
            timedisplay=0;
        }
    }
}

void RTC_IRQHandler(void)
{
```

```
    if(rtc_flag_get(RTC_FLAG_SECOND)!=RESET){
        rtc_flag_clear(RTC_FLAG_SECOND);
        timedisplay=1;
        rtc_lwoff_wait();
    }
}

int fputc(int ch,FILE *f)
{
    usart_data_transmit(USART0,(uint8_t)ch);
    while(RESET == usart_flag_get(USART0,USART_FLAG_TBE));

    return ch;
}
```

在 main 函数中，首先初始化调试串口，使能 RTC 中断，然后检查后备寄存器 0 是否为 0xA5A5。如果不是 0xA5A5，则说明 RTC 未初始化，重新初始化 RTC，然后将备份寄存器 0 写入 0xA5A5。如果是 0xA5A5，则说明 RTC 之前已经初始化过了，而且 RTC 电源没有发生过掉电，无须重新初始化 RTC，判断一下复位原因，然后使能秒中断。

最后在主循环中等待 timedisplay 置 1，然后通过串口更新显示时间。

RTC 的中断服务程序 RTC_IRQHandler 中只是简单判断了秒中断标志，然后设置时间更新标志 timedisplay。

本实例使用 BluePill 开发板，注意 BluePillExt 母板上的 J6 端子需要一颗带线的 CR2032 纽扣电池给 BluePill 开发板的 Vbat 引脚供电。出于体积考虑，BluePillExt 母板并没有集成 CR2032 或者 CR1220 纽扣电池座。

本实例的工程路径为：GD32F30x_Firmware_Library\Examples\RTC\Calendar_demo。

在 MDK 中编译通过代码，然后使用 ISP 工具将代码下载到 BluePill 开发板，方法参考 5.1.3 节。

打开超级终端软件，按照图 5-7 所示来设置参数，设置完成单击图中所示“确定”按钮，然后在超级终端中选择菜单呼叫（C）→呼叫（C），纽扣电池首次上电需要设置 RTC 时间，按照超级终端提示设置完 RTC 日历，过程如图 5-22 所示。之后，串口开始显示当前日历。

将 BluePill 开发板彻底断电，经过一段时间以后再次上电，发现由于 RTC 时钟用纽扣电池供电，所以在超级终端上依然可以看到正确的当前时间，如图 5-23 所示。如果需要重新设定时间，将带线的 CR2032 纽扣电池拔掉然后再插上，给 RTC 重新上电即可。

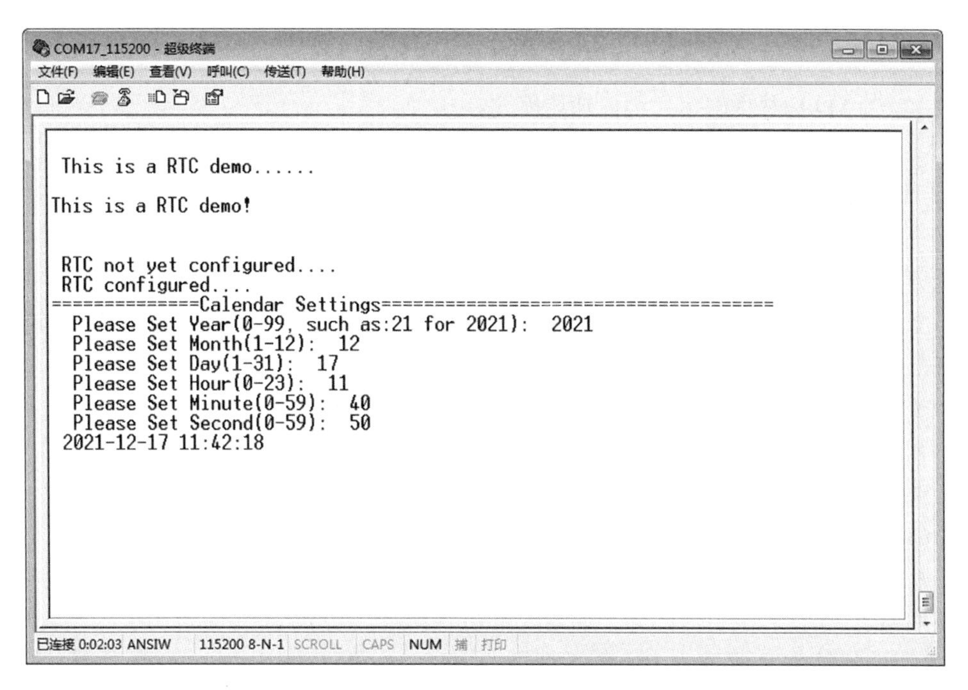

图 5-22 RTC 日历设置过程

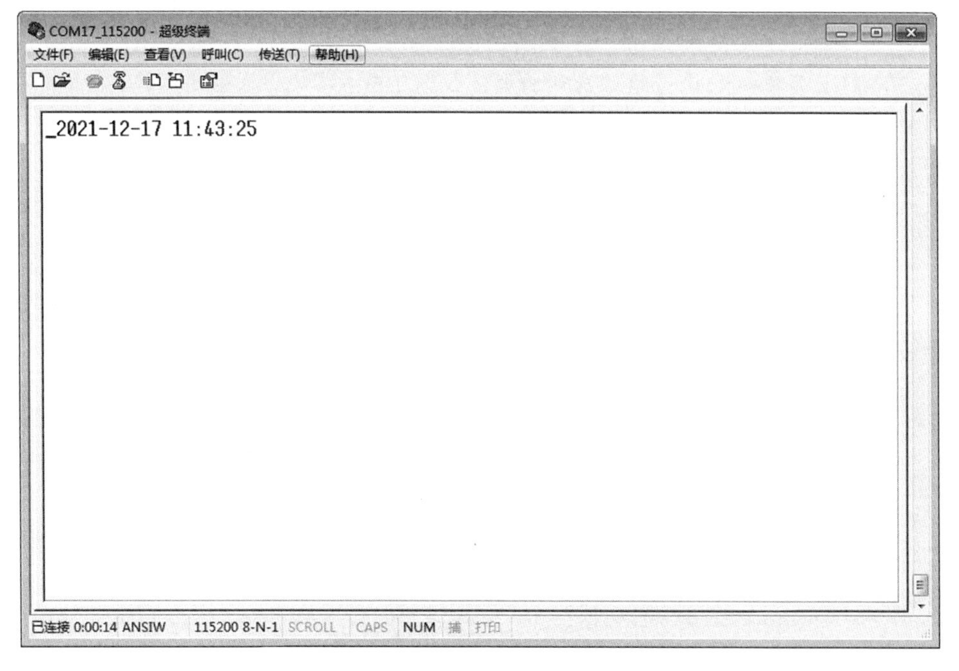

图 5-23 RTC 日历运行过程

5.5.4 实例：RTC 闹钟唤醒 DeepSleep

GD32 的 M4 内核内置了 3 种低功耗模式：

- 睡眠模式 Sleep。
- 深度睡眠模式 DeepSleep。
- 待机模式 Standby。

要理解这 3 种模式，可用人来类比，Sleep 可以理解为浅睡，处于此状态的人很容易醒，休息效果不是太好；DeepSleep 可以理解为深睡，处于此状态的人不是那么容易被叫醒，休息效果好；至于 Standby，相当于被麻醉了，重新醒过来需要付出更大的代价。

在 MCU 的低功耗应用中，由于 DeepSleep 下的 SRAM 和寄存器内容都不会丢失，所以这种模式实际应用更广泛。人们睡觉前为了在某个时间醒来，通常会设置一个闹钟。同理，要唤醒进入 DeelSleep 的 MCU，可以使用 RTC 闹钟。

MCU 使用 WFI 指令进入 DeepSleep 以后，由于整个 1.2V 电源域中的所有时钟都被关闭，所以所有 1.2V 电源域内的定时器中断都无法唤醒 MCU，只能通过 EXTI 的中断来唤醒，然而有的时候并没有外部的 IO 输入可用，我们希望 MCU 定时自动唤醒，这时候可以利用 RTC 闹钟来唤醒进入 DeelSpeep 模式的 MCU。RTC 并不在 1.2V 电源域，所以在 DeepSleep 模式下 RTC 闹钟也可以保持开启，并且因为 RTC 闹钟接入了 EXTI_17，因此可以通过 RTC 闹钟中断来唤醒处于 DeepSleep 模式的 MCU。

RTC 电路的功耗是非常低的，GD32F303 为例，使用 3.3V 的 VBAT，外部采用 32.768kHz 晶振，RTC 开启以后所需电流仅为 1.5μA。

相关实现代码如下。

```
#include "gd32f30x.h"
#include "gd32f303c_eval.h"
#include <stdio.h>

void rtc_configuration(void)
{
    rcu_periph_clock_enable(RCU_BKPI);
    rcu_periph_clock_enable(RCU_PMU);
    pmu_backup_write_enable();
    bkp_deinit();
    rcu_osci_on(RCU_LXTAL);
    rcu_osci_stab_wait(RCU_LXTAL);
    rcu_rtc_clock_config(RCU_RTCSRC_LXTAL);
    rcu_periph_clock_enable(RCU_RTC);
    rtc_register_sync_wait();
    rtc_lwoff_wait();
    rtc_interrupt_enable(RTC_INT_ALARM);
```

```
    rtc_lwoff_wait();
    /* 设置 RTC 预分频器：设置 RTC 周期为 1s*/
    rtc_prescaler_set(32768-1);
    rtc_lwoff_wait();
}
```

上述代码中，rtc_configuration 函数完成了对 RTC 模块的初始化，主要操作包括：

- 打开 RTC 模块时钟和电源，时钟设置为外部 32.768kHz 晶振。
- 使能 RTC 闹钟中断。
- 将 RTC 周期设置为 1s。

setup_rtc_alarm 函数用于读取现在的 RTC 时间，然后设置闹钟时间到 10s 以后开始发出中断信号，该函数的实现代码如下。

```
void setup_rtc_alarm(void)
{
    uint32_t cnt=0;
    rtc_register_sync_wait();
    cnt=rtc_counter_get();
    printf("RTC_CNT=%us ",cnt);
    cnt+=10;
    rtc_lwoff_wait();
    rtc_alarm_config(cnt-1);
    rtc_lwoff_wait();
    printf("Set RTC_ALARM=%us\r\n",cnt);
}
```

main 函数的实现代码如下。

```
int main(void)
{
    gd_eval_com_init(EVAL_COM1);

    nvic_priority_group_set(NVIC_PRIGROUP_PRE2_SUB2);

    rtc_configuration();

    exti_interrupt_flag_clear(EXTI_17);
    exti_init(EXTI_17,EXTI_INTERRUPT,EXTI_TRIG_RISING);
    nvic_irq_enable(RTC_Alarm_IRQn,1,0);

    printf("RTC wakeup DeepSleep Demo...\r\n");

    while(1){
        setup_rtc_alarm();
        printf("Goto DeepSleep...\r\n ");
        pmu_to_deepsleepmode(PMU_LDO_NORMAL,WFI_CMD);
        rtc_register_sync_wait();
```

```
        printf("Wakeup from DeepSleep,RTC_CNT=%us\r\n\r\n",rtc_counter_
        get());
    }
}

int fputc(int ch,FILE *f)
{
    usart_data_transmit(USART0,(uint8_t)ch);
    while(RESET == usart_flag_get(USART0,USART_FLAG_TBE));

    return ch;
}
```

在 main 函数中初始化了调试串口，调用 RTC 初始化函数 rtc_configuration 完成了 RTC 初始化，初始化了外部中断 EXTI_17，打开 RTC 闹钟中断。

在上述代码的主循环中，首先设置 RTC 闹钟，然后 MCU 就会进入 DeepSleep 模式，等待 10s 后 MCU 被 RTC 闹钟唤醒。MCU 被唤醒以后，先执行 rtc_register_sync_wait 函数等待 RTC 内部寄存器同步完成再继续操作。

在 RTC 闹钟中断的中断服务程序（ISR）中，我们主要做的事情是清除闹钟中断、唤醒中断、设置 EXTI_17 的 3 个中断标志，然后调用 SystemInit 函数重新初始化时钟。由于进入 DeepSleep 模式以后所有的 1.2V 电源域中的时钟都被关闭，所以重新初始化时钟这一步十分重要。SRAM 和寄存器内容并不会丢失，因此没有必要重新初始化。相关实现代码如下。

```
void RTC_Alarm_IRQHandler(void)
{
    if(rtc_flag_get(RTC_FLAG_ALARM)!=RESET)
    {
        rtc_lwoff_wait();
        rtc_flag_clear(RTC_FLAG_ALARM);
        rtc_lwoff_wait();
    }

    if(pmu_flag_get(PMU_FLAG_WAKEUP)!=RESET)
    {
        pmu_flag_clear(PMU_FLAG_RESET_WAKEUP);
    }

    exti_interrupt_flag_clear(EXTI_17);

    SystemInit();
}
```

本实例的工程路径为：GD32F30x_Firmware_Library\Examples\RTC\RTC_wakeup_-Deepsleep。

在 MDK 中编译代码，然后使用 ISP 工具将代码下载到 BluePill 开发板，方法参考 5.1.3 节。

打开超级终端软件，按照图 5-7 所示来设置参数，设置完成单击图中所示的“确定”按钮，然后在超级终端中选择菜单呼叫（C）→呼叫（C），单击 BluePill 开发板上的 NRST 按钮复位，运行情况如图 5-24 所示。

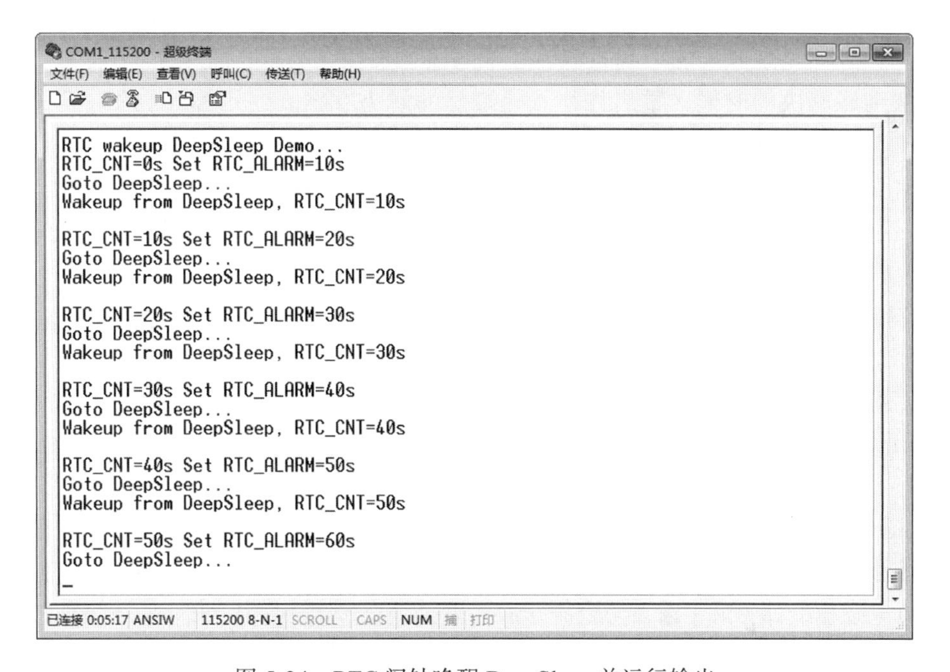

图 5-24　RTC 闹钟唤醒 DeepSleep 并运行输出

MCU 每 10s 被唤醒一次并输出一次当前的 RTC 时间，然后设置闹钟以后继续进入 DeepSleep 模式。

如何判断电路板上存在 RTC 电路？通过电池和 32.768kHz 晶振非常容易识别电路板上的 RTC 电路。由于 RTC 电路需要在断电时继续工作，所以后备供电设备是必不可少的。电池通常是 CR1220 或者 CR2032 规格的纽扣电池，这个电池尺寸很大，非常容易识别。有些 RTC 电路也会用超级电容来做后备供电，超级电容体积也比较大，也很容易识别。找到电池或者超级电容以后，旁边会有一颗 32.768kHz 的晶振，然后就可以确认存在 RTC 电路了。如果没有外部专用 RTC 芯片，那么就是使用 MCU 内置的 RTC。

5.6 看门狗定时器

一个理想的电子系统是不会出错的，这也是电子工程师追求的目标。然而现实是残酷的，由于外界的干扰，或者 MCU 本身软硬件的缺陷问题，MCU 的软件在运行过程中难免会出错，甚至引起死机，发生不可预料的结果。试想如果公司全部员工都在外地出差，员工在访问公司服务器查阅资料的时候，发现服务器死机了，是不是很崩溃？这时候是不是想着：要是有人能帮我重启一下服务器该多好？在明知道系统有缺陷，而且暂时又无法彻底解决的时候，重启往往就是最好的解决方案。使用 MCU 的时候我们不可能雇佣一个人专门重启服务器，这时就要使用看门狗定时器了，它可以帮我们在必要的时候重启 MCU。

看门狗（WatchDog Timer，WDT）主要由定时器、输入设备、输出设备组成。它接收一个输入的过程，通常叫作踢狗或者喂狗，将相关数据输出到 MCU 的 RST 引脚。在 MCU 正常工作的时候，每隔一段时间输出一个信号到喂狗端并清零 WDT。如果超过规定的时间不喂狗（一般在程序跑飞时），WDT 超时会给出一个复位信号到 MCU，使 MCU 复位。现代 MCU 通常都内置了看门狗模块，无须专用的看门狗芯片。

看门狗定时器（WDGT）是一种硬件计时电路，用来监测由软件导致的系统故障。GD32 片上有两个看门狗定时器外设——独立看门狗定时器（FWDGT）和窗口看门狗定时器（WWDGT）。它们使用灵活，并提供了很高的安全水平和精准的时间控制。两个看门狗定时器都是用来解决软件故障问题的。看门狗定时器在内部计数值达到了预设的门限时，会触发一个复位事件（对于窗口看门狗定时器来说，会产生一个中断信号）。当处理器工作在调试模式的时候，看门狗定时器的定时计数器可以停止计数。

5.6.1 GD32 的看门狗定时器简介

独立看门狗定时器框图如图 5-25 所示。独立看门狗之所以带有“独立”两个字，是因为独立的时钟输入是其必备的组成部分，它的输入时钟为 IRC40K，即 MCU 内部的低速时钟。这个时钟的特点是可靠性很高（即使主时钟失效它仍然能保持正常工作），频率低、功耗也低；缺点是精度不太高（标称 40kHz），随着温度变化实际频率有可能为 20 ～ 45kHz。

独立看门狗内部的工作定时器为 12 位向下递减计数器，计数范围为 4095 ～ 0，减到 0 就复位。如果由 IRC40K 时钟直接驱动定时器，定时最长只有 100ms，这显然太短了。可以通过预分频器对 IRC40K 时钟先进行分频，再驱动定时器，分频系数最大可以达到 256，因此最大定时时间为：

$$\frac{4096}{40000\text{Hz}/256}=26.2\text{s}$$

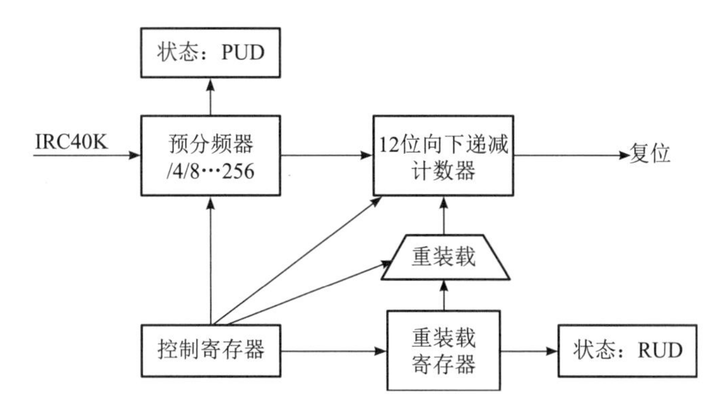

图 5-25　独立看门狗定时器框图

26.2s 这个时间可以满足绝大多数应用场景。注意，由于 IRC40K 本身误差较大，所以实际最大定时可能为 23.3 ～ 52.4s。

通过向控制寄存器写入 0xCCCC 可开启独立看门狗定时器，之后定时器可开始向下计数，计数到 0 产生一次复位。在任意时刻向控制寄存器写入 0xAAAA，都可以重装载寄存器并重新加载计数值。为了避免复位，软件应该在计数器达到 0 之前重装载计数器。

独立看门狗定时器需要定时喂狗，如果超过设定的时间不喂狗，那么它就会复位系统。即使在它不饿（没有到复位超时阈值）的时候进行喂狗操作也不会有什么问题。然而还有一种看门狗，在它不饿的时候进行喂狗操作，它会复位系统，这就是窗口看门狗。窗口看门狗定时器（WWDGT）一般用来监测系统运行的软件故障，例如外部干扰、不可预见的逻辑错误等。它需要在一个特定的有上下限的窗口时间内喂狗，早于或者晚于这个窗口时间都会产生系统复位。

窗口看门狗定时器框图如图 5-26 所示，其中时钟源来自 APB1 的 4096 分频，可以用于精确定时。通过一个额外的分频器后进入 7 位的递减计数器 CNT。开启窗口看门狗定时器之后，CNT 开始递减，当 CNT 小于 0x40 时会引起系统复位，这个复位条件和独立看门狗定时器类似。

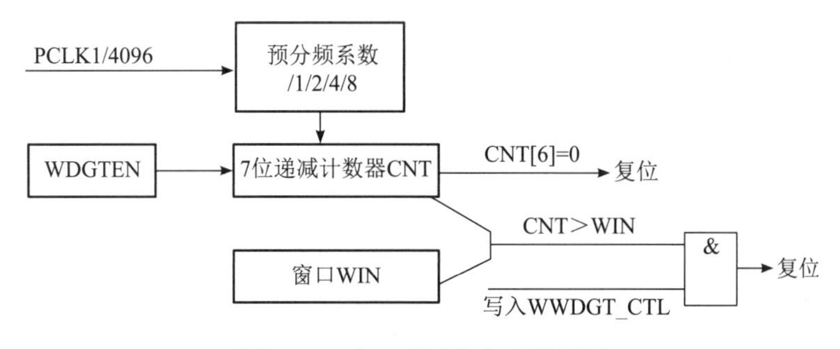

图 5-26　窗口看门狗定时器框图

用户初始化窗口看门狗定时器时还需要设置一个 7 位窗口值 WIN，只有当 CNT<WIN 的时候才能重新设置 CNT，否则也会引起系统复位。时序图如图 5-27 所示，因为 7 位二进制最大值为 0x7F，窗口下限值固定为 0x3F，所以窗口值需要设置为 0x7F 和 0x3F 之间的数值，否则没有意义。我们假定 WIN=0x60，使能窗口看门狗定时器以后，CNT 开始递减，递减到 0x50 以后，我们重新设置 CNT=0x70，由于 0x50 在窗口内，设置 CNT=0x70 不会引起系统复位。

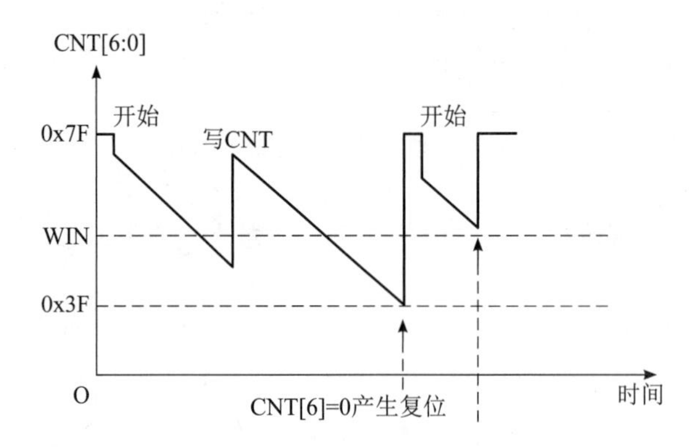

图 5-27　窗口看门狗定时器时序图

如果不重新设置 CNT，等 CNT 递减到 0x3F 以后也会引起系统复位。

如果设置 CNT 时，CNT 还没有递减到窗口内，则设置 CNT 也会引起复位。

窗口看门狗定时器超时的计算公式如下：

$$t_{WWDGT}=t_{PCLK1}\times 4096\times 2^{PSC}\times（CNT[5:0]+1）$$

其中 t_{WWDGT} 为窗口看门狗定时器超时时间，单位为 ms；t_{PCLK1} 为 APB1 以 ms 为单位的时钟周期。当 APB1 时钟频率为 60MHz 时，窗口看门狗定时器超时范围如表 5-8 所示。

表 5-8　APB1=60MHz 时窗口看门狗定时器超时范围

预分频系数	PSC[1:0]	最小超时 /μs CNT[6:0]=0x40	最大超时 /ms CNT[6:0]=0x7F
1	00	68.2	4.3
2	01	136.4	8.6
4	10	272.8	17.2
8	11	545.6	34.4

独立看门狗定时器没有中断，溢出时直接复位系统。而窗口看门狗定时器有一个提前唤醒中断，当计数值达到 0x40 或者在计数值达到窗口寄存器之前更新计数器的时候会触发

提前唤醒中断。由于窗口看门狗定时器时钟经过了 4096 预分频，MCU 在窗口看门狗定时器计数值从 0x40 递减到 0x3F 时可以执行许多条指令，用户可以在相应的中断服务程序中来执行特定的操作，比如分析软件故障出现的原因、保存重要数据，甚至是通过喂狗来避免窗口看门狗定时器复位系统。

5.6.2　固件库中看门狗相关的主要 API

GD32 固件库中独立看门狗模块相关的 API 定义在 gd32f30x_fwdgt.h 和 gd32f30x_fwdgt.c 两个文件中，前者为头文件，包含寄存器地址、常量的定义、API 函数声明，后者为 API 的具体实现。常用的 API 简单介绍如表 5-9 所示。

表 5-9　GD32 固件库独立看门狗模块常用 API 函数

API 函数原型	说　明
void fwdgt_write_enable(void); void fwdgt_write_disable(void);	使能和禁止写 FWDGT_PSC 和 FWDGT_RLD 两个寄存器
void fwdgt_enable(void);	使能独立看门狗
void fwdgt_counter_reload(void);	重新加载独立看门狗计数值，即踢狗
ErrStatus fwdgt_config(uint16_t reload_value, uint8_t prescaler_div);	设置独立看门狗，包括加载值、分频系数
FlagStatus fwdgt_flag_get(uint16_t flag);	获取独立看门狗标志

窗口看门狗模块相关的 API 定义在 gd32f30x_wwdgt.h 和 gd32f30x_wwdgt.c 两个文件中，前者为头文件，包含寄存器地址、常量的定义、API 函数声明，后者为 API 的具体实现。常用的 API 简单介绍如表 5-10 所示。

表 5-10　GD32 固件库窗口看门狗模块常用 API 函数

API 函数原型	说　明
void wwdgt_deinit (void);	复位窗口看门狗定时器
void wwdgt_enable(void);	使能窗口看门狗定时器
void wwdgt_counter_update (void);	更新窗口看门狗计数值
void wwdgt_config(uint16_t counter, uint16_t window, uint32_t prescaler);	设置窗口看门狗，包括加载值、窗口值、分频系数
void wwdgt_interrupt_enable(void);	使能提前唤醒中断
FlagStatus wwdgt_flag_get(void); void wwdgt_flag_clear(void);	获取和清除提前唤醒中断标志

5.6.3 实例：独立看门狗定时器设置

在实际工程中，独立看门狗定时器很常用，不同的工程使用方法差别不大，我们通过一个实例来介绍独立看门狗定时器的配置和使用方法。相关代码如下。

```
#include "gd32f30x.h"
#include "gd32f303c_eval.h"
#include <stdio.h>

void fwdgw_configuration(void)
{
    /* 使能 IRC40K*/
    rcu_osci_on(RCU_IRC40K);
    /* 等待 IRC40K 稳定 */
    while(SUCCESS !=rcu_osci_stab_wait(RCU_IRC40K)){
    }
    /*40e3/128*5=1563*/
    fwdgt_config(1563,FWDGT_PSC_DIV128);
    /*10s 后产生一个复位 */
    fwdgt_enable();
    /* 踢狗 */
    fwdgt_counter_reload();
}
```

在上述 fwdgw_configuration 函数中我们开启了 IRC40K 时钟，等待时钟稳定后，配置独立看门狗定时器，分频系数选择 128，加载值选择 1563，对应的独立看门狗定时为 1563s/（$40\times10^3/128$）=5s。

main 函数的实现代码如下。

```
/*!
    \简介           main 函数
    \参数 [ 输入 ]  无
    \参数 [ 输出 ]  无
    \返回值         无
*/
int main(void)
{
    gd_eval_com_init(EVAL_COM1);
    usart_interrupt_enable(EVAL_COM1,USART_INT_RBNE);
    nvic_priority_group_set(NVIC_PRIGROUP_PRE2_SUB2);
    nvic_irq_enable(USART0_IRQn,0,0);
    fwdgw_configuration();

    /* 检查系统是否从 FWDGT 复位中恢复 */
    if(RESET !=rcu_flag_get(RCU_FLAG_FWDGTRST)){
        rcu_all_reset_flag_clear();
        printf("last reset by FWDGT...\r\n");
    } else {
```

```
        printf("This as a FWDGT Demo,input some character to kickdog...\
        r\n");
    }

    while(1){
    }
}
```

main 函数中我们配置了调试串口 USART0，使能了 USART1 的接收中断，然后调用 fwdgw_configuration 函数设置独立看门狗定时器，然后检查复位原因，根据不同的复位原因打印相关信息。

在如下 USART0 的中断服务程序中调用 fwdgt_counter_reload 函数完成踢狗操作，然后将收到的字符通过串口发回。如果在设定的 5s 内没有输入字符，会引起独立看门狗复位。只要输入任意一个字符，复位时间就会重新恢复成 5s。

```
void USART0_IRQHandler(void)
{
    uint16_t dat=0;

    if(RESET !=usart_interrupt_flag_get(USART0,USART_INT_FLAG_RBNE)){
        fwdgt_counter_reload();
        /* 回显收到的字符 */
        dat=usart_data_receive(USART0);
        usart_data_transmit(USART0,dat);
        while(RESET == usart_flag_get(USART0,USART_FLAG_TBE)){
        }
    }
}

int fputc(int ch,FILE *f)
{
    usart_data_transmit(USART0,(uint8_t)ch);
    while(RESET == usart_flag_get(USART0,USART_FLAG_TBE));
    return ch;
}
```

本实例的工程路径为：GD32F30x_Firmware_Library\Examples\FWDGT\FWDGT_key。

在 MDK 中编译代码，然后使用 ISP 工具将代码下载到 BluePill 开发板，方法参考 5.1.3 节。

打开超级终端软件，按照图 5-7 所示来设置参数，设置完成单击图中所示“确定”按钮，然后在超级终端中选择菜单呼叫（C）→呼叫（C），单击 BluePill 开发板上的 NRST 按钮复位，运行情况如图 5-28 所示。

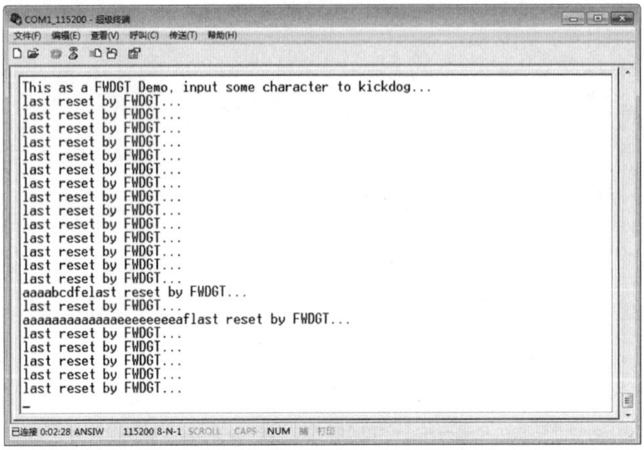

```
This as a FWDGT Demo, input some character to kickdog...
last reset by FWDGT...
last reset by FWDGT...
last reset by FWDGT...
last reset by FWDGT...
last reset by FWDGT...
last reset by FWDGT...
last reset by FWDGT...
last reset by FWDGT...
last reset by FWDGT...
last reset by FWDGT...
last reset by FWDGT...
last reset by FWDGT...
last reset by FWDGT...
last reset by FWDGT...
aaaabcdfelast reset by FWDGT...
last reset by FWDGT...
aaaaaaaaaaaaaeeeeeeeeeaflast reset by FWDGT...
last reset by FWDGT...
last reset by FWDGT...
last reset by FWDGT...
last reset by FWDGT...
last reset by FWDGT...
```

图 5-28　独立看门狗定时器实例输出

如果我们不输入任何字符，每 5s MCU 会复位一次，然后打印上次复位原因。任意输入一个字符，复位时间重新恢复成 5s。只要 5s 的时间内输入任意一个字符，就可以保证 MCU 不会复位。

5.6.4 实例：窗口看门狗定时器设置

本节通过一个实例来讲解窗口看门狗定时器的配置和使用方法，相关代码如下。

```
#include "gd32f30x.h"
#include "gd32f303c_eval.h"
#include <stdio.h>

volatile uint32_t sysTickTimer=0;
void Delay(uint32_t dlyTicks)
{
    uint32_t curTicks;
    curTicks=sysTickTimer;
    while(sysTickTimer-curTicks < dlyTicks){
    }
}

void systick_config(void)
{
    /* 设置 systick 定时器中断频率为 1000Hz*/
    if(SysTick_Config(SystemCoreClock / 1000U)){
        /* 捕获错误 */
        while(1){
        }
    }
    /* 配置 systick 优先级 */
```

```
    NVIC_SetPriority(SysTick_IRQn,0x00U);
}

void SysTick_Handler(void)
{
    sysTickTimer++;
}
```

在上述代码中，我们使用 SysTick 定时器及其中断实现了一个毫秒级延时函数 Delay，用于控制窗口看门狗定时器的喂狗时间间隔。窗口看门狗定时器在 main 函数中完成初始化，APB1 时钟频率为 60MHz，默认为 4096 分频。我们调用 wwdgt_config 函数将分频系数设置为 8，将计数值设置为 127，将窗口值设置为 80，那么计数频率为 60×10^6Hz/4096/8=1831Hz。

窗口看门狗定时器更新窗口在（127−80）s/1831=0.0257s=25.7ms 和（127−0x3F）ms/1831=0.0350s=35ms 之间。在 main 函数的 while 循环中我们分别使用 14ms、28ms、42ms 的更新时间重复运行该实例。main 函数的实现代码如下。

```
int main(void)
{
    gd_eval_com_init(EVAL_COM1);
    systick_config();
    Delay(1000);

    /* 检查是否为从 WWDGT 复位中恢复 */
    if(RESET !=rcu_flag_get(RCU_FLAG_WWDGTRST)){
        /* 是从 WWDGTRST 复位中恢复 */
        printf("last reset by WWDGT...\r\n");
        /* 清除 WWDGTRST 标志 */
        rcu_all_reset_flag_clear();
    } else {
        printf("This as a WWDGT Demo...\r\n");
    }

    /* 使能 WWDGT 时钟 */
    rcu_periph_clock_enable(RCU_WWDGT);

    /*
     * 设置 WWDGT 时钟为 (PCLK1(60MHz)/4096)/8=1831Hz(～546 us)
     * 设置计数值为 127
     * 设置窗口值为 80
      * 更新窗口：～546 *(127-80)=25.6ms < refresh window <～546 *(127-
63)=34.9ms.
    */
    wwdgt_config(127,80,WWDGT_CFG_PSC_DIV8);
    wwdgt_enable();

    while(1){
```

```
            Delay(14);
          //Delay(28);
          //Delay(42);
            wwdgt_counter_update(127);
        }
}

int fputc(int ch,FILE *f)
{
    usart_data_transmit(USART0,(uint8_t)ch);
    while(RESET == usart_flag_get(USART0,USART_FLAG_TBE));
    return ch;
}
```

本实例的工程路径为：GD32F30x_Firmware_Library\Examples\WWDGT\WWDGT_-delay_feed。

在 MDK 中编译代码，然后使用 ISP 工具将代码下载到 BluePill 开发板，方法参考 5.1.3 节。

打开超级终端软件，按照图 5-7 所示来设置参数，设置完成单击图中所示“确定”按钮，然后在超级终端中选择菜单呼叫（C）→呼叫（C），单击 BluePill 开发板上的 NRST 按钮复位 MCU 并运行实例，分别使用 14ms、28ms、42ms 的更新时间重复运行该实例。

- 当使用 14ms 和 42ms 更新时间运行实例时，界面如图 5-29 所示，由于这两个时间间隔都在窗口看门狗定时器的更新窗口之外，MCU 每隔 1s 重新启动 1 次，重新启动时会打印上次启动原因。
- 使用 28ms 更新时间运行实例时，由于这个时间间隔在窗口看门狗定时器的更新窗口之内，MCU 不复位，图 5-29 所示界面中也不会打印上次复位原因。

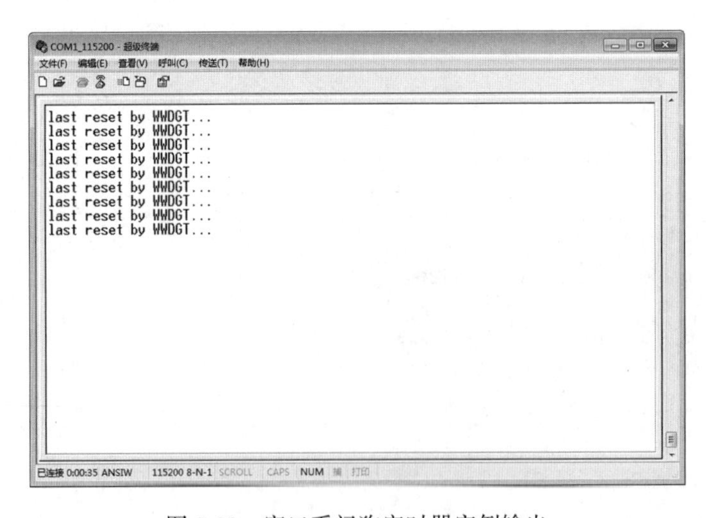

图 5-29 窗口看门狗定时器实例输出

5.7　本章小结

本章介绍了 GD32 的一些基础外设，包括 GPIO、EXTI、DMA、Timer、RTC、FWDGT 和 WWDGT。

5.1 节通过两个实例介绍了 GPIO 的输出和输入操作，完成了流水灯实验和按键输入实验。GPIO 是所有 MCU 都具备的基础外设，所以本节介绍的两个实例比较通用，也比较简单，除了这类简单的应用，GPIO 还可以配合 DMA 实现高速并行数据读取，可以用来模拟 UART、I2C、SPI 甚至是 USB 这类串行通信协议。

5.2 节使用中断方式重新实现了按键输入实例。EXTI 的核心是 20 个相互独立的边沿检测电路，处理器使用 EXTI 可以从 GPIO 或者内部外设获取信息，所以 EXTI 是处理器感知外界的接口。

5.3 节通过两个实例介绍了 DMA 在 SRAM 中搬运数据和从 Flash 向 SRAM 搬运数据的过程，并且通过一个实例介绍了如何使用 DMA 来操作 GPIO。DMA 是现代 MCU 的一个重要外设，在实际工程中 DMA 往往和其他外设（比如 ADC、DAC、SPI、USART 等）配合使用。除了本章介绍的几个实例外，在后文中还会看到 DMA 的身影。掌握 DMA 的原理和相关 API 对使用其他外设非常有帮助。

5.4 节通过实例介绍了如何使用定时器进行软件延时测量事件；介绍了如何使用定时器输出 PWM 和测量外部输入信号频率，以及定时器之间的同步操作。GD32 的硬件定时器功能非常强大，限于篇幅，本章并没有覆盖它的全部功能，对于电机控制和数字电源等更高阶的应用，需要读者更进一步深入学习。

5.5 节通过两个实例讲解了 RTC 在实际工程中最重要的两个用途——获取日历时间和低功耗唤醒。RTC 本身是一个比较简单的外设，但是它的外延比较广，比如 UNIX 时间戳和日历的算法，再比如 Cortex-M4 核心的低功耗模式和唤醒方法，把它们结合起来学习往往可以取得更好的效果。

5.6 节介绍了 GD32 芯片中两种看门狗定时器——独立看门狗定时器和窗口看门狗定时器。独立看门狗定时器适合用于需要将看门狗作为主程序，看门狗能够完全独立工作，并且对时间精度要求不高的场合。窗口看门狗定时器适合用于要求看门狗在精确计时窗口起作用的应用程序。两个看门狗定时器的实现本身都不复杂，固件库中提供的 API 也不多，熟练掌握两个看门狗定时器的用法有助于写出可靠性更高的代码。

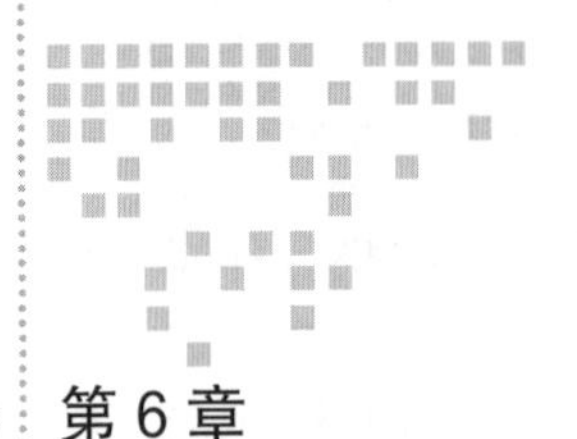

Chapter 6 第6章

GD32 MCU 模拟外设

GD32 的模拟外设包括 ADC 和 DAC。前者将现实世界的模拟量转换为计算机中可以处理的数字量；后者则刚好相反，将计算机中的数字量转换为现实世界的模拟量。它们共同构成了 MCU 中数字世界与现实世界的桥梁。

6.1 ADC

ADC 可以将现实世界中连续变化的模拟量，如温度、压力、流量、速度、光强等，转换成离散的数字量，只在这样才能输入计算机中进行处理。按照原理不同，ADC 可以分为积分型、逐次逼近型（SAR）、并行比较型、Σ-Δ 调制型、电容阵列逐次比较型及压频变换型。

逐次逼近型 ADC 是由比较器和 DA 转换器构成的，它从最高有效 MSB 位开始通过逐次比较，按顺序以位为单位对输入电压与内置 DA 转换器输出电压进行比较，经多次比较输出相应数字值。逐次逼近型 ADC 的电路规模属于中等。它的优点是速度较快、功耗低，且低分辨率（<12 位）的逐次逼近型 ADC 的价格很低，但高分辨率（>12 位）的逐次逼近型 ADC 的价格很高。综合考虑性能、功耗、成本，当前 MCU 内置的 ADC 基本都是逐次逼近型 ADC。

6.1.1 GD32 的 ADC 简介

GD32 内置 12 位 SAR ADC。该 ADC 有 18 个多路复用通道，可以转换来自 16 个外部通道和 2 个内部通道的模拟信号。各种通道的模数转换可以配置成单次、连续、扫描或间断转换模式。ADC 转换的结果可以按照左对齐或右对齐的方式存储在 16 位数据寄存器中。

通过片上的硬件过采样机制可以减少来自 MCU 的相关计算负担，进而提高 MCU 的性能。

GD32F303 的 ADC 结构框图如图 6-1 所示。该 ADC 的主要特征如下。

- 分辨率支持 12 位、10 位、8 位、6 位，可以配置，从而使用户可以在分辨率和转换时间之间寻找平衡。
- 支持自校准，可编程采样时间，数据寄存器可配置对齐方式，支持规则数据转换的 DMA 请求。
- 拥有 16 个外部通道，1 个内部温度通道，1 个内部参考通道。
- 支持软件或者硬件触发转换。
- 支持多种转换模式，如单次模式、连续模式、间断模式、同步模式。
- 支持模拟看门狗。
- 支持转换结束中断，包括规则组和注入组。
- 支持硬件过采样，拥有 16 位数据寄存器，过采样率为 2× ～ 256×。

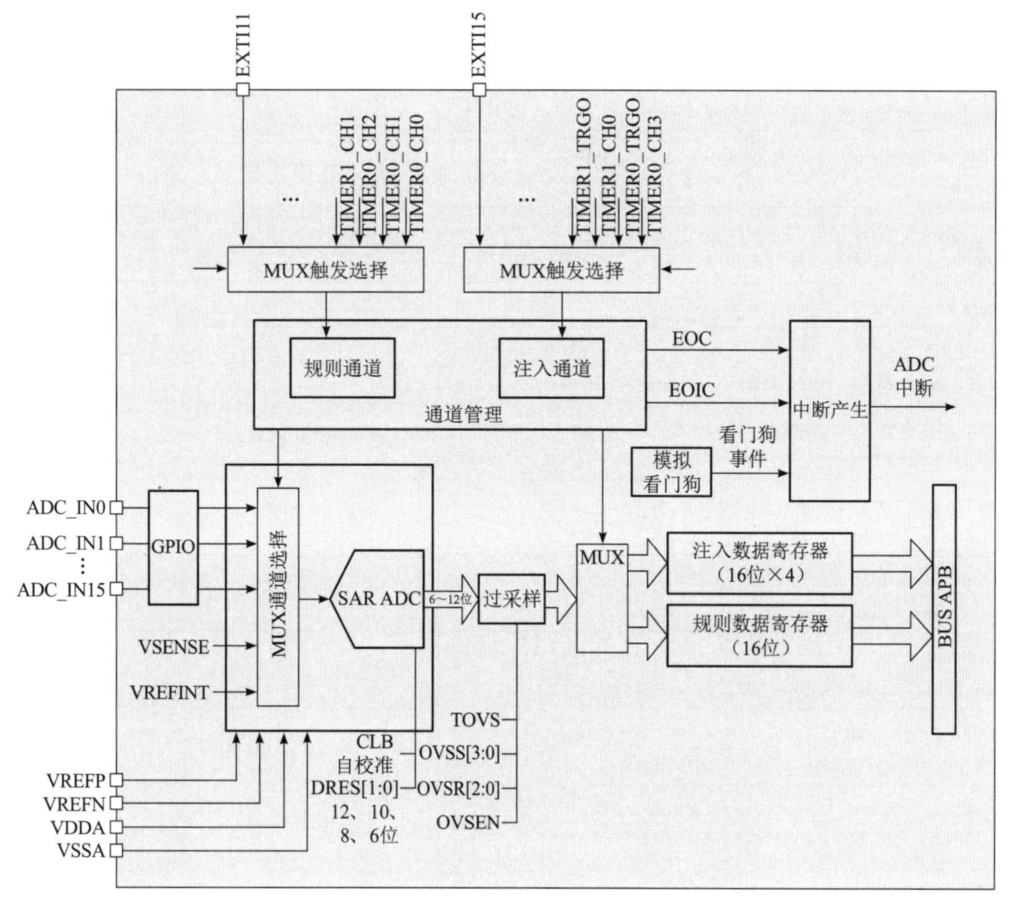

图 6-1　GD32F303 的 ADC 结构框图

6.1.2 固件库中与 ADC 相关的主要 API

GD32 固件库中与 ADC 相关的 API 定义在 gd32f30x_adc.h 和 gd32f30x_adc.c 两个文件中，前者为头文件，包含寄存器地址、常量的定义、API 函数声明，后者为 API 的具体实现。GD32F303 最多有 3 个 ADC，编号分别为 ADC0、ADC1、ADC2。大多数 API 的第一个参数为 adc_periph，表示操作的 ADC 实例。常用的 API 函数如表 6-1 所示。

表 6-1　GD32 固件库 ADC 模块常用 API 函数

常用 API 函数原型	说　明
void adc_deinit(uint32_t adc_periph);	复位 ADC
void adc_enable(uint32_t adc_periph); void adc_disable(uint32_t adc_periph);	使能和禁止 ADC
void adc_calibration_enable(uint32_t adc_periph);	校准．使能 ADC
void adc_dma_mode_enable(uint32_t adc_periph); void adc_dma_mode_disable(uint32_t adc_periph);	使能和禁止 ADC 的 DMA
void adc_tempsensor_vrefint_enable(void); void adc_tempsensor_vrefint_disable(void);	ADC 内部温度传感器，内置基准使能和禁止
void adc_resolution_config(uint32_t adc_periph , uint32_t resolution);	设置 ADC 分辨率
void adc_discontinuous_mode_config(uint32_t adc_periph , uint8_t adc_channel_group , uint8_t length);	设置 ADC 间断模式
void adc_mode_config(uint32_t mode);	设置 ADC 同步模式
void adc_special_function_config(uint32_t adc_periph , uint32_t function , ControlStatus newvalue);	设置 ADC 特殊功能
void adc_data_alignment_config(uint32_t adc_periph , uint32_t data_alignment);	设置 ADC 数据对齐
void adc_channel_length_config(uint32_t adc_periph , uint8_t adc_channel_group , uint32_t length);	设置 ADC 通道长度
void adc_regular_channel_config(uint32_t adc_periph , uint8_t rank , uint8_t adc_channel , uint32_t sample_time);	设置 ADC 规则组通道
void adc_inserted_channel_config(uint32_t adc_periph , uint8_t rank , uint8_t adc_channel , uint32_t sample_time);	设置 ADC 注入组通道
void adc_inserted_channel_offset_config(uint32_t adc_periph, uint8_t inserted_channel , uint16_t offset);	设置 ADC 注入组通道偏移
void adc_external_trigger_config(uint32_t adc_periph, uint8_t adc_channel_group, ControlStatus newvalue);	设置 ADC 外部触发
void adc_external_trigger_source_config(uint32_t adc_periph, uint8_t adc_channel_group, uint32_t external_trigger_source);	设置 ADC 外部触发源

（续）

常用API函数原型	说明
void adc_software_trigger_enable(uint32_t adc_periph , uint8_t adc_channel_group);	使能ADC软件触发
uint16_t adc_regular_data_read(uint32_t adc_periph);	读取ADC规则组数据
uint16_t adc_inserted_data_read(uint32_t adc_periph , uint8_t inserted_channel);	读取ADC注入组数据
uint32_t adc_sync_mode_convert_value_read(void);	读取同步模式下ADC0和ADC1上次转换结果
FlagStatus adc_flag_get(uint32_t adc_periph , uint32_t adc_flag); void adc_flag_clear(uint32_t adc_periph , uint32_t adc_flag);	读取和清除ADC标志
FlagStatus adc_interrupt_flag_get(uint32_t adc_periph , uint32_t adc_interrupt); void adc_interrupt_flag_clear(uint32_t adc_periph , uint32_t adc_interrupt);	读取和清除ADC中断标志
void adc_interrupt_enable(uint32_t adc_periph , uint32_t adc_interrupt); void adc_interrupt_disable(uint32_t adc_periph , uint32_t adc_interrupt);	使能和禁止ADC中断
void adc_watchdog_single_channel_enable(uint32_t adc_periph, uint8_t adc_channel);	按通道使能ADC看门狗
void adc_watchdog_group_channel_enable(uint32_t adc_periph, uint8_t adc_channel_group);	按组使能ADC看门狗
void adc_watchdog_disable(uint32_t adc_periph);	禁止ADC看门狗
void adc_watchdog_threshold_config(uint32_t adc_periph , uint16_t low_threshold , uint16_t high_threshold);	设置ADC看门狗阈值
void adc_oversample_mode_config(uint32_t adc_periph , uint32_t mode , uint16_t shift , uint8_t ratio);	设置ADC过采样
void adc_oversample_mode_enable(uint32_t adc_periph); void adc_oversample_mode_disable(uint32_t adc_periph);	使能和禁止ADC过采样

6.1.3 实现ADC单通道电压采集

BluePill开发板上的ADC电路如图6-2所示，3.3V电压通过一个电位器接入PA2。PA2对应ADC通道2。通过调节电位器可以改变进入ADC通道2的电压。本节我们来学习采集单通道电压数据。由于只有一个通道，故我们使用规则组，并设置由软件触发，采用查询方式发送数据，测量结果在串口终端上显示。

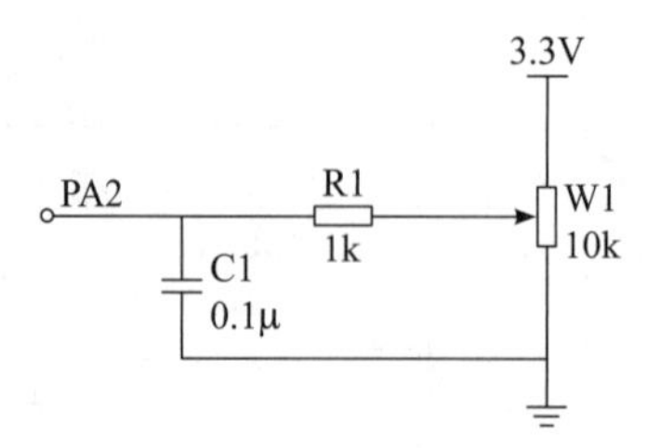

图 6-2 BluePill 开发板上的 ADC 电路

下面我们来看相关代码实现。

systick_config、SysTick_Handler、Delay 这 3 个函数主要是为了实现延时，利用的是 SysTick 的 1ms 中断功能。sysTickTimer 这个变量按照 1kHz 的频率增加，其他函数中也可以使用该变量。这 3 个函数的实现如下。

```
#include "gd32f30x.h"
#include <stdio.h>
#include "gd32f303c_eval.h"

__IO uint16_t adc_value;
__IO uint16_t adc_mV;

volatile uint32_t sysTickTimer=0;

void systick_config(void)
{
    /* 设置 SysTick 定时器中断频率 1000Hz*/
    if(SysTick_Config(SystemCoreClock / 1000U)){
        /* 捕获错误 */
        while(1){
        }
    }
    /* 配置 SysTick 优先级 */
    NVIC_SetPriority(SysTick_IRQn,0x00U);
}

void SysTick_Handler(void)
{
    sysTickTimer++;
}

void Delay(uint32_t dlyTicks)
{
    uint32_t curTicks;

    curTicks=sysTickTimer;
    while((sysTickTimer-curTicks)< dlyTicks){
        __NOP();
```

```
    }
}
```

rcu_config 函数打开 AF、GPIOA 和 ADC0 时钟，将 ADC 时钟设置为 APB2 的 1/6，即 20MHz。GD32F303 的 ADC 最高时钟频率为 40MHz。该函数实现如下。

```
void rcu_config(void)
{
    rcu_periph_clock_enable(RCU_AF);
    /* 使能 GPIOA 时钟 */
    rcu_periph_clock_enable(RCU_GPIOA);
    /* 使能 ADC 时钟 */
    rcu_periph_clock_enable(RCU_ADC0);
    /* 配置 ADC 时钟 */
    rcu_adc_clock_config(RCU_CKADC_CKAPB2_DIV6);
}
```

gpio_config 函数设置 PA2 为模拟输入，对应 ADC 通道 2 的输入信号。该函数实现如下。

```
void gpio_config(void)
{
    /* 设置 GPIO 为模拟输入模式 */
    gpio_init(GPIOA,GPIO_MODE_AIN,GPIO_OSPEED_10MHZ,GPIO_PIN_2);
}
```

adc_config 函数可完成 ADC 模块的初始化，将数据对齐方式选为右对齐，使用规则组，转换长度设置为 1，设置为使用软件触发。该函数实现如下。

```
void adc_config(void)
{
    /* 设置 ADC 模式 */
    adc_mode_config(ADC_MODE_FREE);
    /* 设置 ADC 数据对齐 */
    adc_data_alignment_config(ADC0,ADC_DATAALIGN_RIGHT);
    /* 设置 ADC 规则组长度 */
    adc_channel_length_config(ADC0,ADC_REGULAR_CHANNEL,1U);

    /* 设置 ADC 触发 */
    adc_external_trigger_source_config(ADC0,ADC_REGULAR_CHANNEL,
        ADC0_1_2_EXTTRIG_REGULAR_NONE);
    /* 设置 ADC 外部触发 */
    adc_external_trigger_config(ADC0,ADC_REGULAR_CHANNEL,ENABLE);

    /* 设置 ADC 规则组 */
    adc_regular_channel_config(ADC0,0U,2,ADC_SAMPLETIME_239POINT5);

    /* 使能 ADC*/
```

```
    adc_enable(ADC0);
    Delay(1U);
    /* 校准 ADC */
    adc_calibration_enable(ADC0);
}
```

上述代码调用了 adc_regular_channel_config 函数来初始化通道 2，由于这里为低速信号，所以采样时间均选择最大的 239.5 个周期。使能 ADC0 延时 1ms 以后调用 adc_calibration_enable 函数执行校准。

main 函数的实现如下。

```
int main(void)
{
    gd_eval_com_init(EVAL_COM1);
    systick_config();
    rcu_config();
    gpio_config();
    adc_config();

    while(1){
        /* 使能 ADC 软件触发 */
        adc_software_trigger_enable(ADC0,ADC_REGULAR_CHANNEL);
        /* 等待转换结束标志 */
        while(!adc_flag_get(ADC0,ADC_FLAG_EOC));
        /* 清除转换结束标志 */
        adc_flag_clear(ADC0,ADC_FLAG_EOC);
        /* 读取规则组采样值 */
        adc_value=adc_regular_data_read(ADC0);
        adc_mV=adc_value*3300L>>12;
        printf(" ADC=0x%04X the voltage is %dmV\r\n",adc_value,adc_mV);
        Delay(1000);
    }
}

int fputc(int ch,FILE *f)
{
    usart_data_transmit(USART0,(uint8_t)ch);
    while(RESET == usart_flag_get(USART0,USART_FLAG_TBE));
    return ch;
}
```

在 main 函数中首先初始化调试串口，然后调用 systick_config 函数初始化 1kHz 定时器，调用 rcu_config、gpio_config 和 adc_config 函数完成时钟、GPIO 和 ADC 的初始化。在主循环中按照如下步骤进行转换并计算通道 13 的外部输入电压。

（1）调用 adc_software_trigger_enable 函数启动 ADC0 规则组的转换。

（2）等待 ADC0 的 EOC 置位，若置位则表明转换完成。

（3）清除 EOC 标志。

（4）读取规则组转换结果并计算电压值。

（5）打印 ADC 转换原始结果和计算出的电压值。

本实例的工程路径为：GD32F30x_Firmware_Library\Examples\ ADC\ADC0_software_-trigger_regular_channel_polling。

在 MDK 中编译代码，然后使用 ISP 工具将代码下载到 BluePill 开发板，方法参考 5.1.3 节。

打开超级终端软件，按照图 5-7 所示来设置参数，设置完成后单击图中所示“确定”按钮，然后在超级终端中依次选择菜单呼叫（C）→呼叫（C），单击 BluePill 开发板上的 NRST 按钮复位，运行情况如图 6-3 所示。

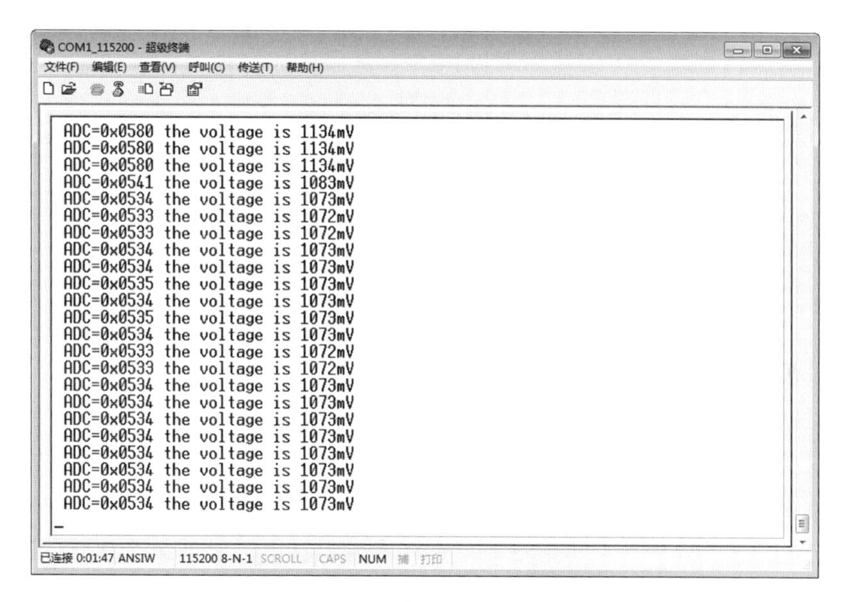

图 6-3 ADC 单通道电压采集结果

软件每隔 1s 打印 1 次 ADC 通道 2 的原始采样值及计算出的电压值。

注意计算输入电压时默认 ADC 由 VDDA 引脚输入的电压为 3.3V，大多数实际情况下确实都是如此，对于要求不高的场合这样做也是没问题的。但是，对于要求较高的场合，就需要更好的方法了，即利用 ADC 内部的基准电压，接下来我们就对此进行介绍。

6.1.4 实例：内部参考电压的用法

GD32 的 ADC 有两个内部通道，通道 16 连接内部温度传感器，通道 17 连接内部基准电压。需要注意的是，这个内部基准电压并不是 ADC 基准电压，ADC 基准电压使用两个单独的引脚 VREF+ 和 VREF- 接入。在 100 及以上引脚封装的芯片中，这两个引脚单独引出，在不足 100 引脚的芯片中，这两个引脚内部连接到 VDDA 和 VSSA。BluePill 开发板上的 VREF+ 和 VREF- 在芯片内部连接到 3.3V 电源和 GND。

大多数应用中 MCU 的 3.3V 电压使用 LDO 来提供，电压精度只有 2%，GD32F303 芯片的 VDD 和 VDDA 电压范围均为 2.6 ～ 3.6V。一些应用中直接使用纽扣电池给 MCU 供电，因为纽扣电池的电压是变化的，所以电压精度更加难以保证。这时候可以使用通道 17 的内部基准电压来反推 VDDA 电压，然后计算其他通道电压。内部基准电压的精度和稳定性远远高于外部 LDO 提供的电源电压，并且不受外部 VDDA 电压变化的影响。

通道 16 连接内部温度传感器，可以用来测量器件周围的温度。传感器输出电压被 ADC 转换成数字量，然后根据以下公式计算实际温度：

$$温度（℃）=\frac{V_{25}-V_{\text{temperature}}}{\text{Avg\_Slope}}+25$$

其中 V_{25} 为温度传感器在 25℃下的电压，Avg_Slope 为温度与温度传感器电压曲线的均值斜率（单位为 V/℃），两个参数的典型值可参考相关数据手册。对于 GD32F303：V_{25}=1.45V，Avg_Slope=4.1mV/℃。

下面通过实例讲解如何使用内部基准电压反推电源电压，并且通过内部温度传感器测量芯片温度。

下面我们来看相关代码实现。

systick_config、SysTick_Handler、Delay 这 3 个函数主要是为了实现延时，利用的是 SysTick 的 1ms 中断功能。sysTickTimer 这个变量按照 1000Hz 的频率增加，其他函数中也可以使用。这 3 个函数的代码实现如下。

```
#include "gd32f30x.h"
#include <stdio.h>
#include "gd32f303c_eval.h"

uint16_t adc_raw[2];
uint16_t temperature;
uint16_t vdd_value;
uint32_t vrefint=1228L;

volatile uint32_t sysTickTimer=0;
```

```
void systick_config(void)
{
    /* 设置 SysTick 定时器中断频率 1000Hz*/
    if(SysTick_Config(SystemCoreClock / 1000U)){
        /* 捕获错误 */
        while(1){
        }
    }
    /* 配置 SysTick 优先级 */
    NVIC_SetPriority(SysTick_IRQn,0x00U);
}

void SysTick_Handler(void)
{
    sysTickTimer++;
}

void Delay(uint32_t dlyTicks)
{
    uint32_t curTicks;

    curTicks=sysTickTimer;
    while((sysTickTimer-curTicks)< dlyTicks){
        __NOP();
    }
}
```

rcu_config 函数打开 ADC 时钟，将 ADC 时钟设置为 APB2 的 1/4，即 30MHz。GD32F303 的 ADC 最高时钟频率为 40MHz。该函数的代码实现如下。

```
void rcu_config(void)
{
    /* 使能 ADC 时钟 */
    rcu_periph_clock_enable(RCU_ADC0);
    /* 配置 ADC 时钟 */
    rcu_adc_clock_config(RCU_CKADC_CKAPB2_DIV4);
}
```

adc_config 函数可完成 ADC 模块的初始化，选定扫描转换模式。由于只需要转换两个通道，因此使用注入组即可。这里还会设置使用软件触发，数据对齐选用右对齐，转换长度设置为 2。

```
void adc_config(void)
{
    /* 使能 ADC 扫描功能 */
    adc_special_function_config(ADC0,ADC_SCAN_MODE,ENABLE);
    adc_special_function_config(ADC0,ADC_CONTINUOUS_MODE,DISABLE);
    /* 配置 ADC 触发 */
```

```
    adc_external_trigger_source_config(ADC0,ADC_INSERTED_CHANNEL,
        ADC0_1_2_EXTTRIG_INSERTED_NONE);
    /* 配置 ADC 模式 */
    adc_mode_config(ADC_MODE_FREE);
    /* 配置 ADC 数据对齐方式 */
    adc_data_alignment_config(ADC0,ADC_DATAALIGN_RIGHT);
    /* 配置 ADC 注入组长度 */
    adc_channel_length_config(ADC0,ADC_INSERTED_CHANNEL,2);

    /* 配置 ADC 温度传感器通道 */
    adc_inserted_channel_config(ADC0,0,ADC_CHANNEL_16,ADC_
        SAMPLETIME_239POINT5);
    /* 配置 ADC 内部基准电压通道 */
    adc_inserted_channel_config(ADC0,1,ADC_CHANNEL_17,ADC_
        SAMPLETIME_239POINT5);
    adc_external_trigger_config(ADC0,ADC_INSERTED_CHANNEL,ENABLE);

    /* 使能 ADC 温度传感器和内部基准电压 */
    adc_tempsensor_vrefint_enable();

    /* 使能 ADC*/
    adc_enable(ADC0);
    Delay(1);
    /*ADC 校准 */
    adc_calibration_enable(ADC0);
}
```

上述代码调用adc_inserted_channel_config函数依次初始化通道16和通道17，由于这里为低速信号，所以采样时间均选择最大的239.5个周期。调用adc_tempsensor_-vrefint_enable函数使能温度计传感器和内部基准电压，使能ADC0延时1ms以后调用adc_calibration_enable函数执行校准。

main函数的实现代码如下。

```
int main(void)
{
    gd_eval_com_init(EVAL_COM1);
    systick_config();
    rcu_config();
    adc_config();

    while(1){
        /* 使能 ADC 软件触发 */
        adc_software_trigger_enable(ADC0,ADC_INSERTED_CHANNEL);
        /* 延时 1000ms*/
        Delay(1000);
        adc_raw[0]=ADC_IDATA0(ADC0);
        adc_raw[1]=ADC_IDATA1(ADC0);
        vdd_value=vrefint * 4096L / adc_raw[1];
```

```
        temperature=(1450L-(adc_raw[0]*vdd_value>>12))* 10 / 41+250;
        /* 打印采样值 */
        printf(" CH16=0x%04X the temperature  is %d.%d oC\r\n",
            adc_raw[0],temperature/10,temperature%10);
        printf(" CH17=0x%04X the VDDA voltage is %d mV\r\n\r\n",
            adc_raw[1],vdd_value);
    }
}

int fputc(int ch,FILE *f)
{
    usart_data_transmit(USART0,(uint8_t)ch);
    while(RESET == usart_flag_get(USART0,USART_FLAG_TBE));
    return ch;
}
```

在 main 函数中首先初始化调试串口，然后调用 systick_config 函数初始化 1kHz 定时器，调用 rcu_config 和 adc_config 函数完成时钟和 ADC 的初始化。在主循环中按照如下步骤转换并计算温度和 VDDA 引脚的电源电压。

（1）调用 adc_software_trigger_enable 函数启动 ADC0 注入组的转换。

（2）延时 1000ms 等待转换完成。

（3）读取两个通道的原始转换结果。

（4）根据基准电压采样值计算 VDDA 引脚的电源电压。

（5）根据 VDDA 引脚的电源电压和温度通道采样值计算芯片温度。

（6）打印温度和 VDDA 引脚的电源电压。

本实例的工程路径为：GD32F30x_Firmware_Library\Examples\ADC\ADC0_temperature_Vref。

在 MDK 中编译代码，然后使用 ISP 工具将代码下载到 BluePill 开发板，方法参考 5.1.3 节。

打开超级终端软件，按照图 5-7 所示来设置参数，设置完成单击图中所示“确定”按钮，然后在超级终端中依次选择菜单呼叫（C）→呼叫（C），单击 BluePill 开发板上的 NRST 按钮复位，运行情况如图 6-4 所示。

软件每隔 1s 打印 1 次通道 16 和通道 17 的原始采样值及计算出的器件温度和 VDDA 引脚的电源电压。

需要指出的是，MCU 的内部基准电压标称值为 1.2V，但真实电压不是准确的 1.200V，而是一个范围，在不同的器件之间也会存在一定差异。如果对 ADC 精度要求高，可以使用其他仪器测量外部 VDDA 引脚的电压，得到准确的 VDDA 引脚电压值以后再校准并保存内部基准电压值。某些厂家的 MCU 在出厂时会测量并记录内部基准电压值，目的是方便用户使用。

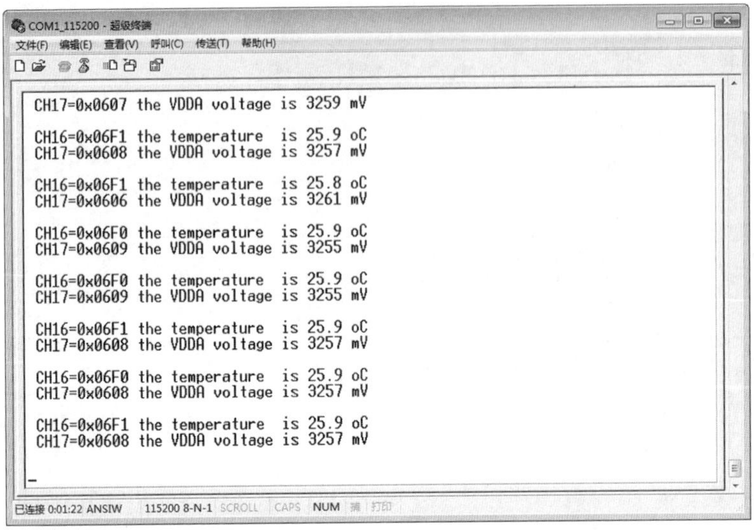

```
CH17=0x0607 the VDDA voltage is 3259 mV

CH16=0x06F1 the temperature  is 25.9 oC
CH17=0x0608 the VDDA voltage is 3257 mV

CH16=0x06F1 the temperature  is 25.8 oC
CH17=0x0606 the VDDA voltage is 3261 mV

CH16=0x06F0 the temperature  is 25.9 oC
CH17=0x0609 the VDDA voltage is 3255 mV

CH16=0x06F0 the temperature  is 25.9 oC
CH17=0x0609 the VDDA voltage is 3255 mV

CH16=0x06F1 the temperature  is 25.9 oC
CH17=0x0608 the VDDA voltage is 3257 mV

CH16=0x06F0 the temperature  is 25.9 oC
CH17=0x0608 the VDDA voltage is 3257 mV

CH16=0x06F1 the temperature  is 25.9 oC
CH17=0x0608 the VDDA voltage is 3257 mV
```

图 6-4　ADC 测量温度和参考电压输出结果

6.1.5　实现 ADC+DMA 多通道电压采集

ADC 的规则组可以按照特定的序列组织成多达 16 个转换的序列，然而规则数据寄存器只有一个 ADC_RDATA，如何保存多达 16 个通道的数据呢？答案是使用 DMA。ADC 在规则组的一个通道转换结束后产生一个 DMA 请求，DMA 接到请求后可以将转换的数据从 ADC_RDATA 寄存器传输到用户指定的目的地址。

本节我们通过实例学习使用 DMA 和规则组采集多路电压，这是 ADC 在实际项目中最常用的方法。

本实例的实现代码如下。

systick_config、SysTick_Handler、Delay 这 3 个函数主要是为了实现延时，利用的是 SysTick 的 1ms 中断功能。sysTickTimer 这个变量按照 1kHz 的频率增加，其他函数中也可以使用。这 3 个函数的实现代码如下。

```
#include "gd32f30x.h"
#include <stdio.h>
#include "gd32f303c_eval.h"

uint16_t adc_value[4];

volatile uint32_t sysTickTimer=0;

void systick_config(void)
{
    /* 设置 SysTick 定时器中断频率为 1000Hz*/
    if(SysTick_Config(SystemCoreClock / 1000U)){
```

```
        /* 捕获错误 */
        while(1){
        }
    }
    /* 配置SysTick优先级 */
    NVIC_SetPriority(SysTick_IRQn,0x00U);
}

void SysTick_Handler(void)
{
    sysTickTimer++;
}

void Delay(uint32_t dlyTicks)
{
    uint32_t curTicks;

    curTicks=sysTickTimer;
    while((sysTickTimer-curTicks)< dlyTicks){
        __NOP();
    }
}
```

rcu_config函数用于打开AF、GPIO、ADC、DMA时钟，将ADC时钟设置为APB2的1/6，即20MHz。GD32F303的ADC最高时钟频率为40MHz。该函数的实现代码如下。

```
void rcu_config(void)
{
    rcu_periph_clock_enable(RCU_AF);
    /* 使能GPIOA时钟 */
    rcu_periph_clock_enable(RCU_GPIOA);
    /* 使能ADC时钟 */
    rcu_periph_clock_enable(RCU_ADC0);
    /* 使能DMA0时钟 */
    rcu_periph_clock_enable(RCU_DMA0);
    /* 配置ADC时钟 */
    rcu_adc_clock_config(RCU_CKADC_CKAPB2_DIV6);
}
```

gpio_config函数设置PA0、PA1、PA2、PA3为模拟输入，对应ADC通道0～通道3。ADC的规则组最多支持16个转换的序列，本实例中我们只使用4个通道。该函数的实现代码如下。

```
void gpio_config(void)
{
    /* 设置GPIO为模拟输入模式 */
    gpio_init(GPIOA,GPIO_MODE_AIN,GPIO_OSPEED_10MHZ,GPIO_PIN_0);
    gpio_init(GPIOA,GPIO_MODE_AIN,GPIO_OSPEED_10MHZ,GPIO_PIN_1);
```

```
    gpio_init(GPIOA,GPIO_MODE_AIN,GPIO_OSPEED_10MHZ,GPIO_PIN_2);
    gpio_init(GPIOA,GPIO_MODE_AIN,GPIO_OSPEED_10MHZ,GPIO_PIN_3);
}
```

dma_config 函数用于完成 DMA 的配置。

```
void dma_config(void)
{
    dma_parameter_struct dma_data_parameter;

    dma_deinit(DMA0,DMA_CH0);

    dma_data_parameter.periph_addr   =(uint32_t)(&ADC_RDATA(ADC0));
    dma_data_parameter.periph_inc    =DMA_PERIPH_INCREASE_DISABLE;
    dma_data_parameter.memory_addr   =(uint32_t)(&adc_value);
    dma_data_parameter.memory_inc    =DMA_MEMORY_INCREASE_ENABLE;
    dma_data_parameter.periph_width  =DMA_PERIPHERAL_WIDTH_16BIT;
    dma_data_parameter.memory_width  =DMA_MEMORY_WIDTH_16BIT;
    dma_data_parameter.direction     =DMA_PERIPHERAL_TO_MEMORY;
    dma_data_parameter.number        =4;
    dma_data_parameter.priority      =DMA_PRIORITY_HIGH;
    dma_init(DMA0,DMA_CH0,&dma_data_parameter);

    dma_circulation_enable(DMA0,DMA_CH0);

    /* 使能 DMA 通道 */
    dma_channel_enable(DMA0,DMA_CH0);
}
```

由表 6-2 所示可知，ADC 使用 DMA0 的 CH0。DMA 配置参数可实现如下目标。

- 将外设地址设置为 ADC_RDATA 寄存器地址（0x4001244C），传输宽度为 16 位，关闭地址自增功能。
- 将内存地址设置为 adc_value 缓冲区，传输宽度为 16 位，打开地址自增功能。
- 将传输数量设置为 4，传输方向为从外设到存储器，优先级最高。
- 打开循环模式，禁止使用存储器到存储器模式。

表 6-2 ADC 的 DMA 通道

外设	通道 0	通道 1	通道 2	通道 3	通道 4	通道 5	通道 6
ADC0	ADC0	•	•	•	•	•	•
SPI/I2S	•	SPI0_RX	SPI0_TX	SPI1/I2S1_RX	SPI1/I2S1_TX	•	•
USART	•	USART2_TX	USART2_RX	USART0_TX	USART0_RX	USART1_RX	USART1_TX
I2C	•	•	•	I2C1_TX	I2C1_RX	I2C0_TX	I2C0_RX

注：• 代表不支持该功能。

相关的代码实现如下。

adc_config函数用于完成：初始化ADC模块，选择连续扫描转换模式，使用软件触发，数据对齐选用右对齐，将规则组转换长度设置为4，调用adc_regular_channel_config函数依次初始化通道0～通道3，采样时间均选择55.5个周期。使能ADC0延时1ms以后调用adc_calibration_enable函数执行校准，调用adc_software_trigger_enable函数发送一个软件触发信号。该函数的代码实现如下。

```
void adc_config(void)
{
    adc_mode_config(ADC_MODE_FREE);
    adc_special_function_config(ADC0,ADC_CONTINUOUS_MODE,ENABLE);
    adc_special_function_config(ADC0,ADC_SCAN_MODE,ENABLE);
    adc_data_alignment_config(ADC0,ADC_DATAALIGN_RIGHT);
    adc_channel_length_config(ADC0,ADC_REGULAR_CHANNEL,4);

    adc_regular_channel_config(ADC0,0,ADC_CHANNEL_0,ADC_SAMPLETIME_55POINT5);
    adc_regular_channel_config(ADC0,1,ADC_CHANNEL_1,ADC_SAMPLETIME_55POINT5);
    adc_regular_channel_config(ADC0,2,ADC_CHANNEL_2,ADC_SAMPLETIME_55POINT5);
    adc_regular_channel_config(ADC0,3,ADC_CHANNEL_3,ADC_SAMPLETIME_55POINT5);

    adc_external_trigger_source_config(ADC0,ADC_REGULAR_CHANNEL,
        ADC0_1_2_EXTTRIG_REGULAR_NONE);
    adc_external_trigger_config(ADC0,ADC_REGULAR_CHANNEL,ENABLE);

    adc_dma_mode_enable(ADC0);
    adc_enable(ADC0);
    Delay(1U);
    adc_calibration_enable(ADC0);

    adc_software_trigger_enable(ADC0,ADC_REGULAR_CHANNEL);
}
```

main函数的代码实现如下。

```
int main(void)
{
    gd_eval_com_init(EVAL_COM1);
    systick_config();
    rcu_config();
    gpio_config();
    dma_config();
    adc_config();

    while(1){
        printf("\r\n ADC0 regular CH0 data=%04X",adc_value[0]);
        printf("\r\n ADC0 regular CH1 data=%04X",adc_value[1]);
        printf("\r\n ADC0 regular CH2 data=%04X",adc_value[2]);
        printf("\r\n ADC0 regular CH3 data=%04X\r\n",adc_value[3]);
```

```
        Delay(1000);
    }
}

int fputc(int ch,FILE *f)
{
    usart_data_transmit(USART0,(uint8_t)ch);
    while(RESET == usart_flag_get(USART0,USART_FLAG_TBE));
    return ch;
}
```

main 函数首先初始化调试串口，然后调用 systick_config 函数初始化 1kHz 定时器，调用 rcu_config、gpio_config、dma_config 和 adc_config 函数完成时钟、GPIO、DMA 和 ADC 的初始化。在主循环中每隔 1s 打印一次转换结果。由于使能了连续转换，软件触发以后 ADC 自动扫描并转换 4 个通道，每次转换完成后通过 DMA 读取结果，后续的 ADC 采样完全由硬件完成，不需要新的触发信号。

本实例的工程路径为：GD32F30x_Firmware_Library\Examples\ ADC\ADC0_regular_-channel_with_DMA。

在 MDK 中编译代码，然后使用 ISP 工具将代码下载到 BluePill 开发板，方法参考 5.1.3 节。

为 BluePill 开发板上的 PA0 和 PA1 连接按键，PA2 连接 ADC 输入，PA3 直接引出悬空，4 个 GPIO 都可以作为 ADC 输入使用。打开超级终端软件，按照图 5-7 所示来设置参数，设置完成后单击图中所示“确定”按钮，然后在超级终端中选择菜单呼叫（C）→呼叫（C），单击 BluePill 开发板上的 NRST 按钮复位，运行情况如图 6-5 所示。

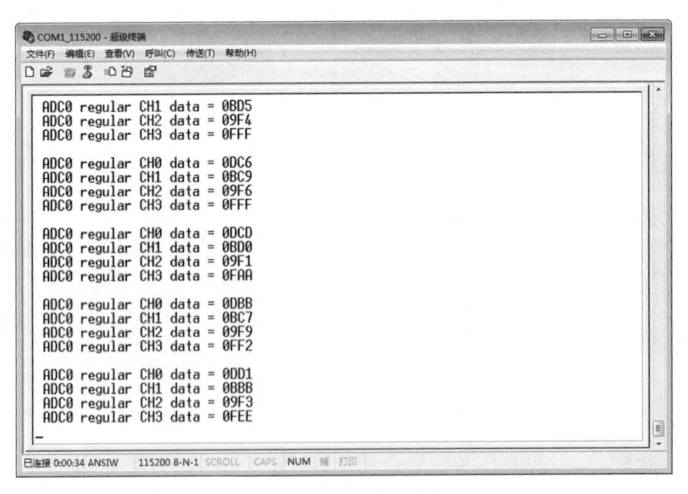

图 6-5 ADC 使用 DMA 规则组多通道电压采样结果

软件每隔 1s 打印 1 次通道 0～通道 3 的原始采样值。分析采样值，会发现如下情况。

- 在KEY1和KEY2没有按下的时候CH0和CH1输入会有采样值，按下以后ADC采样值为0。
- 调整PA2通道的电位器，CH2采样值随之变化。
- 外部电压可以直接接入PA3，CH3显示PA3上输入的电压值。

6.1.6　实例：双ADC同步触发

GD32F303内部集成最多3路ADC，支持ADC同步模式，在ADC同步模式下，可根据ADC_CTL0寄存器中SYNCM[3:0]位进行模式选择，其中模数转换过程可以由主ADC0和从ADC1的交替或同步来触发。在同步模式下，当配置由外部事件触发转换时，从ADC必须通过软件来配置触发，以避免因出现错误触发而引起不必要的转换。此外，对于主ADC和从ADC的外部触发必须被使能。ADC同步共有以下几种模式。

- 独立模式。
- 规则并行模式。
- 注入并行模式。
- 快速交叉模式。
- 慢速交叉模式。
- 交替触发模式。
- 注入并行模式+规则并行模式。
- 规则并行模式+交替触发模式。
- 注入并行模式+交叉模式。

本节通过实例演示ADC0和ADC1在规则并行模式下的同步触发。ADC0的触发源选择TIMER1的CH1，ADC1会被并行触发。32位的ADC_RDATA寄存器高16位保存ADC1的转换结果，低16位保存ADC0的转换结果，使用32位的DMA将ADC_RDATA中的数据传送到SRAM。需要注意的是：两路ADC在同一通道转换时采样时间不可重叠，ADC0和ADC1并行采样的两个通道需要设置为准确的相同采样时间。

本实例的代码实现如下。

systick_config、SysTick_Handler、Delay这3个函数主要是为了实现延时，利用的是SysTick的1ms中断功能。sysTickTimer这个变量按照1kHz的频率增加，其他函数中也可以使用。这3个函数的实现代码如下。

```
#include "gd32f30x.h"
#include "main.h"
#include "gd32f303c_eval.h"
#include <stdio.h>

uint32_t adc_value[2];
```

```
volatile uint32_t sysTickTimer=0;

void systick_config(void)
{
    /* 设置 SysTick 定时器中断频率 1000Hz*/
    if(SysTick_Config(SystemCoreClock / 1000U)){
        /* 捕获错误 */
        while(1){
        }
    }
    /* 配置 SysTick 优先级 */
    NVIC_SetPriority(SysTick_IRQn,0x00U);
}

void SysTick_Handler(void)
{
    sysTickTimer++;
}

void Delay(uint32_t dlyTicks)
{
    uint32_t curTicks;

    curTicks=sysTickTimer;
    while((sysTickTimer-curTicks)< dlyTicks){
        __NOP();
    }
}
```

rcu_config 函数用于打开 GPIOA、GPIO、ADC、DMA、TIMER 时钟，将 ADC 时钟设置为 APB2 的 1/4，即 30MHz。GD32F303 的 ADC 最高时钟频率为 40MHz。该函数的代码实现如下。

```
void rcu_config(void)
{
    /* 使能 GPIOA 时钟 */
    rcu_periph_clock_enable(RCU_GPIOA);
    /* 使能 ADC0 时钟 */
    rcu_periph_clock_enable(RCU_ADC0);
    /* 使能 ADC1 时钟 */
    rcu_periph_clock_enable(RCU_ADC1);
    /* 使能 DMA0 时钟 */
    rcu_periph_clock_enable(RCU_DMA0);
    /* 使能 TIMER1 时钟 */
    rcu_periph_clock_enable(RCU_TIMER1);
    /* 配置 ADC 时钟 */
    rcu_adc_clock_config(RCU_CKADC_CKAPB2_DIV4);
}
```

gpio_config函数用于设置PA0、PA1为模拟输入，对应ADC通道0和通道1。该函数的代码实现如下。

```
void gpio_config(void)
{
    /* 配置GPIO为模拟输入模式 */
    gpio_init(GPIOA,GPIO_MODE_AIN,GPIO_OSPEED_MAX,GPIO_PIN_0);
    gpio_init(GPIOA,GPIO_MODE_AIN,GPIO_OSPEED_MAX,GPIO_PIN_1);
}
```

dma_config函数用于完成DMA的配置。

```
void dma_config(void)
{
    dma_parameter_struct dma_data_parameter;

    dma_deinit(DMA0,DMA_CH0);

    dma_data_parameter.periph_addr=(uint32_t)(&ADC_RDATA(ADC0));
    dma_data_parameter.periph_inc=DMA_PERIPH_INCREASE_DISABLE;
    dma_data_parameter.memory_addr=(uint32_t)(&adc_value);
    dma_data_parameter.memory_inc=DMA_MEMORY_INCREASE_ENABLE;
    dma_data_parameter.periph_width=DMA_PERIPHERAL_WIDTH_32BIT;
    dma_data_parameter.memory_width=DMA_MEMORY_WIDTH_32BIT;
    dma_data_parameter.direction=DMA_PERIPHERAL_TO_MEMORY;
    dma_data_parameter.number=2;
    dma_data_parameter.priority=DMA_PRIORITY_HIGH;
    dma_init(DMA0,DMA_CH0,&dma_data_parameter);

    dma_circulation_enable(DMA0,DMA_CH0);

    /* 使能DMA通道 */
    dma_channel_enable(DMA0,DMA_CH0);
}
```

从图6-5所示可知，ADC使用DMA0的CH0。DMA配置参数可实现如下目标。

- 将外设地址设置为ADC_RDATA寄存器地址（0x4001244C），传输宽度为32位，关闭地址自增。
- 将内存地址设置为adc_value缓冲区，传输宽度为32位，打开地址自增。
- 将传输数量设置为2，传输方向为从外设到存储器，优先级最高。
- 打开循环模式，禁止存储器到存储器模式。

需要注意的是，在ADC同步模式下，要同时使用ADC_RDATA寄存器的高16位和低16位保存转换结果，因此DMA位宽需要配置为32位模式。

timer_config函数用于完成定时器TIMER1的初始化，用来触发AD转换。TIMER1使用APB1作为时钟，由于APB1频率为60MHz，APB1的分频系数为2，所以TIMER1的时钟频率为 60MHz×2=120MHz。这里将 TIMER1 的分频系数设置为 12000，因此 TIMER1 的时钟频率为 120MHz/12000=10kHz。因为将计数周期设置为 10000，所以 PWM 的频率为 10kHz/10000=1Hz，计数方式为向上计数，即 ADC 触发周期为 1s。该函数的实现代码如下。

```
void timer_config(void)
{
    timer_oc_parameter_struct timer_ocintpara;
    timer_parameter_struct timer_initpara;

    /* 配置 TIMER1 */
    timer_initpara.prescaler            =12000-1;
    timer_initpara.alignedmode          =TIMER_COUNTER_EDGE;
    timer_initpara.counterdirection     =TIMER_COUNTER_UP;
    timer_initpara.period               =10000-1;
    timer_initpara.clockdivision        =TIMER_CKDIV_DIV1;
    timer_initpara.repetitioncounter    =0;
    timer_init(TIMER1,&timer_initpara);

    /* 将 CH0 设置为 PWM 模式 1*/
    timer_ocintpara.ocpolarity=TIMER_OC_POLARITY_HIGH;
    timer_ocintpara.outputstate=TIMER_CCX_ENABLE;
    timer_channel_output_config(TIMER1,TIMER_CH_1,&timer_ocintpara);

    timer_channel_output_pulse_value_config(TIMER1,TIMER_CH_1,4000-1);
    timer_channel_output_mode_config(TIMER1,TIMER_CH_1,TIMER_OC_MODE_PWM1);
    timer_channel_output_shadow_config(TIMER1,TIMER_CH_1,TIMER_OC_SHADOW_
    DISABLE);
}
```

adc_config 函数用于完成 ADC0 和 ADC1 的块初始化。在规则并行模式下，ADC0 和 ADC1 大部分参数相同。ADC0 触发源选择 TIMER1_CH1，ADC1 配置为软件触发。数据对齐选用右对齐，规则组转换长度设置为 2。ADC0 和 ADC1 分别调用 adc_regular_channel_-config 函数依次初始化通道 0 和通道 1。由于两路 ADC 在同一通道转换时采样时间不可重叠，故 ADC0 先转换通道 0 再转换通道 1，ADC1 先转换通道 1 再转换通道 0，所有通道采样时间均选择 55.5 个周期。ADC0 和 ADC1 分别使能后延时 1ms，然后调用 adc_calibration_-enable 函数执行校准，调用 adc_dma_mode_enable 函数使能 DMA。该函数的实现代码如下。

```
void adc_config(void)
{
    /* 使能 ADC 扫描模式 */
    adc_special_function_config(ADC0,ADC_SCAN_MODE,ENABLE);
    adc_special_function_config(ADC1,ADC_SCAN_MODE,ENABLE);
    /* 配置 ADC 触发 */
    adc_external_trigger_source_config(ADC0,ADC_REGULAR_CHANNEL,
    ADC0_1_EXTTRIG_REGULAR_T1_CH1);
```

```
    adc_external_trigger_source_config(ADC1,ADC_REGULAR_CHANNEL,
    ADC0_1_2_EXTTRIG_REGULAR_NONE);
    /* 配置 ADC 数据对齐 */
    adc_data_alignment_config(ADC0,ADC_DATAALIGN_RIGHT);
    adc_data_alignment_config(ADC1,ADC_DATAALIGN_RIGHT);
    /* 配置 ADC 模式 */
    adc_mode_config(ADC_DAUL_REGULAL_PARALLEL);
    /* 配置 ADC 规则组长度 */
    adc_channel_length_config(ADC0,ADC_REGULAR_CHANNEL,2);
    adc_channel_length_config(ADC1,ADC_REGULAR_CHANNEL,2);

    /* 配置 ADC 规则组 */
    adc_regular_channel_config(ADC0,0,ADC_CHANNEL_0,ADC_SAMPLETIME_
    55POINT5);
    adc_regular_channel_config(ADC0,1,ADC_CHANNEL_1,ADC_SAMPLETIME_
    55POINT5);
    adc_regular_channel_config(ADC1,0,ADC_CHANNEL_1,ADC_SAMPLETIME_
    55POINT5);
    adc_regular_channel_config(ADC1,1,ADC_CHANNEL_0,ADC_SAMPLETIME_
    55POINT5);

    /* 使能 ADC 外部触发 */
    adc_external_trigger_config(ADC0,ADC_REGULAR_CHANNEL,ENABLE);
    adc_external_trigger_config(ADC1,ADC_REGULAR_CHANNEL,ENABLE);

    /* 使能 ADC0*/
    adc_enable(ADC0);
    Delay(1);
    /*ADC 校准 */
    adc_calibration_enable(ADC0);
    /* 使能 ADC1*/
    adc_enable(ADC1);
    Delay(1);
    /*ADC 校准 */
    adc_calibration_enable(ADC1);

    /* 使能 ADC  DMA 功能 */
    adc_dma_mode_enable(ADC0);
}
```

main 函数的实现代码如下。

```
int main(void)
{
    gd_eval_com_init(EVAL_COM1);
    /* 配置 SysTick*/
    systick_config();
    /* 配置系统时钟 */
    rcu_config();
    /* 配置 GPIO*/
```

```
    gpio_config();
    /* 配置 DMA*/
    dma_config();
    /* 配置 ADC*/
    adc_config();
    /* 配置 TIMER*/
    timer_config();

    /* 使能 TIMER1*/
    timer_enable(TIMER1);

    while(1){
        Delay(1000);
        printf(" ADC0: PA0,adc_value[0]=0x%08X\r\n",adc_value[0]);
        printf(" ADC1: PA1,adc_value[1]=0x%08X\r\n\r\n",adc_value[1]);
    }
}

int fputc(int ch,FILE *f)
{
    usart_data_transmit(USART0,(uint8_t)ch);
    while(RESET == usart_flag_get(USART0,USART_FLAG_TBE));
    return ch;
}
```

在 main 函数中首先初始化调试串口，然后调用 systick_config 函数初始化 1kHz 定时器，调用 rcu_config、gpio_config、dma_config、adc_config、timer_config 函数完成时钟、GPIO、DMA、ADC 和 TIMER 的初始化。使能 TIMER1 以后，在主循环中每隔 1s 打印一次转换结果。TIMER1_CH1 每隔 1s 会触发 ADC0 和 ADC1 同步转换，每次转换完成通过 DMA 读取结果。

本实例的工程路径为：GD32F30x_Firmware_Library\Examples\ ADC\ ADC0_ADC1_-regular_parallel。

在 MDK 中编译代码，然后使用 ISP 工具将代码下载到 BluePill 开发板，方法参考 5.1.3 节。

用 BluePill 开发板的 PA0 连接 KEY1，PA1 连接 KEY2，按键按下时 ADC 输入电压为 0，悬空时有随机的电压值。打开超级终端软件，按照图 5-7 所示来设置参数，设置完成后单击图中所示“确定”按钮，然后在超级终端中选择菜单呼叫（C）→呼叫（C），单击 BluePill 开发板上的 NRST 按钮复位，运行过程中按下 KEY1 或者 KEY2 按键，对应的输入通道电压为 0，运行情况如图 6-6 所示。

软件每隔 1s 打印一次 ADC 的原始采样值。采样结果为 32 位，低 16 位为 ADC0 的采样结果，高 16 位为 ADC1 的采样结果，通过双 ADC 同步触发，实现了在同一时刻采样 PA0 和 PA1 的电压。

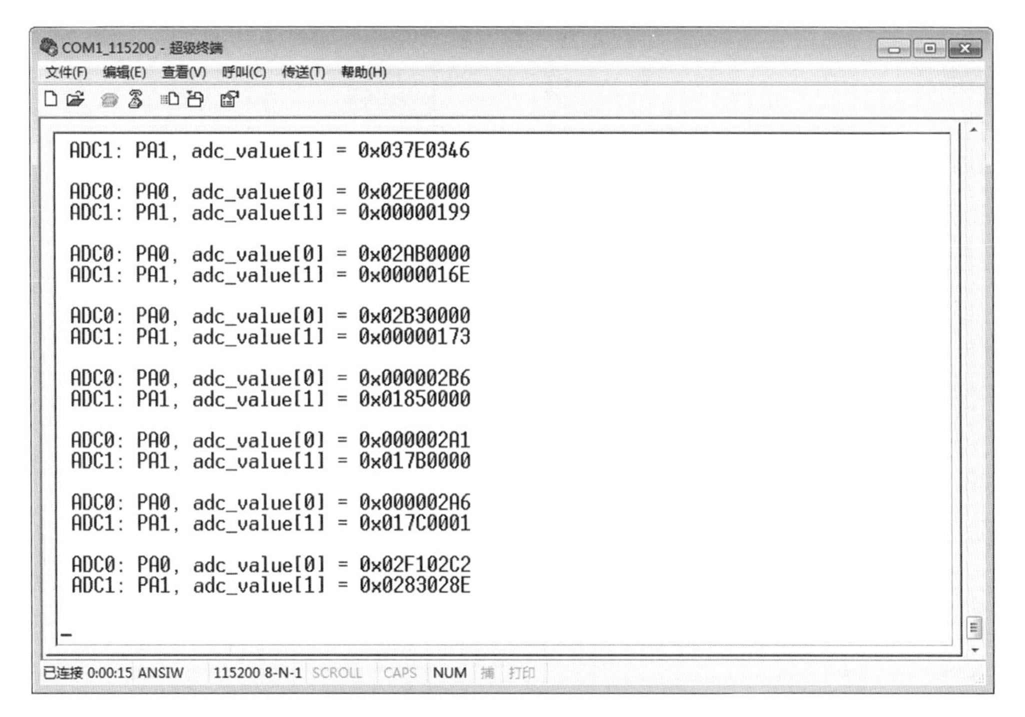

图 6-6　双 ADC 同步触发运行结果

6.2　DAC

DAC 是一种将数字信号转换为模拟信号的设备。DAC 可以以独立芯片的形式存在，也可以以外设的形式置于 MCU 中。大多数现代音视频信号都以数字信号的形式存储，播放音乐时需要通过 DAC 将数字信号转化为模拟信号，播放视频的 VGA 接口也需要通过 DAC 将数字信号转换为模拟信号。此外在很多控制系统中，DAC 被用作控制系统的信号给定设备。

6.2.1　GD32 的 DAC 简介

GD32F303 内置了两路 DAC，它们可以将 12 位的数字数据转换为外部引脚上的电压并输出。数据可以采用 8 位或 12 位模式，采用左对齐或右对齐模式。如果使能了外部触发，可使用 DMA 更新输入端数字数据。在输出电压时，可以利用 DAC 输出缓冲区来获得更高的驱动能力。DAC 本身没有中断产生，故在实际使用中经常需要配合 DMA。GD32F303 的 DAC 结构框图如图 6-7 所示。

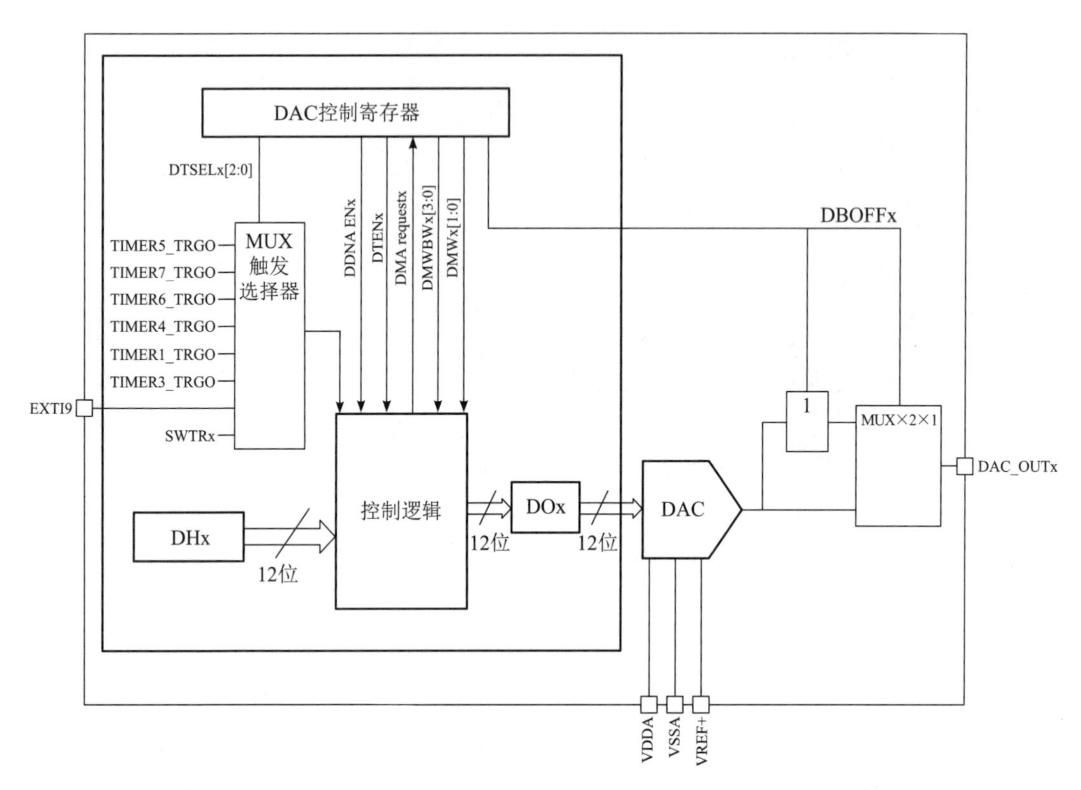

图 6-7 GD32F303 的 DAC 结构框图

6.2.2 固件库中与 DAC 相关的主要 API

GD32 固件库中与 DAC 相关的 API 定义在 gd32f30x_dac.h 和 gd32f30x_dac.c 两个文件中，前者为头文件，包含寄存器地址、常量的定义、API 函数声明，后者为 API 的具体实现。GD32F303 有 2 个 DAC，编号分别为 DAC0 和 DAC1，大多数 API 的第一个参数为 dac_periph，该参数表示操作的 DAC 实例。常用的 API 函数如表 6-3 所示。

表 6-3 GD32 固件库 DAC 模块常用 API 函数

常用 API 函数原型	说 明
void dac_enable(uint32_t dac_periph); void dac_disable(uint32_t dac_periph);	使能和禁止 DAC
void dac_dma_enable(uint32_t dac_periph); void dac_dma_disable(uint32_t dac_periph);	使能和禁止 DAC 的 DMA
void dac_output_buffer_enable(uint32_t dac_periph); void dac_output_buffer_disable(uint32_t dac_periph);	使能和禁止 DAC 的输出缓冲

（续）

常用 API 函数原型	说　明
uint16_t dac_output_value_get(uint32_t dac_periph);	读取 DAC 上次的输出值
void dac_data_set(uint32_t dac_periph, uint32_t dac_align, uint16_t data);	设置 DAC 数据保持寄存器
void dac_trigger_enable(uint32_t dac_periph); void dac_trigger_disable(uint32_t dac_periph);	使能和禁止 DAC 触发
void dac_trigger_source_config(uint32_t dac_periph, uint32_t triggersource);	配置 DAC 触发源
void dac_software_trigger_enable(uint32_t dac_periph); void dac_software_trigger_disable(uint32_t dac_periph);	使能和禁止 DAC 软件触发
void dac_wave_mode_config(uint32_t dac_periph, uint32_t wave_mode);	配置 DAC 噪声波模式
void dac_wave_bit_width_config(uint32_t dac_periph, uint32_t bit_width);	配置 DAC 噪声波位宽度
void dac_lfsr_noise_config(uint32_t dac_periph, uint32_t unmask_bits);	配置 LFSR 噪声模式
void dac_triangle_noise_config(uint32_t dac_periph, uint32_t amplitude);	配置三角噪声模式
void dac_concurrent_enable(void); void dac_concurrent_disable(void);	使能和禁止 DAC 并发转换
void dac_concurrent_software_trigger_enable(void); void dac_concurrent_software_trigger_disable(void);	使能和禁止 DAC 并发转换软件触发
void dac_concurrent_output_buffer_enable(void); void dac_concurrent_output_buffer_disable(void);	使能和禁止 DAC 并发转换输出缓冲
void dac_concurrent_data_set(uint32_t dac_align, uint16_t data0, uint16_t data1);	在 DAC 并发转换模式下设置数据保持寄存器

6.2.3 使用 DAC 输出固定电压

DAC 最基础的功能是输出一个固定的电压信号，本节通过一个简单的实例学习如何使用 DAC 输出一个固定的电压。实现代码本身比较简短，下面直接给出实现代码。

```
#include "gd32f30x.h"

int main(void)
{
    /* 使能外设时钟 */
    rcu_periph_clock_enable(RCU_GPIOA);
    rcu_periph_clock_enable(RCU_DAC);

    /* 一旦使能 DAC,PA4 和 PA5 自动连接到 DAC*/
    gpio_init(GPIOA,GPIO_MODE_AIN,GPIO_OSPEED_50MHZ,GPIO_PIN_4 | GPIO_PIN_5);

    dac_deinit();
    /* 配置 DAC0*/
```

```
    dac_trigger_disable(DAC0);
    dac_wave_mode_config(DAC0,DAC_WAVE_DISABLE);
    dac_output_buffer_enable(DAC0);

    /* 配置 DAC1*/
    dac_trigger_disable(DAC1);
    dac_wave_mode_config(DAC1,DAC_WAVE_DISABLE);
    dac_output_buffer_enable(DAC1);

    /* 使能 DAC 同步更新模式并设置数据 */
    dac_concurrent_enable();
    dac_concurrent_data_set(DAC_ALIGN_12B_R,0xFFF>>1,0xFFF>>2);

    while(1){
    }
}
```

所有的操作均在 main 函数中完成。首先初始化 GPIOA 和 DAC 的时钟、然后初始化 PA4 和 PA5，DAC0 的输出引脚为 PA4，DAC1 的输出引脚为 PA5，均设置为模拟输入模式，使能 DAC 以后对应的 GPIO 会自动关联 DAC 通道。接着初始化 DAC，关闭触发，关闭噪声波，打开输出缓冲区。对两个 DAC 的操作完全相同。

使能并发转换，然后设置输出电压，12 位数据靠右对齐，范围为 0x000 ～ 0xFFF。对于 DAC0，选择二分之一的 V_{REF}；对于 DAC1，选择四分之一的 V_{REF}。

本实例的工程路径为：GD32F30x_Firmware_Library\Examples\DAC\DACC_output_-voltage。

在 MDK 中编译代码，然后使用 ISP 工具将代码下载到 BluePill 开发板，方法参考 5.1.3 节。

单击 BluePill 开发板上的 NRST 按键复位 MCU 并运行代码以后，使用万用表实测 BluePill 开发板 3.3V 电源的实际电压为 3.254V，该电压即参考电压 V_{REF}。

- DAC0 在 PA4 上输出电压 1.620V；
- DAC1 在 PA5 上输出电压 0.811V。

两路 DAC 输出电压与预期一致。

在软件运行过程中，如果希望改变 DAC 输出电压，直接调用相关 API 更新 DAC 数据保持寄存器即可。

6.2.4 使用 DAC 实现一个正弦信号发生器

上一节我们学习了如何使用 DAC 输出一个固定的电压信号，如果我们需要输出一个周期性的信号，比如正弦波、三角波、锯齿波，应该如何操作呢？一种常见的方法是保存一个周期的信号数据，软件以固定的频率设置 DAC 输出，比如保存一个周期为 360 个点的正弦波数据，范围为 0x000 ～ 0xFFF，然后软件以 360kHz 的频率送到 DAC 进行输出，这样我们就可以得到一个 1kHz 的正弦波信号。这个方法在原理上没问题，然而更新 DAC 输出的操作需要在定时器的中断服务程序中进行，360kHz 的中断频率对 CPU 来说负担很重。此时可借助 GD32F303 的 DMA，这样我们可以完全使用硬件完成这一过程。

本节我们使用 DAC+DMA 实现一个正弦信号发生器，软件初始化完成以后，DAC 数据更新由 DMA 自动完成，完全不占用 CPU 时间。

相关实现代码如下。

rom_gen 函数的实现代码如下。

```
#include "gd32f30x.h"
#include <math.h>

#define CONVERT_NUM                 360
#define DAC0_R12DH_ADDRESS          0x40007408
uint32_t convertarr[CONVERT_NUM];

void rom_gen(void)
{
    uint16_t i=0;
    for(i=0;i<CONVERT_NUM;i++){
        convertarr[i]=2047+2047 * sin(i*2*3.1415926/CONVERT_NUM);
    }
}
```

上述代码中，CONVERT_NUM 为一个完整的正弦波周期点数，这里我们取 360 个点，使用 convertarr 数组来存储。实际上 convertarr 数组存储的不仅可以是正弦波信号，还可以是三角波信号、锯齿波信号甚至是任意波形的信号。数据可以离线计算好并保存到 ROM 中，也可以放在 SRAM 中，运行时由 CPU 来填充。这里我们使用后一种处理方式，使用 rom_gen 函数来填充数据。注意，GD32F303 是带 FPU 的，可以直接调用 math.h 中的可进行浮点运算的数学函数。

rcu_config 函数可初始化 GPIOA、DMA1、DAC、TIMER5 的时钟，实现代码如下。

```
void rcu_config(void)
{
    /* 使能外设时钟 */
    rcu_periph_clock_enable(RCU_GPIOA);
    rcu_periph_clock_enable(RCU_DMA1);
    rcu_periph_clock_enable(RCU_DAC);
    rcu_periph_clock_enable(RCU_TIMER5);
}
```

gpio_config 函数可初始化 DAC0 的输出引脚 PA4，将输入模式设置为模拟输入，使能 DAC 以后对应的 GPIO 会自动关联 DAC 通道。该函数的实现代码如下。

```
void gpio_config(void)
{
    /* 一旦使能 DAC,PA4 和 PA5 自动连接到 DAC*/
    gpio_init(GPIOA,GPIO_MODE_AIN,GPIO_OSPEED_50MHZ,GPIO_PIN_4);
}
```

dma_config 函数的实现代码如下。

```
void dma_config(void)
{
    dma_parameter_struct dma_struct;
    /* 清除所有中断标志 */
    dma_flag_clear(DMA1,DMA_CH2,DMA_INTF_GIF);
    dma_flag_clear(DMA1,DMA_CH2,DMA_INTF_FTFIF);
    dma_flag_clear(DMA1,DMA_CH2,DMA_INTF_HTFIF);
    dma_flag_clear(DMA1,DMA_CH2,DMA_INTF_ERRIF);

    /* 配置 DMA1 通道 2*/
    dma_struct.periph_addr  =DAC0_R12DH_ADDRESS;
    dma_struct.periph_width =DMA_PERIPHERAL_WIDTH_32BIT;
    dma_struct.memory_addr  =(uint32_t)convertarr;
    dma_struct.memory_width =DMA_MEMORY_WIDTH_32BIT;
    dma_struct.number       =CONVERT_NUM;
    dma_struct.priority     =DMA_PRIORITY_ULTRA_HIGH;
    dma_struct.periph_inc   =DMA_PERIPH_INCREASE_DISABLE;
    dma_struct.memory_inc   =DMA_MEMORY_INCREASE_ENABLE;
    dma_struct.direction    =DMA_MEMORY_TO_PERIPHERAL;
    dma_init(DMA1,DMA_CH2,&dma_struct);

    dma_circulation_enable(DMA1,DMA_CH2);
    dma_channel_enable(DMA1,DMA_CH2);
}
```

DAC0 对应 DMA1 的通道 2，在 dma_config 函数中可设置 DMA 参数，并实现如下目标。

- 将外设地址格式设置为 12 位右对齐，数据保持寄存器为 DAC0_R12DH，传输宽度为 32 位，禁止地址自增。
- 将内存地址设置为用 convertarr 数组存储，传输宽度为 32 位，使能地址自增。
- 将传输数量设置为 360，传输方向为从存储器到外设，优先级最高。
- 使能循环模式。

dac_config 函数可完成 DAC0 的初始化：将 DAC0 设置由 TIMER5 触发输出，使能 DAC0 触发，关闭噪声波模式，使能 DAC0 和 DAC0 的 DMA。该函数的实现代码如下。

```
void dac_config(void)
{
    dac_deinit();
```

```
    /* 配置 DAC0*/
    dac_trigger_source_config(DAC0,DAC_TRIGGER_T5_TRGO);
    dac_trigger_enable(DAC0);
    dac_wave_mode_config(DAC0,DAC_WAVE_DISABLE);

    /* 使能 DAC0 和 DMA0*/
    dac_enable(DAC0);
    dac_dma_enable(DAC0);
}
```

timer5_config 函数可完成 TIMER5 的初始化，可将预分频系数设置为 1，将 TIMER5 计时频率设置为 120MHz，将周期设置为 33，将更新事件设置为由定时器主机模式触发输出。该函数实现代码如下。

```
void timer5_config(void)
{
    /* 配置 TIMER5*/
    timer_prescaler_config(TIMER5,1-1,TIMER_PSC_RELOAD_UPDATE);
    timer_autoreload_value_config(TIMER5,33-1);
    timer_master_output_trigger_source_select(TIMER5,TIMER_TRI_OUT_SRC_
         UPDATE);

    timer_enable(TIMER5);
}

int main(void)
{
    rom_gen();
    rcu_config();
    gpio_config();
    dma_config();
    dac_config();
    timer5_config();

    while(1){
    }
}
```

main 函数依次调用各个函数进行外设初始化。

TIMER5 输出更新事件的频率为 120MHz/33=3.636MHz。因为输出 360 次才能输出一个完成的正弦波周期，所以实际输出的正弦波频率为 3.636MHz/360=10.1kHz。

本实例的工程路径为：GD32F30x_Firmware_Library\Examples\DAC\ DAC0_SigGen。

在 MDK 中编译代码，然后使用 ISP 工具将代码下载到 BluePill 开发板，方法参考 5.1.3 节。

单击 BluePill 开发板上的 NRST 按键复位 MCU 并运行代码以后，使用示波器测量开发板的 PA4 输出，波形如图 6-8 所示，实测波形频率为 10.1kHz，峰峰值为 3.3V（不同设备上会有误差，比如图 6-8 中所示设备就存在 +0.18V 的误差)，与预期相同。

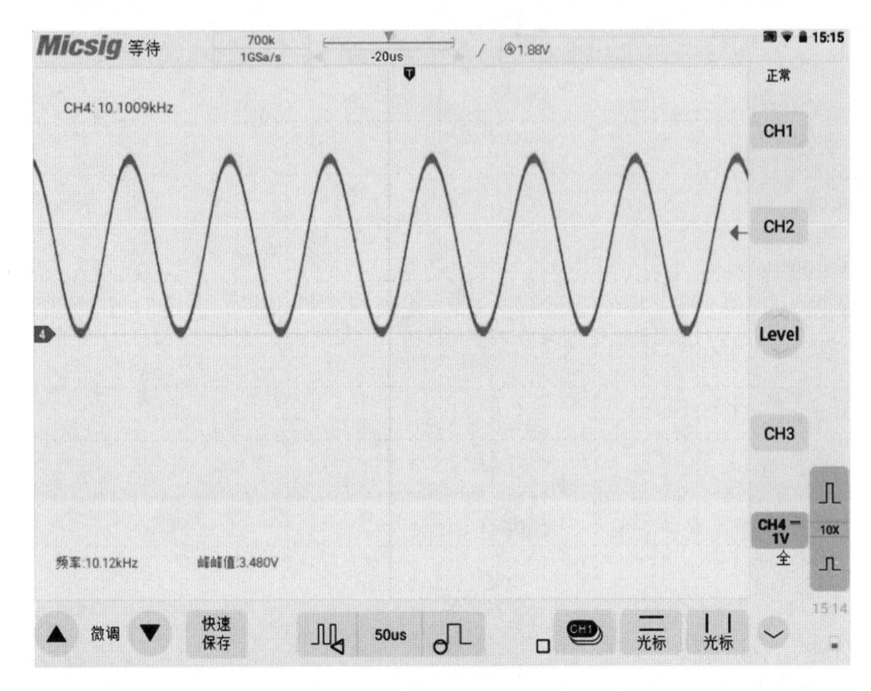

图 6-8　DAC0 在 PA4 输出的正弦波

通过修改 TIMER5 定时器的触发输出频率可以修改输出波形的频率，通过更新 convertarr 数组的数据可以调节信号的波形和幅值，因此本案例实现的发生器可以作为一个简易的信号发生器使用。

6.3　本章小结

本章我们学习了 GD32 的两种模拟外设——ADC 和 DAC。

GD32F303 内置的 12 位 ADC 功能强大，本章通过几个实例学习了 ADC 的常见使用方式。在学习的过程中，通过理解几个关键点先对 ADC 有一个感性的认识，然后通过实例和用户手册进行学习，可以起到事半功倍的效果。下面罗列了几个学习的重点：

（1）理解规则组和注入组。规则组只有一个结果寄存器，但是最大可以转换 16 路数据，转换多路数据时需要配合 DMA 使用；注入组有 4 个结果寄存器，如果转换通道少，可以直接使用注入组。

（2）理解 ADC 的触发过程，触发过程不同会导致转换模式也不同。常规的 ADC 转换流程是：触发→采样→转换→读取结果，对应单次转换模式。如果我们希望一次触发转换一组数据，那么需要使用扫描模式。通常一次转换结束后，需要再次触发才能继续转换。如果我们希望一次转换结束以后自动开始下一次转换，那么需要打开连续模式。如果我们希望通过多次触发来完成一次多通道转换，那么需要使用间断模式。

（3）利用规则组扫描模式转换一组数据和双 ADC 同步触发转换本质上是不同的，前者在时间上为串行，后者在时间上为并行，在需要严格同步的场景中，需要使用双 ADC 同步触发。

（4）ADC 内置的温度传感器和基准电压也是 ADC 重要的组成部分，尤其是基准电压，灵活使用基准电压可以大大提高 ADC 的测量精度。

GD32F303 内置了 12 位的模数转换器 DAC，本章对 GD32F303 的 DAC 外设做了介绍，通过实例学习了使用 DAC 输出固定电压信号和周期性信号的方法。在实际工程中，DAC 往往需要配合 DMA 和定时器使用。

需要指出的是，DAC 只在部分 GD32 芯片中存在，大部分入门级芯片并没有配备 DAC，使用这样的芯片时如果有 DAC 需求并且对指标要求不高，可以使用 PWM+RC 滤波方式模拟 DAC 应用。在对性能要求高的场合中仍然推荐使用带硬件 DAC 的芯片型号。

Chapter 7 第7章

GD32 MCU 基础通信外设

在 MCU 的应用中，通信是其中必不可少的一部分，上位机与下位机、MCU 与 MCU、MCU 与外设之间都需要通过通信来实现信息交换和资源共享。由于设备之间对传输速率、电气特性、可靠性的要求不同，所以产生了许多类型的通信接口。这些通信接口被广泛使用以后逐渐形成了一定的标准。GD32 MCU 集成了市面上常见的基础通信外设，比如 USART、I2C 和 SPI。本章就来介绍和学习这些基础通信外设。

7.1 通用同步异步收发器

如果要评选一种 MCU 上最通用的通信接口，串口绝对实至名归。从简单的 8 位 8051 到广泛使用的 32 位 ARM Cortex-M 和 RISC-V，你几乎可以在任意一款 MCU 上找到它的身影。换句话说，几乎找不到不带串口的 MCU。GD32 MCU 全系列产品均支持串口通信且最多可支持 8 路串口，本节主要介绍 GD32 MCU 通用同步异步收发器（USART）模块的基本原理、固件库 API 接口以及相关应用实例。

7.1.1 异步串口简介

通用异步收发器（UART）通常简称为异步串口或者串口，细心的读者可能已经发现 7.1 节的标题里面多了一个“同步”，英文缩写多了一个字母 S，这个字母即为 synchronous（同步）的缩写。之所以这样写，是因为 GD32 的串口也支持同步模式，但在实际工程中同步模式使用不多，故本章只会简单介绍。为便于描述，下文的描述中 USART 和 UART 都可以理解为串口，不做具体区分。

UART 从 MCU 引出两个引脚——TXD 和 RXD，TTL 电平为 3.3V，这就是 TTL 串口，采用 NRZ 编码，空闲时为高电平，有信号时为低电平。时序图如图 7-1 所示，其中包括 1 个起始位，然后跟着 8 个数据位，再加 1 个停止位。TXD 和 RXD 两个引脚上的时序相同。

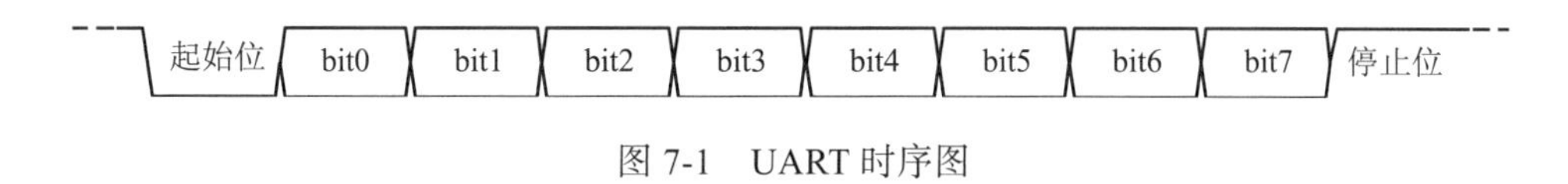

图 7-1　UART 时序图

TTL 串口使用方便，但是传输距离不远，通常用于近距离通信，或者作为调试接口使用。如果想让串口传输距离远一点，可以外挂一颗 MAX2232 芯片，将串口 TTL 电平转换为 RS232 电平，这就得到了传说中的 RS232 串口。RS232 串口与 TTL 串口相比，两者的差别只是电平。两者都是全双工通信，即你收你的我发我的，互不干涉。

另外一种思路是外挂一颗 MAX485 芯片，将 TTL 串口的单端信号 TXD 和 RXD 转化为差分信号 A 和 B，这样可以传输得更快更远，这就得到了 RS485。由于信号 A 和 B 是一对差分信号，全双工的 TTL 串口转化为 RS485 以后就变成半双工了。如果你的应用既要差分，又要全双工，那么可以再加一颗 MAX485，再增加一对信号 Y 和 Z，这就得到了 RS422。实际工程中半双工的 RS485 应用更广泛一些，毕竟接 2 条线比接 4 条线工作量和出错机会都少了一半。

最常用的串口参数：异步全双工、波特率[㊀]为 115200bps[㊁]、8 位数据、无奇偶校验、1 位停止位。

早期的计算机带有 9 针 D 型（DB9）串口，目前绝大多数 PC 已经没有原生串口了，一般使用 USB 转串口，市面上常见的产品有 CH340、PL2302、CP2102、FT232 等系列产品。推荐国产芯片 CH340 系列产品，它价格低，兼容性好，性能也够用。CH340 系列产品特性如下：

- 全速 USB 设备接口，兼容 USB V2.0。
- 仿真标准串口，用于升级原串口外设，或者通过 USB 增加额外串口。
- 与计算机端 Windows 操作系统下的串口应用程序完全兼容，无须做修改。

㊀ 注意，这里所用的“波特率”其实指的是比特率。之所以采用“波特率”，是为方便与业界叫法保持一致，以便于读者阅读和使用。本书后面也会统一采用“波特率”的叫法。比特率是指每秒传输的位数。在通信领域，波特率 (Band) 指数据信号对载波的调制速率，通俗来说为 1s 内发送 (或接收) 多少码元的数据。在嵌入系统中，单个调制状态 (码元) 对应 1 个二进制位，即两相调制，所以此时波特率与比特率在数值上是一样的。波特率的单位也使用了 bps。另外，波特率”本身的用法也是不正规的，正规用法应是“波特”。

㊁ bps 正规写法为 b/s，但为了与业界常规用法保持一致，本书采用非正规用法 bps。

- 硬件全双工串口，内置收发缓冲区，支持通信波特率 50bps ～ 2Mbps。
- 支持常用的 MODEM 联络信号 RTS、DTR、DCD、RI、DSR、CTS。
- 通过外加电平转换器件提供 RS232、RS485、RS422 等接口。
- CH340R 芯片支持 IrDA 规范下的 SIR 红外线通信，支持波特率 2400bps ～ 115200bps。
- 软件兼容 CH341，可以直接使用 CH341 的驱动程序。
- 支持 5V 电源电压、3.3V 电源电压和 3V 电源电压。
- CH340C/N/K/E 及 CH340B 内置时钟，无须配有外部晶振，CH340B 还内置 EEPROM 用于配置序列。
- 提供 SOP-16、SOP-8 和 SSOP-20 以及 ESSOP-10、MSOP-10 无铅封装，兼容 RoHS。

7.1.2 GD32 的 USART 模块介绍

GD32 的 USART 提供了一个灵活方便的串行数据交换接口，数据帧可以通过全双工或半双工、同步或异步的方式进行传输。USART 提供了可编程的波特率发生器，能对系统时钟进行分频以产生 USART 发送和接收所需的特定频率。USART 不仅支持标准的异步收发模式，还实现了一些其他类型的串行数据交换模式，如红外编码规范、SIR、智能卡协议、LIN、半双工以及同步模式。它还支持多处理器通信和 Modem 流控操作（CTS/RTS）。数据帧支持从 LSB 或者 MSB 开始传输。在 USART 中，数据位的极性和 TX/RX 引脚都可以灵活配置。USART 还支持 DMA 功能，从而实现了高速率的数据通信。

GD32 的 USART 内部框图如图 7-2 所示。

7.1.3 固件库中与 USART 相关的主要 API

GD32 固件库中与 USART 相关的 API 定义在 gd32f30x_usart.h 和 gd32f30x_usart.c 两个文件中，前者为头文件，包含寄存器地址、常量的定义、API 函数声明，后者为 API 的具体实现。API 的命名采用下划线命名法，熟悉 Linux 内核源代码的同学可能会觉得很亲切。大多数 API 的第一个参数为 usart_periph，表示操作的串口外设，外设数量由具体芯片支持的串口外设数量决定。GD32F303 支持的取值为 USART0、USART1、USART2、UART3、UART4。常用的 API 函数如表 7-1 所示。

表 7-1 所示 API 的实现都非常短小精悍，且代码中有完善的注释说明，所以大家没有必要死记硬背，需要的时候去查阅即可。

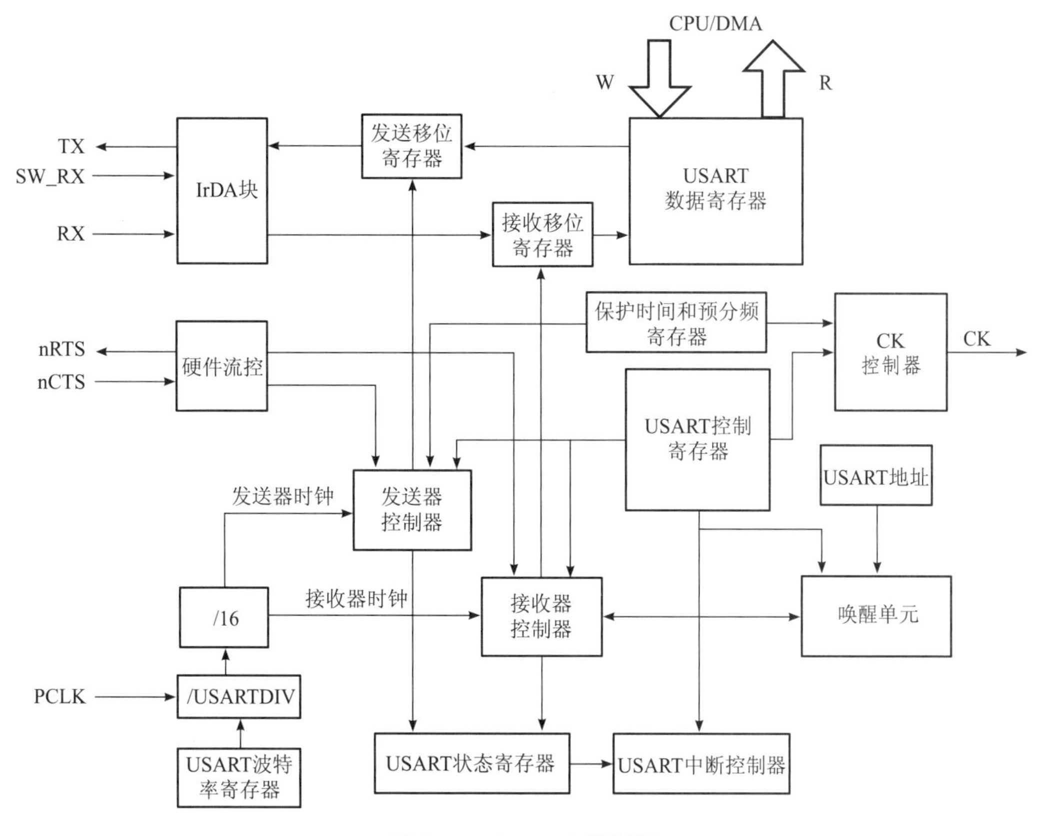

图 7-2　USART 内部框图

表 7-1　GD32 固件库 USART 模块常用 API 函数

常用 API 函数原型	说　明
void usart_deinit(uint32_t usart_periph);	复位串口外设
void usart_baudrate_set(uint32_t usart_periph, uint32_t baudval);	设置串口波特率，根据当前的时钟自动计算波特率
void usart_parity_config(uint32_t usart_periph, uint32_t paritycfg);	设置奇偶校验，支持奇校验、偶校验和无校验
void usart_word_length_set(uint32_t usart_periph, uint32_t wlen) ;	设置串口字长，支持 8 位和 9 位
void usart_stop_bit_set(uint32_t usart_periph, uint32_t stblen) ;	设置停止位长度，支持 1 位、0.5 位、2 位、1.5 位
void usart_enable(uint32_t usart_periph); void usart_disable(uint32_t usart_periph);	使能和禁止串口外设
void usart_transmit_config(uint32_t usart_periph, uint32_t txconfig)	使能和禁止串口发送

（续）

常用 API 函数原型	说　明
void usart_receive_config(uint32_t usart_periph, uint32_t rxconfig);	使能和禁止串口接收
void usart_data_transmit(uint32_t usart_periph, uint32_t data);	串口发送数据
uint16_t usart_data_receive(uint32_t usart_periph);	串口接收数据
FlagStatus usart_flag_get(uint32_t usart_periph, usart_flag_enum flag);	读取 STAT0、STAT1 寄存器的标志位
void usart_flag_clear(uint32_t usart_periph, usart_flag_enum flag);	清除 STAT0、STAT1 寄存器的标志位
void usart_interrupt_enable(uint32_t usart_periph, usart_interrupt_enum interrupt);	使能串口中断
void usart_interrupt_disable(uint32_t usart_periph, usart_interrupt_enum interrupt);	禁止串口中断
FlagStatus usart_interrupt_flag_get(uint32_t usart_periph, usart_interrupt_flag_enum int_flag);	读取串口中断标志
void usart_interrupt_flag_clear(uint32_t usart_periph, usart_interrupt_flag_enum int_flag);	清除串口中断标志

7.1.4 实例：printf 函数重定向

几乎所有的 C 语言教材中的第一个例子都是“hello world！”实验，即使用 printf 函数在控制台终端打印“hello world！”字符串。在嵌入式平台中，第一个实验通常是流水灯实验，即使用 GPIO 点亮开发板上的一个 LED。通过串口打印“hello word！”通常是实现流水灯实现实验之后第二个需要实现的功能。实现了 printf 函数以后，就可以不依赖调试工具，直接打印程序的输出信息了。实际工作中，很多对时序要求严格的场合是不允许连接调试器的，这时候要依赖 printf 函数来打印调试信息。

实现一个 printf 函数本身是一件很复杂的事情，幸运的是 C 语言标准库已经帮我们写好了，只要引用 <stdio.h> 头文件就可以在代码中调用 printf 函数，那么问题来了：调用 printf 函数以后，输出到哪里了呢？要知道 GD32F303 系列有 3 ～ 5 个串口，究竟会发往哪个串口或者其他地方？答案在 fputc 函数。

printf 函数会调用 fputc 函数输出字符，只要我们实现了 fputc 函数，就可以控制 printf 函数的行为了。相关代码清单如下。

```
#include "gd32f30x.h"
#include "gd32f303c_eval.h"
```

```
#include <stdio.h>
/*!
    \简介           main 函数
    \参数 [ 输入 ]   无
    \参数 [ 输出 ]   无
    \返回值          无
*/
int main(void)
{
    /* 使能 GPIO 时钟 */
    rcu_periph_clock_enable(RCU_GPIOA);
    /* 使能 USART 时钟 */
    rcu_periph_clock_enable(RCU_USART0);
    gpio_init(GPIOA,GPIO_MODE_AF_PP,GPIO_OSPEED_50MHZ,GPIO_PIN_9);
    gpio_init(GPIOA,GPIO_MODE_IN_FLOATING,GPIO_OSPEED_50MHZ,GPIO_PIN_10);
    /* 配置 USART*/
    usart_deinit(USART0);
    usart_baudrate_set(USART0,115200U);
    usart_receive_config(USART0,USART_RECEIVE_ENABLE);
    usart_transmit_config(USART0,USART_TRANSMIT_ENABLE);
    usart_enable(USART0);
    printf("hello world!\r\n");
    while(1);
}
int fputc(int ch,FILE *f)
{
    usart_data_transmit(USART0,(uint8_t)ch);
    while(RESET == usart_flag_get(USART0,USART_FLAG_TBE));
    return ch;
}
```

从代码中可以看出，在 main 函数中，我们依次做了以下工作：

（1）初始化 GPIOA 时钟。

（2）初始化 USART0 时钟。

（3）初始化 USART0 时使用的引脚 PA9 和 PA10。

（4）配置 USART0，将波特率设为 115200bps，使能收发。

（5）打印字符串“hello world!\r\n”。

在 fputc 函数中，我们调用了 usart_data_transmit 函数，将字符发送到 USART0，然后等待发送结束。

本实例的工程路径为：GD32F30x_Firmware_Library\Examples\USART\Printf。

在 MDK 中编译代码，然后使用 ISP 工具将代码下载到 BluePill 开发板，方法参考 5.1.3 节。

打开超级终端软件，按照图 5-7 所示来设置参数，设置完成单击图中所示“确定”按钮，然后在超级终端中选择菜单呼叫（C）→呼叫（C），单击 BluePill 开发板上的 NRST 按键复位 MCU，可以看到超级终端的输出字符，如图 7-3 所示。

这里我们以 USART0 为例进行介绍，如果需要通过 printf 函数将结果输出到其他串口，只要初始化对应的串口，然后在 fputc 函数中将数据输出到对应的串口中即可。

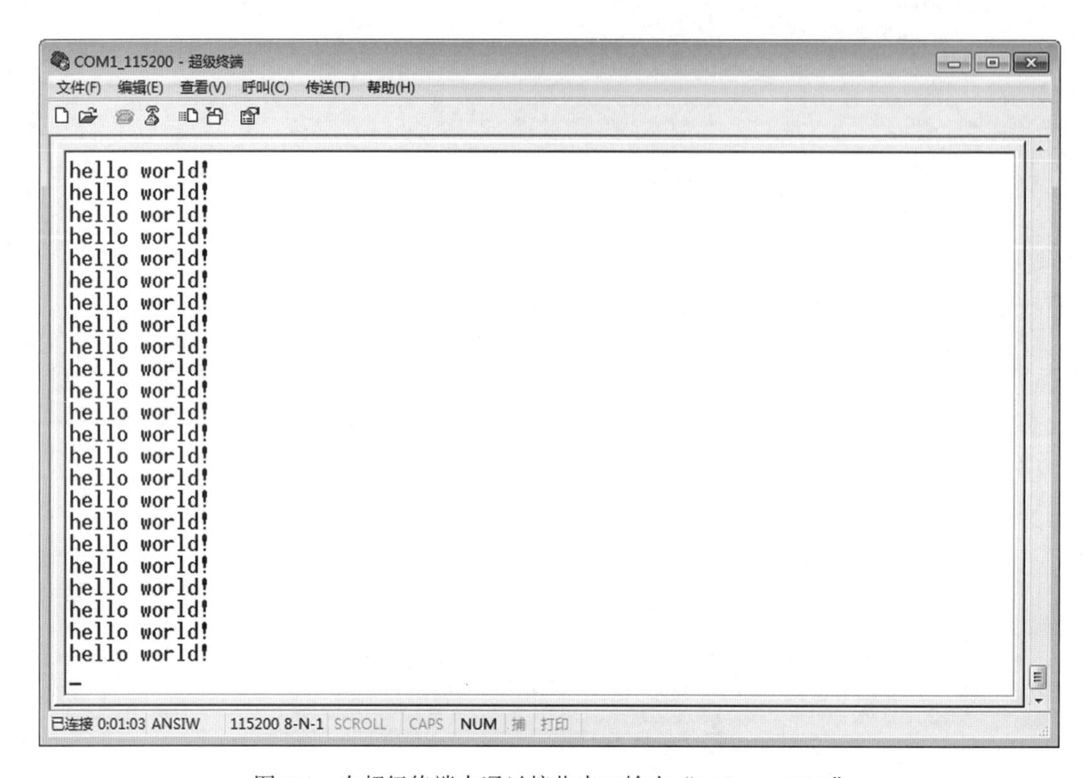

图 7-3 在超级终端中通过接收串口输出“hello world！”

7.1.5 实例：半双工串口收发

GD32 的 USART 模块支持半双工通信模式。注意，这里所说的半双工不是 RS485 那种半双工，而是 TXD 引脚和 RXD 引脚在芯片内部连接到一起，RXD 引脚不再使用，这时 TXD 引脚同时用来发送或者接收数据，故应该设置为开漏模式。如果通信的两端同时处理发送可能会有冲突，此时需要通过软件做处理。对于某些 IO 非常紧张的应用，可使用半双工模式，这样用一个 IO 就可以实现串口数据的收发。本节通过一个实例来介绍半双工串口收发。

相关代码清单如下。

```
#include "gd32f30x.h"
#include <stdio.h>
#include "gd32f303c_eval.h"
```

```
#define ARRAYNUM(arr_nanme)        (uint32_t)(sizeof(arr_nanme) / sizeof(*(arr_
                                   nanme)))
#define TRANSMIT_SIZE1             (ARRAYNUM(transmitter_buffer1) - 1)
#define TRANSMIT_SIZE2             (ARRAYNUM(transmitter_buffer2) - 1)

uint8_t transmitter_buffer1[]="\n\ra usart half-duplex test example!\n\r";
uint8_t transmitter_buffer2[]="\n\ra usart half-duplex test example!\n\r";
uint8_t receiver_buffer1[TRANSMIT_SIZE1];
uint8_t receiver_buffer2[TRANSMIT_SIZE2];
uint8_t transfersize1=TRANSMIT_SIZE1;
uint8_t transfersize2=TRANSMIT_SIZE2;
__IO uint8_t txcount1=0;
__IO uint16_t rxcount1=0;
__IO uint8_t txcount2=0;
__IO uint16_t rxcount2=0;
ErrStatus state1=ERROR;
ErrStatus state2=ERROR;

ErrStatus memory_compare(uint8_t* src,uint8_t* dst,uint16_t length)
{
    while(length--){
        if(*src++ != *dst++){
            return ERROR;
        }
    }
    return SUCCESS;
}

/*!
    \简介          main 函数
    \参数[输入]   无
    \参数[输出]   无
    \返回值        无
*/
int main(void)
{
    rcu_periph_clock_enable(RCU_GPIOA);
    rcu_periph_clock_enable(RCU_GPIOB);
    rcu_periph_clock_enable(RCU_USART0);
    rcu_periph_clock_enable(RCU_USART1);
    rcu_periph_clock_enable(RCU_USART2);

    gpio_init(GPIOA,GPIO_MODE_AF_PP,GPIO_OSPEED_50MHZ,GPIO_PIN_9);
    gpio_init(GPIOA,GPIO_MODE_IN_FLOATING,GPIO_OSPEED_50MHZ,GPIO_PIN_10);

    gpio_init(GPIOA,GPIO_MODE_AF_PP,GPIO_OSPEED_50MHZ,GPIO_PIN_2);
    gpio_init(GPIOB,GPIO_MODE_AF_PP,GPIO_OSPEED_50MHZ,GPIO_PIN_10);

    /* 波特率设置 */
    usart_baudrate_set(USART0,115200);
```

```
    usart_baudrate_set(USART1,115200);
    usart_baudrate_set(USART2,115200);

    /* 使能 USART1 和 USART2 半双工模式 */
    usart_halfduplex_enable(USART1);
    usart_halfduplex_enable(USART2);

    /* 配置 USART 发送 */
    usart_transmit_config(USART0,USART_TRANSMIT_ENABLE);
    usart_transmit_config(USART1,USART_TRANSMIT_ENABLE);
    usart_transmit_config(USART2,USART_TRANSMIT_ENABLE);

    /* 配置 USART 接收 */
    usart_receive_config(USART0,USART_RECEIVE_ENABLE);
    usart_receive_config(USART1,USART_RECEIVE_ENABLE);
    usart_receive_config(USART2,USART_RECEIVE_ENABLE);

    /* 使能 USART*/
    usart_enable(USART0);
    usart_enable(USART1);
    usart_enable(USART2);

    usart_data_receive(USART2);
    /*USART1 发送，USART2 接收 */
    while(transfersize1--)
    {
        /* 等待发送结束 */
        while(RESET == usart_flag_get(USART1,USART_FLAG_TBE));
        usart_data_transmit(USART1,transmitter_buffer1[txcount1++]);

        while(RESET == usart_flag_get(USART2,USART_FLAG_RBNE));
        /* 将收到的数据存储到 receiver_buffer2*/
        receiver_buffer2[rxcount2++]=usart_data_receive(USART2);
    }

    usart_data_receive(USART1);
    /*USART2 发送，USART1 接收 */
    while(transfersize2--)
    {
        /* 等待发送结束 */
        while(RESET == usart_flag_get(USART2,USART_FLAG_TBE));
        usart_data_transmit(USART2,transmitter_buffer2[txcount2++]);

        while(RESET == usart_flag_get(USART1,USART_FLAG_RBNE));
        /* 将收到的数据存储到 receiver_buffer1*/
        receiver_buffer1[rxcount1++]=usart_data_receive(USART1);
    }

    /* 对比收到的数据和发送的数据 */
    state1=memory_compare(transmitter_buffer1,receiver_buffer2,TRANSMIT_
```

```
    SIZE1);
    state2=memory_compare(transmitter_buffer2,receiver_buffer1,TRANSMIT_
    SIZE2);
    if(SUCCESS == state1){
        /* 如果 USART1 发送的数据与 USART2 接收的数据相同 */
        printf("data transmitted from USART1 and received by USART2 are the
        same!\r\n");
    }else{
        /* 如果 USART1 发送的数据与 USART2 接收的数据不同 */
        printf("data transmitted from USART1 and received by USART2 are the
        not same!\r\n");
    }
    if(SUCCESS == state2){
        /* 如果 USART2 发送的数据与 USART1 接收的数据相同 */
        printf("data transmitted from USART2 and received by USART1 are the
        same!\r\n");
    }else{
        /* 如果 USART2 发送的数据与 USART1 接收的数据不同 */
        printf("data transmitted from USART2 and received by USART1 are the
        not same!\r\n");
    }

    while(1){
    }
}

int fputc(int ch,FILE *f)
{
    usart_data_transmit(USART0,(uint8_t)ch);
    while(RESET == usart_flag_get(USART0,USART_FLAG_TBE));
    return ch;
}
```

从上述代码中可以看出，在 main 函数中，我们依次做了以下工作：

（1）初始化 GPIOA、GPIOB 时钟。

（2）初始化 USART0、USART1、USART2 时钟。

（3）初始化 USART0 使用的引脚 PA9 和 PA10。

（4）初始化 USART1 使用的引脚 PA2 和 USART2 使用的引脚 PB10。

（5）配置 USART0、USART1、USART2，将波特率设为 115200。

（6）使能 USART1 和 USART2 的半双工模式。

（7）使能 USART0、USART1、USART2 的收发。

（8）USART2 使用半双工模式发送数据，USART1 接收数据。

（9）USART1 使用半双工模式发送数据，USART2 接收数据。

（10）对比接收到的数据，使用 printf 函数通过 USART0 打印测试结果。

其中，memory_compare 函数用于对比两个缓冲区中的若干个字节内容是否相等；

printf 函数的功能通过重定向 fputc 函数来实现，通过 USART0 打印调试信息。

本实例的工程路径为：GD32F30x_Firmware_Library\Examples\USART\Half_duplex_-transmitter&receiver。

在 MDK 中编译代码，然后使用 ISP 工具将代码下载到 BluePill 开发板，方法参考 5.1.3 节。

由于 BluePillExt 母板上的 PA2 被 ADC 输入占用，所以程序烧录完成以后应将 BluePill 核心板从母板上取下，使用杜邦线短接 PA2 和 PB10 引脚，然后使用 USBTTL 串口连接 USART0 的 PA9、PA10 两个引脚，使用超级终端观察结果。相关参数设置如图 5-7 所示，按下 BluePill 开发板上的 NRST 按键复位，按下一次程序执行一次，结果如图 7-4 所示。

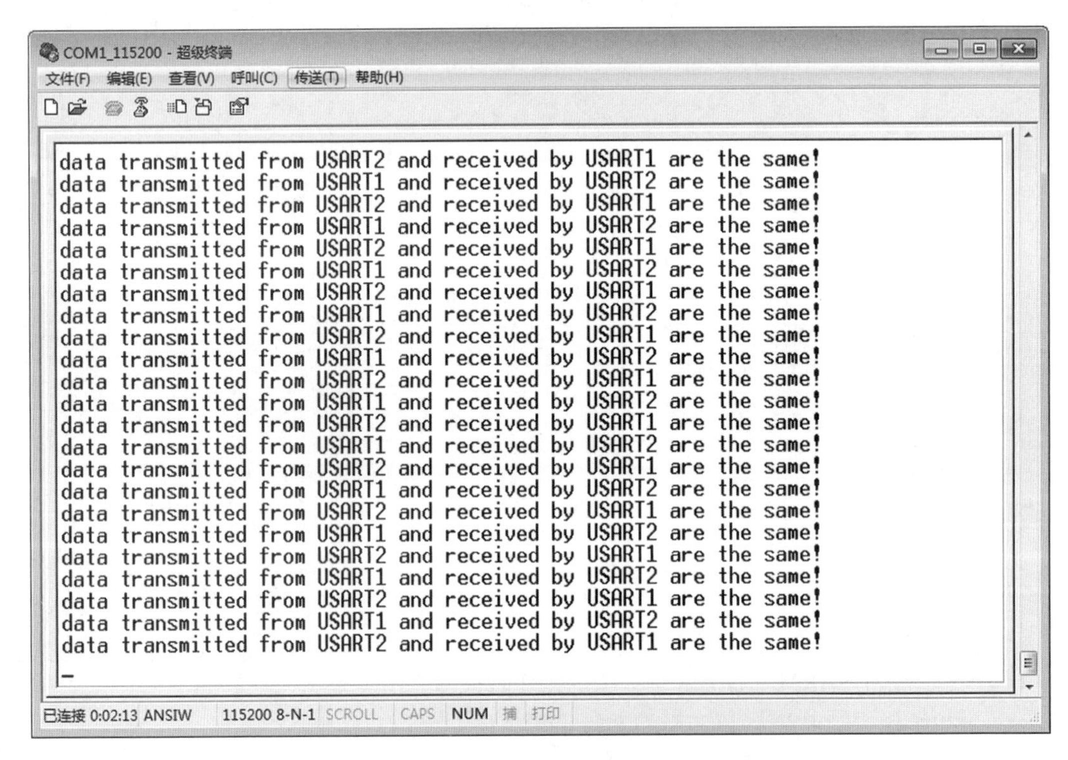

图 7-4 超级终端中观察半双工串口收发结果

如果将连接 PA2 和 PB10 的杜邦线取下，则数据将无法发送，在超级终端界面中将看不到任何输出。

7.1.6 实例：DMA 串口收发

一般应用中串口的波特率都不会太高，调试中常用波特率为 115200bps。很多实际应用（比如 MODBUS 通信）还会使用更低的波特率，比如 19200bps、9600bps、4800bps，这会给大家造成一个固有的印象：串口是一个慢速接口。大部分情况下这个结论也是成立的。在 9600bps 下，发送一个字符大约需要 1ms 的时间，如果使用查询方式发送，即 MCU 把数据写入发送寄存器，然后等待发送完成，这会浪费大量的 CPU 时间。可以使用 DMA 来减轻 CPU 在这方面的负担。

DMA 对 USART 的支持情况如表 7-2 所示，由表可知，GD32F303 的 USART0、USART1、USART2 均支持 DMA。

表 7-2　DMA 对 USART 的支持情况

外设	通道 0	通道 1	通道 2	通道 3	通道 4	通道 5	通道 6
ADC0	ADC0	•	•	•	•	•	•
SPI/I2S	•	SPI0_RX	SPI0_TX	SPI1/I2S1_RX	SPI1/I2S1_TX	•	•
USART	•	USART2_TX	USART2_RX	USART0_TX	USART0_RX	USART1_RX	USART1_TX
I2C	•	•	•	I2C1_TX	I2C1_RX	I2C0_TX	I2C0_RX

注：• 代表不支持该功能。

本实例的代码清单如下。

```
#include "gd32f30x.h"
#include <stdio.h>
#include "gd32f303c_eval.h"

#define ARRAYNUM(arr_name)        (uint32_t)(sizeof(arr_name) / sizeof(*(arr_
                                  name)))
#define USART0_DATA_ADDRESS       ((uint32_t)&USART_DATA(USART0))

uint8_t rxbuffer[10];
uint8_t txbuffer[]="\n\rUSART DMA receive and transmit example,please input
10 bytes:\n\r";

/*!
    \简介          main 函数
    \参数 [ 输入 ]  无
    \参数 [ 输出 ]  无
    \返回值         无
*/
int main(void)
{
    dma_parameter_struct dma_init_struct;
    /* 使能 DMA0*/
    rcu_periph_clock_enable(RCU_DMA0);
    /* 初始化 USART*/
    gd_eval_com_init(EVAL_COM1);
```

```
    dma_deinit(DMA0,DMA_CH3);
    dma_struct_para_init(&dma_init_struct);
    dma_init_struct.direction=DMA_MEMORY_TO_PERIPHERAL;
    dma_init_struct.memory_addr=(uint32_t)txbuffer;
    dma_init_struct.memory_inc=DMA_MEMORY_INCREASE_ENABLE;
    dma_init_struct.memory_width=DMA_MEMORY_WIDTH_8BIT;
    dma_init_struct.number=ARRAYNUM(txbuffer);
    dma_init_struct.periph_addr=USART0_DATA_ADDRESS;
    dma_init_struct.periph_inc=DMA_PERIPH_INCREASE_DISABLE;
    dma_init_struct.periph_width=DMA_PERIPHERAL_WIDTH_8BIT;
    dma_init_struct.priority=DMA_PRIORITY_ULTRA_HIGH;
    dma_init(DMA0,DMA_CH3,&dma_init_struct);
    /* 配置 DMA 模式 */
    dma_circulation_disable(DMA0,DMA_CH3);
    /* 使能 DMA 通道 3*/
    dma_channel_enable(DMA0,DMA_CH3);

    /* 使能 USART DMA 发送和接收 */
    usart_dma_transmit_config(USART0,USART_DENT_ENABLE);
    usart_dma_receive_config(USART0,USART_DENR_ENABLE);

    /* 等待 DMA 通道传输完成 */
    while(RESET == dma_flag_get(DMA0,DMA_CH3,DMA_INTF_FTFIF));
    while(1){
        dma_deinit(DMA0,DMA_CH4);
        dma_struct_para_init(&dma_init_struct);
        dma_init_struct.direction=DMA_PERIPHERAL_TO_MEMORY;
        dma_init_struct.memory_addr=(uint32_t)rxbuffer;
        dma_init_struct.memory_inc=DMA_MEMORY_INCREASE_ENABLE;
        dma_init_struct.memory_width=DMA_MEMORY_WIDTH_8BIT;
        dma_init_struct.number=10;
        dma_init_struct.periph_addr=USART0_DATA_ADDRESS;
        dma_init_struct.periph_inc=DMA_PERIPH_INCREASE_DISABLE;
        dma_init_struct.periph_width=DMA_PERIPHERAL_WIDTH_8BIT;
        dma_init_struct.priority=DMA_PRIORITY_ULTRA_HIGH;
        dma_init(DMA0,DMA_CH4,&dma_init_struct);
        /* 配置 DMA 模式 */
        dma_circulation_disable(DMA0,DMA_CH4);
        /* 使能 DMA 通道 4*/
        dma_channel_enable(DMA0,DMA_CH4);

        /* 等待 DMA 通道传输完成 */
        while(RESET == dma_flag_get(DMA0,DMA_CH4,DMA_INTF_FTFIF));
        printf("\n\r%s\n\r",rxbuffer);
    }
}
```

从上述代码中可以看出，在 main 函数中，我们依次做了以下工作。

（1）使能 DMA0。

（2）初始化 USART0。

（3）初始化并使能 DMA0_CH3，并将其用于 USART0 的发送。

（4）使能 USART0 的 DMA 收发。

（5）等待 DMA 发送完成。

（6）在循环中初始化并使能 DMA0_CH4，并将其用于 USART0 的接收。

（7）等待接收完成 10 个字符。

（8）使用 printf 函数将数据输出到 USART0。

本实例的工程路径为：GD32F30x_Firmware_Library\Examples\USART\DMA_transmitter&-receiver。

在 MDK 中编译代码，然后使用 ISP 工具将代码下载到 BluePill 开发板，方法参考 5.1.3 节。

打开超级终端软件，按照图 5-7 所示来设置参数，设置完成单击图中所示“确定”按钮，然后在超级终端中选择菜单呼叫（C）→呼叫（C），单击 BluePill 开发板上的 NRST 按键复位 MCU，可以看到超级终端的输出字符，随意输入一些字符，当 MCU 收到 10 个字符以后会将字符打印到超级终端，具体如图 7-5 所示。

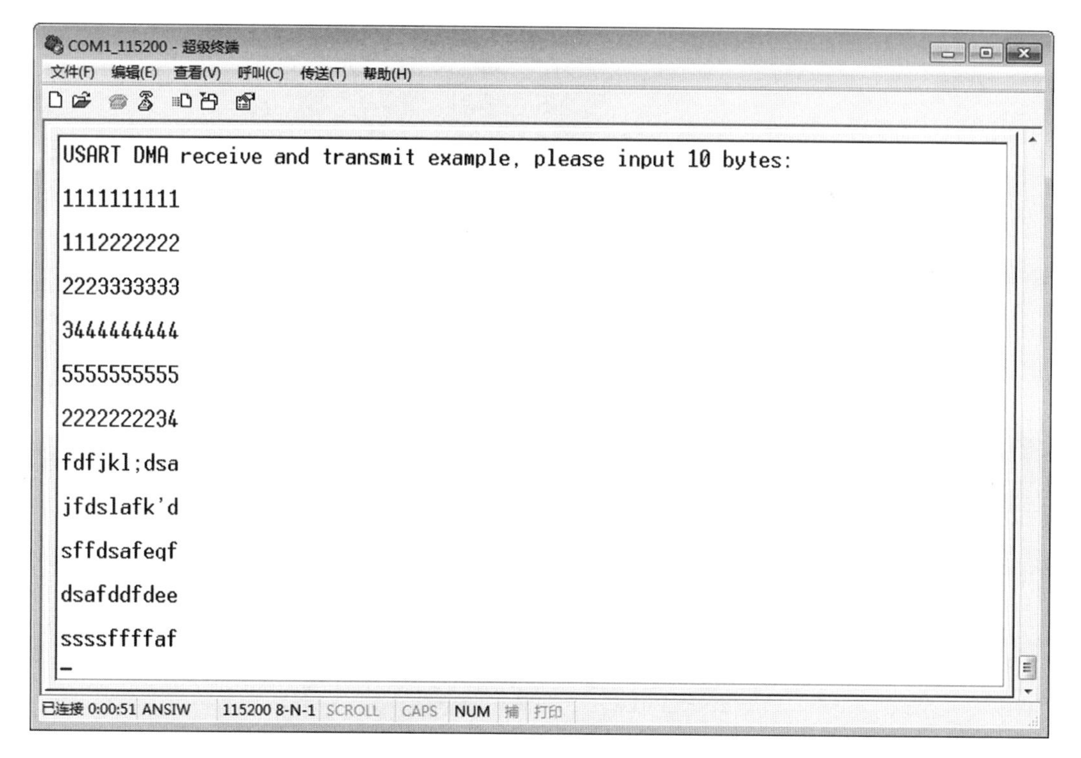

图 7-5　DMA 串口收发数据结果

7.1.7 实例：串口接收超时

使用 USART 接收数据的时候，为了提高效率，我们希望一次接收多个数据，使用 FIFO 或者 DMA 时需要设定接收多少个数据以后触发中断，这就带来一个问题：比如设置使用 DMA 接收 16 字节数据触发中断，由于收到数据是一个随机事件，可能在很长的一段时间内串口收不到数据，而且这个时间段的长短是不可控的。我们希望有一个超时机制，设置超过多长时间以后强制触发一次中断以检查是否收到数据。

GD32F303 的 USART 支持串口接收超时机制。超时的设置单位为波特率的位时间，比如在波特率为 115200bps 的场景下，115200 就表示超时时间为 1s。如果数据的最后一个字节接收完成，此时仍在设置的超时时间范围内，若没有检测到新的起始位，则 USART_-STAT1 寄存器中 RTF 标志会被置位，触发超时事件。

我们使用一个实例来介绍 GD32F303 的串口接收超时机制，相关代码清单如下。

```
#include "gd32f30x.h"
#include <stdio.h>
#include "gd32f303c_eval.h"

uint8_t rxbuffer[64];
uint8_t txbuffer[64];
__IO uint8_t txcount=0;
__IO uint16_t rxcount=0;

/*!
    \简介          main 函数
    \参数 [ 输入 ]  无
    \参数 [ 输出 ]  无
    \返回值         无
*/
int main(void)
{
    uint32_t i=0,j=0;

    gd_eval_com_init(EVAL_COM1);

    nvic_irq_enable(USART0_IRQn,0,1);

    printf("a usart receive timeout test example!\r\n");

    while(1){
        if(0 == rxcount){
            /* 使能 USART 接收中断 */
            usart_interrupt_enable(USART0,USART_INT_RBNE);
        }else{
            /* 使能 USART 接收超时并设置超时时间 */
            usart_receiver_timeout_enable(USART0);
            usart_receiver_timeout_threshold_config(USART0,115200*3);
```

```
            /* 等待 USART 接收超时 */
            while(RESET == usart_flag_get(USART0,USART_FLAG_RT)){}
            for(i=0;i<rxcount;i++){
                txbuffer[i]=rxbuffer[j++];
            }
            /* 禁止 USART 接收中断并且使能 USART 发送中断 */
            usart_interrupt_disable(USART0,USART_INT_RBNE);
            usart_interrupt_enable(USART0,USART_INT_TBE);

            while(txcount < rxcount);
            usart_flag_clear(USART0,USART_FLAG_RT);
            txcount=0;
            rxcount=0;
            i=0;
            j=0;
        }
    }
}

/*!
    \简介           处理 USART RBNE 中断请求和 TBE 中断请求
    \参数 [ 输入 ]   无
    \参数 [ 输出 ]   无
    \返回值          无
*/
void USART0_IRQHandler(void)
{
    if(RESET !=usart_interrupt_flag_get(USART0,USART_INT_FLAG_RBNE)){
        /* 接收数据 */
        rxbuffer[rxcount++]=usart_data_receive(USART0);
    }

    if(RESET !=usart_interrupt_flag_get(USART0,USART_INT_FLAG_TBE)){
        /* 发送数据 */
        usart_data_transmit(USART0,txbuffer[txcount++]);
        if(txcount >=rxcount)
        {
            usart_interrupt_disable(USART0,USART_INT_TBE);
        }
    }
}
```

在上述 main 函数中，我们依次做了以下工作。

（1）初始化 USART0 并使能 USART0 中断。

（2）打印提示字符串。

（3）使能 USART0 的 RBNE 中断，USART0 开始接收数据。

（4）使能 USART0 的超时中断，并设置超时中断为 3s。

（5）等待超时标志置位。

（6）超时标志置位以后通过中断方式将收到的数据发送出去。

USART0_IRQHandler 为 USART0 的中断服务程序 ISR，在这个 ISR 中主要处理 RBNE 和 TBE 两种中断。如果检测到 USART0 的 RBNE，就读取数据并将其放到接收缓冲区 rxbuffer 中；如果检测到 TBE，就将发送到缓冲区中的数据写入发送寄存器，直到发送完毕关闭 TBE 中断。

本实例的工程路径为：GD32F30x_Firmware_Library\Examples\USART\Receiver_timeout。

在 MDK 中编译代码，然后使用 ISP 工具将代码下载到 BluePill 开发板，方法参考 5.1.3 节。

打开超级终端软件，按照图 5-7 所示来设置参数，设置完成单击图中所示“确定”按钮，然后在超级终端中选择菜单呼叫（C）→呼叫（C），单击 BluePill 开发板上的 NRST 按键复位 MCU，可以看到超级终端的输出字符，随意输入一些字符，然后等待 3s，MCU 超时以后会将收到的字符打印到超级终端，具体如图 7-6 所示。

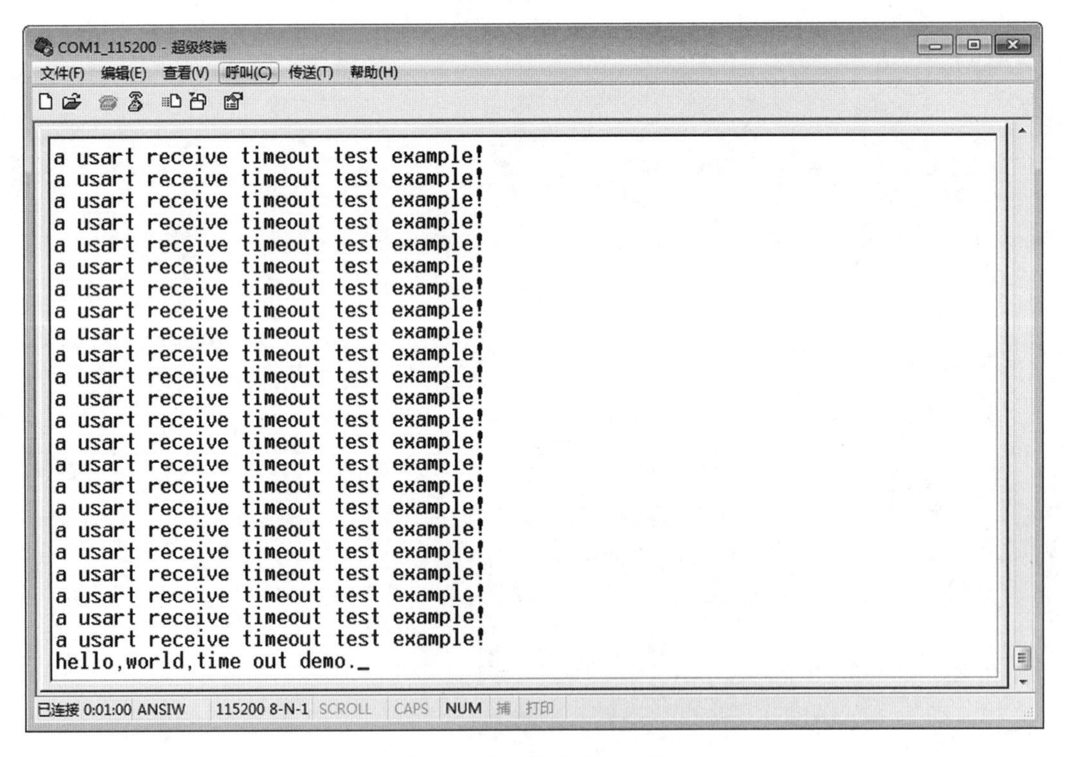

图 7-6 串口接收超时实例

7.1.8　实例：以中断方式进行串口收发

本节演示使用中断方式收发数据。实际项目中接收采用中断方式的比较多，发送多采用查询方式。本节演示以中断方式进行收发，相关代码清单如下。

```
#include "gd32f30x.h"
#include <stdio.h>
#include "gd32f303c_eval.h"

#define ARRAYNUM(arr_nanme)  (uint32_t)(sizeof(arr_nanme) / sizeof(*(arr_nanme)))
#define TRANSMIT_SIZE        (ARRAYNUM(txbuffer) - 1)

uint8_t txbuffer[]="\n\rUSART interrupt test\n\r";
uint8_t rxbuffer[32];
uint8_t tx_size=TRANSMIT_SIZE;
uint8_t rx_size=32;
__IO uint8_t txcount=0;
__IO uint16_t rxcount=0;

/*!
    \简介          main 函数
    \参数 [ 输入 ]  无
    \参数 [ 输出 ]  无
    \返回值         无
*/
int main(void)
{
    /* 配置 USART 中断 */
    nvic_irq_enable(USART0_IRQn,0,0);
    /* 配置 COM1*/
    gd_eval_com_init(EVAL_COM1);
    /* 使能 USART TBE 中断 */
    usart_interrupt_enable(USART0,USART_INT_TBE);

    /* 等待 USART 发送完成 */
    while(txcount < tx_size);

    while(RESET == usart_flag_get(USART0,USART_FLAG_TC));

    usart_interrupt_enable(USART0,USART_INT_RBNE);

    /* 等待 USART 接收完成 */
    while(rxcount < rx_size);
    if(rxcount == rx_size)
        printf("\n\rUSART receive successfully!\n\r");
    while (1);
}

void USART0_IRQHandler(void)
```

```
{
    if(RESET !=usart_interrupt_flag_get(USART0,USART_INT_FLAG_RBNE)){
        /* 接收数据 */
        rxbuffer[rxcount++]=usart_data_receive(USART0);
        if(rxcount == rx_size){
            usart_interrupt_disable(USART0,USART_INT_RBNE);
        }
    }
    if(RESET !=usart_interrupt_flag_get(USART0,USART_INT_FLAG_TBE)){
        /* 发送数据 */
        usart_data_transmit(USART0,txbuffer[txcount++]);
        if(txcount == tx_size){
            usart_interrupt_disable(USART0,USART_INT_TBE);
        }
    }
}
```

首先我们来了解 USART0 的中断服务程序。USART0_IRQHandler 为 USART0 的中断服务程序 ISR，在这个 ISR 中主要处理 RBNE 和 TBE 两种中断。如果检测到 USART0 的 RBNE，就读取数据并将其放到接收缓冲区 rxbuffer 中，接收完毕关闭 RBNE 中断；如果检测到 TBE，就将发送缓冲区中的数据写入发送寄存器，直到发送完毕关闭 TBE 中断。

在 main 函数中，首先使能 USART0_IRQn，然后初始化 USART0，使能 TBE 中断。由于刚刚初始化完 USART0，所以发送寄存器本身就是空的，这会马上触发 TBE 中断。在 USART0_IRQHandler 中处理 TBE 中断，将发送缓冲区 txbuffer 中的数据发送出去，在发送完毕之前，USART0_IRQHandler 返回以后会继续触发 TBE 中断，继续响应中断发送数据，直到 txcount == tx_size 时，发送完成。此时我们可以在图 7-7 所示界面中看到“USART interrupt test”字符串。

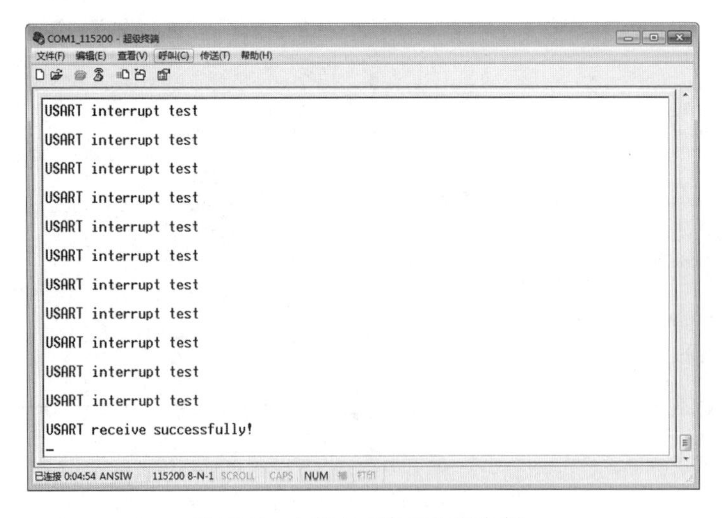

图 7-7 中断方式串口收发实例

在 main 函数中继续等待发送完成标志 TC，发送完成以后使能 RBNE 中断，然后等待 USART0_IRQHandler 接收最大 32 字节数据。此时我们需要在图 7-7 所示超级终端中输入一些字符，字符数据超过 32 字节以后，GD32F303 打印“ USART receive successfully!”字符串。接收工作同样是在 USART0_IRQHandler 中完成的。

本实例的工程路径为：GD32F30x_Firmware_Library\Examples\USART\Transmitter&-receiver_interrupt。

在 MDK 中编译通过代码，然后使用 ISP 工具将代码下载到 BluePill 开发板，方法参考 5.1.3 节。

7.1.9 实例：串口的同步模式

USART 支持主机模式下的全双工同步串行通信，相比异步串口通信下只有 TXD 和 RXD 引脚，这种通信方式增加了一个时钟输出引脚 CK，即它总共有 3 个用来通信的引脚：时钟输出，数据输出，数据输入。这其实就是 SPI 接口。采用 8 位格式时 USART 同步通信波形如图 7-8 所示。USART 同步通信和 SPI 一样也有时钟极性 CPOL 和时钟相位 CPHA 两个参数。GD32F303 提供了 3 个 SPI 接口，如果还是不够用，可以使用 3 个 USART 的同步模式来客串一下 SPI 接口，故 GD32F303 最大可以提供 6 个 SPI 主机接口。

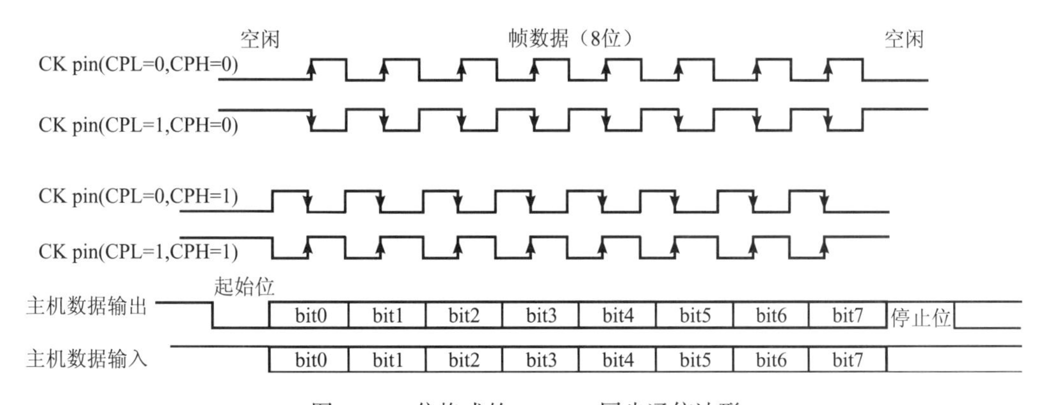

图 7-8　8 位格式的 USART 同步通信波形

下面介绍同步串口 USART1 和 SPI0 的通信实例，USART0 用来输出调试信息。相关代码清单如下。

```
#include "gd32f30x.h"
#include "gd32f303c_eval.h"
#include <stdio.h>

#define txbuffer_size1    (countof(txbuffer1) - 1)
#define txbuffer_size2    (countof(txbuffer2) - 1)
```

```
#define DYMMY_BYTE          0x00
#define countof(a)          (sizeof(a) / sizeof(*(a)))

uint8_t txbuffer1[]="USART synchronous example:USART1 -> SPI0 using TXE and
RXNE Flags\r\n";
uint8_t txbuffer2[]="USART synchronous example:SPI0 -> USART1 using TXE and
RXNE Flags\r\n";
uint8_t rxbuffer1[txbuffer_size2];
uint8_t rxbuffer2[txbuffer_size1];
__IO uint8_t data_read1=txbuffer_size2;
__IO uint8_t data_read2=txbuffer_size1;
__IO uint8_t tx_counter1=0,rx_counter1=0;
__IO uint8_t tx_counter2=0,rx_counter2=0;
ErrStatus state1=ERROR;
ErrStatus state2=ERROR;

/*!
    \简介          配置 USART
    \参数[输入]    无
    \参数[输出]    无
    \返回值        无
*/
void usart_config(void)
{
    rcu_periph_clock_enable(RCU_GPIOA);
    rcu_periph_clock_enable(RCU_USART0);
    rcu_periph_clock_enable(RCU_USART1);
    rcu_periph_clock_enable(RCU_AF);
    gpio_init(GPIOA,GPIO_MODE_AF_PP,
        GPIO_OSPEED_50MHZ,GPIO_PIN_2 | GPIO_PIN_4 | GPIO_PIN_9);
    gpio_init(GPIOA,GPIO_MODE_IN_FLOATING,GPIO_OSPEED_50MHZ,GPIO_PIN_3);

    /* 配置 USART 同步模式 */
    usart_synchronous_clock_enable(USART1);
    usart_synchronous_clock_config(USART1,
        USART_CLEN_EN,USART_CPH_2CK,USART_CPL_HIGH);

    usart_baudrate_set(USART0,115200);
    usart_baudrate_set(USART1,115200);
    /* 配置 USART 发送 */
    usart_transmit_config(USART0,USART_TRANSMIT_ENABLE);
    usart_transmit_config(USART1,USART_TRANSMIT_ENABLE);
    /* 配置 USART 接收 */
    usart_receive_config(USART1,USART_RECEIVE_ENABLE);
    /* 使能 USART*/
    usart_enable(USART0);
    usart_enable(USART1);
}

/*!
```

```
    \简介           配置 SPI
    \参数[输入]    无
    \参数[输出]    无
    \返回值         无
*/
void spi_config(void)
{
    spi_parameter_struct spi_init_parameter;
    rcu_periph_clock_enable(RCU_GPIOA);
    rcu_periph_clock_enable(RCU_SPI0);
    rcu_periph_clock_enable(RCU_AF);

    spi_i2s_deinit(SPI0);

    gpio_init(GPIOA,GPIO_MODE_AF_PP,GPIO_OSPEED_10MHZ,GPIO_PIN_5 | GPIO_
    PIN_6);
    gpio_init(GPIOA,GPIO_MODE_IN_FLOATING,GPIO_OSPEED_10MHZ,GPIO_PIN_7);
    /* 配置 SPI0*/
    spi_init_parameter.device_mode=SPI_SLAVE;
    spi_init_parameter.trans_mode=SPI_TRANSMODE_FULLDUPLEX;
    spi_init_parameter.frame_size=SPI_FRAMESIZE_8BIT;
    spi_init_parameter.nss=SPI_NSS_SOFT;
    spi_init_parameter.endian=SPI_ENDIAN_LSB;
    spi_init_parameter.clock_polarity_phase=SPI_CK_PL_HIGH_PH_2EDGE;
    spi_init_parameter.prescale=SPI_PSC_32;
    spi_init(SPI0,&spi_init_parameter);

    /* 使能 SPI0*/
    spi_enable(SPI0);
}

/*!
    \简介           记忆比较函数
    \参数[输入]    src:源数据
    \参数[输入]    dst:目的地数据
    \参数[输入]    length:比较数据长度
    \参数[输出]    无
    \返回值         ErrStatus:报错或成功
*/
ErrStatus memory_compare(uint8_t* src,uint8_t* dst,uint16_t length)
{
    while(length--){
        if(*src++ != *dst++){
            return ERROR;
        }
    }
    return SUCCESS;
}

/*!
```

```
    \简介          main 函数
    \参数[输入]   无
    \参数[输出]   无
    \返回值        无
*/
int main(void)
{
    /* 配置 USART*/
    usart_config();

    /* 配置 SPI*/
    spi_config();

    printf("%s",txbuffer1);
    while(data_read2--){
        while(RESET == usart_flag_get(USART1,USART_FLAG_TBE)){
        }
        /* 通过 USART1 发送 1 字节数据 */
        usart_data_transmit(USART1,txbuffer1[tx_counter1++]);
        /* 等待发送完成 */
        while(RESET == usart_flag_get(USART1,USART_FLAG_TC)){
        }
        /* 等待发送的数据被 SPI0 收到 */
        while(RESET == spi_i2s_flag_get(SPI0,SPI_FLAG_RBNE)){
        }
        /* 将收到的数据保存到 rxbuffer2*/
        rxbuffer2[rx_counter2++]=spi_i2s_data_receive(SPI0);
    }

    printf("%s",txbuffer2);
    /* 清理 USART1 数据寄存器 */
    usart_data_receive(USART1);

    while(data_read1--){
        /* 等待发送完成 */
        while(RESET == spi_i2s_flag_get(SPI0,SPI_FLAG_TBE)){
        }
        /* 通过 SPI0 发送 1 字节数据 */
        spi_i2s_data_transmit(SPI0,txbuffer2[tx_counter2++]);

        /* 发送 1 字节冗余数据给从机提供时钟 */
        usart_data_transmit(USART1,DYMMY_BYTE);
        /* 等待发送完成 */
        while(RESET == usart_flag_get(USART1,USART_FLAG_TC)){
        }
        /* 等待 USART1 收到数据 */
        while(RESET == usart_flag_get(USART1,USART_FLAG_RBNE)){
        }
        /* 将收到的数据保存到 rxbuffer1*/
        rxbuffer1[rx_counter1++]=usart_data_receive(USART1);
```

```
    }

    /* 检查收到的数据和发送的数据是否相同 */
    state1=memory_compare(txbuffer1,rxbuffer2,txbuffer_size1);
    state2=memory_compare(txbuffer2,rxbuffer1,txbuffer_size2);

    if(SUCCESS == state1){
        /* 如果USART1发送的数据与SPI0接收的数据相同 */
        printf("data transmitted from USART1 and received by SPI0 are the
        same\r\n");
    }else{
        /* 如果USART1发送的数据与SPI0接收的数据不同 */
        printf("data transmitted from USART1 and received by SPI0 are not
        the same\r\n");
    }
    if(SUCCESS == state2){
        /* 如果SPI0发送的数据与USART1接收的数据相同 */
        printf("data transmitted from SPI0 and received by USART1 are the
        same\r\n");
    }else{
        /* 如果SPI0发送的数据与USART1接收的数据不同 */
        printf("data transmitted from SPI0 and received by USART1 are not
        the same\r\n");
    }

    while(1){
    }
}

int fputc(int ch,FILE *f)
{
    usart_data_transmit(USART0,(uint8_t)ch);
    while(RESET == usart_flag_get(USART0,USART_FLAG_TBE));
    return ch;
}
```

以上代码中，usart_config函数初始化了USART0和USART1两个接口。其中，USART1工作在全双工同步模式下，使用PA2、PA3、PA4这3个引脚。UASRT0工作在异步模式下，波特率为115200，只使用了PA9引脚，用来输出调试信息到超级终端。

spi_config函数将SPI0接口初始化为SPI从机，使用的是PA5、PA6、PA7这3个引脚。

在main函数中完成初始化以后，先将数据从USART1发送到SPI0，然后将数据从SPI0发送到USART1，最后对比数据，检查是否发送成功。

本实例的工程路径为：GD32F30x_Firmware_Library\Examples\USART\Synchronous。

本实例在BluePill开发板上运行，不使用BluePillExt母板，使用杜邦线按照以下接线顺序连接USART1和SPI0。

- 将SPI0 SCK(PA5)连接至USART1_CK(PA4)。

❑ 将 SPI0 MISO(PA6) 连接至 USART1_RX(PA3)。

❑ 将 SPI0 MOSI(PA7) 连接至 USART1_TX(PA2)。

使用 USBTTL 串口连接 PA9 和 PA10，在超级终端中观察程序输入，每按一下复位按键程序就运行一次，运行结果如图 7-9 所示。

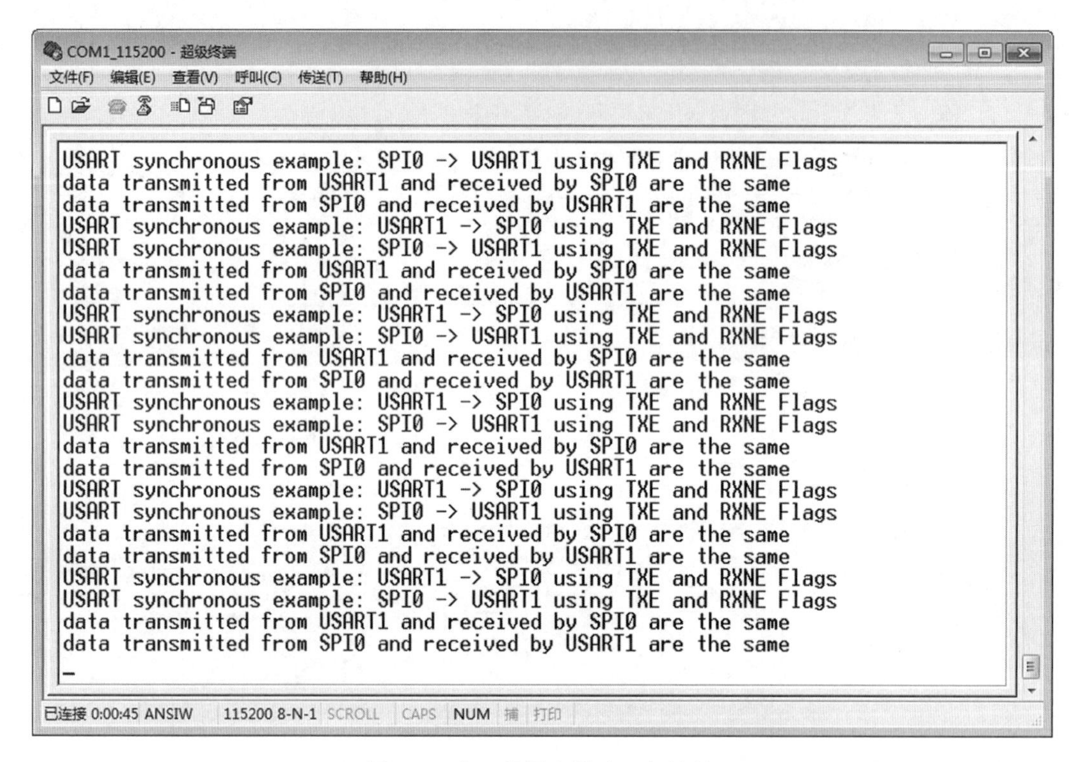

图 7-9 串口的同步模式运行结果

7.1.10 使用串口实现一个命令解释器

我们实现了 printf 函数以后，可以在代码中打印调试信息，通过超级终端来接收并显示调试信息，这大大方便了调试过程。然而很多时候我们还希望能够输入一些参数，就像在 Windows 中使用命令提示符或者 Linux 中使用 shell 中那样。GD32 的 USART 为全双工通信接口，完全可以实现这个功能。本节中我们会实现一个精简的命令行框架，用来解析用户输入的命令并做出响应。

为了存储命令，我们定义了一个结构体 syscall_item，这个结构体包括如下 3 个成员。

❑ name：命令的名字。

❑ desc：命令的帮助信息。

❑ func：命令要执行的函数。

使用一个结构体 syscall_item 的数组来存储命令，每个命令对应数组中的一个元素。希望新增加命令，只需要增加一个数组元素。

相关实现代码如下。

```
#include "gd32f30x.h"
#include "gd32f303c_eval.h"
#include <stdio.h>
#include <ctype.h>
#include <string.h>

#define TX_LEN     128
#define RX_LEN     128
#define CMD_LEN    128

volatile uint8_t isCmdOk=0;
char txBuf[TX_LEN],rxBuf[RX_LEN],cmdBuf[CMD_LEN];
uint16_t txPtr=0,rxPtr=0,cmdPtr=0;

struct syscall_item {
    const char *name;             /* 系统调用的名称 */
    const char *desc;             /* 系统调用说明 */
    void (*func)(void);           /* 系统调用的函数地址 */
};

char *syscall_cmd=NULL;
char *syscall_param1=NULL;
char *syscall_param2=NULL;

extern const struct syscall_item syscall_table[];
extern const uint8_t syscall_num;

void usart_recv_char(char dat)
{
    txPtr=0;
    if(isprint(dat)){
        txBuf[txPtr++]=dat;
        if(cmdPtr < CMD_LEN)
            cmdBuf[cmdPtr++]=tolower(dat);
    } else if(0x08 == dat) {
        /* 退格 */
        txBuf[txPtr++]=0x08;
        txBuf[txPtr++]=0x20;
        txBuf[txPtr++]=0x08;
        if(cmdPtr > 0)
            cmdPtr--;
    } else if(0x0D == dat) {
        /* 回车 */
        txBuf[txPtr++]=0x0D;
```

```
            txBuf[txPtr++]=0x0A;
            if(cmdPtr < CMD_LEN) {
                cmdBuf[cmdPtr++]=0x00;
                cmdPtr=0;
                isCmdOk=1;
            } else {
                cmdBuf[CMD_LEN-1]=0x00;
                cmdPtr=0;
            }
        } else {
            /*忽略其他字符*/
        }
}

void tskSyscall(void)
{
    uint8_t i=0;
    if(isCmdOk){
        syscall_cmd=strtok(cmdBuf," ");
        if(syscall_cmd){
            syscall_param1=strtok(NULL," ");
            if(syscall_param1)
                syscall_param2=strtok(NULL," ");
        }
        for(i=0;i<syscall_num;i++)
            if(strstr(syscall_cmd,syscall_table[i].name))
                break;
        if(i<syscall_num && syscall_table[i].func)
            (*syscall_table[i].func)();
        syscall_cmd=NULL;
        syscall_param1=NULL;
        syscall_param2=NULL;
        isCmdOk=0;
    }
}

void syscall_test(void)
{
    if(syscall_cmd){
        printf("cmd:%s\r\n",syscall_cmd);
        if(syscall_param1){
            printf("param1:%s\r\n",syscall_param1);
            if(syscall_param2)
                printf("param2:%s\r\n",syscall_param2);
        }
    }
}

void syscall_help(void)
{
```

```
    uint8_t i=0;
    for(i=0;i<syscall_num;i++)
        if(syscall_table[i].func)
            printf(" %s -> %s",syscall_table[i].name,syscall_table[i].desc);
}

void syscall_version(void)
{
    printf(" Hello GD32,this is a simple command line demo.\r\n");
}

int main(void)
{
    gd_eval_com_init(EVAL_COM1);
    usart_interrupt_enable(USART0,USART_INT_RBNE);
    nvic_irq_enable(USART0_IRQn,0,0);
    syscall_version();
    while(1){
        tskSyscall();
    }
}

void USART0_IRQHandler(void)
{
    volatile uint16_t i=0;
    if(RESET !=usart_interrupt_flag_get(USART0,USART_INT_FLAG_RBNE)){
        i=usart_data_receive(USART0);
        usart_recv_char(i);
        for(i=0;i<txPtr;i++){
            usart_data_transmit(USART0,txBuf[i]);
            while(RESET == usart_flag_get(USART0,USART_FLAG_TBE));
        }
    }
}

int fputc(int ch,FILE *f)
{
    usart_data_transmit(USART0,(uint8_t)ch);
    while(RESET == usart_flag_get(USART0,USART_FLAG_TBE));
    return ch;
}

const struct syscall_item syscall_table[]={
    {"test",      "test command.\r\n",syscall_test},
    {"help",      "help Info.\r\n",syscall_help},
    {"version",   "display version Info.\r\n",syscall_version},
};
const uint8_t syscall_num=sizeof(syscall_table)/sizeof(syscall_table[0]);
```

在 main 函数中，我们初始化完 USART0 后，使能 USART0 的 RBNE 中断就可在一个无限循环中执行 tskSyscall 函数了。

tskSyscall 函数会检查命令行就绪标志 isCmdOk，如果命令行就绪，就检查命令行并使用 strtok 函数对用户输入的命令行进行切分，最多切分成 3 个部分——syscall_cmd、syscall_param1、syscall_param2。然后检查命令 syscall_cmd 是否存在于事先定义的命令数组 syscall_table 中，如果存在就执行命令对应的函数。

用户输入命令的接收工作在 USART0 的中断服务程序 USART0_IRQHandler 中进行，ISR 检查 RBNE 标志，如果该标志位被置位，则读取接收到的字符并进一步调用 usart_-recv_char 函数进行处理。

usart_recv_char 函数对收到的字符进行处理，如果检查到字符为可打印字符，就存储到命令行缓冲区 cmdBuf 中，并填充回显缓冲区 txBuf。大部分可见字符都是不做处理并直接放到 txBuf 中的，对于几个控制字符要进行特殊处理，主要是退格和回车字符：退格字符会删除一个 cmdBuf 的字符，回车标志着用户一行命令输入完成，此时要置位 isCmdOk 标志位，tskSyscall 函数会处理这一条命令。

目前我们实现了 3 条命令：version、help、test。

- version 命令用于打印一些版本信息。
- help 命令用于将命令表格中所有的帮助信息打印出来。
- test 命令用于演示命令行参数的使用，目前最大支持两个参数。

本实例的工程路径为：GD32F30x_Firmware_Library\Examples\USART\CommandLine。

在 MDK 中编译代码，然后使用 ISP 工具将代码下载到 BluePill 开发板，方法参考 5.1.3 节。

打开超级终端软件，按照图 5-7 所示来设置参数，设置完成单击图中所示“确定”按钮，然后在超级终端中选择菜单呼叫（C）→呼叫（C），超级中断左下角的状态栏会显示“已连接”，接着依次输入以下命令：version → help → test → test p1 → test p1 p2。

命令响应情况如图 7-10 所示。

为了避免在串口通信过程中出现无法连接的情况，通常我们会先做一个自发自收实验，步骤如下：将 USBTTL 的 TX 和 RX 短接，然后在 PC 上使用串口助手随便发送一些数据，此时应该可以收到发送的数据，具体参考图 7-11。自发自收实验可以保证从 PC 到 USBTTL 串口的全部工作正常。

连线交叉问题也会导致出现无法连接的情况，即 USBTTL 的发送引脚 TX 连接了芯片的发送引脚 TX，这样是无法通信的。正确的做法应该是发送方的 TX 连接接收方的 RX。通常 PCB 板卡的 TTL 接口都会有 TX、RX 这样的引脚描述符，这些描述符针对的是板卡本身，即 TX 代表板卡本身的发送，RX 代表板卡本身的接收。

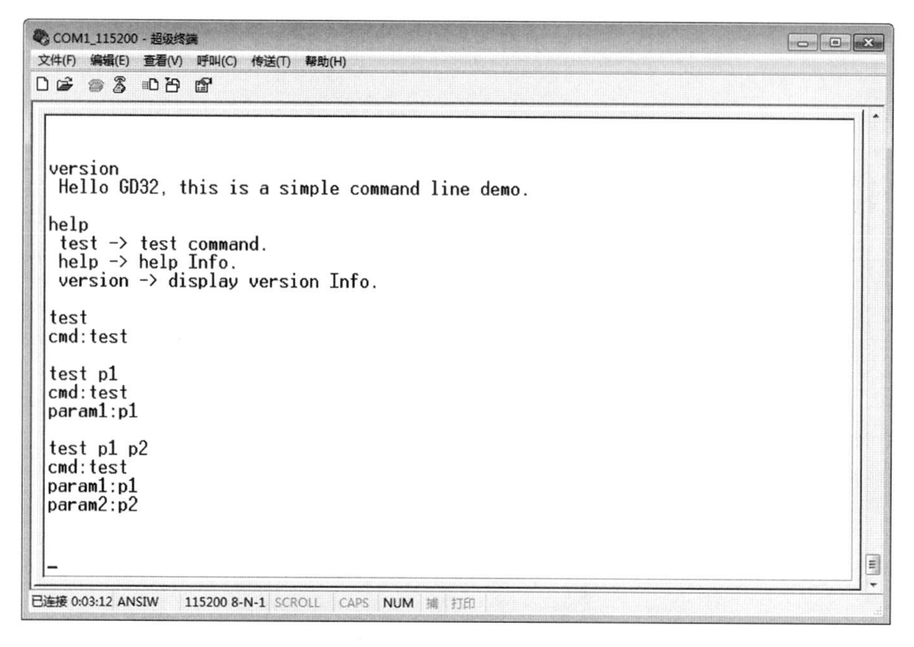

图 7-10　USART 命令解释器输出

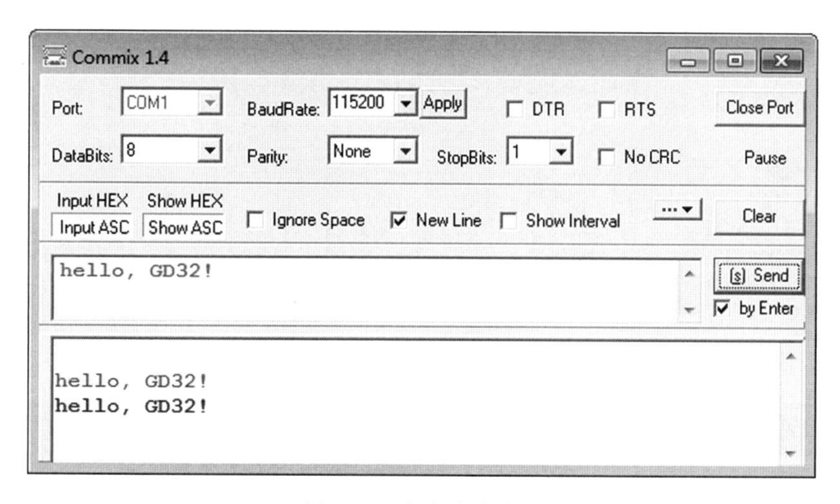

图 7-11　自发自收实验

如果在通信过程中遇到乱码，可以按照以下方法进行排查。

- 检查波特率设置是否正确，大部分的乱码都是因为波特率设置错误。
- 检查晶振。异步串口要求发送信号的波特率误差不超过 ±0.2%，接收信号误差不超过 ±2%，通常 GD32 这类芯片内置的 HSI 也可以满足要求。如果焊接的外部 HSE 晶振频率与设计不同，也可能导致波特率异常。

- 示波器或者逻辑分析仪可用于检查 TXD 和 RXD 引脚信号，这是终极大招，麻烦但是有效。

7.2 内部集成电路总线接口

内部集成电路总线接口（I2C）是一种中低速串行总线，总线上可以连接多个主机和若干从机。它是由 Philips（飞利浦，现为 NXP，即恩智浦）公司开发的，在硬件上只需要 2 个引脚——串行时钟 SCL 和串行数据 SDA，故它只需要使用极少的连接线和 PCB 面积。在软件上，它可以使用同一个 I2C 驱动库来实现不同器件的驱动，从而减少了软件的开发时间。同时它具备极低的系统功耗和完善的应答机制，这大大增强了它的通信可靠性。本节主要介绍 GD32 MCU I2C 模块基本原理、固件库 API 接口以及相关应用实例。

7.2.1 I2C 接口简介

图 7-12 所示是一个典型的 I2C 总线，由 1 个 MCU 作为 I2C 主机和 3 个设备作为 I2C 从机，硬件上只需要 2 条线——SDA 和 SCL，2 个上拉电阻将 SDA 和 SCL 上拉到电源电压 VDD。注意，I2C 总线本身支持仲裁，支持多主机，实际应用中多采用一主多从的架构。

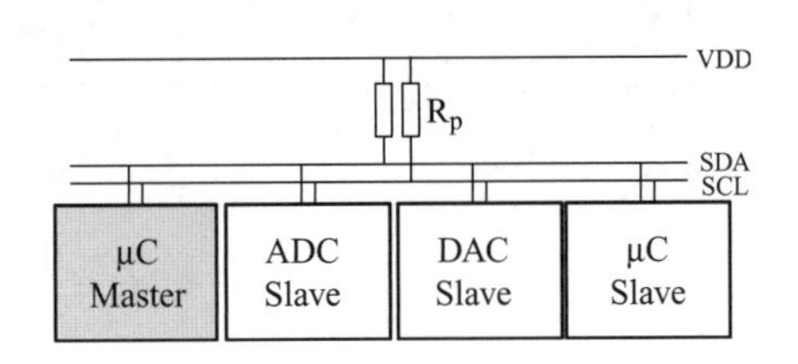

图 7-12 一个典型的 I2C 总线

I2C 总线有 4 种状态：空闲、启动、忙碌、停止。SDA 和 SCL 都是双向线，要求开漏输出，总线空闲时由上拉电阻拉至高电平。所有的数据传输起始于一个启动（S），结束于一个停止（P），在这两者之间的总线被认为是忙碌的，启动（S）和停止（P）的定义如图 7-13 所示。

- SCL 高电平时，SDA 从高电平向低电平转换，这一过程被定义为启动（S）。
- SCL 高电平时，SDA 从低电平向高电平转换，这一过程被定义为停止（P）。

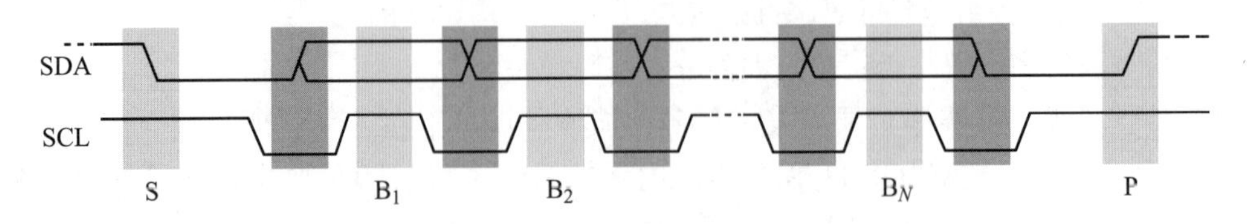

图 7-13 I2C 总线时序

在 SCL 高电平期间，SDA 上的数据必须保持稳定，如图 7-14 所示的 $B_1 \sim B_N$；只有在 SCL 低电平时 SDA 的电平状态才能变化，每传输一个数据位需要一个 SCL 脉冲。

在多主机 I2C 系统下，还需要额外的时钟同步和仲裁，以决定哪个主机获取总线的控制权。实际工程中大多数都是单主机系统，关于时钟同步和仲裁的内容请参考相关文档，本书不做具体介绍。在简单的单主机应用中，主机也可以使用 GPIO 来模拟 I2C 时序，这样就可不受硬件 I2C 数量限制了，引脚设置也更加灵活。

I2C 接口具备多种速率模式，不同的器件可能支持不同的速率，常见速率如下：

- 标准模式（Standard）：100kbps。
- 快速模式（Fast）：400kbps。
- 快速 + 模式（Fast-Plus）：1Mbps。
- 高速模式（High-speed）：3.4Mbps。
- 超快模式（Ultra-Fast）：5Mbps（单向传输）。

7.2.2　GD32 I2C 的主要功能

GD32F303 内部集成了两个 I2C 接口，实现了 I2C 协议的标速模式、快速模式以及快速 + 模式，具备 CRC 计算和校验功能，支持 SMBus（系统管理总线）和 PMBus（电源管理总线），此外还支持多主机 I2C 总线架构。I2C 接口模块也支持 DMA 模式，这种模式可有效减轻 CPU 的负担。

图 7-14 是 GD32F303 的 I2C 模块框图。

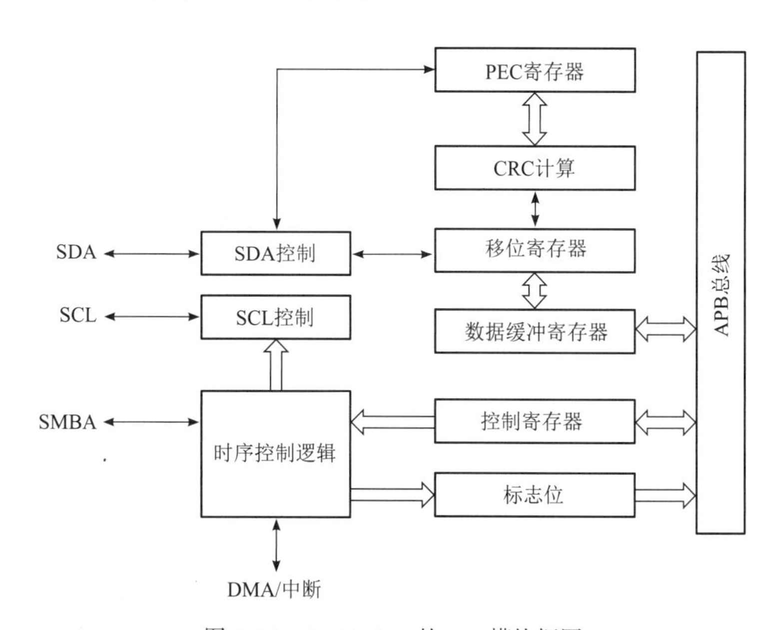

图 7-14　GD32F303 的 I2C 模块框图

GD32F303 的 I2C 模块主要特征如下：

- 支持并行总线至 I2C 总线协议的转换及接口。
- 同一接口既可实现主机功能又可实现从机功能。
- 可实现主从机之间的双向数据传输。
- 支持 7 位和 10 位的地址模式和广播寻址。
- 支持 I2C 多主机模式。
- 支持标速（最高 100kbps）、快速（最高 400kbps）和快速 + 模式（最高 1Mbps）。
- 在从机模式下可配置 SCL 主动拉低。
- 支持 DMA 模式。
- 兼容 SMBus 2.0 和 PMBus。
- 支持字节成功发送中断和错误事件中断。
- 支持可选择的 PEC（报文错误校验）生成和校验。

7.2.3 I2C 接口的主要 API

GD32 固件库中 I2C 与相关的 API 定义在 gd32f30x_i2c.h 和 gd32f30x_i2c.c 两个文件中，前者为头文件，包含寄存器地址、常量的定义、API 函数声明，后者为 API 的具体实现。API 的命名采用下划线命名法，大多数 API 的第一个参数为 i2c_periph，表示操作的 I2C 外设，数量由具体芯片支持的 I2C 外设数量决定。GD32F303 支持的取值有 I2C0、I2C1。常用的 API 函数的简单介绍如表 7-3 所示。

表 7-3 GD32 固件库 I2C 模块常用函数

常用 API 函数原型	说 明
void i2c_deinit(uint32_t i2c_periph);	复位 I2C 外设
void i2c_clock_config(uint32_t i2c_periph, uint32_t clkspeed, uint32_t dutycyc);	设置 I2C 时钟，包括频率和占空比
void i2c_mode_addr_config(uint32_t i2c_periph, uint32_t mode, uint32_t addformat, uint32_t addr);	设置 I2C 模式和地址
void i2c_ack_config(uint32_t i2c_periph, uint32_t ack);	设置 I2C 是否发送 ACK
void i2c_ackpos_config(uint32_t i2c_periph, uint32_t pos);	设置 ACK 发送时机
void i2c_master_addressing(uint32_t i2c_periph, uint32_t addr, uint32_t trandirection);	I2C 主机发送地址
void i2c_dualaddr_enable(uint32_t i2c_periph, uint32_t dualaddr); void i2c_dualaddr_disable(uint32_t i2c_periph);	使能和禁止双地址模式

（续）

常用 API 函数原型	说　明
void i2c_enable(uint32_t i2c_periph); void i2c_disable(uint32_t i2c_periph);	使能和禁止 I2C 外设
void i2c_start_on_bus(uint32_t i2c_periph); void i2c_stop_on_bus(uint32_t i2c_periph);	在 I2C 总线上发送 START 和 STOP
void i2c_data_transmit(uint32_t i2c_periph, uint8_t data); uint8_t i2c_data_receive(uint32_t i2c_periph);	发送和接收 I2C 数据
void i2c_dma_enable(uint32_t i2c_periph, uint32_t dmastate);	使能 I2C 的 DMA 模式
void i2c_dma_last_transfer_config(uint32_t i2c_periph, uint32_t dmalast);	设置下次 DMA 传输是否是最后一次
void i2c_stretch_scl_low_config(uint32_t i2c_periph, uint32_t stretchpara);	设置 SCL 拉低
void i2c_slave_response_to_gcall_config(uint32_t i2c_periph, uint32_t gcallpara);	使能和禁止广播呼叫
void i2c_software_reset_config(uint32_t i2c_periph, uint32_t sreset);	设置 I2C 软件复位
void i2c_pec_enable(uint32_t i2c_periph, uint32_t pecstate);	使能和禁止 PEC
void i2c_pec_transfer_enable(uint32_t i2c_periph, uint32_t pecpara);	使能和禁止 PEC 计算
uint8_t i2c_pec_value_get(uint32_t i2c_periph);	读取 PEC 值
void i2c_smbus_issue_alert(uint32_t i2c_periph, uint32_t smbuspara);	设置是否通过 SMBA 发送警告
void i2c_smbus_arp_enable(uint32_t i2c_periph, uint32_t arpstate);	设置 ARP 开启或关闭
FlagStatus i2c_flag_get(uint32_t i2c_periph, i2c_flag_enum flag); void i2c_flag_clear(uint32_t i2c_periph, i2c_flag_enum flag);	读取和清除 I2C 标志
void i2c_interrupt_enable(uint32_t i2c_periph, i2c_interrupt_enum interrupt); void i2c_interrupt_disable(uint32_t i2c_periph, i2c_interrupt_enum interrupt);	使能和禁止 I2C 中断
FlagStatus i2c_interrupt_flag_get(uint32_t i2c_periph, i2c_interrupt_flag_enum int_flag); void i2c_interrupt_flag_clear(uint32_t i2c_periph, i2c_interrupt_flag_enum int_flag);	读取和清除 I2C 中断标志

7.2.4 实例：I2C 主从通信

本实例使用 GD32F303 的两个 I2C 接口进行主从通信测试。I2C0 发送数据，I2C1 接收数据，收发完成后通过软件对比收发数据是否相同，然后打印调试信息。I2C1 使用 PB10 和 PB11 两个引脚；I2C0 使用 PB6 和 PB7 两个引脚。由于在 BluePillExt 开发板上 PB6 和 PB7 两个引脚已经连接 EEPROM，所以我们将 BluePill 开发板从 BluePillExt 母板上取下单独使用。

1. 以查询方式实现收发

首先我们使用查询方式来实现两个 I2C 接口主从通信测试。以查询方式实现收发相对简单，配置项目相对少，性能相对低一些，如果对性能要求不高可以优先使用。

相关实现代码如下。

```
#include "gd32f30x.h"
#include <stdio.h>
#include "gd32f303c_eval.h"

#define I2C0_SLAVE_ADDRESS7      0x82
#define I2C1_SLAVE_ADDRESS7      0x72

uint8_t i2c_transmitter[16];
uint8_t i2c_receiver[16];
__IO ErrStatus state=ERROR;

ErrStatus memory_compare(uint8_t* src,uint8_t* dst,uint16_t length)
{
    while(length--){
        if(*src++ != *dst++){
            return ERROR;
        }
    }
    return SUCCESS;
}
```

在上述代码中，我们使用 7 位地址模式，将 I2C0 的从机地址设置为 0x82；将 I2C1 的从机地址设置为 0x72。i2c_transmitter 和 i2c_receiver 是发送和接收缓冲区，容量均为 16B。memory_compare 函数用于对比两个缓冲区，在本实例中用于判断收到的数据和发送的数据是否相同。

rcu_config 函数用于打开 AF、GPIOB、I2C0、I2C1 的时钟。gpio_config 函数用于初始化 I2C0 和 I2C1 使用的 GPIO：I2C0 使用 PB6 和 PB7 引脚；I2C1 使用 PB10 和 PB11 引脚。这两个函数的代码实现如下。

```
void rcu_config(void)
{
```

```
    rcu_periph_clock_enable(RCU_AF);
    rcu_periph_clock_enable(RCU_GPIOB);
    rcu_periph_clock_enable(RCU_I2C0);
    rcu_periph_clock_enable(RCU_I2C1);
}
void gpio_config(void)
{
    /*PB6=I2C0_SCL*/
    /*PB7=I2C0_SDA*/
    gpio_init(GPIOB,GPIO_MODE_AF_OD,GPIO_OSPEED_50MHZ,GPIO_PIN_6 | GPIO_
    PIN_7);
    /*PB10=I2C1_SCL*/
    /*PB11=I2C1_SDA*/
    gpio_init(GPIOB,GPIO_MODE_AF_OD,GPIO_OSPEED_50MHZ,GPIO_PIN_10 | GPIO_
    PIN_11);}
```

i2c_config 函数的相关代码实现如下。

```
void i2c_config(void)
{
    /* 配置 I2C0 时钟 */
    i2c_clock_config(I2C0,100000,I2C_DTCY_2);
    /* 配置 I2C0 地址 */
    i2c_mode_addr_config(I2C0,I2C_I2CMODE_ENABLE,
    I2C_ADDFORMAT_7BITS,I2C0_SLAVE_ADDRESS7);
    /* 使能 I2C0*/
    i2c_enable(I2C0);
    /* 使能 I2C0 应答 */
    i2c_ack_config(I2C0,I2C_ACK_ENABLE);

    /* 配置 I2C1 时钟 */
    i2c_clock_config(I2C1,100000,I2C_DTCY_2);
    /* 配置 I2C1 地址 */
    i2c_mode_addr_config(I2C1,I2C_I2CMODE_ENABLE,
    I2C_ADDFORMAT_7BITS,I2C1_SLAVE_ADDRESS7);
    /* 使能 I2C1*/
    i2c_enable(I2C1);
    /* 使能 I2C1 应答 */
    i2c_ack_config(I2C1,I2C_ACK_ENABLE);
}
```

i2c_config 函数初始化 I2C 接口，两个 I2C 接口初始化参数相同，以 I2C0 为例：

- 调用 i2c_clock_config 函数并设置 I2C 时钟频率为 100kHz，占空比 50%。
- 调用 i2c_mode_addr_config 函数并设置 I2C 地址为 I2C 模式的 7 位 0x82 地址。
- 调用 i2c_enable 函数使能 I2C0 接口。
- 调用 i2c_ack_config 函数使能应答。

main 函数的实现代码如下。

```
int main(void)
{
    int i;
    gd_eval_com_init(EVAL_COM1);

    rcu_config();
    gpio_config();
    i2c_config();

    for(i=0;i<16;i++){
        i2c_transmitter[i]=i+0x80;
        i2c_receiver[i]=0x00;
    }

    printf("I2C Master_transmitter&slave_receiver demo\r\n");

    /* 等待 I2C 总线空闲 */
    while(i2c_flag_get(I2C0,I2C_FLAG_I2CBSY));

    /* 向 I2C 总线发送一个 START*/
    i2c_start_on_bus(I2C0);

    /* 等待 SBSEND 置位 */
    while(!i2c_flag_get(I2C0,I2C_FLAG_SBSEND));

    /* 向 I2C 总线发送从机地址 */
    i2c_master_addressing(I2C0,I2C1_SLAVE_ADDRESS7,I2C_TRANSMITTER);

    /* 等待 ADDSEND 置位 */
    while(!i2c_flag_get(I2C0,I2C_FLAG_ADDSEND));
    while(!i2c_flag_get(I2C1,I2C_FLAG_ADDSEND));
    /* 清除 ADDSEND 位 */
    i2c_flag_clear(I2C0,I2C_FLAG_ADDSEND);
    i2c_flag_clear(I2C1,I2C_FLAG_ADDSEND);
    for(i=0;i<16;i++){
        /* 发送一个数据字节 */
        i2c_data_transmit(I2C0,i2c_transmitter[i]);
        /* 等待发送数据寄存器为空 */
        while(!i2c_flag_get(I2C0,I2C_FLAG_TBE));
        /* 等待 RBNE 置位 */
        while(!i2c_flag_get(I2C1,I2C_FLAG_RBNE));
        /* 从 I2C_DATA 读取数据 */
        i2c_receiver[i]=i2c_data_receive(I2C1);
    }
    /* 向 I2C 总线发送一个 STOP*/
    i2c_stop_on_bus(I2C0);
    /* 等待 STOP 完成 */
    while(I2C CTL0(I2C0)&0x0200);
    while(!i2c_flag_get(I2C1,I2C_FLAG_STPDET));
    /* 清除 STPDET 位 */
```

```
    i2c_enable(I2C1);
    state=memory_compare(i2c_transmitter,i2c_receiver,16);
    if(SUCCESS == state){
        printf("I2C Master_transmitter&slave_receiver passed!\r\n");
    }else{
        printf("I2C Master_transmitter&slave_receiver failed!\r\n");
    }
    while(1);
}

/*将C语言库中的printf函数重新定位到USART*/
int fputc(int ch,FILE *f)
{
    usart_data_transmit(USART0,(uint8_t)ch);
    while(RESET == usart_flag_get(USART0,USART_FLAG_TBE));
    return ch;
}
```

在 main 函数中首先初始化调试串口，分别调用 rcu_config、gpio_config、i2c_config 函数来初始化 RCU、GPIO 和 I2C，分别填充 i2c_transmitter 和 i2c_receiver 两个缓冲区，并保证两个缓冲区内容不同。打印提示信息后开始收发 I2C 数据，具体步骤如下。

（1）I2C0 等待 I2C 总线空闲，然后调用 i2c_start_on_bus 函数发送 START。

（2）等待 SBSEND 置位，置位后表明 START 发送完成，然后调用 i2c_master_-addressing 函数发送 I2C1 从机地址。

（3）等待 ADDSEND 置位。若 I2C0 为主机，则 ADDSEND 置位表明成功发送地址并且收到了 ACK；若 I2C1 为从机，则 ADDSEND 置位表明收到的地址与自身地址匹配。主机和从机的 ADDSEND 均置位以后，调用 i2c_flag_clear 清除 ADDSEND 标志，然后开始数据收发过程。数据总共 16 个字节，分 16 次收发。

（4）每次发送，I2C0 均调用 i2c_data_transmit 函数并发送 i2c_transmitter 函数中的一个字节，然后等待 TBE 置位。I2C1 等待 RBNE 置位以后，调用 i2c_data_receive 函数读取收到的内容，并存入 i2c_receiver。16 个字节依次收发。

（5）16 个字节发送完成以后，I2C0 调用 i2c_stop_on_bus 函数发送 STOP。若 I2C0 为主机，则等待 STOP 自动清零；若 I2C1 为从机，则需要调用 i2c_flag_get 来判断是否为 STOP 状态，若是则清除 STOP 状态。

（6）最后调用 memory_compare 函数判断 i2c_transmitter 和 i2c_receiver 中的内容是否相同，根据结果打印调试信息。

本实例的工程路径为：GD32F30x_Firmware_Library\Examples\I2C\Master_transmitter&-slave_receiver。

在 MDK 中编译代码，然后使用 ISP 工具将代码下载到 BluePill 开发板，方法参考 5.1.3 节。

在 BluePill 开发板上使用杜邦线连接 PB6 和 PB10 到 SCL，连接 PB7 和 PB11 到 SDA，然后在 I2C 总线外部焊接两只 4.7kΩ 的上拉电阻，将 SCL 和 SDA 上拉到 3.3V。

打开超级终端软件，按照图 6-3 所示来设置参数，设置完成单击图中所示“确定”按钮，然后在超级终端中选择菜单呼叫（C）→呼叫（C），单击 BluePill 开发板上的 NRST 按键复位 MCU，可以看到超级终端的输出字符，如图 7-15 所示。

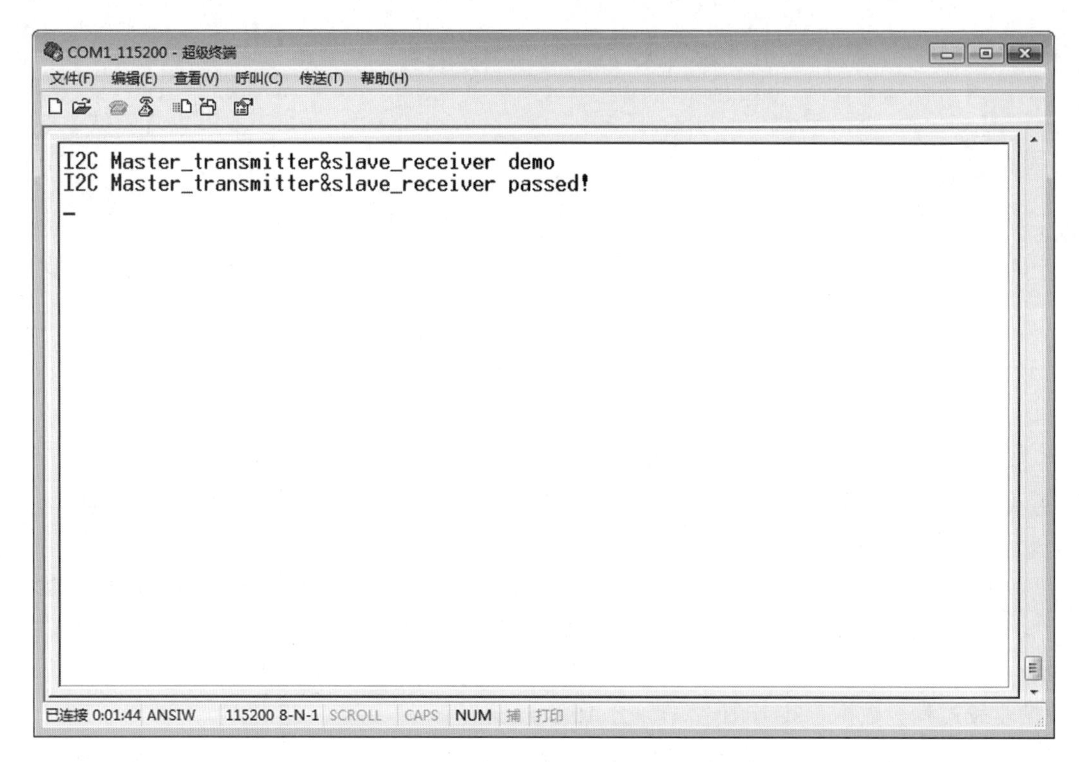

图 7-15　I2C0 和 I2C1 主从通信实例运行输出

2. DMA 方式收发

上一节中我们使用查询的方式在 I2C0 和 I2C1 之间传输了 16B 数据，这个过程仍然需要 CPU 的参与，需要占用 CPU 资源。实际上，I2C0 和 I2C1 都支持 DMA，如表 7-4 所示，可以使用 DMA 来减轻 CPU 负担。

表 7-4　I2C 接口的 DMA 通道

外设	通道 0	通道 1	通道 2	通道 3	通道 4	通道 5	通道 6
ADC0	ADC0	•	•	•	•	•	•
SPI/I2S	•	SPI0_RX	SPI0_TX	SPI1/I2S1_RX	SPI1/I2S1_TX	•	•

（续）

外设	通道 0	通道 1	通道 2	通道 3	通道 4	通道 5	通道 6
USART	•	USART2_TX	USART2_RX	USART0_TX	USART0_RX	USART1_RX	USART1_TX
I2C	•	•	•	I2C1_TX	I2C1_RX	I2C0_TX	I2C0_RX

注：• 代表不支持该功能。

本节演示 I2C 使用 DMA 方式进行收发，硬件连接与上一节相同，大部分代码与上一节也相同，故这里只列出存在差异的代码。代码清单如下。

```
void rcu_config(void)
{
    rcu_periph_clock_enable(RCU_AF);
    rcu_periph_clock_enable(RCU_GPIOB);
    rcu_periph_clock_enable(RCU_I2C0);
    rcu_periph_clock_enable(RCU_I2C1);
    rcu_periph_clock_enable(RCU_DMA0);
}
```

由上可知，rcu_config 函数中增加了使能 DMA0 时钟的实现代码。

dma_config 函数的实现代码如下。

```
void dma_config(void)
{
    dma_parameter_struct dma_init_struct;

    /* 初始化 DMA 通道 4*/
    dma_deinit(DMA0,DMA_CH4);
    dma_struct_para_init(&dma_init_struct);

    dma_init_struct.direction=DMA_PERIPHERAL_TO_MEMORY;
    dma_init_struct.memory_addr=(uint32_t)i2c_receiver;
    dma_init_struct.memory_inc=DMA_MEMORY_INCREASE_ENABLE;
    dma_init_struct.memory_width=DMA_MEMORY_WIDTH_8BIT;
    dma_init_struct.number=16;
    dma_init_struct.periph_addr=0x40005810;          // I2C1_DATA_ADDRESS
    dma_init_struct.periph_inc=DMA_PERIPH_INCREASE_DISABLE;
    dma_init_struct.periph_width=DMA_PERIPHERAL_WIDTH_8BIT;
    dma_init_struct.priority=DMA_PRIORITY_ULTRA_HIGH;
    dma_init(DMA0,DMA_CH4,&dma_init_struct);

    /* 初始化 DMA 通道 5*/
    dma_deinit(DMA0,DMA_CH5);
    dma_init_struct.direction=DMA_MEMORY_TO_PERIPHERAL;
    dma_init_struct.memory_addr=(uint32_t)i2c_transmitter;
    dma_init_struct.periph_addr=0x40005410;          // I2C0_DATA_ADDRESS
    dma_init_struct.priority=DMA_PRIORITY_HIGH;
```

```
    dma_init(DMA0,DMA_CH5,&dma_init_struct);
}
```

dma_config 函数是新增加的 DMA 配置函数，我们使用的 DMA0 的 CH4 和 CH5 分别对应实现 I2C1 的接收和 I2C0 的发送。

DMA0_CH4 对应 I2C1 的接收，DMA 配置参数可实现如下目标。

- 将外设地址设置为 0x40005810，将传输宽度设置为 8 位，关闭地址自增。
- 将内存地址设置为 i2c_receiver 缓冲区，将传输宽度设置为 8 位，开启地址自增。
- 将传输数量设置为 16 字节，传输方向为从外设到存储器，优先级最高。
- 禁止循环模式，禁止存储器到存储器模式。

DMA0_CH5 对应 I2C0 的发送，DMA 配置参数可实现如下目标。

- 将外设地址设置为 0x40005410，将传输宽度设置为 8 位，关闭地址自增。
- 将内存地址设置为 i2c_transmitter 缓冲区，将传输宽度设置为 8 位，开启地址自增。
- 将传输数量设置为 16B，传输方向为从存储器到外设，优先级高。
- 禁止循环模式，禁止存储器到存储器模式。

main 函数的实现代码如下。

```
int main(void)
{
    int i;
    gd_eval_com_init(EVAL_COM1);

    rcu_config();
    gpio_config();
    i2c_config();
    dma_config();

    for(i=0;i<16;i++){
        i2c_transmitter[i]=i+0x80;
        i2c_receiver[i]=0x00;
    }

    printf("I2C Master_transmitter&slave_receiver demo\r\n");

    /* 等待 I2C 总线空闲 */
    while(i2c_flag_get(I2C0,I2C_FLAG_I2CBSY));

    /* 向 I2C 总线发送一个 START*/
    i2c_start_on_bus(I2C0);

    /* 等待 SBSEND 置位 */
    while(!i2c_flag_get(I2C0,I2C_FLAG_SBSEND));

    /* 向 I2C 总线发送从机地址 */
    i2c_master_addressing(I2C0,I2C1_SLAVE_ADDRESS7,I2C_TRANSMITTER);
```

```
    /* 等待 ADDSEND 置位 */
    while(!i2c_flag_get(I2C0,I2C_FLAG_ADDSEND));
    while(!i2c_flag_get(I2C1,I2C_FLAG_ADDSEND));
    /* 清除 clear ADDSEND 位 */
    i2c_flag_clear(I2C0,I2C_FLAG_ADDSEND);
    i2c_flag_clear(I2C1,I2C_FLAG_ADDSEND);

    /* 使能 I2C1 DMA*/
    i2c_dma_enable(I2C1,I2C_DMA_ON);
    /* 使能 I2C0 DMA*/
    i2c_dma_enable(I2C0,I2C_DMA_ON);
    /* 使能 DMA0 通道 4*/
    dma_channel_enable(DMA0,DMA_CH4);
    /* 使能 DMA0 通道 5*/
    dma_channel_enable(DMA0,DMA_CH5);

    /* 等待 DMA0 通道 4 完全传输完成标志 */
    while(!dma_flag_get(DMA0,DMA_CH4,DMA_FLAG_FTF));
    /* 等待 DMA0 通道 5 完全传输完成标志 */
    while(!dma_flag_get(DMA0,DMA_CH5,DMA_FLAG_FTF));

    /* 向 I2C 总线发送一个 STOP*/
    i2c_stop_on_bus(I2C0);
    /* 等待 STOP 发送完成 */
    while(I2C_CTL0(I2C0)&0x0200);
    while(!i2c_flag_get(I2C1,I2C_FLAG_STPDET));
    /* 清除 STPDET 位 */
    i2c_enable(I2C1);
    state=memory_compare(i2c_transmitter,i2c_receiver,16);
    if(SUCCESS == state){
        printf("I2C Master_transmitter&slave_receiver passed!\r\n");
    }else{
        printf("I2C Master_transmitter&slave_receiver failed!\r\n");
    }
    while(1);
}
```

在 main 函数中增加了 dma_config 函数，该函数用于初始化 DMA 传输。数据传输按照以下步骤进行：

（1）调用 i2c_dma_enable 函数使能 I2C1 和 I2C0 的 DMA。

（2）调用 dma_channel_enable 函数使能 DMA0_CH4 和 DMA0_CH5，注意先使能 DMA0_CH4（对应 I2C1 的接收），如果先使能发送再使能接收可能会导致数据丢失。

（3）调用 dma_flag_get 函数并等待 DMA0_CH4 和 DMA0_CH5 传输完成。

本实例的工程路径为：GD32F30x_Firmware_Library\Examples\I2C\Master_transmitter&slave_receiver_dma。

测试方法与上一节完全相同，本节不再赘述，输出结果如图 7-16 所示。

3. 中断方式收发

本节我们使用中断方式实现 I2C 主从通信。相比查询方式，中断方式稍显复杂。同样我们只列出存在差异的代码。代码清单如下。

```
void i2c_config(void)
{
    /* 配置 I2C0 时钟 */
    i2c_clock_config(I2C0,100000,I2C_DTCY_2);
    /* 配置 I2C0 地址 */
    i2c_mode_addr_config(I2C0,I2C_I2CMODE_ENABLE,
                         I2C_ADDFORMAT_7BITS,I2C0_SLAVE_ADDRESS7);
    /* 使能 I2C0*/
    i2c_enable(I2C0);
    /* 使能 I2C0 应答 */
    i2c_ack_config(I2C0,I2C_ACK_ENABLE);
    /* 使能 I2C0 中断 */
    i2c_interrupt_enable(I2C0,I2C_INT_ERR);
    i2c_interrupt_enable(I2C0,I2C_INT_BUF);
    i2c_interrupt_enable(I2C0,I2C_INT_EV);

    /* 配置 I2C1 时钟 */
    i2c_clock_config(I2C1,100000,I2C_DTCY_2);
    /* 配置 I2C1 地址 */
    i2c_mode_addr_config(I2C1,I2C_I2CMODE_ENABLE,
                         I2C_ADDFORMAT_7BITS,I2C1_SLAVE_ADDRESS7);
    /* 使能 I2C1*/
    i2c_enable(I2C1);
    /* 使能 I2C1 应答 */
    i2c_ack_config(I2C1,I2C_ACK_ENABLE);
    /* 使能 I2C1 中断 */
    i2c_interrupt_enable(I2C1,I2C_INT_ERR);
    i2c_interrupt_enable(I2C1,I2C_INT_BUF);
    i2c_interrupt_enable(I2C1,I2C_INT_EV);
}

void nvic_config(void)
{
    nvic_priority_group_set(NVIC_PRIGROUP_PRE1_SUB3);
    nvic_irq_enable(I2C0_EV_IRQn,0,3);
    nvic_irq_enable(I2C0_ER_IRQn,0,2);
    nvic_irq_enable(I2C1_EV_IRQn,0,4);
    nvic_irq_enable(I2C1_ER_IRQn,0,1);
}

int main(void)
{
    int i;
```

```
    gd_eval_com_init(EVAL_COM1);

    rcu_config();
    gpio_config();
    i2c_config();
    nvic_config();

    for(i=0;i<16;i++){
        i2c_transmitter[i]=i+0x80;
        i2c_receiver[i]=0x00;
    }

    printf("I2C Master_transmitter&slave_receiver demo\r\n");

    /*等待I2C总线空闲*/
    while(i2c_flag_get(I2C0,I2C_FLAG_I2CBSY));

    /*向I2C总线发送一个START*/
    i2c_start_on_bus(I2C0);

    while((I2C_nBytes>0));
    while(SUCCESS !=status);
    state=memory_compare(i2c_transmitter,i2c_receiver,16);
    if(SUCCESS == state){
        printf("I2C Master_transmitter&slave_receiver passed!\r\n");
    }else{
        printf("I2C Master_transmitter&slave_receiver failed!\r\n");
    }
    while(1);
}

/*将C语言库中的printf函数重定位到USART*/
int fputc(int ch,FILE *f)
{
    usart_data_transmit(USART0,(uint8_t)ch);
    while(RESET == usart_flag_get(USART0,USART_FLAG_TBE));
    return ch;
}
```

i2c_config 函数调用 i2c_interrupt_enable 函数使能错误中断、缓冲区中断、事件中断。

nvic_config 函数用于使能 I2C0 和 I2C1 的事件中断和错误中断。

在 main 函数中初始化了调试串口，并依次调用 rcu_config、gpio_config、i2c_config、nvic_config 等函数来初始化系统，然后等待 I2C 总线空闲后使用 I2C0 调用 i2c_start_on_bus 函数发送一个 START，START 发送完成以后会触发中断，剩下的工作全部在 I2C0 和 I2C1 的中断服务程序中完成。

I2C0 的事件中断服务程序会处理 SBSEND、ADDSEND、TBE 这 3 种中断标志。

- SBSEND 标志对应 START 发送完成，在中断服务程序中发送从机地址。

- ADDSEND 标志用于仅清除中断标志。
- TBE 标志用于表示调用 i2c_data_transmit 并发送缓冲区中的数据，发送完成以后主机发送 STOP，然后关闭错误中断、缓冲区中断、事件中断。

相关实现代码如下。

```
void I2C0_EV_IRQHandler(void)
{
    if(i2c_interrupt_flag_get(I2C0,I2C_INT_FLAG_SBSEND)){
        /* 发送从机地址 */
        i2c_master_addressing(I2C0,I2C1_SLAVE_ADDRESS7,I2C_TRANSMITTER);
    }else if(i2c_interrupt_flag_get(I2C0,I2C_INT_FLAG_ADDSEND)){
        /* 清除 ADDSEND 位 */
        i2c_interrupt_flag_clear(I2C0,I2C_INT_FLAG_ADDSEND);
    }else if(i2c_interrupt_flag_get(I2C0,I2C_INT_FLAG_TBE)){
        if(I2C_nBytes>0){
            /* 主机发送一字节数据 */
            i2c_data_transmit(I2C0,*i2c_txbuffer++);
            I2C_nBytes--;
        }else{
            /* 主机向 I2C 总线发送一个 STOP*/
            i2c_stop_on_bus(I2C0);
            /* 禁止 I2C0 中断 */
            i2c_interrupt_disable(I2C0,I2C_INT_ERR);
            i2c_interrupt_disable(I2C0,I2C_INT_BUF);
            i2c_interrupt_disable(I2C0,I2C_INT_EV);
        }
    }
}
```

I2C1 的事件中断服务程序会处理 ADDSEND、RBNE、STPDET 这 3 种中断标志。

- ADDSEND 标志用于仅清除中断标志。
- RBNE 标志用于调用 i2c_data_receive 函数并接收数据到缓冲区。
- STPDET 标志表明收到 STOP，然后设置 status 为 SUCEESS，并清除中断标志，关闭错误中断、缓冲区中断、事件中断。

相关实现代码如下。

```
void I2C1_EV_IRQHandler(void)
{
    if(i2c_interrupt_flag_get(I2C1,I2C_INT_FLAG_ADDSEND)){
        /* 清除 ADDSEND 位 */
        i2c_interrupt_flag_clear(I2C1,I2C_INT_FLAG_ADDSEND);
    }else if(i2c_interrupt_flag_get(I2C1,I2C_INT_FLAG_RBNE)){
        /* 如果接收数据寄存器非空，I2C1 从 I2C_DATA 读取一个数据 */
        *i2c_rxbuffer++=i2c_data_receive(I2C1);
    }else if(i2c_interrupt_flag_get(I2C1,I2C_INT_FLAG_STPDET)){
        status=SUCCESS;
```

```
        /* 清除 STPDET 位 */
        i2c_enable(I2C1);
        /* 禁止 I2C1 中断 */
        i2c_interrupt_disable(I2C1,I2C_INT_ERR);
        i2c_interrupt_disable(I2C1,I2C_INT_BUF);
        i2c_interrupt_disable(I2C1,I2C_INT_EV);
    }
}
```

在I2C0和I2C的错误中断服务程序中先清除了中断标志，然后关闭了错误中断、缓冲区中断、事件中断，相关实现代码如下。对此本节不做重点介绍，但是在实际工程中，完善的错误处理代码是代码高质量的保证，需要根据实际工程需要认真设计测试。

```
void I2C0_ER_IRQHandler(void)
{
    /* 没有收到应答 */
    if(i2c_interrupt_flag_get(I2C0,I2C_INT_FLAG_AERR)){
        i2c_interrupt_flag_clear(I2C0,I2C_INT_FLAG_AERR);
    }

    /*SMBus 警告 */
    if(i2c_interrupt_flag_get(I2C0,I2C_INT_FLAG_SMBALT)){
        i2c_interrupt_flag_clear(I2C0,I2C_INT_FLAG_SMBALT);
    }

    /*SMBus 模式总线超时 */
    if(i2c_interrupt_flag_get(I2C0,I2C_INT_FLAG_SMBTO)){
        i2c_interrupt_flag_clear(I2C0,I2C_INT_FLAG_SMBTO);
    }

    if(i2c_interrupt_flag_get(I2C0,I2C_INT_FLAG_OUERR)){
        i2c_interrupt_flag_clear(I2C0,I2C_INT_FLAG_OUERR);
    }

    /* 仲裁丢失 */
    if(i2c_interrupt_flag_get(I2C0,I2C_INT_FLAG_LOSTARB)){
        i2c_interrupt_flag_clear(I2C0,I2C_INT_FLAG_LOSTARB);
    }

    /* 总线错误 */
    if(i2c_interrupt_flag_get(I2C0,I2C_INT_FLAG_BERR)){
        i2c_interrupt_flag_clear(I2C0,I2C_INT_FLAG_BERR);
    }

    /*CRC 值不匹配 */
    if(i2c_interrupt_flag_get(I2C0,I2C_INT_FLAG_PECERR)){
        i2c_interrupt_flag_clear(I2C0,I2C_INT_FLAG_PECERR);
    }
```

```
    /* 禁止错误中断 */
    i2c_interrupt_disable(I2C0,I2C_INT_ERR);
    i2c_interrupt_disable(I2C0,I2C_INT_BUF);
    i2c_interrupt_disable(I2C0,I2C_INT_EV);
}
void I2C1_ER_IRQHandler(void)
{
    /* 没有收到应答 */
    if(i2c_interrupt_flag_get(I2C1,I2C_INT_FLAG_AERR)){
        i2c_interrupt_flag_clear(I2C1,I2C_INT_FLAG_AERR);
    }

    /*SMBus 警告 */
    if(i2c_interrupt_flag_get(I2C1,I2C_INT_FLAG_SMBALT)){
        i2c_interrupt_flag_clear(I2C1,I2C_INT_FLAG_SMBALT);
    }

    /*SMBus 模式总线超时 */
    if(i2c_interrupt_flag_get(I2C1,I2C_INT_FLAG_SMBTO)){
        i2c_interrupt_flag_clear(I2C1,I2C_INT_FLAG_SMBTO);
    }

    if(i2c_interrupt_flag_get(I2C1,I2C_INT_FLAG_OUERR)){
        i2c_interrupt_flag_clear(I2C1,I2C_INT_FLAG_OUERR);
    }

    /* 仲裁丢失 */
    if(i2c_interrupt_flag_get(I2C1,I2C_INT_FLAG_LOSTARB)){
        i2c_interrupt_flag_clear(I2C1,I2C_INT_FLAG_LOSTARB);
    }

    /* 总线错误 */
    if(i2c_interrupt_flag_get(I2C1,I2C_INT_FLAG_BERR)){
        i2c_interrupt_flag_clear(I2C1,I2C_INT_FLAG_BERR);
    }

    /*CRC 值不匹配 */
    if(i2c_interrupt_flag_get(I2C1,I2C_INT_FLAG_PECERR)){
        i2c_interrupt_flag_clear(I2C1,I2C_INT_FLAG_PECERR);
    }
    /* 禁止错误中断 */
    i2c_interrupt_disable(I2C1,I2C_INT_ERR);
    i2c_interrupt_disable(I2C1,I2C_INT_BUF);
    i2c_interrupt_disable(I2C1,I2C_INT_EV);
}
```

本实例的工程路径为：GD32F30x_Firmware_Library\Examples\I2C\ Master_transmitter&-slave_receiver_interrupt。

对本实例进行测试的方法与上一节完全相同，本节不再赘述，输出结果如图 7-15 所示。

7.2.5　实例：I2C 接口读写 EEPROM

在使用 I2C 接口的各种外设中，如果要选一种使用最广泛的芯片，那么非 EEPROM 莫属，EEPROM 是一种非易失存储芯片，相比现在更常用的各种 Flash 芯片，虽然 EEPROM 容量小、速度低，但是支持字节读写，而且比 Flash 寿命更长，芯片接口更简单，使用更方便。目前 EEPROM 仍然被广泛应用于各种对容量要求不高的场合。

MCU 上的 I2C 接口最常见的用途之一就是连接各种容量的 EEPROM 芯片，BluePill 开发板通过 I2C0 接口在 BluePillExt 母板上扩展了一片 24C02 芯片，如图 7-16 所示。图中所示是一款容量 2Kb（256B）的 EEPROM。I2C0 使用的引脚为 PB6（SCL）和 PB7（SDA）。

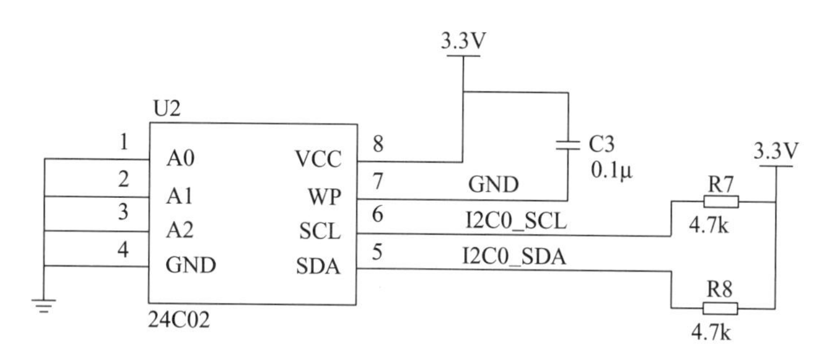

图 7-16　BluePillExt 母板上的 EEPROM 原理图

本节将实现 EEPROM 的读写，代码的框架沿用 7.1.10 节中设计的命令解释器，只不过增加了 eerd 和 eewr 两个命令，分别用于实现在 EEPROM 中读取和写入数据。

相关代码实现如下。

```
#include "gd32f30x.h"
#include "gd32f303c_eval.h"
#include <stdio.h>
#include <ctype.h>
#include <string.h>
#include <stdlib.h>

#define EEPROM_ADDR       0xA0

#define TX_LEN            128
#define RX_LEN            128
#define CMD_LEN           128

uint8_t syscall_buf[256];

volatile uint8_t isCmdOk=0;
char txBuf[TX_LEN],rxBuf[RX_LEN],cmdBuf[CMD_LEN];
uint16_t txPtr=0,rxPtr=0,cmdPtr=0;
```

```
struct syscall_item {
    const char *name;
    const char *desc;
    void (*func)(void);
};

char *syscall_cmd=NULL;
char *syscall_param1=NULL;
char *syscall_param2=NULL;

extern const struct syscall_item syscall_table[];
extern const uint8_t syscall_num;

void usart_recv_char(char dat)
{
    txPtr=0;
    if(isprint(dat)){
        txBuf[txPtr++]=dat;
        if(cmdPtr < CMD_LEN)
            cmdBuf[cmdPtr++]=tolower(dat);
    } else if(0x08 == dat) {
        /*退格*/
        txBuf[txPtr++]=0x08;
        txBuf[txPtr++]=0x20;
        txBuf[txPtr++]=0x08;
        if(cmdPtr > 0)
            cmdPtr--;
    } else if(0x0D == dat) {
        /*回车*/
        txBuf[txPtr++]=0x0D;
        txBuf[txPtr++]=0x0A;
        if(cmdPtr < CMD_LEN) {
            cmdBuf[cmdPtr++]=0x00;
            cmdPtr=0;
            isCmdOk=1;
        } else {
            cmdBuf[CMD_LEN-1]=0x00;
            cmdPtr=0;
        }
    } else {
        /*忽略其他字符*/
    }
}

uint8_t EE24_Write(uint16_t addr,uint8_t *dat,uint8_t len)
{
    /*等待I2C总线空闲*/
    while(i2c_flag_get(I2C0,I2C_FLAG_I2CBSY));
    /*发送START*/
```

```
    i2c_start_on_bus(I2C0);
    while(!i2c_flag_get(I2C0,I2C_FLAG_SBSEND));
    /* 发送从机地址 */
    i2c_master_addressing(I2C0,EEPROM_ADDR,I2C_TRANSMITTER);
    while(!i2c_flag_get(I2C0,I2C_FLAG_ADDSEND));
    i2c_flag_clear(I2C0,I2C_FLAG_ADDSEND);
    /* 发送字地址 */
    i2c_data_transmit(I2C0,addr&0xFF);
    while(!i2c_flag_get(I2C0,I2C_FLAG_TBE));
    while(len > 0) {
        i2c_data_transmit(I2C0,*dat++);
        while(!i2c_flag_get(I2C0,I2C_FLAG_TBE));
        len--;
    }
    /* 发送 STOP*/
    i2c_stop_on_bus(I2C0);
    while(I2C_CTL0(I2C0)&0x0200);
    return 0;
}
```

EE24_Write函数实现了EEPROM的随机页写入，时序如图7-17所示。注意，容量不同，EEPROM页尺寸也不同：

- 1Kb、2Kb容量的EEPROM页尺寸为8B。
- 4Kb、8Kb、16Kb容量的EEPROM页尺寸为16B。

AT24C02的位容量为2Kb，因此一次写入不能超过8B。

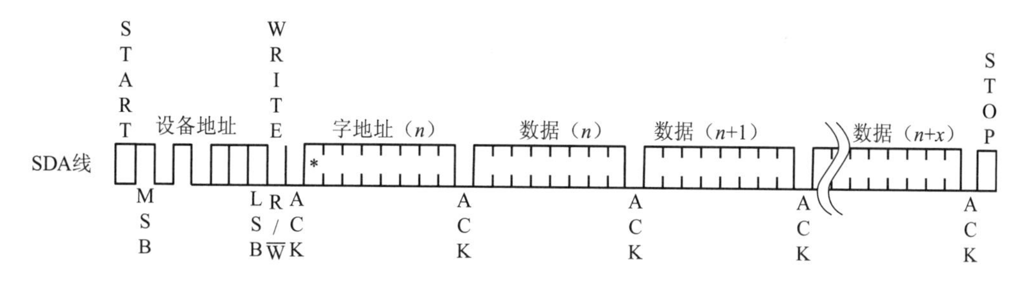

图7-17 AT24C02的随机页写入时序

EE24_Read函数实现了EEPROM的随机读取。时序见图7-18。注意，为了实现随机读取，I2C主机先执行了一次冗余写操作，将字地址写入，然后重新发送一个START开始读取。同样由于AT24C02的页尺寸为8B，所以一次读取不能超过8B。

```
uint8_t EE24_Read(uint16_t addr,uint8_t *dat,uint8_t len)
{
    uint8_t i=0;
    /* 等待 I2C 总线空闲 */
    while(i2c_flag_get(I2C0,I2C_FLAG_I2CBSY));
```

```
    /* 发送 START*/
    i2c_start_on_bus(I2C0);
    while(!i2c_flag_get(I2C0,I2C_FLAG_SBSEND));
    /* 发送从机地址 */
    i2c_master_addressing(I2C0,EEPROM_ADDR,I2C_TRANSMITTER);
    while(!i2c_flag_get(I2C0,I2C_FLAG_ADDSEND));
    i2c_flag_clear(I2C0,I2C_FLAG_ADDSEND);
    /* 发送字地址 */
    i2c_data_transmit(I2C0,addr&0xFF);
    while(!i2c_flag_get(I2C0,I2C_FLAG_TBE));
    /* 发送 START*/
    i2c_start_on_bus(I2C0);
    while(!i2c_flag_get(I2C0,I2C_FLAG_SBSEND));
    /* 发送从机地址 */
    i2c_master_addressing(I2C0,EEPROM_ADDR,I2C_RECEIVER);
    while(!i2c_flag_get(I2C0,I2C_FLAG_ADDSEND));
    i2c_flag_clear(I2C0,I2C_FLAG_ADDSEND);
    for(i=0;i<len-1;i++) {
        while(!i2c_flag_get(I2C0,I2C_FLAG_RBNE));
        dat[i]=i2c_data_receive(I2C0);
    }
    i2c_ack_config(I2C0,I2C_ACK_DISABLE);
    i2c_stop_on_bus(I2C0);
    while(!i2c_flag_get(I2C0,I2C_FLAG_RBNE));
    dat[i]=i2c_data_receive(I2C0);
    /* 发送 STOP*/
    while(I2C_CTL0(I2C0)&0x0200);
    i2c_ack_config(I2C0,I2C_ACK_ENABLE);
    return 0;
}
```

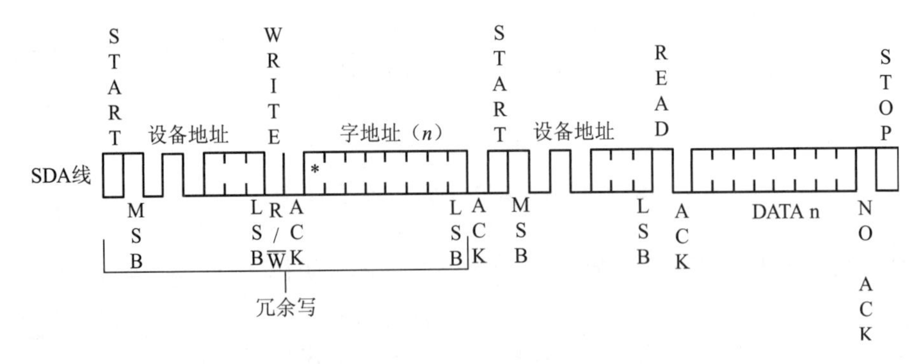

图 7-18 AT24C02 的随机读取时序

PrintByteBuffer 函数实现了缓冲区打印，用于显示 EEPROM 内容，相关实现代码如下。

```
void PrintByteBuffer(const uint8_t *buf,uint32_t start,uint32_t len)
{
    uint16_t i=0,j=0;
    while(i<len) {
        printf("0x%04X ",start+i);
        for(j=0;j<16;j++)
            printf("%02X ",buf[i+j]);
        for(j=0;j<16;j++)
            printf("%c",(buf[i+j] >=0x20 && buf[i+j]<=0x7E) ? buf[i+j] :'.');
        printf("\r\n");
        i +=16;
    }
}
```

syscall_eerd、syscall_eewr 两个函数实现了 EEPROM 的读取和写入命令，它们分别对应 eerd、eewr 命令。

- eerd 命令带两个参数：参数 0 为读取起始地址，参数 1 为读取长度，参数格式均为十六进制。
- eewr 命令带两个参数：参数 0 为写入地址，参数 1 为要写入的数据，参数格式均为十六进制。

```
void tskSyscall(void)
{
    uint8_t i=0;
    if(isCmdOk){
        syscall_cmd=strtok(cmdBuf," ");
        if(syscall_cmd){
            syscall_param1=strtok(NULL," ");
            if(syscall_param1)
                syscall_param2=strtok(NULL," ");
        }
        for(i=0;i<syscall_num;i++)
            if(strstr(syscall_cmd,syscall_table[i].name))
                break;
        if(i<syscall_num && syscall_table[i].func)
            (*syscall_table[i].func)();
        syscall_cmd=NULL;
        syscall_param1=NULL;
        syscall_param2=NULL;
        isCmdOk=0;
    }
}

void syscall_test(void)
{
    if(syscall_cmd){
        printf("cmd:%s\r\n",syscall_cmd);
        if(syscall_param1){
```

```
            printf("param1:%s\r\n",syscall_param1);
            if(syscall_param2)
                printf("param2:%s\r\n",syscall_param2);
        }
    }
}

void syscall_help(void)
{
    uint8_t i=0;
    for(i=0;i<syscall_num;i++)
        if(syscall_table[i].func)
            printf(" %s -> %s",syscall_table[i].name,syscall_table[i].desc);
}

void syscall_eerd(void)
{
    uint32_t startAddr=0;
    uint16_t memlen=0,i=0;

    if(syscall_param1) {
        startAddr=strtoul(syscall_param1,NULL,16);
        if(syscall_param2)
            memlen=strtoul(syscall_param2,NULL,16);
        memlen=(memlen < 8 || memlen > 0x100) ? 0x100 :memlen;
        for(i=0;i<memlen;i+=8)
            EE24_Read(startAddr+i,&syscall_buf[i],8);
        PrintByteBuffer(syscall_buf,startAddr,memlen);
    }
}

void syscall_eewr(void)
{
    uint32_t startAddr=0;
    uint16_t memlen=0;

    if(syscall_param1 && syscall_param2) {
        startAddr=strtoul(syscall_param1,NULL,16);
        syscall_buf[0]=strtoul(syscall_param2,NULL,16);
        EE24_Write(startAddr,syscall_buf,1);
        printf(" write 0x%02X to",syscall_buf[0]);
        printf(" Flash address 0x%04X ...\r\n",startAddr);
    }
}
```

其他相关代码实现如下。

```
void syscall_version(void)
{
    printf(" Hello GD32,this is a simple command line demo.\r\n");
```

```
}

void rcu_config(void)
{
    rcu_periph_clock_enable(RCU_AF);
    rcu_periph_clock_enable(RCU_GPIOB);
    rcu_periph_clock_enable(RCU_I2C0);
}

void i2c_config(void)
{
    /* 配置 I2C0 时钟 */
    i2c_clock_config(I2C0,100000,I2C_DTCY_2);
    /*configure I2C0 address*/
    i2c_mode_addr_config(I2C0,I2C_I2CMODE_ENABLE,
                         I2C_ADDFORMAT_7BITS,EEPROM_ADDR);
    /* 使能 I2C0*/
    i2c_enable(I2C0);
    /* 使能应答 */
    i2c_ack_config(I2C0,I2C_ACK_ENABLE);
}

void gpio_config(void)
{
    /*PB6=I2C0_SCL*/
    /*PB7=I2C0_SDA*/
    gpio_init(GPIOB,GPIO_MODE_AF_OD,GPIO_OSPEED_50MHZ,GPIO_PIN_6 | GPIO_
    PIN_7);
}

int main(void)
{
    gd_eval_com_init(EVAL_COM1);
    usart_interrupt_enable(USART0,USART_INT_RBNE);
    nvic_irq_enable(USART0_IRQn,0,0);
    rcu_config();
    gpio_config();
    i2c_config();
    syscall_version();
    while(1){
        tskSyscall();
    }
}

void USART0_IRQHandler(void)
{
    volatile uint16_t i=0;
    if(RESET !=usart_interrupt_flag_get(USART0,USART_INT_FLAG_RBNE)){
        i=usart_data_receive(USART0);
        usart_recv_char(i);
```

```
        for(i=0;i<txPtr;i++){
            usart_data_transmit(USART0,txBuf[i]);
            while(RESET == usart_flag_get(USART0,USART_FLAG_TBE));
        }
    }
}

int fputc(int ch,FILE *f)
{
    usart_data_transmit(USART0,(uint8_t)ch);
    while(RESET == usart_flag_get(USART0,USART_FLAG_TBE));
    return ch;
}

const struct syscall_item syscall_table[]={
    {"eerd",      "eerd [addr] Read EEPROM.\r\n",syscall_eerd},
    {"eewr",      "write [addr] [data] Write EEPROM.\r\n",syscall_eewr},
    {"test",      "test command.\r\n",syscall_test},
    {"help",      "help Info.\r\n",syscall_help},
    {"version",   "display version Info.\r\n",syscall_version},
};
const uint8_t  syscall_num=sizeof(syscall_table)/sizeof(syscall_
table[0]);
```

本实例代码较长，但是结构不复杂，条理也比较清晰，故这里不再展开解读。关于命令解释器部分可参考 7.1.10 节。

本实例的工程路径为：GD32F30x_Firmware_Library\Examples\I2C\I2C_AT24Prog。

在 MDK 中编译代码，然后使用 ISP 工具将代码下载到 BluePill 开发板，方法参考 5.1.3 节。

打开超级终端软件，按照图 5-7 所示来设置参数，设置完成单击图中所示“确定”按钮，然后在超级终端中选择菜单呼叫（C）→呼叫（C），单击 BluePill 开发板上的 NRST 按键复位 MCU，此时可以在超级终端中输入命令。依次执行以下命令：

```
eerd 0 40 //从 EEPROM 地址 0 处开始读取 64B 的数据
eewr 0 00 //在 EEPROM 地址 0 处写入 0x00
eewr111   //在 EEPROM 地址 1 处写入 0x11
eewr222   //在 EEPROM 地址 2 处写入 0x22
eewr333   //在 EEPROM 地址 3 处写入 0x33
eewr444   //在 EEPROM 地址 4 处写入 0x44
eewr555   //在 EEPROM 地址 5 处写入 0x55
eerd 0 40 //从 EEPROM 地址 0 开始读取 64B 的数据
```

命令执行结果如图 7-19 所示，实验结果与预期完全相同。

```
eerd 0 40
0x0000 FF FF FF FF FF FF FF FF FF FF FF FF FF FF FF FF ................
0x0010 FF FF FF FF FF FF FF FF FF FF FF FF FF FF FF FF ................
0x0020 FF FF FF FF FF FF FF FF FF FF FF FF FF FF FF FF ................
0x0030 FF FF FF FF FF FF FF FF FF FF FF FF FF FF FF FF ................
eewr 0 00
 write 0x00 to flash address 0x0000 ...
eewr 1 11
 write 0x11 to flash address 0x0001 ...
eewr 2 22
 write 0x22 to flash address 0x0002 ...
eewr 3 33
 write 0x33 to flash address 0x0003 ...
eewr 4 44
 write 0x44 to flash address 0x0004 ...
eewr 5 55
 write 0x55 to flash address 0x0005 ...
eerd 0 40
0x0000 00 11 22 33 44 55 FF FF FF FF FF FF FF FF FF FF .."3DU..........
0x0010 FF FF FF FF FF FF FF FF FF FF FF FF FF FF FF FF ................
0x0020 FF FF FF FF FF FF FF FF FF FF FF FF FF FF FF FF ................
0x0030 FF FF FF FF FF FF FF FF FF FF FF FF FF FF FF FF ................
_
```

图 7-19　EEPROM 读写测试结果

7.3　同步串行外设接口

SPI（Serial Peripheral Interface，串行外设接口）是一种高速全双工的通信接口，由摩托罗拉公司提出，被广泛用在 ADC、Flash、PSRAM、LCD 等与 MCU 通信场景中。使用 SPI 的设备分为主机和从机，主机有且仅有一个，从机可以有一个或者多个，所有的通信由主机来发起。本节主要介绍 GD32 MCU SPI 模块的基本原理、固件库 API 接口以及相关应用实例。

7.3.1　SPI 简介

图 7-20 所示为一个典型的一主多从 SPI 通信系统。

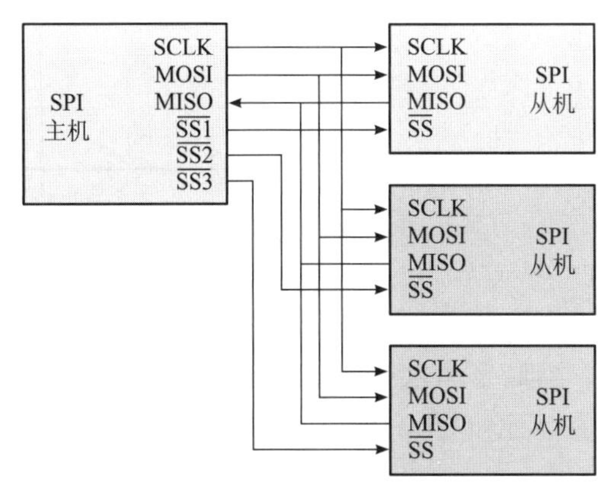

图 7-20　一主三从 SPI 通信连接方式

一个典型的 SPI 包含 4 条线：SS（$\overline{SS}$）、SCK（SCLK）、MOSI 和 MISO。

- SS 为片选信号，一般为低电平有效，由主机发出，选择需要操作的 SPI 从机。
- SCK 为串行时钟信号，由主机发出，从机接收，频率通常在几兆赫兹到几十兆赫兹。
- MOSI 为主机输出从机输入信号，主机发送信号，从机接收信号。
- MISO 为主机输入从机输出信号，从机发送信号，主机接收信号。

当 SS 片选信号为高电平的时候，SPI 处于空闲状态。时钟极性 CPOL 定义了 SPI 空闲时的 SCK 电平状态：

- CPOL=0 时 SCK 的空闲电平为低电平。
- CPOL=1 时 SCK 的空闲电平为高电平。

SCK 时钟在每个周期内有两个边沿——一个上升沿和一个下降沿，SPI 主机和从机在这两个边沿完成数据的交换。时钟相位 CPHA 定义了采样边沿：

- 当 CPHA=0 时，SPI 主机和从机在 SCK 时钟的第一个边沿完成 MOSI 和 MISO 采样。
- 当 CPHA=1 时，SPI 主机和从机在 SCK 时钟的第二个边沿完成 MOSI 和 MISO 采样。

由于 SCK 时钟在一个周期内只有两个边沿，采样边沿确定以后，剩下另外一个边沿发生在 SPI 主机和从机改变 MOSI 和 MISO 信号的时刻。CPOL 和 CPHA 共同定义了 SPI 极性和相位的 4 种模式，如表 7-5 和图 7-21 所示。实际中模式 0 和模式 3 更为常用。

表 7-5 SPI 极性和相位的 4 种模式

SPI 模式	CPOL	CPHA	数据采样边沿	数据变化边沿
0	0	0	上升沿（第 1 个）	下降沿（第 2 个）
1	0	1	下降沿（第 2 个）	上升沿（第 1 个）
2	1	0	下降沿（第 1 个）	上升沿（第 2 个）
3	1	1	上升沿（第 2 个）	下降沿（第 1 个）

需要注意的是，SPI 是一种事实标准，并没有对应的技术标准，各个厂家有各自的实现，这些实现之间可能会存在一些差异。各个厂家尝试通过各种方法来提高 SPI 的通信速率，最直接的方法是提高 SCK 的频率。兆易创新公司的 GD25Q 系列 SPI Flash 的 SCK 时钟频率最高可以达到 133MHz，然而受 SCK 本身为单端信号的限制，大多数 SPI 的 SCK 实际最高工作频率只有几十兆赫兹，比如 GD32F303 的 SPI 的 SCK 最高工作频率为 30MHz，这在 MCU 的 SPI 中已经比较高了。

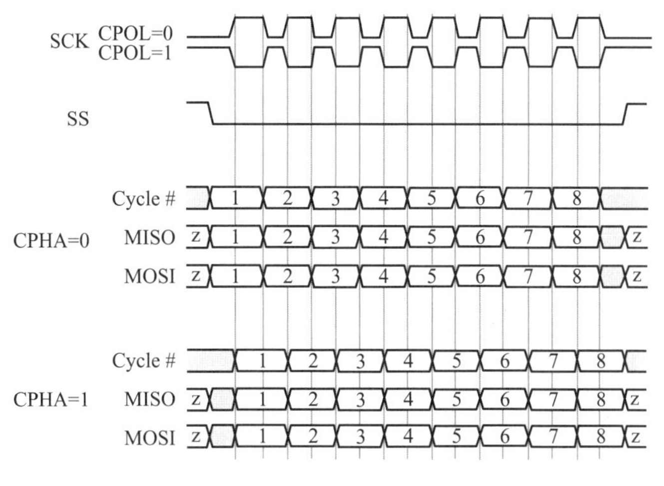

图 7-21　SPI 的 4 种工作模式

通过提高每个 SCK 时钟周期交换的数据量，将 MOSI 切换为 IO0，将 MISO 切换为 IO1，两个引脚以半双工模式运行，每个 SCK 周期同时发送或者同时接收两个位，可将数据吞吐量提高到标准 SPI 的 2 倍，这种 SPI 称为双线 SPI（Dual SPI）。在此基础上再增加 2 条数据线 IO2 和 IO3，数据线总数达到 4 条，每个 SCK 时钟周期内可交换 4 个位，这种 SPI 称为四线 SPI（Quad SPI）。需要快速访问的 SPI 设备（比如 SPI Flash 和 PSRAM）中，双线 SPI 和四线 SPI 非常常见。

SPI Flash 中常见的 QPI 并不是 Quad SPI 的缩写，两者的区别在于指令输入的方式不同，Quad SPI 的指令是通过单线方式发送的，只有地址和数据通过四线方式传输；而 QPI 的指令、地址、数据都是通过四线方式传输的。

7.3.2　GD32 SPI 的主要功能

GD32 的 SPI 提供了基于 SPI 协议的数据发送和接收功能，支持主机和从机模式，支持全双工和半双工模式，支持 DMA，支持硬件 CRC 计算。SPI0 还支持 SPI 四线主机模式。

GD32F303 的 SPI 框图如图 7-22 所示。

7.3.3　SPI 的主要 API

GD32 固件库中与 SPI 相关的 API 定义在 gd32f30x_spi.h 和 gd32f30x_spi.c 两个文件中，前者为头文件，包含寄存器地址、常量的定义、API 函数声明，后者为 API 的具体实现。API 的命名采用下划线命名法，大多数 API 的第一个参数为 spi_periph，表示操作的

SPI 外设，外设数量由具体芯片支持的 SPI 外设数量决定。GD32F303 支持的取值为 SPI0、SPI1、SPI2。常用的 API 函数简单介绍如表 7-6 所示。

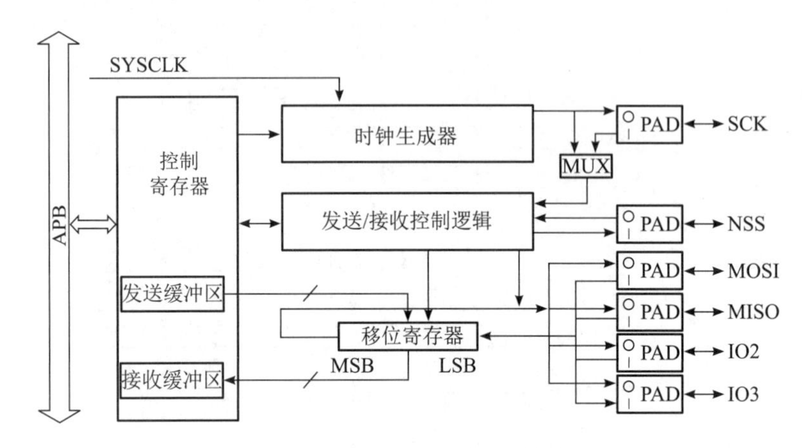

图 7-22 GD32F303 的 SPI 框图

表 7-6 GD32 固件库 SPI 模块常用 API 函数

API 函数原型	说 明
void spi_i2s_deinit(uint32_t spi_periph);	复位 SPI 外设
void spi_struct_para_init(spi_parameter_struct* spi_struct);	初始化 SPI 参数结构体，这个函数会设置默认 SPI 参数
void spi_init(uint32_t spi_periph, spi_parameter_struct* spi_struct);	初始化 SPI 外设
void spi_enable(uint32_t spi_periph); void spi_disable(uint32_t spi_periph);	使能和禁止 SPI 外设
void spi_nss_output_enable(uint32_t spi_periph); void spi_nss_output_disable(uint32_t spi_periph);	使能和禁止 SPI NSS 输出
void spi_nss_internal_high(uint32_t spi_periph); void spi_nss_internal_low(uint32_t spi_periph);	控制软件模式下的 NSS 引脚
void spi_dma_enable(uint32_t spi_periph, uint8_t dma); void spi_dma_disable(uint32_t spi_periph, uint8_t dma);	使能和禁止 SPI 的 DMA 功能
void spi_i2s_data_transmit(uint32_t spi_periph, uint16_t data);	SPI 发送数据
uint16_t spi_i2s_data_receive(uint32_t spi_periph);	SPI 接收数据
void spi_bidirectional_transfer_config(uint32_t spi_periph, uint32_t transfer_direction);	半双工模式下设置 SPI 收发方向
void spi_i2s_interrupt_enable(uint32_t spi_periph, uint8_t interrupt);	使能 SPI 中断

（续）

API 函数原型	说　明
void spi_i2s_interrupt_disable(uint32_t spi_periph, uint8_t interrupt);	禁止 SPI 中断
FlagStatus spi_i2s_interrupt_flag_get(uint32_t spi_periph, uint8_t interrupt);	读取 SPI 中断标志
FlagStatus spi_i2s_flag_get(uint32_t spi_periph, uint32_t flag);	读取 SPI 标志

7.3.4　实例：SPI 以查询方式进行全双工通信

本节使用 GD32F303 的 SPI0 作为 SPI 主机，SPI1 作为从机，实现 SPI 查询方式全双工通信。SPI0 使用 PA4、PA5、PA6、PA7 这 4 个引脚，SPI1 使用 PB12、PB13、PB14、PB15 这 4 个引脚。由于 BluePillExt 母板上 SPI1 连接了 SPI Flash，所以我们将 BluePill 开发板取下单独使用。

memory_compare 函数用于对比两段内存的内容，本实例中用来对比 SPI 接收到的数据是否和预期一致。该函数的具体实现如下。

```
#include "gd32f30x.h"
#include "gd32f303c_eval.h"
#include <stdio.h>

#define arraysize                 10
#define SET_SPI0_NSS_HIGH()       gpio_bit_set(GPIOA,GPIO_PIN_4);
#define SET_SPI0_NSS_LOW()        gpio_bit_reset(GPIOA,GPIO_PIN_4);

ErrStatus memory_compare(uint8_t* src,uint8_t* dst,uint8_t length)
{
    while (length--){
        if (*src++ != *dst++)
            return ERROR;
    }
    return SUCCESS;
}
```

在 rcu_config 函数中初始化 GPIOA、GPIOB、SPI0、SPI1、AF 的时钟。该函数的具体实现如下。

```
/*!
    \ 简介            配置不同的外围时钟
    \ 参数 [ 输入 ]   无
    \ 参数 [ 输出 ]   无
```

```
    \返回值         无
*/
void rcu_config(void)
{
    rcu_periph_clock_enable(RCU_GPIOA);
    rcu_periph_clock_enable(RCU_GPIOB);
    rcu_periph_clock_enable(RCU_SPI0);
    rcu_periph_clock_enable(RCU_SPI1);
    rcu_periph_clock_enable(RCU_AF);
}
```

gpio_config 函数中完成了 SPI0 和 SPI1 两个 SPI 使用的 8 个 IO 的初始化。该函数的具体实现如下。

```
/*!
    \简介          配置外围 GPIO
    \参数[输入]    无
    \参数[输出]    无
    \返回值        无
*/
void gpio_config(void)
{
    /*SPI0 GPIO 配置:NSS/PA4,SCK/PA5,MISO/PA6,MOSI/PA7*/
    gpio_init(GPIOA,GPIO_MODE_AF_PP,GPIO_OSPEED_50MHZ,GPIO_PIN_5 | GPIO_
    PIN_7);
    gpio_init(GPIOA,GPIO_MODE_IN_FLOATING,GPIO_OSPEED_50MHZ,GPIO_PIN_6);
    /*PA4=NSS*/
    gpio_init(GPIOA,GPIO_MODE_OUT_PP,GPIO_OSPEED_50MHZ,GPIO_PIN_4);

    /*SPI1 GPIO c 配置:NSS/PB12,SCK/PB13,MISO/PB14,MOSI/PB15*/
    gpio_init(GPIOB,GPIO_MODE_IN_FLOATING,GPIO_OSPEED_50MHZ,
        GPIO_PIN_12 | GPIO_PIN_13 | GPIO_PIN_15);
    gpio_init(GPIOB,GPIO_MODE_AF_PP,GPIO_OSPEED_50MHZ,GPIO_PIN_14);
}
```

spi_config 函数的具体实现如下。

```
/*!
    \简介          配置外围 SPI
    \参数[输入]    无
    \参数[输出]    无
    \返回值        无
*/
void spi_config(void)
{
    spi_parameter_struct spi_init_struct;

    /*SPI0 参数配置*/
    spi_init_struct.trans_mode              =SPI_TRANSMODE_FULLDUPLEX;
```

```
    spi_init_struct.device_mode              =SPI_MASTER;
    spi_init_struct.frame_size               =SPI_FRAMESIZE_8BIT;
    spi_init_struct.clock_polarity_phase     =SPI_CK_PL_LOW_PH_1EDGE;
    spi_init_struct.nss                      =SPI_NSS_SOFT;
    spi_init_struct.prescale                 =SPI_PSC_32;
    spi_init_struct.endian                   =SPI_ENDIAN_MSB;
    spi_init(SPI0,&spi_init_struct);

    /*SPI1 参数配置 */
    spi_init_struct.device_mode              =SPI_SLAVE;
    spi_init_struct.nss                      =SPI_NSS_HARD;
    spi_init(SPI1,&spi_init_struct);
}
```

spi_config 函数可完成对 SPI0 和 SPI1 两个 SPI 的初始化，其中 SPI0 为 SPI 主机且 NSS 使用软件控制，SPI1 为 SPI 从机且 NSS 使用硬件控制，其他配置相同，具体如下。

- 均采用全双工模式。
- 均采用 8 位数据数据帧模式。
- SCK 时钟空闲低电平 CPOL=0。
- SCK 第一个边沿采样 CHPA=0。
- SCK 时钟 32 分频为 120MHz/32=3.75MHz。
- 数据位高位在前。

spi_transmit_polling 函数为查询发送函数，它在调用 spi_i2s_data_transmit 函数发送数据之前，会先判断发送缓冲区是否为空。如果非空，则等待一段时间再发送；如果等待超时，则返回错误码 -1；若发送成功，则返回 0。该函数的具体实现如下。

```
int32_t spi_transmit_polling(uint32_t spi_periph,uint16_t data)
{
    uint32_t timeout=0xFFFF;

    while(RESET == spi_i2s_flag_get(spi_periph,SPI_FLAG_TBE)){
        if(--timeout == 0){
            return -1;
        }
    }
    spi_i2s_data_transmit(spi_periph,data);

    return 0;
}
```

spi_receive_polling 函数为查询接收函数，它在调用 spi_i2s_data_receive 函数接收数据之前，会先判断接收缓冲区是否为空。如果非空，则等待一段时间再接收；如果等待超时，则返回错误码 -1；如果发送成功，则返回 0。该函数的具体实现如下。

```
int32_t spi_receive_polling(uint32_t spi_periph,uint16_t *data)
{
    uint32_t timeout=0xFFFF;

    while(RESET == spi_i2s_flag_get(SPI0,SPI_FLAG_RBNE)){
        if(--timeout == 0){
            return -1;
        }
    }
    if(data){
        *data=spi_i2s_data_receive(spi_periph);
        return 0;
    } else {
        return -2;
    }
}
```

main 的实现代码如下。

```
uint32_t send_n=0,receive_n=0;
uint16_t spi_data;
uint8_t spi0_send_array[arraysize]={0xA1,0xA2,0xA3,0xA4,0xA5,0xA6,0xA7,0xA8,
0xA9,0xAA};
uint8_t spi1_send_array[arraysize]={0xB1,0xB2,0xB3,0xB4,0xB5,0xB6,0xB7,0xB8,
0xB9,0xBA};
uint8_t spi0_receive_array[arraysize];
uint8_t spi1_receive_array[arraysize];

/*!
    \简介          main 函数
    \参数 [ 输入 ]  无
    \参数 [ 输出 ]  无
    \返回值         无
*/
int main(void)
{
    gd_eval_com_init(EVAL_COM1);
    usart_interrupt_enable(USART0,USART_INT_RBNE);
    nvic_irq_enable(USART0_IRQn,0,0);

    rcu_config();
    gpio_config();
    spi_config();

    SET_SPI0_NSS_HIGH();

    spi_enable(SPI1);
    spi_enable(SPI0);

    SET_SPI0_NSS_LOW();
```

```
        /* 等待发送完成 */
        while(send_n < arraysize){
            if (0 !=spi_transmit_polling(SPI1,spi1_send_array[send_n])){
                printf("SPI1 transmit polling timeout!\r\n");
            }
            if (0 !=spi_transmit_polling(SPI0,spi0_send_array[send_n])){
                printf("SPI0 transmit polling timeout!\r\n");
            }
            send_n++;
            if (0 !=spi_receive_polling(SPI1,&spi_data)){
                printf("SPI1 receive polling timeout!\r\n");
            } else {
                spi1_receive_array[receive_n]=spi_data;
            }
            if (0 !=spi_receive_polling(SPI0,&spi_data)){
                printf("SPI0 receive polling timeout!\r\n");
            } else {
                spi0_receive_array[receive_n]=spi_data;
            }
            receive_n++;
        }

        SET_SPI0_NSS_HIGH();

        /* 对比收到的数据和发送的数据 */
        if(memory_compare(spi1_receive_array,spi0_send_array,arraysize))
            printf("SPI0->SPI1 passed.\r\n");
        else
            printf("SPI0->SPI1 failed.\r\n");

        if(memory_compare(spi0_receive_array,spi1_send_array,arraysize))
            printf("SPI1->SPI0 passed\r\n");
        else
            printf("SPI1->SPI0 failed\r\n");

        while(1);
    }
    int fputc(int ch,FILE *f)
    {
        usart_data_transmit(USART0,(uint8_t)ch);
        while(RESET == usart_flag_get(USART0,USART_FLAG_TBE));
        return ch;
    }
```

在 main 函数中依次初始化调试串口、系统时钟、GPIO、SPI。然后依次调用 spi_transmit_polling 函数在 SPI1 和 SPI0 上发送数据；依次调用 spi_receive_polling 函数在 SPI1 和 SPI0 上接收数据。最后判断收到的数据和发送的数据是否一致。

本实例的工程路径为：GD32F30x_Firmware_Library\Examples\SPI\SPI_master_slave_-

fullduplex_polling。

在 MDK 中编译代码，然后使用 ISP 工具将代码下载到 BluePill 开发板，方法参考 5.1.3 节。

使用杜邦线按照以下顺序接线，连接 BluePill 开发板上的 SPI0 和 SPI1。

- NSS：PA4 连接 PB12。
- SCK：PA5 连接 PB13。
- MISO：PA6 连接 PB14。
- MOSI：PA7 连接 PB15。

打开超级终端软件，按照图 5-7 所示来设置参数，设置完成单击图中所示“确定”按钮，然后在超级终端中选择菜单呼叫（C）→呼叫（C），单击 BluePill 开发板上的 NRST 按键复位 MCU，可以看到超级终端的输出字符，如图 7-23 所示，可以发现两个方向上的 SPI 数据收发均测试通过。

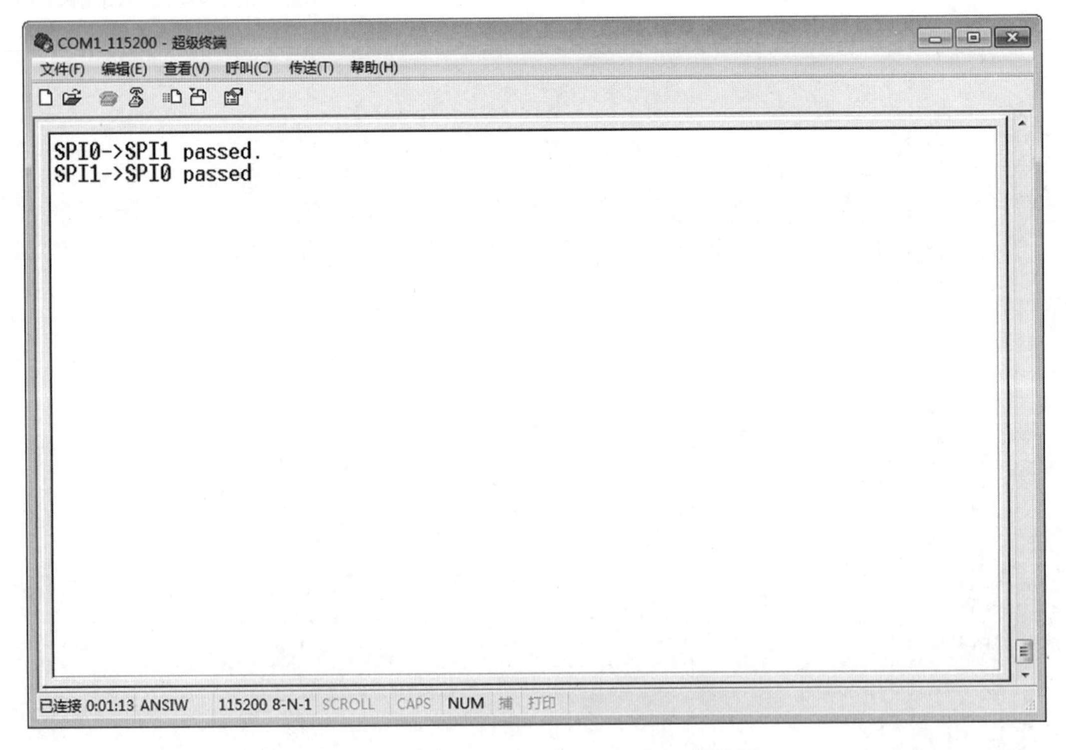

图 7-23 SPI 查询方式全双工通信运行结果

使用示波器观察 SCK 时钟，波形如图 7-24 所示，可以看到 SCK 时钟空闲时为低电平，SCK 频率为 3.75MHz，实验结果与代码运行结果完全匹配。

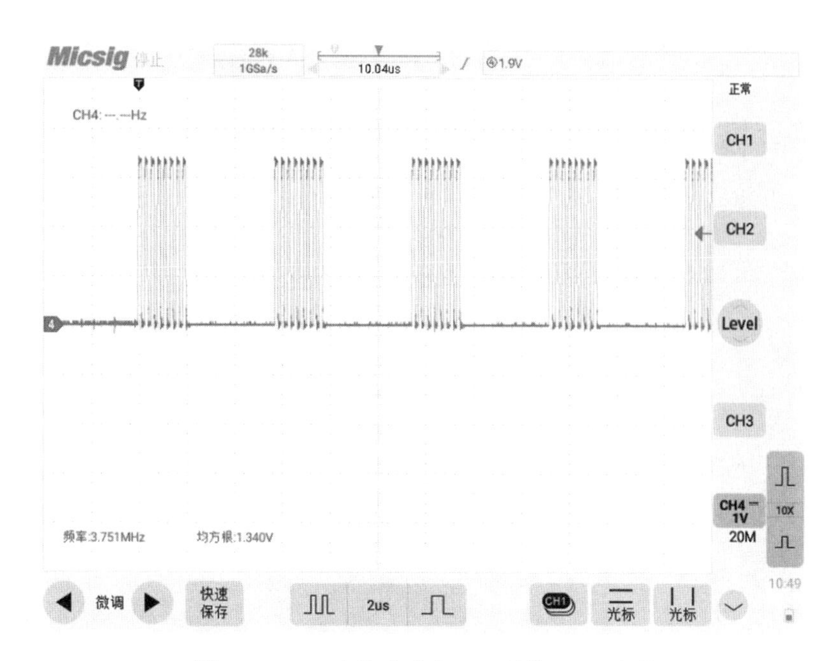

图 7-24　SPI 查询方式全双工通信 SCK 波形

7.3.5　实例：SPI 使用 DMA 进行全双工通信

在上一节的实例中，我们学习了 SPI 查询方式全双工通信，仔细观察图 7-24 所示的 SCK 波形可以发现：在两个 SPI 的字节之间 SCK 一直是空闲状态，这个空闲状态是由于 MCU 在搬运数据。实例中的 SCK 频率只有 3.75MHz，并不算高，随着 SCK 频率的提高，两个 SPI 字节之间的这个空闲状态的占比会越来越高，MCU 搬运数据的低效会严重拖累 SPI 的通信速度。

那么有没有办法可以充分发挥 SPI 的性能呢？有，用 DMA 就可以。

本节对上一节的代码进行改进，使用 DMA 来收发 SPI 数据。由表 7-7 所示可知，SPI0 使用 DMA0 的通道 1 和通道 2 进行数据的接收和发送；SPI1 使用 DMA0 的通道 3 和通道 4 进行数据的接收和发送。

表 7-7　SPI0 和 SPI1 使用的 DMA0 通道

外设	通道 0	通道 1	通道 2	通道 3	通道 4	通道 5	通道 6
ADC0	ADC0	•	•	•	•	•	•
SPI/I2S	•	SPI0_RX	SPI0_TX	SPI1/I2S1_RX	SPI1/I2S1_TX	•	•
USART	•	USART2_TX	USART2_RX	USART0_TX	USART0_RX	USART1_RX	USART1_TX
I2C	•	•	•	I2C1_TX	I2C1_RX	I2C0_TX	I2C0_RX

注：• 代表不支持该功能。

rcu_config 函数实现代码如下。

```
#include "gd32f30x.h"
#include "gd32f303c_eval.h"
#include <stdio.h>

#define arraysize                     10
#define SET_SPI0_NSS_HIGH()           gpio_bit_set(GPIOA,GPIO_PIN_4);
#define SET_SPI0_NSS_LOW()            gpio_bit_reset(GPIOA,GPIO_PIN_4);

uint8_t spi0_send_array[arraysize]={0xA1,0xA2,0xA3,0xA4,0xA5,0xA6,0xA7,0xA8,
0xA9,0xAA};
uint8_t spi1_send_array[arraysize]={0xB1,0xB2,0xB3,0xB4,0xB5,0xB6,0xB7,0xB8,
0xB9,0xBA};
uint8_t spi0_receive_array[arraysize];
uint8_t spi1_receive_array[arraysize];

ErrStatus memory_compare(uint8_t* src,uint8_t* dst,uint8_t length)
{
    while (length--){
        if (*src++ != *dst++)
            return ERROR;
    }
    return SUCCESS;
}

/*!
    \简介            配置不同的外围时钟
    \参数[输入]      无
    \参数[输出]      无
    \返回值          无
*/
void rcu_config(void)
{
    rcu_periph_clock_enable(RCU_GPIOA);
    rcu_periph_clock_enable(RCU_GPIOB);
    rcu_periph_clock_enable(RCU_DMA0);
    rcu_periph_clock_enable(RCU_SPI0);
    rcu_periph_clock_enable(RCU_SPI1);
    rcu_periph_clock_enable(RCU_AF);
}
```

在上述 rcu_config 函数中初始化了 GPIOA、GPIOB、DMA0、SPI0、SPI1、AF 的时钟。

gpio_config 函数用于完成 SPI0 和 SPI1 两个 SPI 接口使用的 8 个 IO 的初始化。该函数的实现代码如下。

```
/*!
    \简介            配置 GPIO 外设
    \参数[输入]      无
```

```
    \参数[输出]   无
    \返回值       无
*/
void gpio_config(void)
{
    /*SPI0 GPIO 配置:NSS/PA4,SCK/PA5,MISO/PA6,MOSI/PA7*/
    gpio_init(GPIOA,GPIO_MODE_AF_PP,GPIO_OSPEED_50MHZ,GPIO_PIN_5 | GPIO_
    PIN_7);
    gpio_init(GPIOA,GPIO_MODE_IN_FLOATING,GPIO_OSPEED_50MHZ,GPIO_PIN_6);
    /*PA4=NSS*/
    gpio_init(GPIOA,GPIO_MODE_OUT_PP,GPIO_OSPEED_50MHZ,GPIO_PIN_4);

    /*SPI1 GPIO 配置:NSS/PB12,SCK/PB13,MISO/PB14,MOSI/PB15*/
    gpio_init(GPIOB,GPIO_MODE_IN_FLOATING,GPIO_OSPEED_50MHZ,
        GPIO_PIN_12 | GPIO_PIN_13 | GPIO_PIN_15);
    gpio_init(GPIOB,GPIO_MODE_AF_PP,GPIO_OSPEED_50MHZ,GPIO_PIN_14);
}
```

dma_config 函数用于完成 DMA 的初始化。该函数的实现代码如下。

```
/*!
    \简介         配置 DMA 外设
    \参数[输入]   无
    \参数[输出]   无
    \返回值       无
*/
void dma_config(void)
{
    dma_parameter_struct dma_init_struct;

    /*SPI0 借助 DMA 发送数据，DMA 配置:DMA0-DMA_CH2*/
    dma_deinit(DMA0,DMA_CH2);
    dma_init_struct.periph_addr   =(uint32_t)&SPI_DATA(SPI0);
    dma_init_struct.memory_addr   =(uint32_t)spi0_send_array;
    dma_init_struct.direction     =DMA_MEMORY_TO_PERIPHERAL;
    dma_init_struct.memory_width  =DMA_MEMORY_WIDTH_8BIT;
    dma_init_struct.periph_width  =DMA_PERIPHERAL_WIDTH_8BIT;
    dma_init_struct.priority      =DMA_PRIORITY_LOW;
    dma_init_struct.number        =arraysize;
    dma_init_struct.periph_inc    =DMA_PERIPH_INCREASE_DISABLE;
    dma_init_struct.memory_inc    =DMA_MEMORY_INCREASE_ENABLE;
    dma_init(DMA0,DMA_CH2,&dma_init_struct);
    /*配置 DMA 模式*/
    dma_circulation_disable(DMA0,DMA_CH2);
    dma_memory_to_memory_disable(DMA0,DMA_CH2);
```

SPI0 借助 DMA 发送数据要使用 DMA0 的 CH2，并依次进行如下设置。

- ❑ 将外设地址设置为 &SPI_DATA(SPI0)。
- ❑ 将内存地址设置为 spi0_send_array。

- 将传输方向设置为从内存到外设。
- 将内存字长设置为 8 位。
- 将外设字长设置为 8 位。
- 将优先级设置为低。
- 将字的数量设置为 10。
- 将外设地址自增设置为关闭。
- 将内存地址自增设置为打开。

SPI0 借助 DMA 接收数据的配置代码如下。

```
/*SPI0 借助 DMA 接收数据，DMA 配置：DMA0-DMA_CH1*/
dma_deinit(DMA0,DMA_CH1);
dma_init_struct.periph_addr         =(uint32_t)&SPI_DATA(SPI0);
dma_init_struct.memory_addr         =(uint32_t)spi0_receive_array;
dma_init_struct.direction           =DMA_PERIPHERAL_TO_MEMORY;
dma_init_struct.priority            =DMA_PRIORITY_HIGH;
dma_init(DMA0,DMA_CH1,&dma_init_struct);
/*配置 DMA 模式*/
dma_circulation_disable(DMA0,DMA_CH1);
dma_memory_to_memory_disable(DMA0,DMA_CH1);
```

SPI0 借助 DMA 接收数据要使用 DMA0 的 CH1，并依次进行如下设置。

- 将外设地址设置为 &SPI_DATA(SPI0)。
- 将内存地址设置为 spi0_receive_array。
- 将传输方向设置为从外设到内存。
- 将内存字长设置为 8 位。
- 将外设字长设置为 8 位。
- 将优先级设置为高。
- 将字的数量设置为 10。
- 将外设地址自增设置为关闭。
- 将内存地址自增设置为打开。

SPI1 借助 DMA 发送数据的配置代码如下。

```
/*SPI1 借助 DMA 发送数据，DMA 配置：DMA0,DMA_CH4*/
dma_deinit(DMA0,DMA_CH4);
dma_init_struct.periph_addr         =(uint32_t)&SPI_DATA(SPI1);
dma_init_struct.memory_addr         =(uint32_t)spi1_send_array;
dma_init_struct.direction           =DMA_MEMORY_TO_PERIPHERAL;
dma_init_struct.priority            =DMA_PRIORITY_MEDIUM;
dma_init(DMA0,DMA_CH4,&dma_init_struct);
/*配置 DMA 模式*/
dma_circulation_disable(DMA0,DMA_CH4);
dma_memory_to_memory_disable(DMA0,DMA_CH4);
```

SPI1 借助 DMA 发送数据要使用 DMA0 的 CH4，并依次进行如下设置。

- ❑ 将外设地址设置为 &SPI_DATA(SPI1)。
- ❑ 将内存地址设置为 spi1_send_array。
- ❑ 将传输方向设置为从内存到外设。
- ❑ 将内存字长设置为 8 位。
- ❑ 将外设字长设置为 8 位。
- ❑ 将优先级设置为中等。
- ❑ 将字的数量设置为 10。
- ❑ 将外设地址自增设置为关闭。
- ❑ 将内存地址自增设置为打开。

SPI1 借助 DMA 接收数据的配置代码如下。

```
    /*SPI1 借助 DMA 接收数据，DMA 配置:DMA0,DMA_CH3*/
    dma_deinit(DMA0,DMA_CH3);
    dma_init_struct.periph_addr         =(uint32_t)&SPI_DATA(SPI1);
    dma_init_struct.memory_addr         =(uint32_t)spi1_receive_array;
    dma_init_struct.direction           =DMA_PERIPHERAL_TO_MEMORY;
    dma_init_struct.priority            =DMA_PRIORITY_ULTRA_HIGH;
    dma_init(DMA0,DMA_CH3,&dma_init_struct);
    /* 配置 DMA 模式 */
    dma_circulation_disable(DMA0,DMA_CH3);
    dma_memory_to_memory_disable(DMA0,DMA_CH3);
}
```

SPI1 借助 DMA 接收数据要使用 DMA0 的 CH3，并依次进行如下设置。

- ❑ 将外设地址设置为 &SPI_DATA(SPI1)。
- ❑ 将内存地址设置为 spi1_receive_array。
- ❑ 将传输方向设置为从外设到内存。
- ❑ 将内存字长设置为 8 位。
- ❑ 将外设字长设置为 8 位。
- ❑ 将优先级设置为高。
- ❑ 将字的数量设置为 10。
- ❑ 将外设地址自增设置为关闭。
- ❑ 将内存地址自增设置为打开。

spi_config 函数的实现代码如下。

```
/*!
    \简介          配置 SPI 外设
    \参数[输入]    无
    \参数[输出]    无
    \返回值        无
```

```
*/
void spi_config(void)
{
    spi_parameter_struct spi_init_struct;

    /* 配置 SPI0 参数 */
    spi_init_struct.trans_mode                  =SPI_TRANSMODE_FULLDUPLEX;
    spi_init_struct.device_mode                 =SPI_MASTER;
    spi_init_struct.frame_size                  =SPI_FRAMESIZE_8BIT;
    spi_init_struct.clock_polarity_phase        =SPI_CK_PL_LOW_PH_1EDGE;
    spi_init_struct.nss                         =SPI_NSS_SOFT;
    spi_init_struct.prescale                    =SPI_PSC_32;
    spi_init_struct.endian                      =SPI_ENDIAN_MSB;
    spi_init(SPI0,&spi_init_struct);

    /* 配置 SPI1 参数 */
    spi_init_struct.device_mode                 =SPI_SLAVE;
    spi_init_struct.nss                         =SPI_NSS_HARD;
    spi_init(SPI1,&spi_init_struct);
}
```

spi_config 函数完成 SPI0 和 SPI1 两个 SPI 接口的初始化，SPI0 为 SPI 主机且 NSS 使用软件控制；SPI1 为 SPI 从机且 NSS 使用硬件控制。其他参数两接口相同，均为：

- ❑ 采用全双工模式。
- ❑ 采用 8 位数据帧模式。
- ❑ SCK 时钟空闲时为低电平，CPOL=0。
- ❑ SCK 在第一个边沿进行采样，CHPA=0。
- ❑ SCK 时钟为 32 分频，120MHz/32=3.75MHz。
- ❑ 数据位高位在前。

main 函数的实现代码如下。

```
/*!
    \简介          main 函数
    \参数[输入]   无
    \参数[输出]   无
    \返回值        无
*/
int main(void)
{
    gd_eval_com_init(EVAL_COM1);
    usart_interrupt_enable(USART0,USART_INT_RBNE);
    nvic_irq_enable(USART0_IRQn,0,0);

    rcu_config();
    gpio_config();
    dma_config();
```

```
    spi_config();

    SET_SPI0_NSS_HIGH();

    spi_enable(SPI1);
    spi_enable(SPI0);

    /* 使能 DMA 通道 */
    dma_channel_enable(DMA0,DMA_CH1);
    dma_channel_enable(DMA0,DMA_CH2);
    dma_channel_enable(DMA0,DMA_CH3);
    dma_channel_enable(DMA0,DMA_CH4);

    SET_SPI0_NSS_LOW();

    /* 使能 SPI DMA*/
    spi_dma_enable(SPI1,SPI_DMA_TRANSMIT);
    spi_dma_enable(SPI1,SPI_DMA_RECEIVE);
    spi_dma_enable(SPI0,SPI_DMA_TRANSMIT);
    spi_dma_enable(SPI0,SPI_DMA_RECEIVE);

    /* 等待 DMA 发送完成 */
    while(!dma_flag_get(DMA0,DMA_CH2,DMA_INTF_FTFIF));
    while(!dma_flag_get(DMA0,DMA_CH4,DMA_INTF_FTFIF));
    while(!dma_flag_get(DMA0,DMA_CH3,DMA_INTF_FTFIF));
    while(!dma_flag_get(DMA0,DMA_CH1,DMA_INTF_FTFIF));

    SET_SPI0_NSS_HIGH();

    /* 对比收到的数据和发送的数据 */
    if(memory_compare(spi1_receive_array,spi0_send_array,arraysize))
        printf("SPI0->SPI1 passed.\r\n");
    else
        printf("SPI0->SPI1 failed.\r\n");

    if(memory_compare(spi0_receive_array,spi1_send_array,arraysize))
        printf("SPI1->SPI0 passed\r\n");
    else
        printf("SPI1->SPI0 failed\r\n");

    while(1);
}

int fputc(int ch,FILE *f)
{
    usart_data_transmit(USART0,(uint8_t)ch);
    while(RESET == usart_flag_get(USART0,USART_FLAG_TBE));
    return ch;
}
```

在 main 函数中依次初始化了调试串口、系统时钟、GPIO、DMA、SPI 接口。然后使能两个 SPI 接口，使能 DMA0 的 4 个通道，用软件将 SPI0 的 NSS 引脚拉低，然后使能 DMA 传输并等待 DMA 传输完毕。接着用软件将 SPI0 的 NSS 引脚拉高，然后判断接收到的数据和发送的数据是否一致。

本实例的工程路径为：GD32F30x_Firmware_Library\Examples\SPI\SPI_master_slave_-fullduplex_dma。

在 MDK 中编译代码，然后使用 ISP 工具将代码下载到 BluePill 开发板，方法参考 5.1.3 节。

使用杜邦线按照以下顺序接线，连接 BluePill 开发板上的 SPI0 和 SPI1 接口。

- ❑ NSS：PA4 连接 PB12。
- ❑ SCK：PA5 连接 PB13。
- ❑ MISO：PA6 连接 PB14。
- ❑ MOSI：PA7 连接 PB15。

打开超级终端软件，按照图 5-7 所示来设置参数，设置完成单击图中所示“确定”按钮，然后在超级终端中选择菜单呼叫（C）→呼叫（C），单击 BluePill 开发板上的 NRST 按键复位 MCU，运行上述代码，超级终端的输出字符如图 7-23 所示。两个方向上的 SPI 数据收发均测试通过。

此时使用示波器观察 SCK 时钟，波形如图 7-25 所示。可以看到，SCK 时钟空闲时依然为低电平，SCK 频率依然为 3.75MHz，然而 SPI 每个字节的数据之间的 SCK 时钟空闲不见了，这说明使用 DMA 确实可以大大提高 SPI 接口的通信效率。

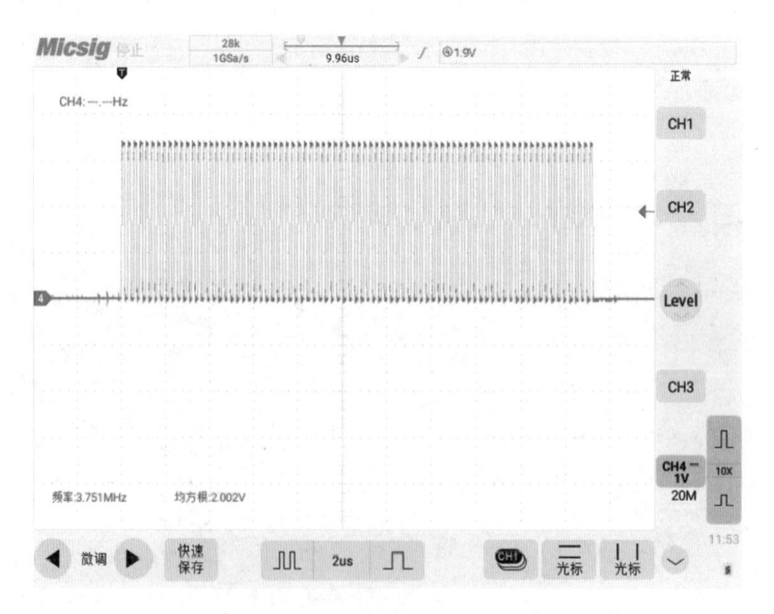

图 7-25 SPI 使用 DMA 查询方式全双工通信 SCK 波形

7.3.6　实例：SPI 半双工主从通信

GD32 的 SPI 接口支持半双工双向线模式，只要有 3 条线即可实现双向通信，典型连接如图 7-26 所示。此时 SPI 主机只使用 MOSI，SPI 从机只使用 MISO。在之前的实例中收发都使用查询方式，本节学习如何使用中断方式进行收发。

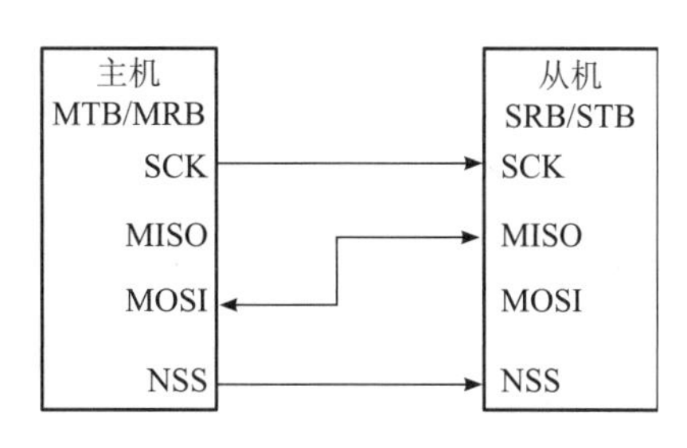

图 7-26　SPI 接口双向线连接

在实际项目中，通信类外设进行数据接收大多数使用中断方式，外设接收到数据后通过中断通知 CPU 来读取数据，这样可以降低 CPU 的负担。数据发送过程往往由 CPU 发起，因此大多数数据发送使用查询方式：由 CPU 将数据写入外设，然后等待外设数据发送完成。这个等待过程会占用额外的 CPU 时间，使用中断方式发送可以避免额外的 CPU 占用。本节我们也将学习使用中断方式发送数据。

rcu_config 函数用于初始化 GPIOA、GPIOB、SPI0、SPI1、AF 的时钟，实现代码如下。

```
#include "gd32f30x.h"
#include "gd32f303c_eval.h"
#include <stdio.h>

#define arraysize                  10
#define SET_SPI0_NSS_HIGH()        gpio_bit_set(GPIOA,GPIO_PIN_4);
#define SET_SPI0_NSS_LOW()         gpio_bit_reset(GPIOA,GPIO_PIN_4);

__IO uint32_t send_n=0,receive_n=0;
uint8_t spi0_send_array[arraysize]={0xA1,0xA2,0xA3,0xA4,0xA5,0xA6,0xA7,0xA8,
0xA9,0xAA};
uint8_t spi1_receive_array[arraysize];

ErrStatus memory_compare(uint8_t* src,uint8_t* dst,uint8_t length)
{
    while (length--){
        if (*src++ != *dst++)
            return ERROR;
    }
    return SUCCESS;
}
```

```
/*!
    \简介          设置不同的外设时钟
    \参数[输入]    无
    \参数[输出]    无
    \返回值        无
*/
void rcu_config(void)
{
    rcu_periph_clock_enable(RCU_GPIOA);
    rcu_periph_clock_enable(RCU_GPIOB);
    rcu_periph_clock_enable(RCU_SPI0);
    rcu_periph_clock_enable(RCU_SPI1);
    rcu_periph_clock_enable(RCU_AF);
}
```

gpio_config 函数用于初始化 SPI0 和 SPI1 两个 SPI 使用的 6 个 IO，实现代码如下。

```
/*!
    \简介          设置 GPIO 外设
    \参数[输入]    无
    \参数[输出]    无
    \返回值        无
*/
void gpio_config(void)
{
    /*SPI0 GPIO 配置:NSS/PA4,SCK/PA5,MOSI/PA7*/
    gpio_init(GPIOA,GPIO_MODE_AF_PP,GPIO_OSPEED_50MHZ,GPIO_PIN_5 | GPIO_
    PIN_7);
    /*PA4=NSS*/
    gpio_init(GPIOA,GPIO_MODE_OUT_PP,GPIO_OSPEED_50MHZ,GPIO_PIN_4);

    /*SPI1 GPIO 配置:NSS/PB12,SCK/PB13,MISO/PB14*/
    gpio_init(GPIOB,GPIO_MODE_IN_FLOATING,GPIO_OSPEED_50MHZ,
        GPIO_PIN_12 | GPIO_PIN_13 | GPIO_PIN_14);
}
```

spi_config 函数的实现代码如下。

```
/*!
    \简介          配置 SPI 外设
    \参数[输入]    无
    \参数[输出]    无
    \返回值        无
*/
void spi_config(void)
{
    spi_parameter_struct spi_init_struct;

    /*SPI0 参数配置*/
    spi_init_struct.trans_mode                =SPI_TRANSMODE_BDTRANSMIT;
```

```
    spi_init_struct.device_mode                    =SPI_MASTER;
    spi_init_struct.frame_size                     =SPI_FRAMESIZE_8BIT;
    spi_init_struct.clock_polarity_phase           =SPI_CK_PL_LOW_PH_1EDGE;
    spi_init_struct.nss                            =SPI_NSS_SOFT;
    spi_init_struct.prescale                       =SPI_PSC_32;
    spi_init_struct.endian                         =SPI_ENDIAN_MSB;
    spi_init(SPI0,&spi_init_struct);

    /*SPI1 参数配置 */
    spi_init_struct.trans_mode                     =SPI_TRANSMODE_BDRECEIVE;
    spi_init_struct.device_mode                    =SPI_SLAVE;
    spi_init_struct.nss                            =SPI_NSS_HARD;
    spi_init(SPI1,&spi_init_struct);
}
```

spi_config 函数用于初始化 SPI0 和 SPI1 两个 SPI，SPI0 为主机，采用双向数据发送模式，NSS 使用软件控制；SPI1 为从机，采用双向数据接收模式，NSS 使用硬件控制。其他参数两个 SPI 相同，均为：

- 采用 8 位数据帧模式。
- SCK 时钟空闲时为低电平，CPOL=0。
- SCK 第一个边沿时进行采样，CHPA=0。
- SCK 时钟为 32 分频，120MHz/32=3.75MHz。
- 数据位高位在前。

在 SPI0 的中断服务程序 SPI0_IRQHandler 中完成数据的发送：先判断 SPI0 的发送缓冲区中断标志，防止重复响应中断。等待 SPI0 的发送缓冲区空标志置位以后发送数据，数据发送完成以后关闭发送缓冲区空中断。具体实现代码如下。

```
/*!
    \简介          用于处理 SPI0 程序异常的函数
    \参数[输入]    无
    \参数[输出]    无
    \返回值        无
*/
void SPI0_IRQHandler(void)
{
    if(RESET !=spi_i2s_interrupt_flag_get(SPI0,SPI_I2S_INT_FLAG_TBE)){
        /* 发送数据 */
        while(RESET == spi_i2s_flag_get(SPI0,SPI_FLAG_TBE));
        spi_i2s_data_transmit(SPI0,spi0_send_array[send_n++]);

        if(arraysize == send_n){
            spi_i2s_interrupt_disable(SPI0,SPI_I2S_INT_TBE);
        }
    }
}
```

在 SPI1 的中断服务程序 SPI1_IRQHandler 中判断接收缓冲区非空中断标志是否置位，若置位则读取数据并将其写入 spi1_receive_array 数组。具体实现代码如下。

```
/*!
    \简介          用于处理 SPI1 程序异常的函数
    \参数 [ 输入 ]  无
    \参数 [ 输出 ]  无
    \返回值         无
*/
void SPI1_IRQHandler(void)
{
    if(RESET !=spi_i2s_interrupt_flag_get(SPI1,SPI_I2S_INT_FLAG_RBNE))
        spi1_receive_array[receive_n++]=spi_i2s_data_receive(SPI1);
}
```

main 函数的实现代码如下。

```
/*!
    \简介          main 函数
    \参数 [ 输入 ]  无
    \参数 [ 输出 ]  无
    \返回值         无
*/
int main(void)
{
    gd_eval_com_init(EVAL_COM1);
    usart_interrupt_enable(USART0,USART_INT_RBNE);
    nvic_irq_enable(USART0_IRQn,0,0);

    /* 配置 NVIC*/
    nvic_priority_group_set(NVIC_PRIGROUP_PRE1_SUB3);
    nvic_irq_enable(SPI0_IRQn,1,1);
    nvic_irq_enable(SPI1_IRQn,0,1);

    rcu_config();
    gpio_config();
    spi_config();

    SET_SPI0_NSS_HIGH();

    /* 使能 SPI 中断 */
    spi_i2s_interrupt_enable(SPI0,SPI_I2S_INT_TBE);
    spi_i2s_interrupt_enable(SPI1,SPI_I2S_INT_RBNE);

    SET_SPI0_NSS_LOW();

    /* 使能 SPI*/
    spi_enable(SPI1);
    spi_enable(SPI0);
```

```
    /* 等待发送完成 */
    while(receive_n < arraysize);

    SET_SPI0_NSS_HIGH();

    /* 对比接收到的数据和发送的数据 */
    if(memory_compare(spi1_receive_array,spi0_send_array,arraysize))
        printf("SPI1 received passed.\r\n");
    else
        printf("SPI1 received failed.\r\n");

    while(1);
}

int fputc(int ch,FILE *f)
{
    usart_data_transmit(USART0,(uint8_t)ch);
    while(RESET == usart_flag_get(USART0,USART_FLAG_TBE));
    return ch;
}
```

在 main 函数中依次初始化了调试串口、系统时钟、GPIO、SPI 接口，使能了两个 SPI 响应中断，用软件将 SPI0 的 NSS 引脚拉低，然后使能两个 SPI，等待数据发送完成。最后判断接收到的数据和发送的数据是否一致。

本实例的工程路径为：GD32F30x_Firmware_Library\Examples\SPI\SPI_master_transmit_-slave_receive_interrupt。

在 MDK 中编译代码，然后使用 ISP 工具将代码下载到 BluePill 开发板，方法参考 5.1.3 节。

使用杜邦线按照以下顺序接线，连接 BluePill 开发板上的 SPI0 和 SPI1。

- NSS：PA4 连接 PB12。
- SCK：PA5 连接 PB13。
- MOSI-MISO：PA7 连接 PB14。

打开超级终端软件，按照图 5-7 所示来设置参数，设置完成单击图中所示“确定”按钮，然后在超级终端中选择菜单呼叫（C）→呼叫（C），单击 BluePill 开发板上的 NRST 按键复位 MCU，运行上述代码可以看到超级终端的输出字符如图 7-27 所示。

通过本节我们知道了中断方式发送数据的流程：用软件填充好待发送的数据，使能 SPI 发送中断后就可处理其他事务了。在中断服务程序中读取并发送数据，发送完成以后在中断服务程序中关闭发送中断以结束本次发送。由于 CPU 无须等待 SPI 硬件发送完成，所以减少了额外的 CPU 占用，提高了效率。

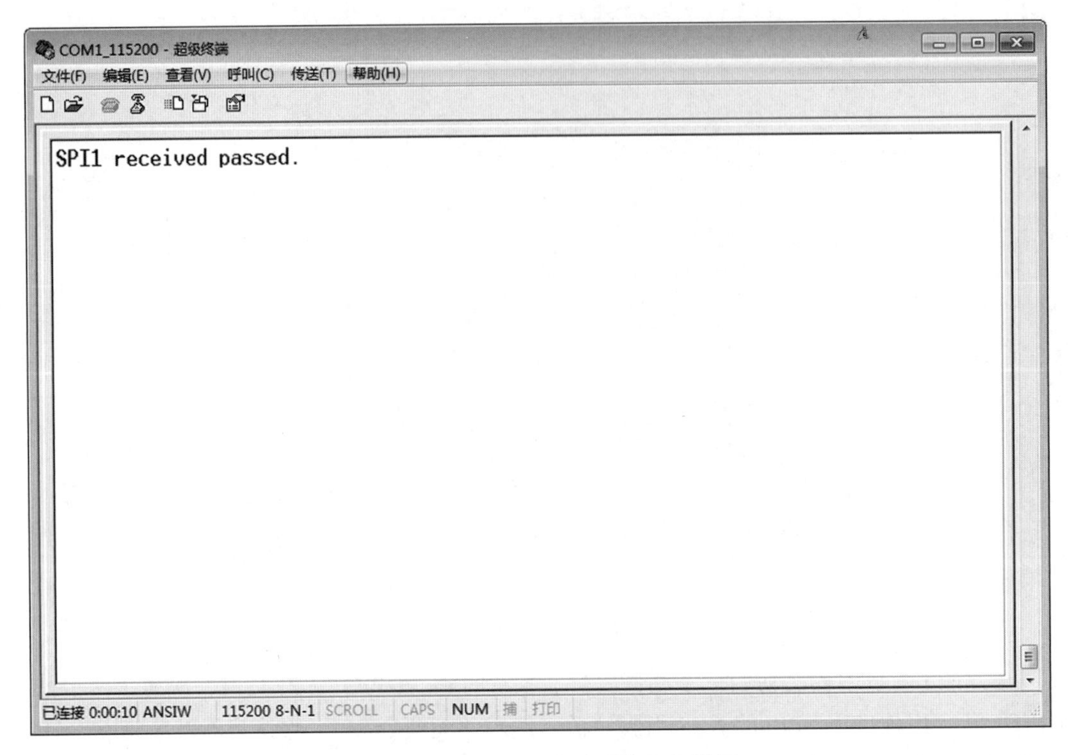

图 7-27 SPI 半双工主从通信运行结果

7.3.7 实例：SPI 读写 GD25 系列 SPI Flash

在所有使用 SPI 的芯片中，SPI 的 NOR Flash 可能是最常见的。SPI Flash 的 SPI 支持单线、双线、四线 SPI，SCK 最高频率可达 133MHz。兆易创新的 GD25 系列 SPI NOR Flash 产品容量覆盖 1～512Mb，是唯一全国产化和符合 AEC-Q100 标准的 Flash 解决方案。

BluePillExt 母板上有一颗 16Mb 的 SPI FLASH 芯片，通过 SPI0 接口连接到 MCU，如图 7-28 所示。本节将在 7.1.10 节设计的命令解释器的基础上新增几个 SPI Flash 访问命令，实现 SPI Flash 的读取、编程和擦除。

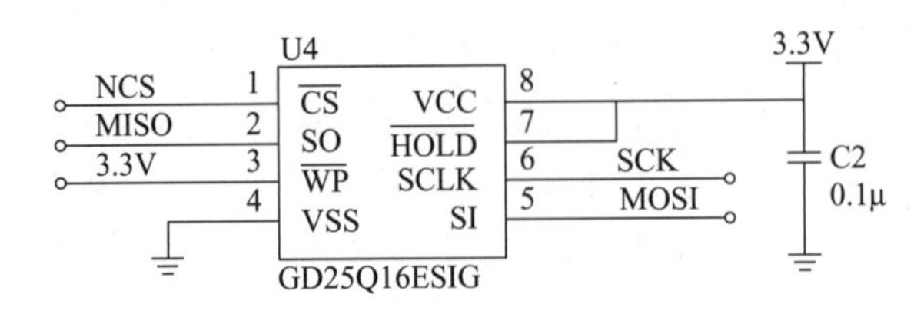

图 7-28 BluePillExt 母板上的 SPI Flash

具体实现代码如下。

```
#include "gd32f30x.h"
#include "gd32f303c_eval.h"
#include <stdio.h>
#include <ctype.h>
#include <string.h>
#include <stdlib.h>

#define LOBYTE(w)          (w&0xFF)
#define HIBYTE(w)          ((w>>8)&0xFF)

#define GD25_CS_HIGH()     gpio_bit_set(GPIOB,GPIO_PIN_12)
#define GD25_CS_LOW()      gpio_bit_reset(GPIOB,GPIO_PIN_12)

#define TX_LEN             128
#define RX_LEN             128
#define CMD_LEN            128

uint8_t syscall_buf[256];

volatile uint8_t isCmdOk=0;
char txBuf[TX_LEN],rxBuf[RX_LEN],cmdBuf[CMD_LEN];
uint16_t txPtr=0,rxPtr=0,cmdPtr=0;

struct syscall_item {
    const char *name;           /* 系统调用的名称 */
    const char *desc;           /* 系统调用说明 */
    void (*func)(void);         /* 系统调用的函数地址 */
};

char *syscall_cmd=NULL;
char *syscall_param1=NULL;
char *syscall_param2=NULL;

extern const struct syscall_item syscall_table[];
extern const uint8_t syscall_num;

void usart_recv_char(char dat)
{
    txPtr=0;
    if(isprint(dat)){
        txBuf[txPtr++]=dat;
        if(cmdPtr < CMD_LEN)
            cmdBuf[cmdPtr++]=tolower(dat);
    } else if(0x08 == dat) {
        /* 退格 */
        txBuf[txPtr++]=0x08;
        txBuf[txPtr++]=0x20;
        txBuf[txPtr++]=0x08;
```

```
        if(cmdPtr > 0)
            cmdPtr--;
    } else if(0x0D == dat) {
        /* 回车 */
        txBuf[txPtr++]=0x0D;
        txBuf[txPtr++]=0x0A;
        if(cmdPtr < CMD_LEN) {
            cmdBuf[cmdPtr++]=0x00;
            cmdPtr=0;
            isCmdOk=1;
        } else {
            cmdBuf[CMD_LEN-1]=0x00;
            cmdPtr=0;
        }
    } else {
        /* 忽略其他字符 */
    }
}

static uint32_t SPI_TimeoutCnt=0;
uint16_t SPI_SwapByte(uint8_t byte)
{
    volatile uint16_t timeout=0;
    uint16_t recv=0;

    // 等待 TBE=1
    timeout=0xFFFF;
    while(spi_i2s_flag_get(SPI1,SPI_FLAG_TBE) == RESET){
        timeout--;
        if(0 == timeout) {
            SPI_TimeoutCnt++;
            break;
        }
    }
    // 使用 SPI 外设发送数据（单位为字节）
    spi_i2s_data_transmit(SPI1,byte);
    // 等待 RBNE=1
    timeout=0xFFFF;
    while(spi_i2s_flag_get(SPI1,SPI_FLAG_RBNE) == RESET) {
        timeout--;
        if(0 == timeout) {
            SPI_TimeoutCnt++;
            break;
        }
    }
    // 返回从 SPI 外设收到的数据（单位为字节）
    recv=spi_i2s_data_receive(SPI1);
    // 等待 TRANS=0
    timeout=0xFFFF;
    while (spi_i2s_flag_get(SPI1,SPI_FLAG_TRANS) == SET) {
```

```
        timeout--;
        if(0 == timeout) {
            SPI_TimeoutCnt++;
            break;
        }
    }
    return recv;
}

void PrintByteBuffer(const uint8_t *buf,uint32_t start,uint32_t len)
{
    uint16_t i=0,j=0;

    while(i<len) {
        printf("0x%08X ",start+i);
        for(j=0;j<16;j++)
            printf("%02X ",buf[i+j]);
        for(j=0;j<16;j++)
            printf("%c",(buf[i+j] >=0x20 && buf[i+j]<=0x7E) ? buf[i+j] :'•');
        printf("\r\n");
        i +=16;
    }
}
```

上述代码中的 PrintByteBuffer 函数实现了缓冲区打印，用于显示 SPI Flash 中的内容。以“GD25_”开头的系列函数实现代码如下。

```
void GD25_WriteEnable(void)
{
    GD25_CS_LOW();
    SPI_SwapByte(0x06);
    GD25_CS_HIGH();
}

void GD25_WriteDisable(void)
{
    GD25_CS_LOW();
    SPI_SwapByte(0x04);
    GD25_CS_HIGH();
}

uint8_t GD25_ReadSR1(void)
{
    uint8_t byte=0;

    GD25_CS_LOW();
    SPI_SwapByte(0x05);
    byte=SPI_SwapByte(0xFF);
    GD25_CS_HIGH();
```

```
    return byte;
}

void GD25_WaitBusy(void)
{
    while((GD25_ReadSR1() & 0x01) == 0x01);
}

void GD25_WritePage(uint8_t *buf,uint32_t addr,uint16_t len)
{
    uint16_t i=0;
    uint8_t cmd[4];

    cmd[i]=0x02;
    cmd[1]=LOBYTE(addr>>16);
    cmd[2]=LOBYTE(addr>>8);
    cmd[3]=LOBYTE(addr>>0);
    GD25_WriteEnable();
    GD25_WaitBusy();
    GD25_CS_LOW();
    for(i=0;i<4;i++)
        SPI_SwapByte(cmd[i]);
    for(i=0;i<len;i++)
        SPI_SwapByte(buf[i]);
    GD25_CS_HIGH();
    GD25_WriteDisable();
    GD25_WaitBusy();
}

void GD25_Erase4KB(uint32_t addr)
{
    uint16_t i=0;
    uint8_t cmd[4];

    cmd[i]=0x20;
    cmd[1]=LOBYTE(addr>>16);
    cmd[2]=LOBYTE(addr>>8);
    cmd[3]=LOBYTE(addr>>0);
    GD25_WriteEnable();
    GD25_WaitBusy();
    GD25_CS_LOW();
    for(i=0;i<4;i++)
        SPI_SwapByte(cmd[i]);
    GD25_CS_HIGH();
    GD25_WriteDisable();
    GD25_WaitBusy();
}

void GD25_Read(uint8_t *buf,uint32_t addr,uint16_t len)
{
```

```
    uint16_t i=0;
    uint8_t cmd[4];

    cmd[i]=0x03;
    cmd[1]=LOBYTE(addr>>16);
    cmd[2]=LOBYTE(addr>>8);
    cmd[3]=LOBYTE(addr>>0);
    GD25_CS_LOW();
    for(i=0;i<4;i++)
        SPI_SwapByte(cmd[i]);
    for(i=0;i<len;i++)
        buf[i]=SPI_SwapByte(0xFF);
    GD25_CS_HIGH();
}
```

以“GD25_”开头的一系列函数实现了 SPI Flash 的基础操作，包括 Flash 的读取、编程和擦除，指令细节请参考 GD25Q16C 的用户手册。

syscall_read、syscall_write、syscall_erase 这 3 个函数实现了 SPI Flash 的读取、编程和擦除命令，它们分别对应 read、write、erase 命令，具体实现代码如下。

```
void tskSyscall(void)
{
    uint8_t i=0;
    if(isCmdOk){
        syscall_cmd=strtok(cmdBuf," ");
        if(syscall_cmd){
            syscall_param1=strtok(NULL," ");
            if(syscall_param1)
                syscall_param2=strtok(NULL," ");
        }
        for(i=0;i<syscall_num;i++)
            if(strstr(syscall_cmd,syscall_table[i].name))
                break;
        if(i<syscall_num && syscall_table[i].func)
            (*syscall_table[i].func)();
        syscall_cmd=NULL;
        syscall_param1=NULL;
        syscall_param2=NULL;
        isCmdOk=0;
    }
}

void syscall_test(void)
{
    if(syscall_cmd){
        printf("cmd:%s\r\n",syscall_cmd);
        if(syscall_param1){
            printf("param1:%s\r\n",syscall_param1);
            if(syscall_param2)
```

```
                printf("param2:%s\r\n",syscall_param2);
            }
        }
}

void syscall_help(void)
{
    uint8_t i=0;
    for(i=0;i<syscall_num;i++)
        if(syscall_table[i].func)
            printf(" %s -> %s",syscall_table[i].name,syscall_table[i].desc);
}

void syscall_read(void)
{
    uint32_t startAddr=0;
    uint16_t memlen=0;

    if(syscall_param1) {
        startAddr=strtoul(syscall_param1,NULL,16);
        if(syscall_param2)
            memlen=strtoul(syscall_param2,NULL,16);
        memlen=(memlen < 8 || memlen > 0x100) ? 0x100 :memlen;
        GD25_Read(syscall_buf,startAddr,memlen);
        PrintByteBuffer(syscall_buf,startAddr,memlen);
    }
}

void syscall_write(void)
{
    uint32_t startAddr=0;
    uint16_t memlen=0;

    if(syscall_param1 && syscall_param2) {
        startAddr=strtoul(syscall_param1,NULL,16);
        syscall_buf[0]=strtoul(syscall_param2,NULL,16);
        GD25_WritePage(syscall_buf,startAddr,1);
        printf(" write 0x%02X to",syscall_buf[0]);
        printf(" Flash address 0x%08X ...\r\n",startAddr);
    }
}

void syscall_erase(void)
{
    uint32_t startAddr=0;
    if(syscall_param1) {
        startAddr=strtoul(syscall_param1,NULL,16);
        GD25_Erase4KB(startAddr);
        printf(" erase 4kB sector 0x%08X\r\n",startAddr);
    }
}
```

main 函数实现代码如下。

```
void syscall_version(void)
{
    printf(" Hello GD32,this is a simple command line demo.\r\n");
}

void rcu_config(void)
{
    rcu_periph_clock_enable(RCU_GPIOA);
    rcu_periph_clock_enable(RCU_GPIOB);
    rcu_periph_clock_enable(RCU_SPI1);
    rcu_periph_clock_enable(RCU_AF);
}

void spi_config(void)
{
    spi_parameter_struct spi_init_struct;

    /* 配置 SPI1 参数 */
    spi_init_struct.trans_mode                  =SPI_TRANSMODE_FULLDUPLEX;
    spi_init_struct.device_mode                 =SPI_MASTER;
    spi_init_struct.frame_size                  =SPI_FRAMESIZE_8BIT;
    spi_init_struct.clock_polarity_phase        =SPI_CK_PL_LOW_PH_1EDGE;
    spi_init_struct.nss                         =SPI_NSS_SOFT;
    spi_init_struct.prescale                    =SPI_PSC_8;    // 120M/8=15M
    spi_init_struct.endian                      =SPI_ENDIAN_MSB;
    spi_init(SPI1,&spi_init_struct);
    spi_enable(SPI1);
}

void gpio_config(void)
{
    /* 配置 SPI1 GPIO :NSS/PB12,SCK/PB13,MISO/PB14,MOSI/PB15*/
    gpio_init(GPIOB,GPIO_MODE_AF_PP,GPIO_OSPEED_50MHZ,GPIO_PIN_13 | GPIO_
    PIN_15);
    gpio_init(GPIOB,GPIO_MODE_IN_FLOATING,GPIO_OSPEED_50MHZ,GPIO_PIN_14);
    /*PB12=NSS*/
    gpio_init(GPIOB,GPIO_MODE_OUT_PP,GPIO_OSPEED_50MHZ,GPIO_PIN_12);
    GD25_CS_HIGH();
}

int main(void)
{
    gd_eval_com_init(EVAL_COM1);
    usart_interrupt_enable(USART0,USART_INT_RBNE);
    nvic_irq_enable(USART0_IRQn,0,0);
    rcu_config();
    gpio_config();
    spi_config();
```

```
    syscall_version();
    while(1){
        tskSyscall();
    }
}

void USART0_IRQHandler(void)
{
    volatile uint16_t i=0;
    if(RESET !=usart_interrupt_flag_get(USART0,USART_INT_FLAG_RBNE)){
        i=usart_data_receive(USART0);
        usart_recv_char(i);
        for(i=0;i<txPtr;i++){
            usart_data_transmit(USART0,txBuf[i]);
            while(RESET == usart_flag_get(USART0,USART_FLAG_TBE));
        }
    }
}

int fputc(int ch,FILE *f)
{
    usart_data_transmit(USART0,(uint8_t)ch);
    while(RESET == usart_flag_get(USART0,USART_FLAG_TBE));
    return ch;
}

const struct syscall_item syscall_table[]={
    {"read",     "read [addr] Read SPI Flash.\r\n",syscall_read},
    {"write",    "write [addr] [data] Write SPI Flash.\r\n",syscall_write},
    {"erase",    "erase [addr] Erase SPI Flash.\r\n",syscall_erase},
    {"test",     "test command.\r\n",syscall_test},
    {"help",     "help Info.\r\n",syscall_help},
    {"version",  "display version Info.\r\n",syscall_version},
};
const uint8_t syscall_num=sizeof(syscall_table)/sizeof(syscall_table[0]);
```

本节的实例代码略长，但是结构并不复杂，条理也比较清晰，命令解释器部分可参考7.1.10节，这里对代码就不做更多解读了。

本实例的工程路径为：GD32F30x_Firmware_Library\Examples\SPI\SPI_GD25Prog。

在MDK中编译代码，然后使用ISP工具将代码下载到BluePill开发板，方法参考5.1.3节。

打开超级终端软件，按照图5-7所示来设置参数，设置完成单击图中所示“确定”按钮，然后在超级终端中选择菜单呼叫（C）→呼叫（C），单击BluePill开发板上的NRST按键复位MCU，此时可以在超级终端中输入命令。依次执行以下命令：

```
read 0 20//      （读取 SPI Flash 地址 0 处的 32B 的数据）
write 0 00//     （在 SPI Flash 地址 0 处写入 0x00）
```

```
write 1 11          （在 SPI Flash 地址 1 处写入 0x11）
write 2 22          （在 SPI Flash 地址 2 处写入 0x22）
write 3 33          （在 SPI Flash 地址 3 处写入 0x33）
read 0 20           （读取 SPI Flash 地址 0 处的 32B 的数据）
erase 0             （擦除 SPI Flash 地址 0 处 4KB 的数据）
read 0 20           （读取 SPI Flash 地址 0 处的 32B 的数据）
```

命令执行结果如图 7-29 所示，实验结果与预期值完全相同。

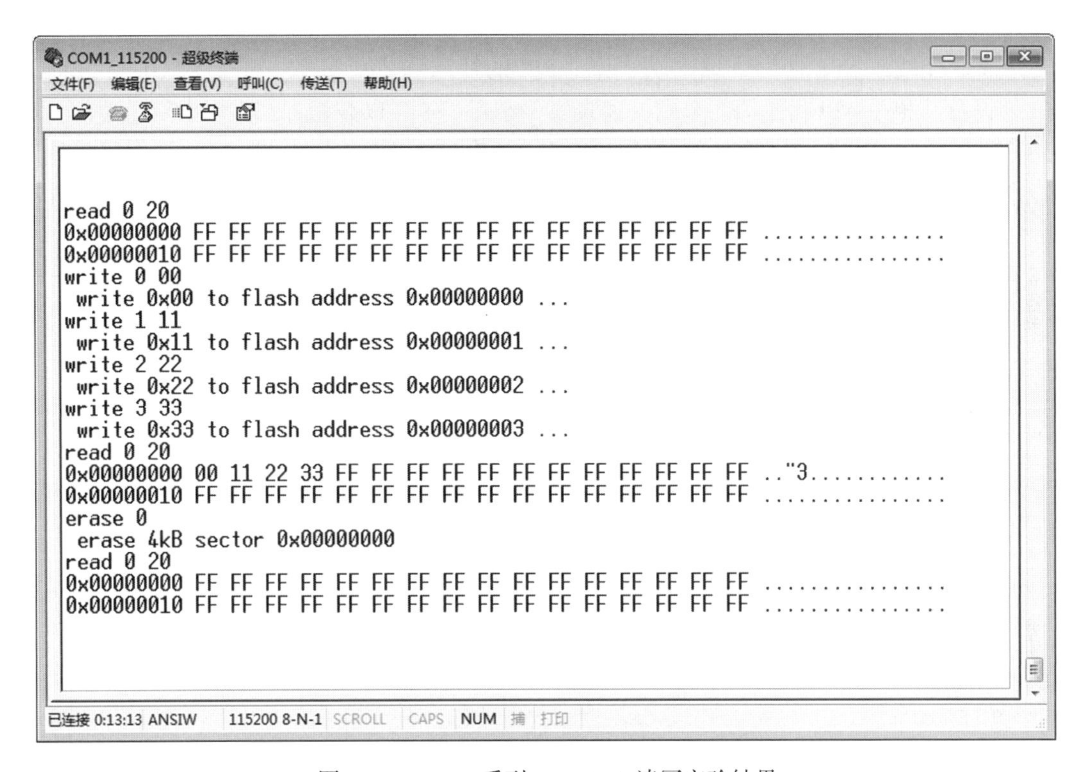

图 7-29　GD25 系列 SPI Flash 读写实验结果

7.4　本章小结

本章介绍了 GD32 的常用通信外设——USART、I2C 和 SPI。

7.1 节介绍了 GD32F303 异步串口的使用方法。我们借助 printf 函数，通过实例介绍了 USART 的半双工通信模式、DMA 通信模式、同步模式、接收超时、中断方式收发。最后使用 USART 实现了一个串口命令行。使用串口命令行来调试程序比使用 JTAG 或者 SWD 接口要更加灵活，本书其他部分也会经常使用这个串口命令行。这个串口命令行已经经过了实际工程的验证，占用资源很少，很容易移植到其他 MCU，甚至是资源很少的 8 位

MCU。串口作为 MCU 上最通用的接口，掌握它对学习其他模块会有很大的帮助。

7.2 节中简要介绍了 I2C 接口的背景知识，以及 I2C 接口的特点和重要参数。本节还对 GD32F303 的 I2C 外设及其相关 API 做了简要介绍。通过实例学习了 I2C 主从通信方式，包括查询方式、DMA 方式、中断方式。最后使用 GD32F303 的 I2C 接口实现了对 BluePillExt 开发板板载 EEPROM 的读写访问。I2C 是一种比较简单的总线，除了可使用 MCU 的 I2C 外设外，还可使用两个 GPIO I2C 的主机时序。用软件模拟 I2C 时序不受引脚限制，在实际工程中应用广泛。

7.3 节介绍了 SPI 的基础知识，了解了 SPI 的特点和重要参数。本节对 GD32F303 的 SPI 外设及其相关 API 做了简要介绍。通过实例学习了 SPI 以查询方式实现全双工通信，学习了用 DMA 加速实现 SPI 高性能传输，学习了 SPI 半双工通信和中断发送方法。最后使用 GD32F303 的 SPI 实现了对 BluePillExt 开发板板载 SPI Flash 的读写擦除访问。SPI 是各种 MCU 中广泛存在的一种通信接口，大多数 MCU 都内置了硬件 SPI，也可以用软件模拟实现 SPI。SPI 通信速度高，占用 IO 少，掌握它是非常有意义的。

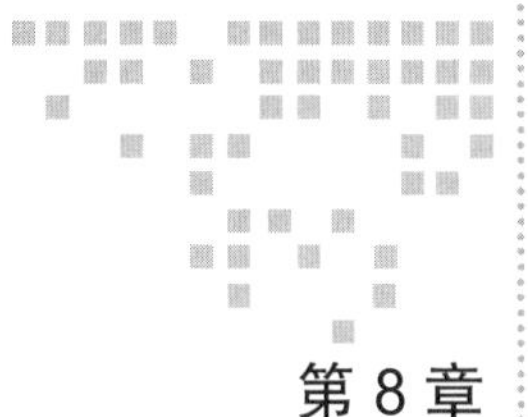

第 8 章 Chapter 8

GD32 MCU 高级通信外设

部分 GD32 MCU 集成了一些复杂的高级通信外设，比如 CAN（控制器局域网络）、USB（包括 USBD、USBFS、USBHS）、以太网、SDIO、EXMC 等。本章对常用的 CAN 和 USBD 接口外设进行详细介绍。

8.1 CAN 总线

很多 GD32 MCU 系列产品都内置了 CAN 模块。GD32F10×、GD32F30×、GD32F4 系列最多支持 2 个 CAN 2.0B 外设。GD32C103 系列内置了 2 个 CAN-FD，GD32E50× 系列内置了最多 3 个 CAN-FD。本节主要介绍 CAN 总线基础知识、固件库 API 以及相关应用实例。

8.1.1 CAN 总线基础知识

CAN 总线是日常生活中非常常见的一种通信总线。你在驾车过程中踩一脚油门、升起车窗玻璃或打开雨刮器，其实都在使用 CAN 总线，是无数的 CAN 数据帧帮你完成了这一系列操作。本节就来介绍 CAN 总线相关的基础知识。

1. CAN 总线概述

CAN 最早由德国 BOSCH 公司开发，后来由 ISO 标准化为 ISO 11898 和 ISO 11519。其中，ISO 11898 是通信速率为 125kbps ～ 1Mbps 的高速 CAN 通信标准；ISO 11519 是通信速率为 125kbps 以下的低速 CAN 通信标准。高速 CAN 总线和低速 CAN 总线速率不同，使用的收发器也不同，在汽车电子和工业领域，高速 CAN 总线使用更广泛一些。本节如没有特殊说明，默认采用的都是高速 CAN 总线。

目前 CAN 总线是世界上应用最广泛的现场总线之一。CAN 总线诞生于汽车电子领域，由于它本身具备的高可靠性和错误检测能力，在环境恶劣、干扰严重的工业环境中也得到了广泛使用。

CAN 总线上的设备又称 CAN 节点，一个 CAN 总线节点由 CAN 控制器和 CAN 收发器组成，如图 8-1 所示。CAN 总线是一种多主（Multi-Master）的总线系统，一种基于消息广播模式的串行通信总线，即在同一时刻网络上所有节点侦测到的数据是一致的。

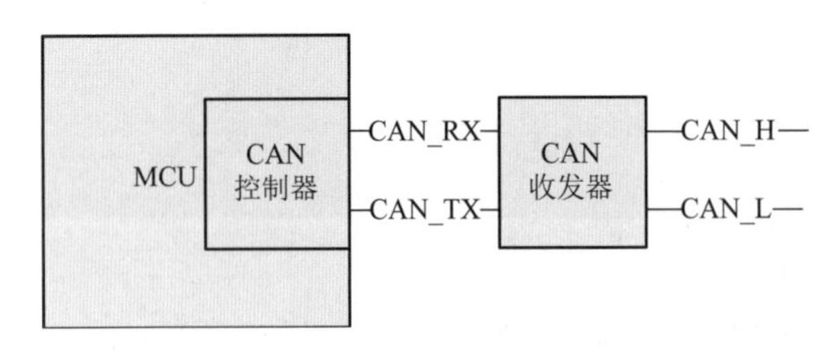

图 8-1 CAN 总线硬件原理图

在 CAN 总线的早期，CAN 控制器通常为外部独立芯片，比如 SJA1000T。随着技术的发展，CAN 控制器逐渐被集成到 MCU 内部，作为 MCU 的一个外设。CAN 控制器通过 MCU 引脚引出 CAN_RX 和 CAN_TX 两个单端电平，再通过 CAN 收发器转换为 CAN 总线要求的差分电平 CAN_H 和 CAN_L。常用的 CAN 收发器型号有 TJA1050T、TJA1042T、MCP2551、SN65HVD232 等。

一个典型的 CAN 总线系统如图 8-2 所示。

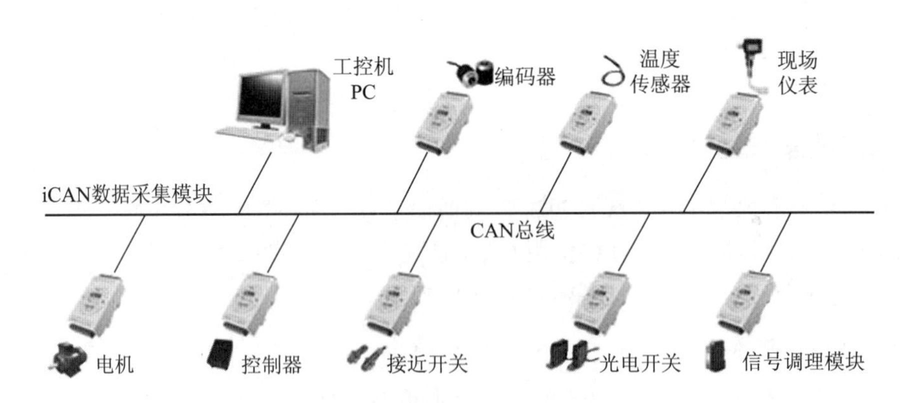

图 8-2 一个典型的 CAN 总线系统

图 8-3 是一个典型的 CAN 收发器的示意图，大多数 CAN 收发器都采用的是 SO-8 封装，TXD 和 RXD 两个引脚连接 MCU，分别对应 CAN 总线的发送和接收，均为单端电平。CANH 和 CANL 分别对应 CAN_H 和 CAN_L 两个差分电平。

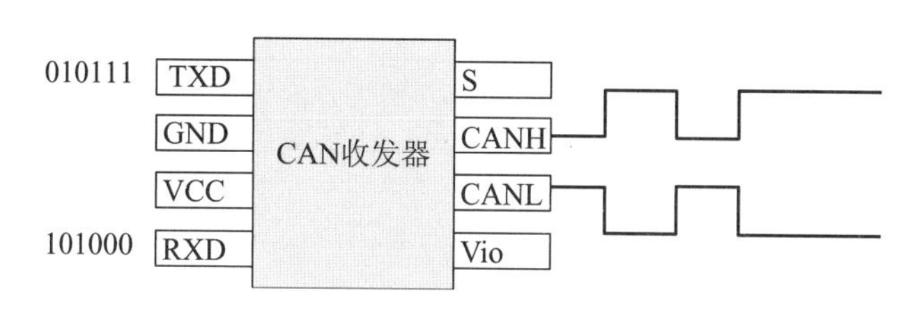

图 8-3　一个典型的 CAN 收发器示意图

CAN 2.0B 规范定义了两种互补的逻辑数值——显性（Dominant）位和隐性（Recessive）位，如图 8-4 所示。

- 显性位对应 CAN 收发器的 TXD 和 RXD 引脚上的低电平 0，CAN_H 和 CAN_L 电平分别为 3.5V 和 1.5V，电位差为 2V。
- 隐性位对应 CAN 收发器的 TXD 和 RXD 引脚上的低电平 1，CAN_H 和 CAN_L 电平均为 2.5V，电位差为 0V。

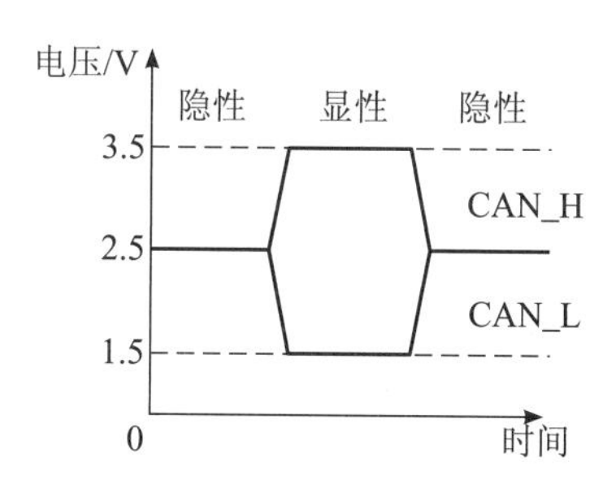

图 8-4　CAN 总线的显性位和隐性位

CAN 总线遵从线与机制，这种线与机制使 CAN 总线呈现显性优先的特性：“显性”具有“优先性”，只要有一个单元输出显性电平，总线上即为显性电平，显性位可以覆盖隐性位；“隐性”具有“包容性”，只有所有的单元都输出隐性电平，总线上才为隐性电平。这个特性也是 CAN 总线实现多主通信的关键。

2. CAN 总线帧种类与构成

CAN 总线通过 5 种类型的帧来通信——数据帧、遥控帧、错误帧、过载帧、帧间隔。数据帧和遥控帧有标准格式和扩展格式，标准格式使用 11 位的标志符（ID），扩展格式使用 29 位的标志符（ID）。5 种帧的种类及用途如表 8-1 所示。

表 8-1 CAN 总线帧的种类和用途

帧种类	帧用途
数据帧	发送节点向接收节点传送数据
遥控帧	接收节点向具有相同 ID 的发送节点请求数据
错误帧	当检测出错误时向其他节点通知错误
过载帧	接收节点通知其他设备自己尚未做好接收准备
帧间隔	将数据帧、遥控帧与前面的帧分离开来

我们以最常用的数据帧为例来说明 CAN 帧的构成，如图 8-5 所示。

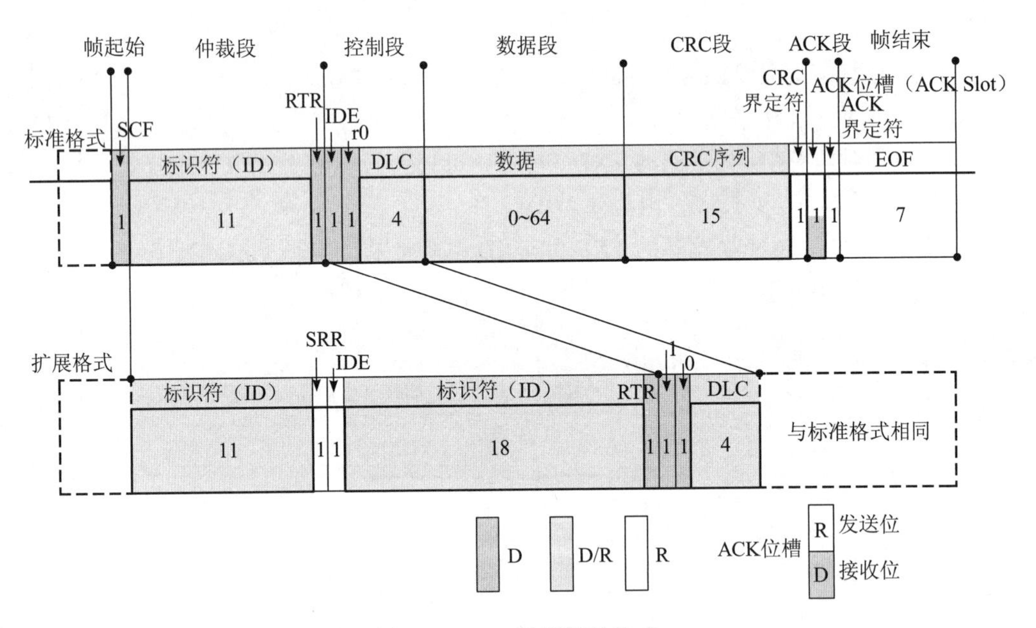

图 8-5 CAN 数据帧的构成

数据帧由 7 个段构成：帧起始、仲裁段、控制段、数据段、CRC 段、ACK 段、帧结束。

- 帧起始（SOF），由一个显性位构成，表示一帧数据的开始。
- 仲裁段（帧 ID），决定了帧的优先级，RTR 位显性为 11 位标准格式，RTR 位隐性为 29 位扩展格式。
- 控制段包括 IDE 和数据长度 DLC。
- 数据段包括了 0 ～ 8 个字节的数据内容。
- CRC 段用于检查帧的传输错误。
- ACK 段用于确认是否完成正常接收。
- 帧结束由 7 个连续的隐性位构成。

3. CAN 总线的标识符仲裁

CAN 总线是一种多主结构的总线，只要总线空闲，它上面的任何节点都可以发送报文。如果有两个及以上的节点同时开始发送报文，那么就会存在冲突的可能。CAN 总线通过标识符仲裁解决了 CAN 总线冲突问题。在仲裁期间，每一个发送器都对发送的电平与被监控的总线电平进行比较。如果电平相同，则这个单元可以继续发送。如果发送的是隐性位而监视到的是显性位，那么这个节点就失去了争夺权，必须退出发送状态。如果不匹配的位不出现是在仲裁期间，则产生错误事件。一个典型的标识符仲裁例子如图 8-6 所示（假设节点 A、B 和 C 都发送相同格式、相同类型的帧，如标准格式数据帧）。

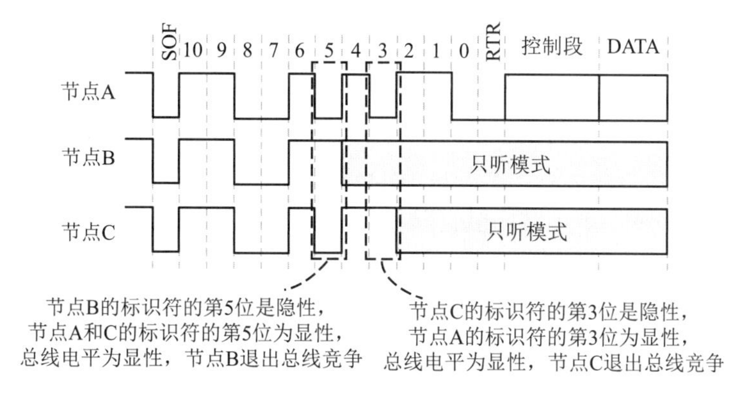

图 8-6 CAN 总线的仲裁实例

3 个节点 A、B、C 同时开始发送格式和类型均相同的帧，节点 B 的第 5 位为隐性，而节点 A、C 为显性，此时节点 B 退出总线竞争转为接收；节点 C 的第 3 位为隐性，而节点 A 的标识符第 3 位为显性，节点 C 退出总线竞争转为接收；节点 A 继续发送数据。

从 CAN 总线的标识符仲裁过程可以看出：

- 帧 ID 越小，优先级越高，帧 ID 为 0 的帧拥有最高优先级。
- 数据帧的 RTR 位为显性，远程帧为隐性，所以在帧格式和帧 ID 相同的情况下，数据帧优先于远程帧。
- 标准帧的 IDE 位为显性，扩展帧的 IDE 位为隐性，对于前 11 位 ID 相同的标准帧和扩展帧，标准帧优先级比扩展帧高。

4. CAN 总线调试工具

在调试 CAN 总线时，需要使用计算机发送或者接收 CAN 数据帧，而计算机通常都没有 CAN 接口，因此需要使用调试工具将 CAN 总线转换为 USB 或者以太网总线，以便在计算机上操作 CAN 的数据帧。最常用的 CAN 调试工具是 USB 接口的 USBCAN 卡，如图 8-7 所示。使用 USBCAN 卡配合专用的上位机软件，可以轻松完成 CAN 总线的数据收发工作。

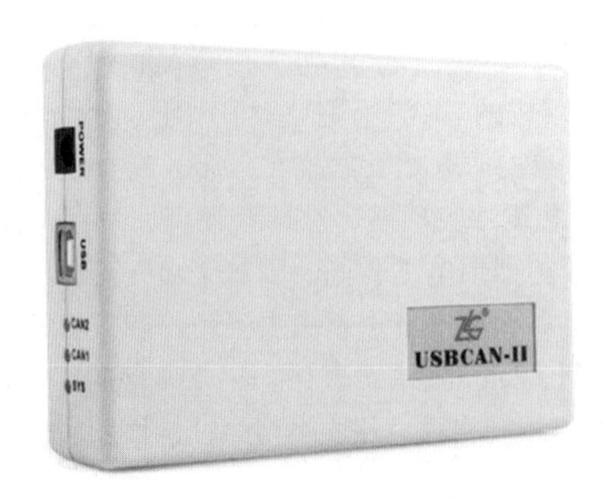

图 8-7　USB 转 CAN 工具

5. CAN 总线的未来

CAN 总线虽然有各种优点，但是最高 1Mbps 的通信速率限制了它的使用，在和竞争对手的对比中处于下风，比如 FlexRay 最高通信速率为 10Mbps。CAN-FD 的出现补齐了 CAN 总线的这个短板。相比传统的 CAN 2.0A 和 2.0B，CAN-FD 将数据域的最高通信速率提高到了 5Mbps，每个帧的最大数据量也从 8B 提高到了 64B，因此 CAN-FD 可以在相同时间长度的 CAN 帧内传送更多的信息。同时 CAN-FD 保持了对传统 CAN 2.0A 和 2.0B 总线的良好兼容性，可以保持 CAN 网络大部分软硬件，特别是物理层不变。

8.1.2　GD32 的 CAN 接口主要功能

GD32F30×的 CAN 模块结构框图如图 8-8 所示，GD32F30×包括 GD32F303、GD32F305、GD32F307 这 3 个系列，GD32F305 和 GD32F307 内置 2 个 CAN 接口——CAN0 和 CAN1；GD32F303 内置 1 个 CAN 接口 CAN0，没有 CAN1。本节以 GD32F303 为例讲解 GD32 的 CAN 接口。

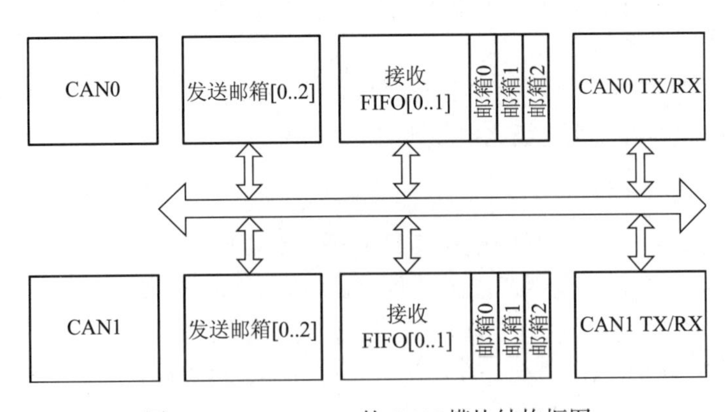

图 8-8　GD32F30×的 CAN 模块结构框图

GD32F303 的 CAN 模块具有如下主要特征：

- 支持 CAN 总线协议 2.0A 和 2.0B。
- 通信波特率最大为 1Mb/s。
- 支持时间触发通信（Time-triggered communication）。
- 可使能和清除中断。
- 发送功能方面，具备 3 个发送邮箱，支持发送优先级，支持发送时间戳。
- 接收功能方面，具备 2 个深度为 3 的接收 FIFO，具有 14 个过滤器，具备 FIFO 锁定功能。
- 时间触发通信方面，具备禁用自动重传功能，具备 16 位定时器，具备接收时间戳和发送时间戳。

8.1.3　CAN 接口的主要 API

GD32 固件库中与 CAN 相关的 API 定义在 gd32f30x_can.h 和 gd32f30x_can.c 两个文件中，前者为头文件，包含寄存器地址、常量的定义、API 函数声明，后者为 API 的具体实现。API 的命名采用下划线命名法，大多数 API 的第一个参数为 can_periph，表示操作的 CAN 外设，外设数量由具体芯片支持的串口 CAN 外设数量决定。GD32F303 支持的取值为 CAN0。常用的 API 函数简单介绍如表 8-2 所示。

表 8-2　GD32 固件库 CAN 模块常用函数

API 函数原型	说　明
void can_deinit(uint32_t can_periph);	复位 CAN 外设
void can_struct_para_init(can_struct_type_enum type, void* p_struct);	初始化 CAN 参数结构体，这个函数会设置默认 CAN 参数
ErrStatus can_init(uint32_t can_periph, can_parameter_struct* can_parameter_init);	初始化 CAN 外设
void can_filter_init(can_filter_parameter_struct* can_filter_parameter_init);	初始化 CAN 过滤器
void can_debug_freeze_enable(uint32_t can_periph); void can_debug_freeze_disable(uint32_t can_periph);	使能和禁止 CAN 调试冻结功能
void can_time_trigger_mode_enable(uint32_t can_periph); void can_time_trigger_mode_disable(uint32_t can_periph);	使能和禁止时间触发通信
uint8_t can_message_transmit(uint32_t can_periph, can_trasnmit_message_struct* transmit_message);	发送 CAN 帧

（续）

API 函数原型	说　明
can_transmit_state_enum can_transmit_states(uint32_t can_periph, uint8_t mailbox_number);	获取 CAN 帧发送状态
void can_transmission_stop(uint32_t can_periph, uint8_t mailbox_number);	停止发送 CAN 帧
void can_message_receive(uint32_t can_periph, uint8_t fifo_number, can_receive_message_struct* receive_message);	接收 CAN 帧
void can_fifo_release(uint32_t can_periph, uint8_t fifo_number);	释放 CAN 接收 FIFO
uint8_t can_receive_message_length_get(uint32_t can_periph, uint8_t fifo_number);	读取并接收的 CAN 帧数量
ErrStatus can_working_mode_set(uint32_t can_periph, uint8_t working_mode);	设置 CAN 工作模式
ErrStatus can_wakeup(uint32_t can_periph);	CAN 唤醒
can_error_enum can_error_get(uint32_t can_periph);	读取 CAN 错误码
uint8_t can_receive_error_number_get(uint32_t can_periph); uint8_t can_transmit_error_number_get(uint32_t can_periph);	读取 CAN 接收错误和发送错误
void can_interrupt_enable(uint32_t can_periph, uint32_t interrupt); void can_interrupt_disable(uint32_t can_periph, uint32_t interrupt);	使能和禁止 CAN 中断
FlagStatus can_flag_get(uint32_t can_periph, can_flag_enum flag); void can_flag_clear(uint32_t can_periph, can_flag_enum flag);	读取和清除 CAN 标志
FlagStatus can_interrupt_flag_get(uint32_t can_periph, can_interrupt_flag_enum flag); void can_interrupt_flag_clear(uint32_t can_periph, can_interrupt_flag_enum flag);	读取和清除 CAN 中断标志

8.1.4　实例：回环模式收发

GD32 的 CAN 总线控制器有 4 种通信模式：静默（Silent）通信模式、回环（Loopback）通信模式、回环静默（Loopback and Silent）通信模式和正常（Normal）通信模式。

在回环通信模式下，CAN 总线控制器发送的数据在芯片内部接收并存入接收 FIFO，同时也通过 CANTX 引脚发出；CANRX 引脚与 CAN 总线控制器断开，没有使用，如图 8-9 所示。在回环模式下，CAN 模块忽略应答错误，因此不需要外部节点的应答信息。

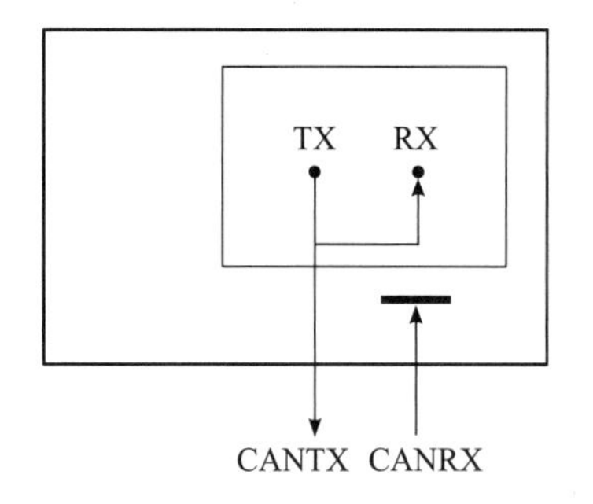

图 8-9 CAN 回环模式示意图

回环模式与外部事件独立，不需要外部节点发送应答信号，甚至不需要外部 CAN 收发器，因此常用来进行 CAN 通信自测。本节通过一个实例来演示如何通过回环模式来收发 CAN 数据。实例中分别使用查询方式和中断方式接收数据。

本实例的实现代码如下。

```
#include "gd32f30x.h"
#include <stdio.h>
#include "gd32f303c_eval.h"

volatile ErrStatus test_flag_polling;
volatile ErrStatus test_flag_interrupt;

void can_loopback_init(void)
{
    can_parameter_struct can_parameter;
    can_filter_parameter_struct can_filter;

    can_struct_para_init(CAN_INIT_STRUCT,&can_parameter);
    can_struct_para_init(CAN_FILTER_STRUCT,&can_filter);
    can_deinit(CAN0);

    /* 初始化 CAN*/
    can_parameter.time_triggered=DISABLE;
    can_parameter.auto_bus_off_recovery=DISABLE;
    can_parameter.auto_wake_up=DISABLE;
    can_parameter.no_auto_retrans=DISABLE;
    can_parameter.rec_fifo_overwrite=DISABLE;
    can_parameter.trans_fifo_order=DISABLE;
    can_parameter.working_mode=CAN_LOOPBACK_MODE;

    /* 波特率设置为 125kbps*/
    can_parameter.resync_jump_width=CAN_BT_SJW_1TQ;
    can_parameter.time_segment_1=CAN_BT_BS1_5TQ;
    can_parameter.time_segment_2=CAN_BT_BS2_4TQ;
    can_parameter.prescaler=48;
    can_init(CAN0,&can_parameter);
```

```
    /* 初始化 CAN0 滤波器编号 */
    can_filter.filter_number=0;

    /* 初始化滤波器 */
    can_filter.filter_mode=CAN_FILTERMODE_MASK;
    can_filter.filter_bits=CAN_FILTERBITS_32BIT;
    can_filter.filter_list_high=0x0000;
    can_filter.filter_list_low=0x0000;
    can_filter.filter_mask_high=0x0000;
    can_filter.filter_mask_low=0x0000;
    can_filter.filter_fifo_number=CAN_FIFO1;
    can_filter.filter_enable=ENABLE;
    can_filter_init(&can_filter);
}
```

在 can_loopback_init 函数中完成了 CAN0 接口的初始化：首先调用 can_struct_para_init 函数分别初始化了 CAN0 初始化参数 can_parameter 和过滤器初始化参数 can_filter。注意，要将 can_parameter.working_mode 设置为 CAN_LOOPBACK_MODE，使 CAN 工作在回环通信模式。将 CAN0 波特率设置为 125kbps，实际上回环模式下可以设置为任意波特率。将过滤器设置为可接收所有数据。

can_loopback_polling 函数的实现代码如下。

```
ErrStatus can_loopback_polling(void)
{
    can_trasnmit_message_struct transmit_message;
    can_receive_message_struct  receive_message;
    uint32_t timeout=0xFFFF;
    uint8_t transmit_mailbox=0;

    /* 初始化 CAN*/
    can_loopback_init();

    /* 初始化发送消息 */
    can_struct_para_init(CAN_TX_MESSAGE_STRUCT,&transmit_message);
    transmit_message.tx_sfid=0x11;
    transmit_message.tx_ft=CAN_FT_DATA;
    transmit_message.tx_ff=CAN_FF_STANDARD;
    transmit_message.tx_dlen=2;
    transmit_message.tx_data[0]=0xAB;
    transmit_message.tx_data[1]=0xCD;

    /* 初始化接收消息 */
    can_struct_para_init(CAN_RX_MESSAGE_STRUCT,&receive_message);

    /* 发送消息 */
    transmit_mailbox=can_message_transmit(CAN0,&transmit_message);
    /* 等待消息发送完成 */
```

```
    while(CAN_TRANSMIT_OK !=can_transmit_states(CAN0,transmit_mailbox)
        && 0 !=timeout){
        timeout--;
    }
    timeout=0xFFFF;
    /* 等待消息接收完成 */
    while(can_receive_message_length_get(CAN0,CAN_FIFO1) < 1
        && 0 !=timeout){
        timeout--;
    }

    /* 初始化接收消息 */
    receive_message.rx_sfid=0x00;
    receive_message.rx_ff=0;
    receive_message.rx_dlen=0;
    receive_message.rx_data[0]=0x00;
    receive_message.rx_data[1]=0x00;
    can_message_receive(CAN0,CAN_FIFO1,&receive_message);

    /* 检查收到的消息 */
    if(0x11 == receive_message.rx_sfid
        && CAN_FF_STANDARD == receive_message.rx_ff
        && 2 == receive_message.rx_dlen
        && 0xAB == receive_message.rx_data[0]
        && 0xCD == receive_message.rx_data[1]){
        return SUCCESS;
    }else{
        return ERROR;
    }
}
```

can_loopback_polling 函数使用查询方式接收数据。首先调用 can_loopback_init 函数将 CAN0 接口初始化为回环模式，设置发送数据帧 transmit_message。数据帧具有如下特点。

- 该数据帧为标准数据帧。
- 数据帧 ID 为 0x11。
- 数据长度为 2 字节。
- 数据内容为 0xAB、0xCD。

上述代码先调用 can_message_transmit 函数发送数据帧，这个函数会返回发送使用的邮箱号；然后调用 can_transmit_states 函数检查发送状态，若函数返回 CAN_TRANSMIT_OK 则表明发送成功；继续调用 can_receive_message_length_get 函数检查收到的数据帧数量，若返回结果大于 0 则表明收到了数据帧；接着调用 can_message_receive 函数读取收到的数据帧；最后对比接收到的数据帧和发送的数据帧是否相等，相等返回 SUCCESS，否则返回 ERROR。

在中断方式下接收数据，要使用 can_loopback_interrupt 和 CAN0_RX1_IRQHandler 两个函数，它们的实现代码如下。

```
ErrStatus can_loopback_interrupt(void)
{
    can_transmit_message_struct transmit_message;
    uint32_t timeout=0x0000FFFF;

    /* 初始化 CAN 和滤波器 */
    can_loopback_init();

    /* 使能 CAN 接收 FIFO1 非空中断 */
    can_interrupt_enable(CAN0,CAN_INT_RFNE1);

    /* 初始化发送消息 */
    transmit_message.tx_sfid=0;
    transmit_message.tx_efid=0x1234;
    transmit_message.tx_ff=CAN_FF_EXTENDED;
    transmit_message.tx_ft=CAN_FT_DATA;
    transmit_message.tx_dlen=2;
    transmit_message.tx_data[0]=0xDE;
    transmit_message.tx_data[1]=0xCA;
    /* 发送消息 */
    can_message_transmit(CAN0,&transmit_message);

    /* 等待消息发送完成 */
    while(SUCCESS !=test_flag_interrupt && 0 !=timeout){
        timeout--;
    }
    if(0 == timeout){
        test_flag_interrupt=ERROR;
    }

    /* 禁止 CAN 接收 FIFO1 非空中断 */
    can_interrupt_disable(CAN0,CAN_INTEN_RFNEIE1);

    return test_flag_interrupt;
}

/*!
    \简介          这个函数用于处理 CAN0 RX1 异常
    \参数 [ 输入 ]  无
    \参数 [ 输出 ]  无
    \返回值         无
*/
void CAN0_RX1_IRQHandler(void)
{
    can_receive_message_struct receive_message;
    /* 初始化接收消息 */
    receive_message.rx_sfid=0x00;
```

```
    receive_message.rx_efid=0x00;
    receive_message.rx_ff=0;
    receive_message.rx_dlen=0;
    receive_message.rx_fi=0;
    receive_message.rx_data[0]=0x00;
    receive_message.rx_data[1]=0x00;
    can_message_receive(CAN0,CAN_FIFO1,&receive_message);

    /* 检查收到的消息 */
    if(0x1234 == receive_message.rx_efid
        && CAN_FF_EXTENDED == receive_message.rx_ff
        && 2 == receive_message.rx_dlen
        && 0xDE == receive_message.rx_data[0]
        && 0xCA == receive_message.rx_data[1]){
        test_flag_interrupt=SUCCESS;
    }else{
        test_flag_interrupt=ERROR;
    }
}
```

在上述 can_loopback_interrupt 函数中调用了 can_loopback_init 函数将 CAN0 接口初始化为回环模式，调用 can_interrupt_enable 函数打开 CAN0 的 FIFO1 非空中断，即 CAN0 收到数据帧后触发中断。设置发送数据帧 transmit_message，数据帧具有如下特点。

- 该数据帧为扩展数据帧。
- 数据帧 ID 为 0x1234。
- 数据长度为 2 字节。
- 数据内容为 0xDE、0xCA。

上述代码调用 can_message_transmit 函数发送数据帧，然后等待中断服务程序设置 test_flag_interrupt 标志，并做超时处理。如果在超时之前 test_flag_interrupt 被中断服务程序设置为 SUCCESS，则关闭 CAN0 的 FIFO1 非空中断后返回 SUCCESS；如果出现超时，则关闭 CAN0 的 FIFO1 非空中断后返回 ERROR。

上述代码中的 CAN0_RX1_IRQHandler 为 CAN0 的接收中断服务程序，该函数调用 can_message_receive 函数读取收到的数据帧，对比收到的数据帧和发送的数据帧是否相等。数据帧相等则设置 test_flag_interrupt 标志为 SUCCESS，否则设置为 ERROR。

main 函数的实现代码如下。

```
int main(void)
{
    gd_eval_com_init(EVAL_COM1);
    rcu_periph_clock_enable(RCU_CAN0);
    nvic_irq_enable(CAN0_RX1_IRQn,0,0);
```

```
    /* 查询方式回环模式 */
    test_flag_polling=can_loopback_polling();
    if(SUCCESS == test_flag_polling){
        printf("loopback of polling test is success.\r\n");
    }else{
        printf("loopback of polling test is failed.\r\n");
    }

    /* 中断方式回环模式 */
    test_flag_interrupt=can_loopback_interrupt();
    if(SUCCESS == test_flag_interrupt){
        printf("loopback of interrupt test is success.\r\n");
    }else{
        printf("loopback of interrupt test is failed.\r\n");
    }
    while (1);
}

int fputc(int ch,FILE *f)
{
    usart_data_transmit(USART0,(uint8_t)ch);
    while(RESET == usart_flag_get(USART0,USART_FLAG_TBE));
    return ch;
}
```

在 main 函数中初始化了调试串口，打开了 CAN0 的时钟，打开了 CAN0 的 FIFO1 接收中断，然后分别调用了 can_loopback_polling 函数和 can_loopback_interrupt 函数以演示查询方式和中断方式的回环模式收发例程，并根据函数返回结果打印日志信息。

本实例的工程路径为：GD32F30x_Firmware_Library\Examples\CAN\communication_-Loopback。

在 MDK 中编译代码，然后使用 ISP 工具将代码下载到 BluePill 开发板，方法参考 5.1.3 节。

打开超级终端软件，按照图 5-7 所示来设置参数，设置完成单击图中所示“确定”按钮，然后在超级终端中选择菜单呼叫（C）→呼叫（C），单击 BluePill 开发板上的 NRST 按键复位 MCU，运行上述代码，可以看到超级终端的输出字符，如图 8-10 所示。由图可知，查询和中断两种方式的回环模式收发均测试通过。

细心的读者可能已经发现了，在本实例中并没有初始化 CAN0 的引脚，实际上回环模式是在芯片内部完成的，并不需要外部引脚，因此外部的 CAN 接口芯片不是必需的。本实例在任何基于 GD32F303 芯片的开发板上均可以运行通过，并且不需要借助 USBCAN 卡进行调试。

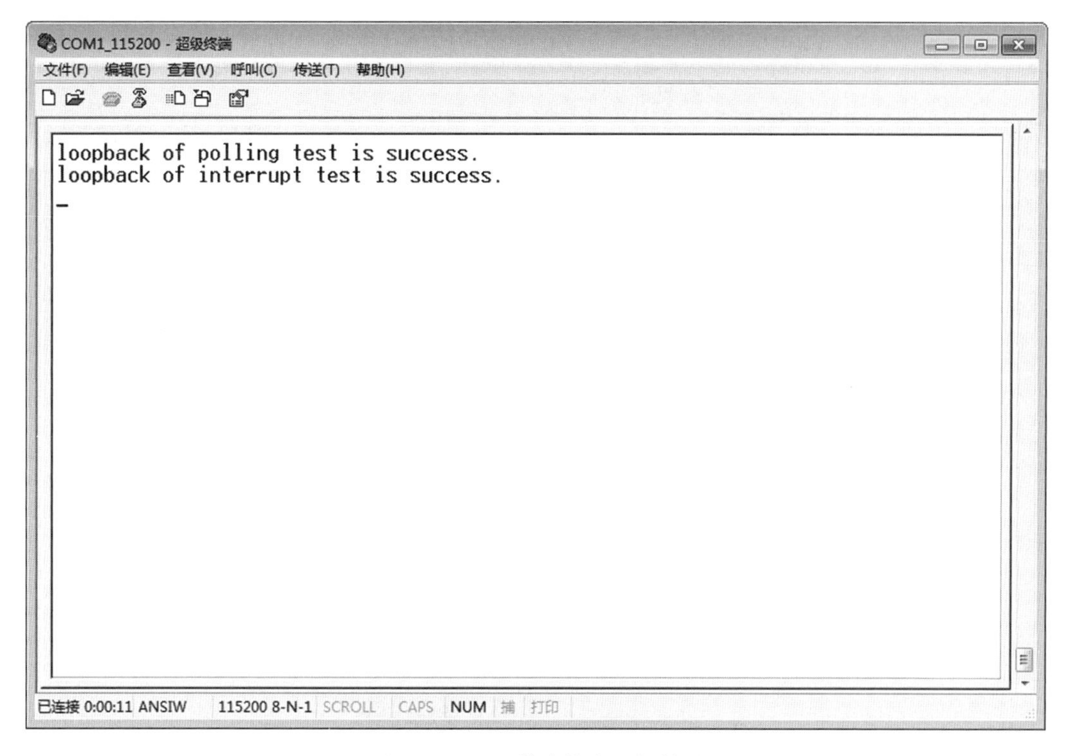

图 8-10　回环模式收发运行结果

8.1.5 发送特定 ID 的数据帧实验

上一节我们实现了回环模式收发，实际项目中回环模式通常只用于测试，GD32 的 CAN 模块大多数都处于正常通信模式并进行数据收发。本节我们通过实例演示在正常通信模式下发送特定 ID 的数据帧。由于 BluePill 开发板只有一个 CAN 接口，我们使用 USBCAN 卡来接收开发板发出的 CAN 数据帧。

本实例的实现代码如下。

```
#include "gd32f30x.h"
#include <stdio.h>
#include "gd32f303c_eval.h"

can_trasnmit_message_struct transmit_message;

void gpio_config(void)
{
    rcu_periph_clock_enable(RCU_GPIOA);
    rcu_periph_clock_enable(RCU_GPIOB);
    rcu_periph_clock_enable(RCU_AF);
```

```
    /*PA0=KEY1*/
    gpio_init(GPIOA,GPIO_MODE_IPU,      GPIO_OSPEED_2MHZ,  GPIO_PIN_0);

    /*PB8=CAN0_RX,PB9=CAN0_TX*/
    gpio_init(GPIOB,GPIO_MODE_IPU,      GPIO_OSPEED_50MHZ,GPIO_PIN_8);
    gpio_init(GPIOB,GPIO_MODE_AF_PP,GPIO_OSPEED_50MHZ,GPIO_PIN_9);
    gpio_pin_remap_config(GPIO_CAN_PARTIAL_REMAP,ENABLE);
}
```

在上述代码中，gpio_config 函数初始化了实验中要用到的 GPIO，CAN0 默认使用 PA11 和 PA12 两个引脚，在 BluePillExt 母板上使用的是 PB8 和 PB9 两个引脚，如图 8-11 所示。我们调用 gpio_init 函数初始化 PB8 和 PB9，然后调用 gpio_pin_remap_config 函数将 CAN0 的引脚重映射到 PB8 和 PB9。

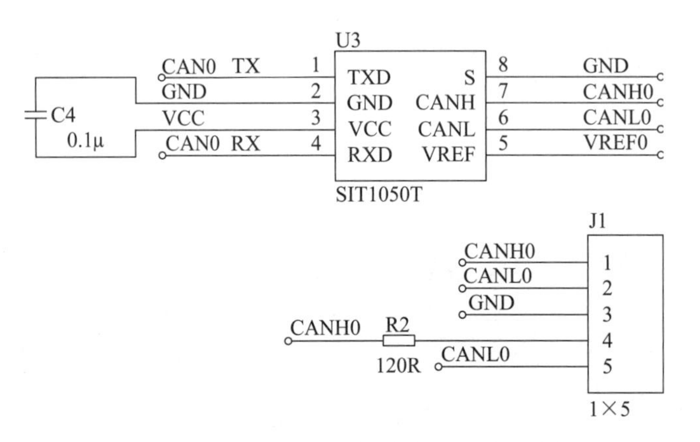

图 8-11 BluePillExt 母板的 CAN 原理图

我们调用 gpio_init 函数将 PA0 初始化为上拉输入，对应 BluePillExt 母板上的 K1 按键输入，如图 5-4 所示。使用按键 K1 来启动 CAN 数据发送。

在 can_config 函数中完成了 CAN0 接口的初始化：首先调用 can_struct_para_init 函数初始化 CAN0 的初始化参数 can_parameter。注意，要将 can_parameter.working_mode 设置为 CAN_NORMAL_MODE，让 CAN 工作在正常通信模式下。将 CAN0 波特率设置为 1Mbps，这里要重点关注 CAN 波特率的计算方法。

```
void can_config(void)
{
    can_parameter_struct can_parameter;

    can_struct_para_init(CAN_INIT_STRUCT,&can_parameter);
    can_deinit(CAN0);

    /* 初始化 CAN*/
    can_parameter.time_triggered=DISABLE;
```

```
    can_parameter.auto_bus_off_recovery=DISABLE;
    can_parameter.auto_wake_up=DISABLE;
    can_parameter.no_auto_retrans=DISABLE;
    can_parameter.rec_fifo_overwrite=DISABLE;
    can_parameter.trans_fifo_order=DISABLE;
    can_parameter.working_mode=CAN_NORMAL_MODE;
    /* 设置波特率为 1Mbps*/
    can_parameter.resync_jump_width=CAN_BT_SJW_1TQ;
    can_parameter.time_segment_1=CAN_BT_BS1_5TQ;
    can_parameter.time_segment_2=CAN_BT_BS2_4TQ;
    can_parameter.prescaler=6;
    can_init(CAN0,&can_parameter);
}
```

CAN 总线控制器将位时间分为 3 个部分，如图 8-12 所示。

- 同步段（Synchronization segment），记为 SYNC_SEG。该段占用 1 个时间单元（1 × TQ）。
- 位段 1（Bit segment 1），记为 BS1。该段占用 1 ～ 16 个时间单元。相对于 CAN 协议而言，BS1 相当于传播时间段（Propagation delay segment）和相位缓冲段 1（Phase buffer segment 1）。
- 位段 2（Bit segment 2），记为 BS2。该段占用 1 ～ 8 个时间单元。相对于 CAN 协议而言，BS2 相当于相位缓冲段 2（Phase buffer segment 2）。

图 8-12　CAN 的位时序

波特率计算公式[1]如下：

$$\text{BaudRate}=\frac{1}{t_{\text{SYNG\_SEG}}+t_{\text{BS1}}+t_{\text{BS2}}}$$

采样点计算公式如下：

[1] 该公式来自 GD32F303 的用户手册。因为 CAN 波特率是通过 APB1 时钟分频得来的，所以才有了这个公式。

$$\text{SamplePoint}=\frac{t_{\text{SYNG\_SEG}}+t_{\text{BS1}}}{t_{\text{SYNG\_SEG}}+t_{\text{BS1}}+t_{\text{BS2}}}\times 100\%$$

GD32F303 的 CAN0 挂在 APB1 总线下，本实例中 APB1 频率为 60MHz，预分频系数 prescaler 设置为 6，此时进入 CAN0 模块的时钟频率为 60MHz/6=10MHz，对应 1 个 TQ 时间，即 0.1μs。

- resync_jump_width 对应 $t_{\text{SYNG\_SEG}}$，取值 1 个 TQ。
- time_segment_1 对应 t_{BS1}，取值 5 个 TQ。
- time_segment_2 对应 t_{BS2}，取值 4 个 TQ。

最终波特率为 10Mbps/(1+5+4)=1Mbps，采样点为 (1+5)/(1+5+4)*100%=60%。

can_init_txmsg 函数的实现代码如下。

```
void can_init_txmsg(can_trasnmit_message_struct *msg)
{
    uint8_t i=0;
    can_struct_para_init(CAN_TX_MESSAGE_STRUCT,msg);
    msg->tx_sfid=0x123;
    msg->tx_efid=0;
    msg->tx_ft=CAN_FT_DATA;
    msg->tx_ff=CAN_FF_STANDARD;
    msg->tx_dlen=8;
    for(i=0;i<8;i++) {
        msg->tx_data[i]=i;
    }
}
```

can_init_txmsg 函数用于初始化要发送的 CAN 数据帧。这里的数据帧具有如下特点。

- 为标准数据帧。
- 数据帧 ID 为 0x123。
- 数据长度为 8 字节。
- 数据内容为 0x00、0x01、0x02、0x03、0x04、0x05、0x06、0x07。

main 函数的实现代码如下。

```
void delay(void)
{
    volatile uint16_t nTime=0x0000;
    for(nTime=0;nTime < 0xFFFF;nTime++){
    }
}

int main(void)
{
```

```
    gd_eval_com_init(EVAL_COM1);
    rcu_periph_clock_enable(RCU_CAN0);
    gpio_config();
    can_config();

    /* 初始化发送消息 */
    can_init_txmsg(&transmit_message);
    printf("please press the KEY1 to transmit message!\r\n");
    while(1) {
        /* 等待 K1 按键按下 */
        while(RESET == gpio_input_bit_get(GPIOA,GPIO_PIN_0)) {
            printf("transmit data:%x\r\n",transmit_message.tx_data[0]);
            /* 发送消息 */
            can_message_transmit(CAN0,&transmit_message);
            delay();
            /* 等待 K1 按键抬起 */
            while(RESET == gpio_input_bit_get(GPIOA,GPIO_PIN_0));
            transmit_message.tx_data[0]++;
        }
    }
}

int fputc(int ch,FILE *f)
{
    usart_data_transmit(USART0,(uint8_t)ch);
    while(RESET == usart_flag_get(USART0,USART_FLAG_TBE));
    return ch;
}
```

在 main 函数中初始化调试串口，使能 CAN0 时钟，调用 gpio_config 函数初始化 GPIO，调用 can_config 函数初始化 CAN0 接口，调用 can_init_txmsg 函数初始化发送的数据帧 transmit_message，然后等待用户按下按键，用户按下按键以后发送数据帧，每次发送完成第一个数据字节自增。

本实例工程路径为：GD32F30x_Firmware_Library\Examples\CAN\communication_send_-msg。

在 MDK 中编译代码，然后使用 ISP 工具将代码下载到 BluePill 开发板，方法参考 5.1.3 节。

打开超级终端软件，按照图 5-7 所示来设置参数，设置完成单击图中所示“确定”按钮，然后在超级终端中选择菜单呼叫（C）→呼叫（C），使用杜邦线将 USBCAN 卡的 CAN 接口接到 BluePillExt 母板的 J1 端子，在 PC 上打开 CanTest 软件，设置波特率为 1Mbps。单击 BluePill 开发板上的 NRST 按键复位 MCU，然后多次单击母板上的 K1 按键，每单击一次 K1 按键就发送一次数据，超级终端输出如图 8-13 所示。CanTest 接收到的 CAN 数据帧如图 8-14 所示。

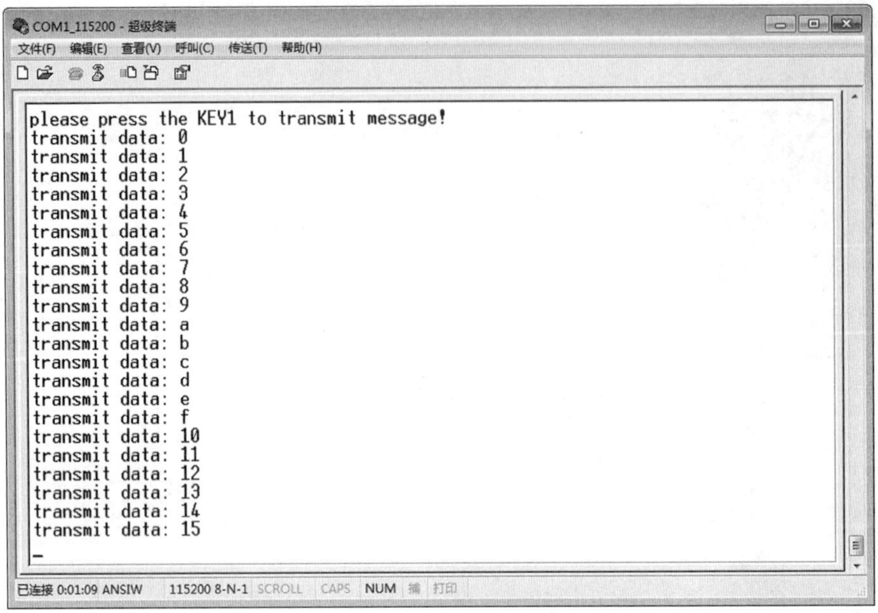

```
COM1_115200 - 超级终端
文件(F) 编辑(E) 查看(V) 呼叫(C) 传送(T) 帮助(H)

please press the KEY1 to transmit message!
transmit data: 0
transmit data: 1
transmit data: 2
transmit data: 3
transmit data: 4
transmit data: 5
transmit data: 6
transmit data: 7
transmit data: 8
transmit data: 9
transmit data: a
transmit data: b
transmit data: c
transmit data: d
transmit data: e
transmit data: f
transmit data: 10
transmit data: 11
transmit data: 12
transmit data: 13
transmit data: 14
transmit data: 15
_

已连接 0:01:09 ANSIW   115200 8-N-1  SCROLL  CAPS  NUM  捕  打印
```

图 8-13　发送特定 ID 的数据帧实验串口输出

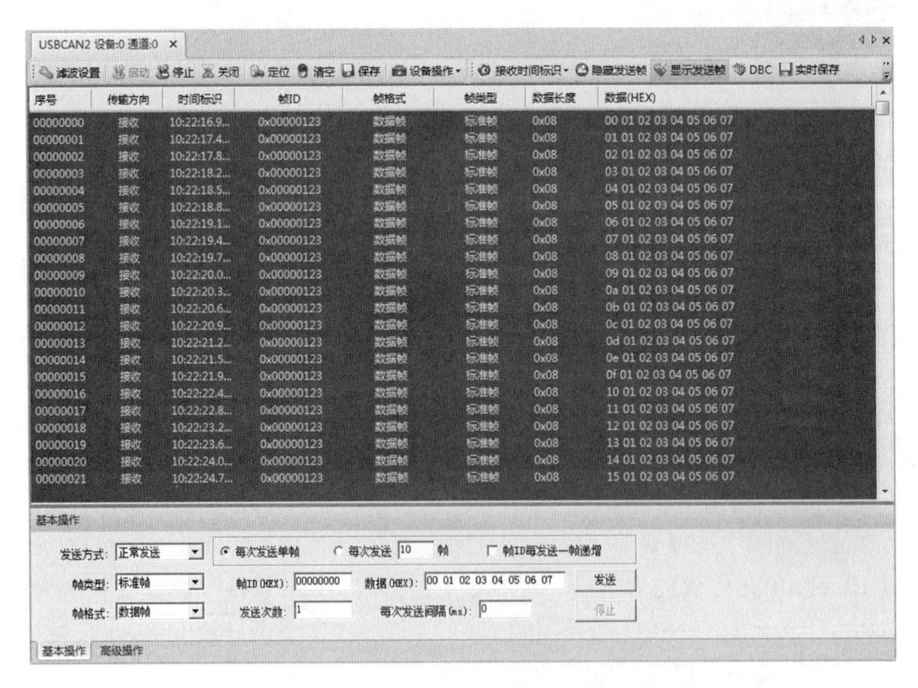

图 8-14　CanTest 软件接收到的数据帧

8.1.6　CAN 数据帧的接收实验

上一节我们实现了 CAN 数据帧的发送，本节我们通过实例学习 CAN 数据帧的接收。由于 BluePill 开发板只有一个 CAN 接口，所以我们使用 USBCAN 卡来发送 CAN 数据帧，使用 BluePill 开发板接收数据帧，并且通过调试串口打印接收到的数据帧。

本实例相关实现代码如下。

```
#include "gd32f30x.h"
#include <stdio.h>
#include "gd32f303c_eval.h"

can_receive_message_struct  receive_message;
volatile FlagStatus receive_flag=RESET;

void gpio_config(void)
{
    rcu_periph_clock_enable(RCU_GPIOB);
    rcu_periph_clock_enable(RCU_AF);

    /*PB8=CAN0_RX,PB9=CAN0_TX*/
    gpio_init(GPIOB,GPIO_MODE_IPU,     GPIO_OSPEED_50MHZ,GPIO_PIN_8);
    gpio_init(GPIOB,GPIO_MODE_AF_PP,   GPIO_OSPEED_50MHZ,GPIO_PIN_9);
    gpio_pin_remap_config(GPIO_CAN_PARTIAL_REMAP,ENABLE);
}
```

上述代码中的 gpio_config 函数初始化了实验中要使用的 GPIO，CAN0 默认使用 PA11 和 PA12 两个引脚，在 BluePill 开发板上使用的是 PB8 和 PB9 两个引脚，我们调用 gpio_-init 函数初始化 PB8 和 PB9，然后调用 gpio_pin_remap_config 函数将 CAN0 的引脚重映射到 PB8 和 PB9。

can_init_filter 函数用于初始化过滤器，将过滤器设置为 32 位掩码模式，32 位掩码设置为全 0，即接收所有的 CAN 帧。该函数的实现代码如下。

```
void can_init_filter(void)
{
    can_filter_parameter_struct can_filter;
    can_struct_para_init(CAN_FILTER_STRUCT,&can_filter);

    can_filter.filter_number=0;
    can_filter.filter_mode=CAN_FILTERMODE_MASK;
    can_filter.filter_bits=CAN_FILTERBITS_32BIT;
    can_filter.filter_list_high=0x0000;
    can_filter.filter_list_low=0x0000;
    can_filter.filter_mask_high=0x0000;
    can_filter.filter_mask_low=0x0000;
    can_filter.filter_fifo_number=CAN_FIFO1;
```

```
    can_filter.filter_enable=ENABLE;
    can_filter_init(&can_filter);
}
```

can_config 函数用于完成 CAN0 接口的初始化：首先调用 can_struct_para_init 函数初始化 CAN0 的初始化参数 can_parameter。注意，要将 can_parameter.working_mode 设置为 CAN_NORMAL_MODE，让 CAN 工作在正常通信模式。将 CAN0 波特率设置为 1Mbps，波特率设置方法见 8.1.5 节。调用 can_init_filter 函数初始化过滤器。can_config 函数的实现代码如下。

```
void can_config(void)
{
    can_parameter_struct can_parameter;

    can_struct_para_init(CAN_INIT_STRUCT,&can_parameter);
    can_deinit(CAN0);

    /* 初始化 CAN*/
    can_parameter.time_triggered=DISABLE;
    can_parameter.auto_bus_off_recovery=DISABLE;
    can_parameter.auto_wake_up=DISABLE;
    can_parameter.no_auto_retrans=DISABLE;
    can_parameter.rec_fifo_overwrite=DISABLE;
    can_parameter.trans_fifo_order=DISABLE;
    can_parameter.working_mode=CAN_NORMAL_MODE;
    /* 设置波特率为 1Mbps*/
    can_parameter.resync_jump_width=CAN_BT_SJW_1TQ;
    can_parameter.time_segment_1=CAN_BT_BS1_5TQ;
    can_parameter.time_segment_2=CAN_BT_BS2_4TQ;
    can_parameter.prescaler=6;
    can_init(CAN0,&can_parameter);

    /* 使能 CAN 接收 FIFO1 非空中断 */
    can_interrupt_enable(CAN0,CAN_INT_RFNE1);

    /* 初始化滤波器 */
    can_init_filter();
}
```

CAN0_RX1_IRQHandler 为 CAN0 的中断服务程序，用于判断到接收 FIFO1 中是否有数据，若有则读取数据，然后设置 receive_flag 标志并通知后台对数据进行处理。相关实现代码如下。

```
void nvic_config(void)
{
    nvic_irq_enable(CAN0_RX1_IRQn,0,0);
}
```

```
void CAN0_RX1_IRQHandler(void)
{
    if(can_receive_message_length_get(CAN0,CAN_FIFO1) > 0) {
        can_message_receive(CAN0,CAN_FIFO1,&receive_message);
        receive_flag=SET;
    }
}
```

can_print_rxmsg 函数用于打印接收到的 CAN 数据帧，数据帧显示 DATA MSG，远程帧显示 REMOTE MSG。标准帧和扩展帧通过 ID 长度来区分，16 位为标准帧，32 位为扩展帧。LEN 表示接收到的 CAN 数据帧长度。数据使用十六进制打印，最多 8 个字节。相关实现代码如下。

```
void can_print_rxmsg(can_receive_message_struct *msg)
{
    uint8_t i=0;
    if(CAN_FT_DATA == msg->rx_ft) {
        printf((CAN_FF_STANDARD == msg->rx_ff)
            ? " DATA MSG ID=0x%04X LEN=%d DATA="
            :" DATA MSG ID=0x%08X LEN=%d DATA=",
            (CAN_FF_STANDARD == msg->rx_ff) ? msg->rx_sfid :msg->rx_efid,
            msg->rx_dlen);
        for(i=0;i<msg->rx_dlen;i++)
            printf("%02X ",msg->rx_data[i]);
    } else {
        printf((CAN_FF_STANDARD == msg->rx_ff)
            ? " REMOTE MSG ID=0x%04X"
            :" REMOTE MSG ID=0x%08X",
            (CAN_FF_STANDARD == msg->rx_ff) ? msg->rx_sfid :msg->rx_efid);
    }
    printf("\r\n");
}
```

main 函数的实现代码如下。

```
int main(void)
{
    gd_eval_com_init(EVAL_COM1);
    rcu_periph_clock_enable(RCU_CAN0);
    gpio_config();
    nvic_config();
    can_config();
    printf("CAN0 receive message demo.\r\n");
    while(1) {
        if(SET == receive_flag) {
            can_print_rxmsg(&receive_message);
            receive_flag=RESET;
```

```
        }
    }
}

int fputc(int ch,FILE *f)
{
    usart_data_transmit(USART0,(uint8_t)ch);
    while(RESET == usart_flag_get(USART0,USART_FLAG_TBE));
    return ch;
}
```

在 main 函数中初始化了调试串口，使能了 CAN0 时钟，调用 gpio_config 函数初始化了 GPIO，调用 nvic_config 函数使能了 CAN0 接收中断，调用 can_config 函数初始化了 CAN0 接口，最后在 while 循环中判断 receive_flag 标志。当 ISR 收到 CAN 帧以后设置 receive_flag 标志，后台将打印收到的 CAN 数据帧。

本实例的工程路径为：GD32F30x_Firmware_Library\Examples\CAN\communication_-recv_msg。

在 MDK 中编译代码，然后使用 ISP 工具将代码下载到 BluePill 开发板，方法参考 5.1.3 节。

打开超级终端软件，按照图 5-7 所示来设置参数，设置完成单击图中所示“确定”按钮，然后在超级终端中选择菜单呼叫（C）→呼叫（C），使用杜邦线将 USBCAN 卡的 CAN 接口接到 BluePillExt 母板的 J1 端子，在 PC 上打开 CanTest 软件，设置波特率为 1Mbps。单击 BluePill 开发板上的 NRST 按键复位 MCU，运行 CamTest 软件，然后在 CanTest 中发送 CAN 数据帧，如图 8-15 所示，这里发送 5 个 CAN 帧，依次为：

- 扩展数据帧，ID=0x1CEC56F4，数据为 10 09 00 02 FF CA FF 00。
- 标准数据帧，ID=0x0111，数据为 11 02 01 FF FF CA FF 00。
- 扩展远程帧，ID=0x1CEB56F4，无数据。
- 标准数据帧，ID=0x0222，数据为 11 22 33 44。
- 扩展数据帧，ID=0x1CECF456，数据为 13 09 00 02 FF CA FF 00。

BluePill 开发板接收到 CAN 数据帧并切在调试串口打印收到的数据，如图 8-16 所示，CanTest 软件发送的 5 个 CAN 数据帧全部收到。

8.1.7 使用过滤器接收特定的数据帧

CAN 总线是一种基于广播的总线，它可以让网络中的任何节点都收到所有的数据，这在带来便捷的同时，也带来了负担。在一个拥有众多节点的复杂 CAN 网络中，接收网络中的所有 CAN 数据帧无疑会大大增加 CPU 的负担。大多数时候，CAN 网络中的某个节点只对某些特定的数据帧感兴趣，这个时候，就可以使用过滤器过滤出本节点感兴趣的数据帧。过滤器由 CAN 控制器硬件实现，配置 MCU 好以后不会占用 CPU 时间。

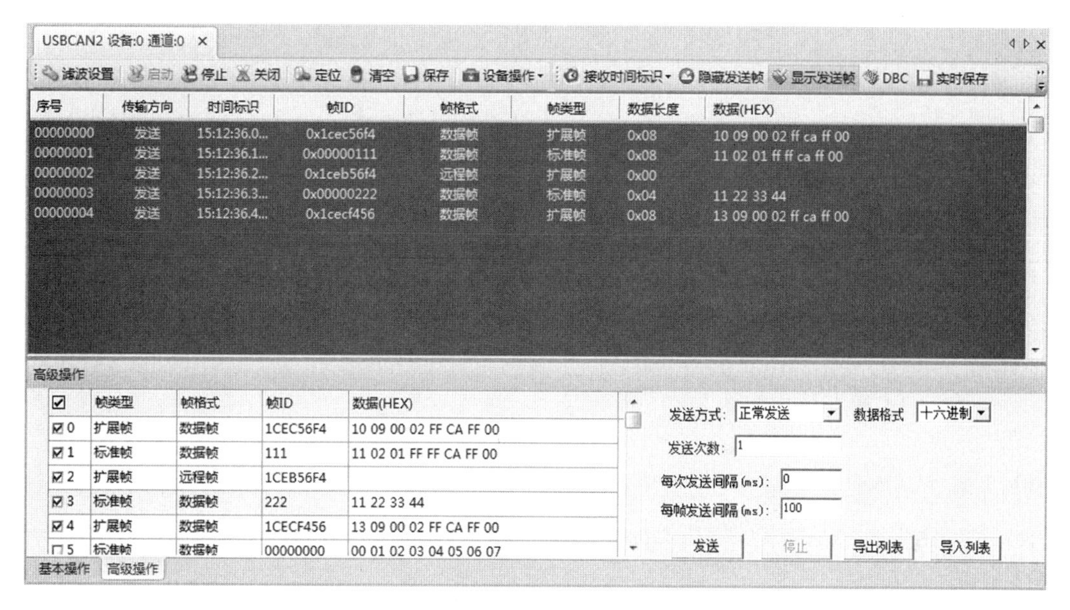

图 8-15　CanTest 软件发送的 5 个数据帧

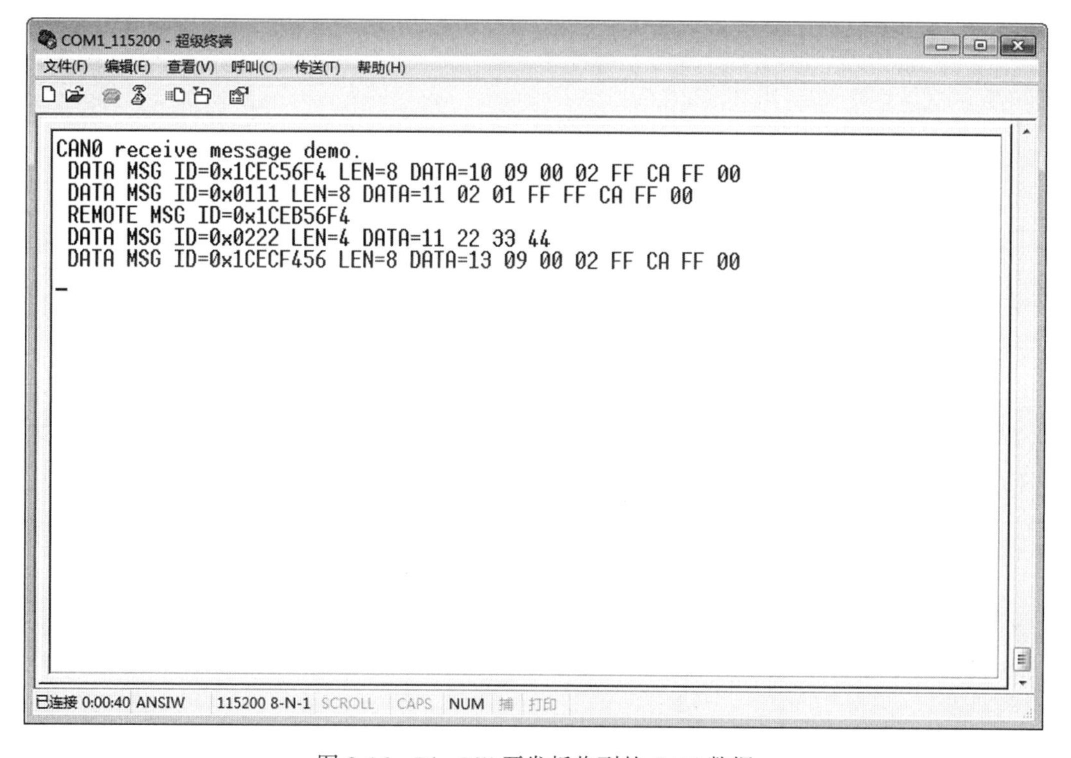

图 8-16　BluePill 开发板收到的 CAN 数据

GD32F303 的 CAN 过滤器由 14 个单元 bank 构成，即 bank0 ～ bank13，每个 bank 由 2 个寄存器 FDATA0 和 FDATA1 组成，可以支持 16 位或者 32 位列表，支持掩码模式和列表模式。过滤器使用 can_filter_parameter_struct 结构体来描述。本节通过实例来学习过滤器的使用方法。

1. 16 位列表模式实例

在 8.1.6 节的实例中，我们用 GD32 的 CAN 外设接收全部数据，PC 通过 USBCAN 卡发送 5 个 CAN 数据帧，BluePill 开发板全部接收到 5 数据帧。本节我们通过过滤器只接收里面 2 个标准数据帧，ID 分别为 0x0111 和 0x0222，这种情况下适合使用 16 位列表模式，16 位列表模式过滤器结构如图 8-17 所示。

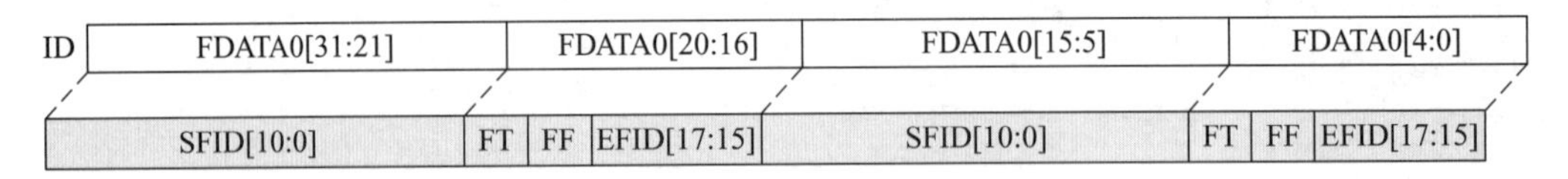

图 8-17　16 位列表模式过滤器结构

本节代码与 8.1.6 的节代码几乎完全相同，只有 can_init_filter 函数有差异，因此下面只给出该函数的实现代码。

```
void can_init_filter(void)
{
    can_filter_parameter_struct can_filter;
    can_struct_para_init(CAN_FILTER_STRUCT,&can_filter);

    can_filter.filter_number=0;
    can_filter.filter_mode=CAN_FILTERMODE_LIST;
    can_filter.filter_bits=CAN_FILTERBITS_16BIT;
    can_filter.filter_list_high=0x0111<<5;
    can_filter.filter_list_low=0x0222<<5;
    can_filter.filter_mask_high=0x0000;
    can_filter.filter_mask_low=0x0000;
    can_filter.filter_fifo_number=CAN_FIFO1;
    can_filter.filter_enable=ENABLE;
    can_filter_init(&can_filter);
}
```

上述代码将 filter_mode 设置为 CAN_FILTERMODE_LIST，将 filter_bits 设置为 CAN_-FILTERBITS_16BIT（对应 16 位列表模式）。filter_list_high、filter_list_low、filter_-mask_high、filter_mask_low 对应 4 个 ID，本实例只使用其中 2 个。标准帧 ID 使用高 11 位，FT=0 对应数据帧，FF=0 对应标准数据帧。

本实例的工程路径为：GD32F30x_Firmware_Library\Examples\CAN\communication_filter。

实验方法与 8.1.6 节完全相同，本节不再赘述，发送的 5 个 CAN 数据帧如图 8-15 所示。BluePill 开发板收到的 CAN 数据帧如图 8-18 所示。由于使用了过滤器，所以这里只收到了 ID 为 0x0111 和 0x0222 的两个标准数据帧。

由于未使用的 2 个 ID 也设置为了 0，所以实际上 ID=0x0000 的标准数据帧也可以被接收到。

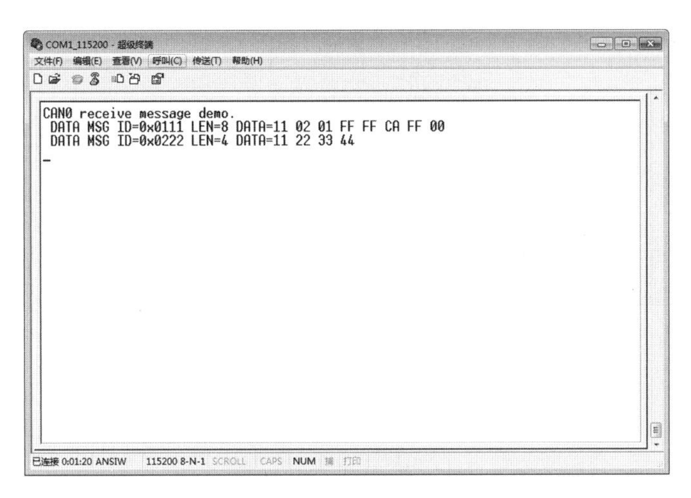

图 8-18　16 位列表模式过滤器收到的 CAN 数据帧

2. 32 位掩码模式实例

如果软件需要处理的 CAN 数据帧 ID 种类很少，那么用过滤器的列表模式比较方便，否则要处理一组相似的 ID。比如在之前的例子中，我们希望接收 2 个 ID 高 9 位为 0x1CE 的扩展数据帧，这时使用掩码模式更加合适。扩展数据帧有 29 位的 ID，因此我们使用 32 位掩码模式。32 位掩码模式过滤器结构如图 8-19 所示。

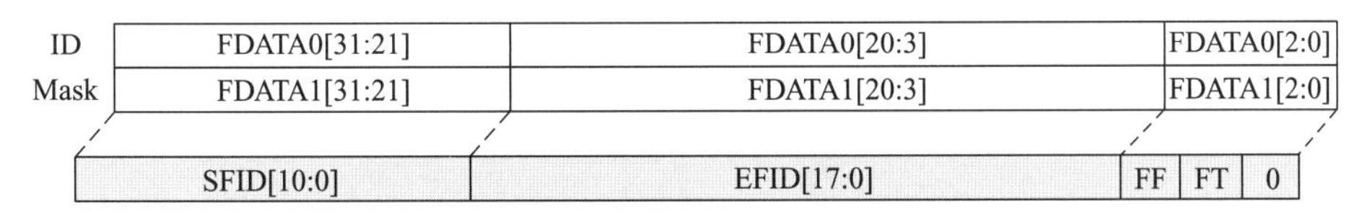

图 8-19　32 位掩码模式过滤器结构

同样，本节代码与 8.1.6 节的代码几乎完全相同，只有 can_init_filter 函数有差异，因此这里只给出该函数的实现代码。

```
void can_init_filter(void)
{
    can_filter_parameter_struct can_filter;
```

```
    can_struct_para_init(CAN_FILTER_STRUCT,&can_filter);

    can_filter.filter_number=0;
    can_filter.filter_mode=CAN_FILTERMODE_MASK;
    can_filter.filter_bits=CAN_FILTERBITS_32BIT;
    can_filter.filter_list_high=0x1CE<<7;
    can_filter.filter_list_low=0x0004;          // FF=1 FT=0
    can_filter.filter_mask_high=0xFF80;
    can_filter.filter_mask_low=0x0006;
    can_filter.filter_fifo_number=CAN_FIFO1;
    can_filter.filter_enable=ENABLE;
    can_filter_init(&can_filter);
}
```

在上述代码中：

- 将 filter_mode 设置为 CAN_FILTERMODE_MASK，将 filter_bits 设置为 CAN_-FILTERBITS_32BIT，对应 32 位掩码模式。
- 将 filter_list_high 设置为 26 位扩展数据帧的高 9 位，0x1CE 需要左移 16–9=7 位。
- 将 filter_list_low 设置为 0x0004，其中 FF=1 表示扩展数据帧，FT=0 表示数据帧。
- 将 filter_mask_high 设置为 0xFF80，高 9 位需要参与比较。
- 将 filter_mask_low 设置为 0x0006，FF 和 FT 需要参与比较。

这里的实验方法与 8.1.6 节完全相同，故这里不再赘述，发送的 5 个 CAN 数据帧如图 8-15 所示，BluePill 开发板收到的 CAN 数据帧如图 8-20 所示。由于使用了过滤器，所以这里只收到了 ID 为 0x1CEC56F4 和 0x1CECF456 的两个扩展数据帧。帧 ID 为 0x1CEB56F4 的扩展远程数据帧虽然 ID 的高 9 位为 0x1CE，但是由于为远程数据帧的 FT 位不匹配，所以没有被收到。

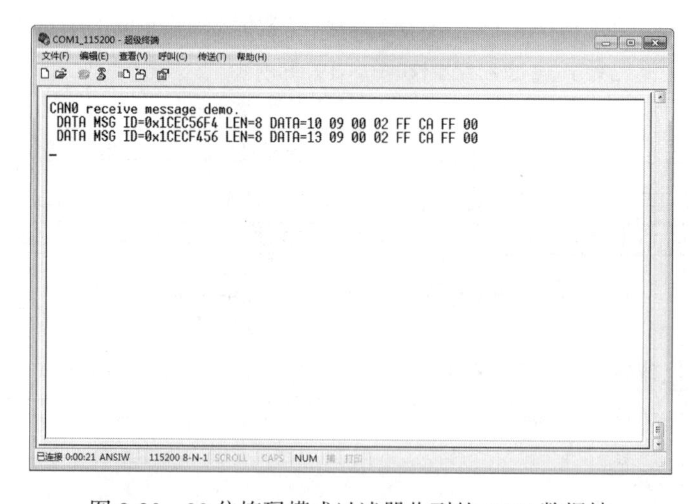

图 8-20 32 位掩码模式过滤器收到的 CAN 数据帧

CAN 总线本身没有规定应用层协议。在应用层协议中，经常使用数据帧 ID 的某些高位表示应用层协议，使用掩码模式过滤器过滤出软件支持的协议，并直接丢弃不支持的协议，这大大减轻了 CPU 的负担。

8.2　USBD

GD32 系列 MCU 内部集成 USB2.0 通用串行总线全速设备接口（USBD）、通用串行总线全速 OTG 接口（USBFS）和串行总线高速 OTG 接口（USBHS），能满足一般 MCU 系统对 USB 通信的要求。其中，GD32F303 系列 MCU 内部集成 USBD 接口，GD32F305 和 GD32F307 系列 MCU 内部集成 USBFS 接口。本节主要介绍 USB 通信基础知识、USBD 固件库架构和库函数，以及相关应用举例。

8.2.1　USB 通信基础知识

USB 是通用串行总线（Universal Serial Bus）的缩写，其最大的特点是支持热插拔和即插即用。本节就来介绍 USB 基础知识。

1. USB 通信概述

目前有 3 种 USB 版本——USB1.1、USB2.0 和 USB3.0。USB1.1 支持的传输速度为 12Mbps 和 1.5Mbps，USB2.0 支持的传输速度为 12Mbps（全速 USB）和 480Mbps（高速 USB），USB3.0 支持的传输速度可高达 5Gbps。由于 USB 是主从模式的结构，USB 主机与主机、设备与设备之间不能进行通信，为解决这个问题，USB OTG 应运而生。USB OTG 主要应用于各种不同的设备或移动设备间的数据交换，例如将具有 OTG 功能的数码相机与打印机相连，直接利用打印机打印出数码相机中的相片，这种技术大大拓展了 USB 数据传输的应用范围。

USB 网络采用基于分层的星形拓扑结构，具体如图 8-21 所示。一个 USB 网络中只能有一个主机，主机内设置了一个主集线器（Hub），总线上最多可连接 127 个设备，这是由于设备的地址为 7 位，主机最大可寻址 127 个设备。另外，Hub 串联数量最多 5 层（根 Hub 层不计入），线缆长度最长 5m。主机定时对集线器的状态进行查询，当一个新设备接入集线器时，主机会检测到集线器状态发生改变，并发出命令使该端口有效，然后对其进行枚举，枚举完成后即可与该设备进行通信。当一个设备从总线上移走时，主机就将其从可用资源列表中删除。

2. USB 主机与设备

USB 的所有数据通信过程都由 USB 主机启动，所以，USB 主机在整个数据传输过程中占据着主导地位。在 USB 系统中只允许有一个主机。

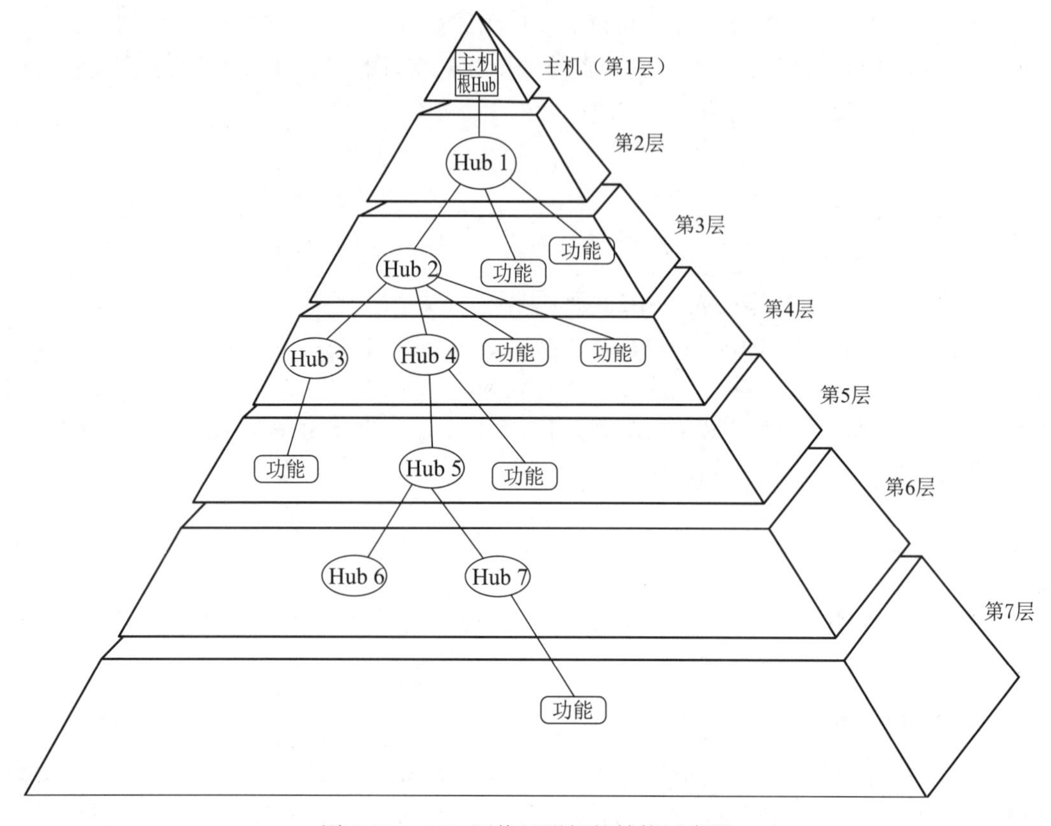

图 8-21　USB 网络星形拓扑结构示意图

USB 设备由一些配置、接口和端点组成，一个 USB 设备可以含有一个或多个配置，在每个配置中可含有一个或多个接口，在每个接口中可含有若干个端点。其中，配置和接口是对 USB 设备功能的抽象，实际的数据传输由端点来完成。因此，在使用 USB 设备前，必须指明采用的配置、接口和端点，这个步骤一般是在设备枚举时完成的。

3. USB 接口

USB 标准接口有 4 条线——电源线、D+ 信号线、D− 信号线和地线。USB 标准接口有 A 型和 B 型之分，具体如图 8-22 所示。

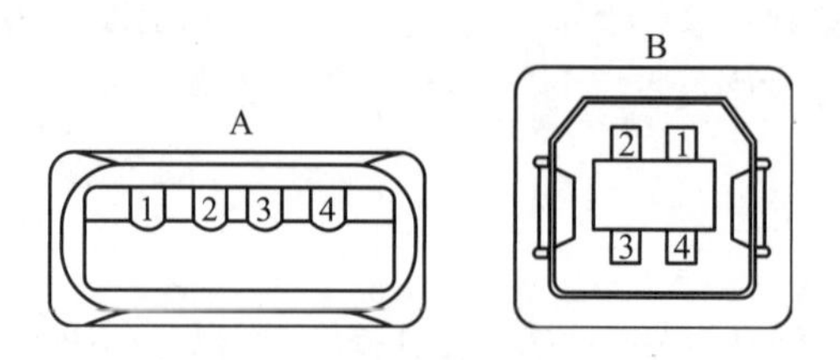

图 8-22　USB 标准接口示意图

Mini USB 接口又称迷你 USB 接口，如图 8-23 所示，Mini USB 接口主要分为 Mini-A 和 Mini-B 接口。与标准 USB 接口相比，Mini USB 接口更小，适用于移动设备等小型电子设备。Mini USB 接口具有 5 条线，比标准 USB 接口多了一条 ID 线，用来标识身份（主机还是从机）。

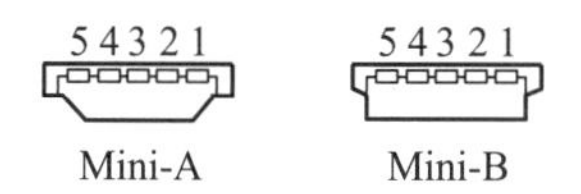

图 8-23　Mini USB 接口示意图

Micro USB 接口如图 8-24 所示，Micro USB 接口是在 Mini USB 接口的基础上进行外形缩减后得到的，比 Mini USB 接口更小，且支持更多的插拔次数。与 Mini USB 接口相同，Micro USB 接口也具有 5 条线，支持 USB OTG 功能。

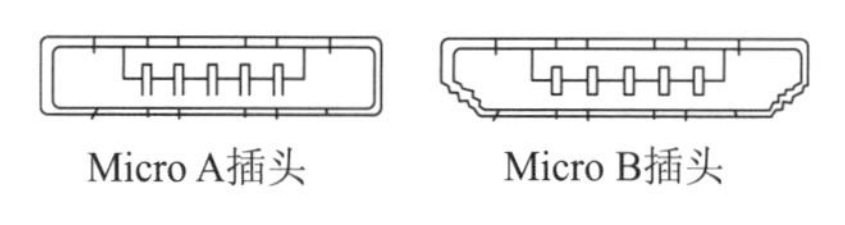

图 8-24　Micro USB 接口示意图

Type C USB 接口有 24 个引脚，两边各 12 个，插入后两边完全对称，如图 8-25 所示。相较于 USB 标准接口、MINI USB 接口和 Micro USB 接口，Type C USB 接口最大的特点是可支持正反插，目前在很多笔记本电脑和手机上被广泛使用。

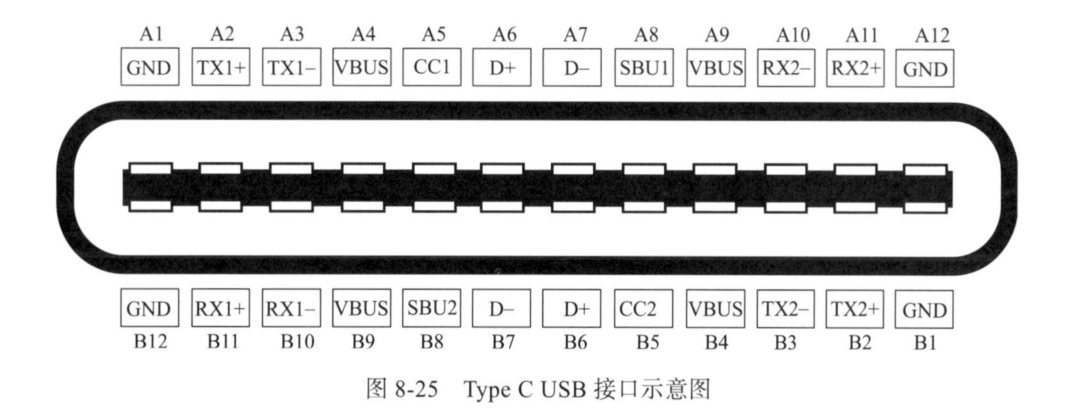

图 8-25　Type C USB 接口示意图

4. USB 设备的插入检测和速度检测

当 USB 设备连接时，USB 系统能自动检测到这个连接操作，并识别出采用的数据传输速度。USB 采用在 D+ 和 D– 信号线上增加 1.5kΩ 上拉电阻的方式来识别低速和全速设备。如图 8-26 所示，当 USB 总线上没有设备连接时，USB 主机的 D+ 和 D- 信号线会通过两个 15kΩ 的电阻接地。若 USB 主机检测到 D+ 信号线被上拉，表示此时接入的是一个全速设备；若 USB 主机检测到 D- 信号线被上拉，表示此时接入的是一个低速设备。

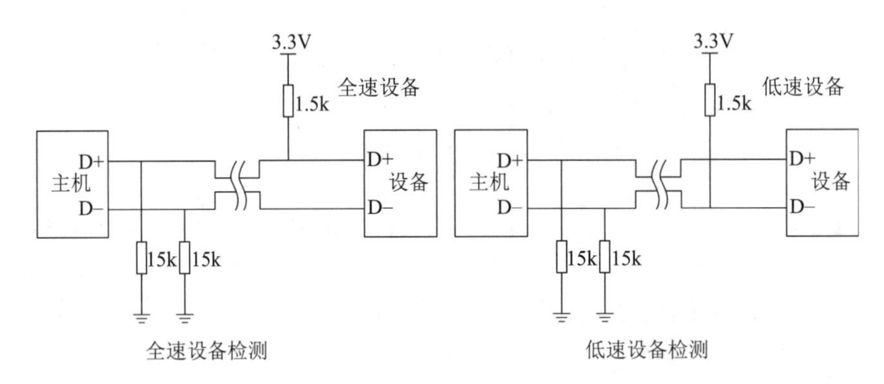

图 8-26　全速与低速设备检测连接图

下面介绍高速设备的检测原理。高速设备首先会被检测为全速设备，即它的 D+ 信号线上有一个 1.5kΩ 的上拉电阻，然后主机和设备会通过一系列的握手信号（chirp 序列：3 对 KJ 序列）确认双方的身份，确认完毕后，主机和设备就可以通过高速模式工作了。

5. USB 总线信号

1）USB 通信格式

USB 通信采用反向不归零编码（NRZI）对发送的数据包进行编码，编码的原理为“遇 0 反转，遇 1 保持”，具体示意如图 8-27 所示。读者只需理解它的编码原理即可，具体实现由 USB 模块硬件实现。

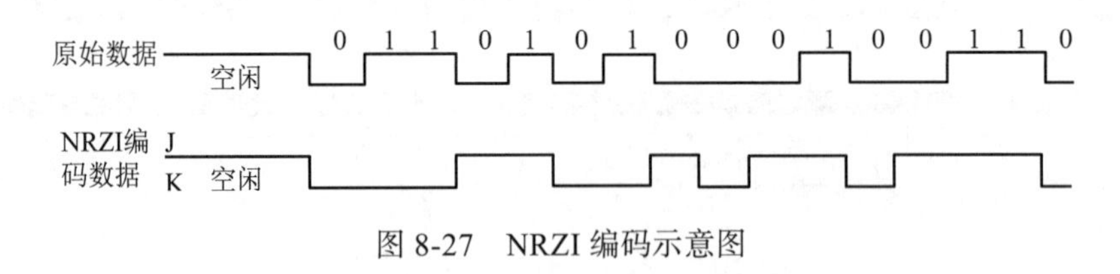

图 8-27　NRZI 编码示意图

另外，为了保证发送的数据序列中有足够多的电平变化，USB 系统引入了位填充机制：数据流中每出现 6 个连续的 1，就插入一个 0，从而保证编码电平出现变化。这是由于若一直为 1 信号，就会造成数据长时间无法转换，逐渐积累，将导致接收器最终丢失同步信号，使得读取的时序发生严重的错误。具体示意如图 8-28 所示。

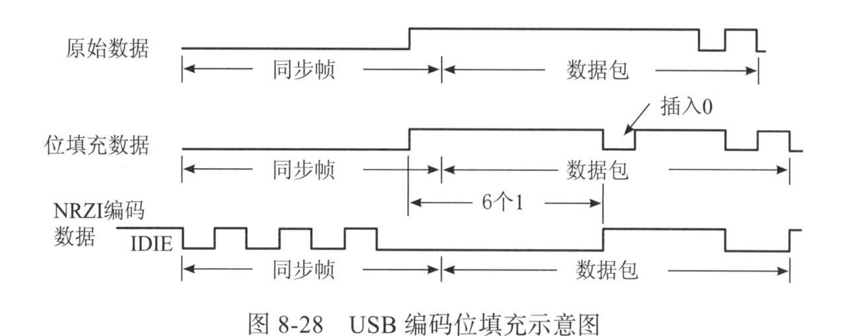

图 8-28　USB 编码位填充示意图

2）USB 总线信号

USB 总线信号使用差分信号传输，这种做法具有极强的抗干扰性能，差分信号分为差分信号 1 和差分信号 0，具体如表 8-3 所示。

表 8-3　差分信号定义列表

差分信号	说　明
差分信号 1	V_D+>V_{OH}(2.8V)，V_D-<V_{OL}(0.3V)
差分信号 0	V_D->V_{OH}(2.8V)，V_D+<V_{OL}(0.3V)

另外，USB 协议定义了 J 状态和 K 状态。在不同速度的 USB 设备中，JK 状态的定义不同，具体如表 8-4 所示。在低速设备中，J 状态为差分信号 0，K 状态为差分信号 1；在全速设备中，J 状态为差分信号 1，K 状态为差分信号 0。下文以全速设备为例进行说明。

表 8-4　JK 状态定义

JK 状态	说　明	
J 状态	LS（低速）	差分信号 0
	FS（全速）	差分信号 1
K 状态	LS（低速）	差分信号 1
	FS（全速）	差分信号 0

USB 在设备枚举的过程中，主机检测到设备时会向设备发送复位信号（reset），这个复位信号的定义为 D+ 和 D– 信号线全部被拉低，且时间大于 10ms。

USB 总线在空闲时的状态（IDLE）为 J 状态，恢复信号（resume）为 K 状态。恢复信号用于在挂起模式中将 USB 总线激活。SOP 信号用于从 IDLE 状态切换到 K 状态。EOP 状态为持续 2 个时间的 SE0 信号，后跟 1 个时间的 J 信号，其中，SE0 信号为单端 0 信号，表示 D+ 与 D– 信号线同时都是逻辑低电平，SE1 信号为单端 1 信号，表示 D+ 和 D– 信号线同时都是逻辑高电平。SYNC 信号为 3 个重复的 KJ 状态转换，后跟 2 个时间的 K 状态。SYNC 信号示意如图 8-29 所示。

图 8-29 SYNC 信号示意图

6. USB 协议

USB 数据由二进制数据串组成，首先由数据串构成包（packet），包再构成事务（transaction），事务最终构成传输（transfer）。下面将依次介绍包、事务和传输，请注意它们之间的关系。

1）包

USB 传输的最小单位为包，一个包被分成不同的域。不同类型的包所包含的域是不一样的，但是不同的包有个共同的特点，就是都以包起始标志（SOP）开始，之后是同步域（0x00000001），然后是包内容，最后以包结束标志（EOP）结束。包的结构如图 8-30 所示。

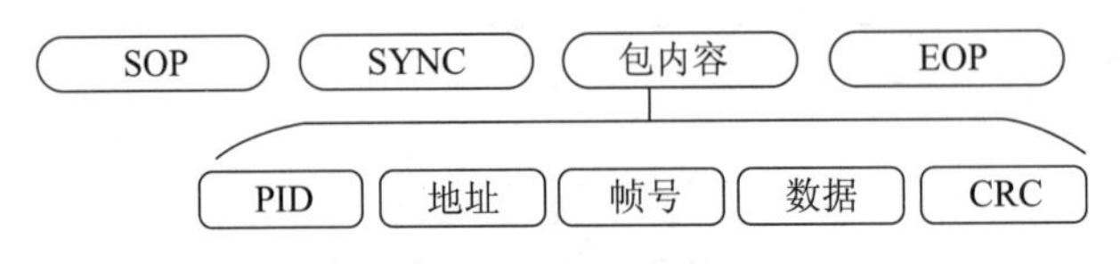

图 8-30 包结构示意图

包内容可分为 5 个部分——PID、地址、帧号、数据和 CRC，但并不是所有的包都包含这 5 个部分，例如令牌包就不包含帧号和数据。

包内容介绍

PID 为标志域，由 4 位标志符加 4 位标志符反码构成，表明包的类型和格式。具体定义如表 8-5 所示。

表 8-5 PID 定义列表

封包类型	PID 名称	PID 编码	说明
Token 令牌	OUT	0001B	从主机到设备的数据传输
	IN	1001B	从设备到主机的数据传输
	SOF	0101B	帧起始标记与帧码
	SETUP	1101B	从主机到设备，表示进行控制传输
数据包	DATA0	0011B	偶数数据封包
	DATA1	1011B	奇数数据封包
	DATA2*	0111B	主要用于高速分裂事务和高速高带宽同步传输
	MDATA*	1111B	

（续）

封包类型	PID 名称	PID 编码	说　明
握手包	ACK	0010B	表示正确接收数据，并且有足够的空间来容纳数据
	NAK	1010B	表示没有数据需要返回；或者数据正确接收，但没有足够的空间来容纳，设备未准备好，主机会在以后合适的时机进行重传
	STALL	1110B	表示设备无法执行这个请求，或者端点已经被挂起。它表示一种错误的状态
	NYET*	0110B	表示设备本次数据成功接收，但是没有足够的空间来接收下一次的数据
特殊包	PRE	1100B	通知集线器打开低速端口的前导包。该包为令牌包
	ERR*	1100B	在分裂事务中表示错误使用。该包为握手包
	SPLIT*	1000B	高速事务中分裂令牌包
	PING*	0100B	等待设备返回 ACK 或 NAK，以判断设备是否能够传送数据，只被用在批量和控制输出事务中

注：表中带 * 的类型包为只在 USB3.0 中存在的数据包。

地址域包含 2 个部分——设备地址和端点地址。设备地址为 7 位，表示 USB 主机最大可寻址 127 个 USB 设备；端点地址为 4 位，低速设备最多有 3 个端点，高速和全速设备最多有 16 个端点，另外 GD32 MCU 的 USBD 可支持 8 个端点。

帧号为 11 位数据，主机每 1ms 发送一个 SOF 包，帧号会自动加 1。当达到 7FFH 时，帧号将归零进行重新计数。每帧所包含的数据为每两帧首包 SOF 之间的数据包。另外在高速设备中，每 125μs 会发送一个微帧起始包，在微帧起始包中，1ms 内的 8 个微帧具有相同的帧号。帧起始包的作用将在 SOF 包的部分进行说明。

不同的传输类型，数据域的长度从 0 到 1024 字节不等，具体说明如表 8-6 所示。

表 8-6　数据域长度定义

	控制传输			批量传输			中断传输			同步传输		
	HS	FS	LS	HS	FS	LS	HS	FS	LS	HS	FS	LS
包长	64	64	8	512	64	N.A	1024	64	8	1024	1023	N.A

CRC 域由硬件实现校验，对此用户可以不用关心。具体地址域和帧号域的校验采用下式的方法进行校验。

$$G(x)=x^5+x^2+1$$

数据域的校验采用下式的方法进行校验。

$$G(x)=x^{16}+x^{15}+x^{2}+1$$

包格式介绍

a）令牌包

令牌包用来启动一次 USB 传输，令牌包总是由主机进行发送，设备只能被动接收数据。令牌包就像主机向设备发送的命令一样，告诉设备接下来该如何进行响应。令牌包分为 4 种——IN、OUT、SETUP 和 SOF。其中 IN、OUT 和 SETUP 具有同样的结构，如图 8-31 所示，其中地址号表示需要通信的设备编号，端点号表示需要通信的端点，PID 表示需要通信的动作。IN 包表示需要设备发送数据，由主机来接收。OUT 包表示主机需要发送数据给设备，由设备来接收。由于 USB 通信是主从接收机制，所以 IN 和 OUT 都是对主机而言的。SETUP 包为设置包，启动一次控制传输，可能从设备读取各类描述符或者向设备设置地址。

SOP	同步域	8位包 标志PID	7位 地址	4位 端点号	5位 CRC校验	EOP

图 8-31　IN、OUT 和 SETUP 令牌包结构示意图

SOF 包的具体结构如图 8-32 所示。SOF 包没有地址和端点号，仅具有 11 位帧号。SOF 包在每帧开始时发送，它以广播的形式发送，所有的 USB 全速设备和高速设备都可以收到 SOF 包，USB 全速设备每 1ms 产生一个帧，而 USB 高速设备每 125μs 产生一个微帧，USB 主机会对当前帧号进行计数，在每帧开始时发送一个 SOF 帧起始包（高速设备每帧内的 8 个微帧具有相同的帧号）。SOF 帧起始包就像是 USB 通信的脉搏，可以防止总线进入 Suspend（挂起）状态，若总线在 3ms 内都无活动，USB 主机会将相关设备挂起。这里对时间的检测通过 SOF 帧起始包实现。另外，SOF 令牌包中具有帧号，这可以是主机和设备之间同步的一种方式。

SOP	同步域	8位包 标志PID	11位帧号	5位 CRC校验	EOP

图 8-32　SOF 包结构示意图

b）数据包

数据包用于传输数据，数据包的结构如图 8-33 所示。

同步域	8位包 标志PID	字节1	……	字节n	16位 CRC校验	EOP

图 8-33　数据包结构示意图

数据包的类型有 DATA0、DATA1、DATA2 和 MDATA。不同类型的数据包用于握手包出错时的纠错。其中，DATA2 和 MDATA 用于高速分裂事务和高速高带宽同步传输中。下面以 DATA0 和 DATA1 为例介绍数据包纠错原理。

主机和设备都会维护一份自己的数据包切换机制：当数据包成功发送或接收时，数据包类型都会切换。正确的数据传输流程如图 8-34 所示，发送设备将 DATA0 数据包发送给接收设备，接收设备正确接收后，将 DATA0 类型切换为 DATA1 类型，然后回复 ACK 握手包。当发送设备接收到 ACK 握手包后，表明接收设备正确接收到了发送数据，然后将 DATA0 类型切换为 DATA1 类型。在下次数据发送时，收发双方都具有正确且匹配的数据包类型。

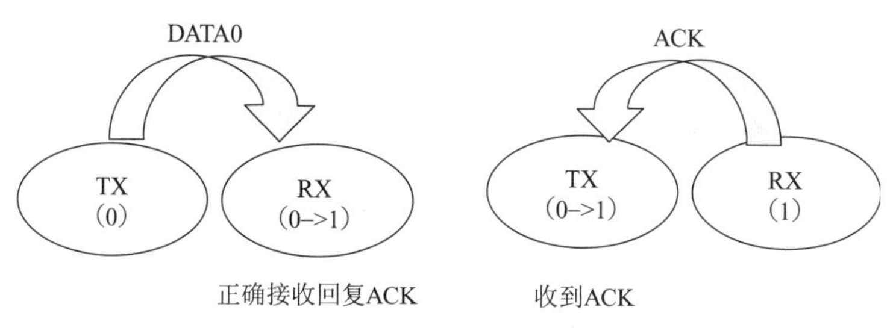

图 8-34　正确的数据传输流程

当数据被破坏或者没有被正确接收时，数据传输流程如图 8-35 所示。发送设备将 DATA0 数据包发送给接收设备，但由于信号干扰的存在，接收设备并没有正确接收到数据，因此接收设备返回 NAK 握手包，发送设备接收到 NAK 握手包后，并不切换数据包类型，下次数据传输仍使用 DATA0 数据包。

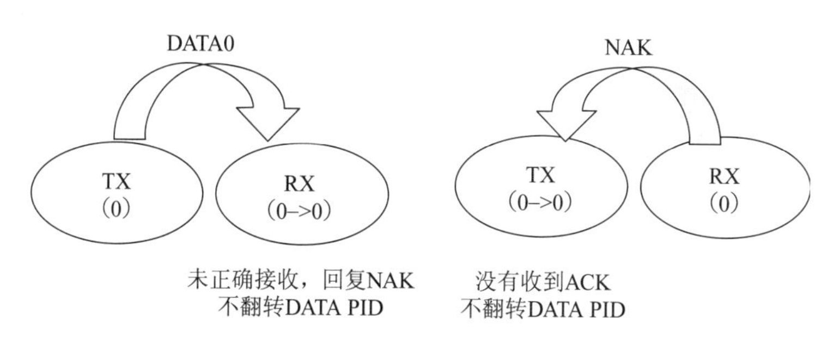

图 8-35　当数据被破坏或者没有被正确接收时的数据传输流程示意图

当 ACK 握手包被破坏时，数据传输流程如图 8-36 所示。发送设备将 DATA0 数据包发送给接收设备，接收设备正确接收，切换自己的数据包类型，并回复 ACK 握手包。若受到通信干扰，发送设备并没有正确接收到 ACK 握手包，此时，发送设备并不切换自己的数据包类型，过一段时间后，仍使用 DATA0 数据包类型对数据进行重传。此时接收设备收到

DATA0 数据包，但是发现和自己的 DATA1 数据包类型不匹配，因此忽略掉此次数据，并返回 ACK 握手包。发送设备接收到此时 ACK 握手包，并切换自身数据包类型，下次使用 DATA1 数据包进行数据传输，接收设备正确接收后，回复 ACK 握手包，发送设备接收到 ACK 握手包后，切换自身数据包类型。这种方式可用于当 ACK 握手包被破坏时进行数据重传。

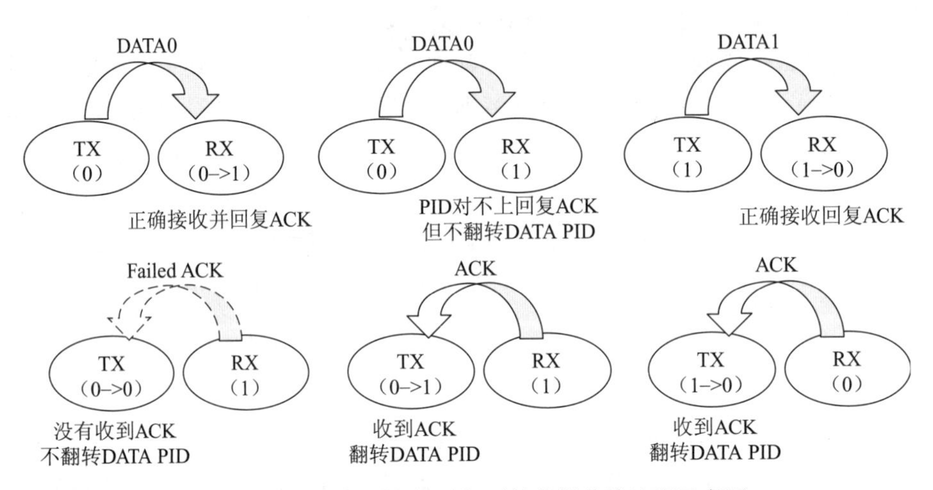

图 8-36　ACK 握手包被破坏时的数据传输流程示意图

c）握手包

握手包有 4 种类型——ACK、NAK、STALL 和 NYET。握手包只有同步域、包标志符和包结束符，是最简单的一种数据包，具体结构如图 8-37 所示。

SOP	SYNC	PID	EOP

图 8-37　握手包结构示意图

ACK 握手包表示正确接收数据，并且有足够的空间来容纳数据，主机和设备都可以使用 ACK 握手包进行回复。

NAK 握手包表示没有数据需要返回，或者数据正确接收，但是没有足够的空间来容纳它们。当主机收到 NAK 握手包时，表示知道设备还未准备好，主机会在以后合适的时机重试传输。

STALL 握手包表示设备无法执行这个请求，或者端点已经被挂起。这是一种错误的状态，需要主机干预，设备才能解除这种状态。

NYET 握手包表示设备已经成功接收本次数据，但是没有足够的空间来接收下一次数据，主机在下一次输出数据时，将先使用 PING 令牌包来试探设备是否有足够的空间接收数据，以避免不必要的带宽浪费。

d）特殊包

特殊包是在一些特殊场合使用的包，总共有 4 种——PRE、ERR、SPLIT 和 PING，其中，PER、SPLIT、PING 是令牌包，ERR 是握手包。

PRE 特殊包是通知集线器打开低速端口的一种前导包。

ERR 特殊包用于在分裂事务中表示错误。

SPLIT 特殊包是高速事务分裂令牌包，用于通知集线器将高速数据包转化为全速或者低速数据包并发送给其下面的端口。

PING 特殊包是等待设备返回 ACK 或者 NAK 握手包，用于判断设备是否能够传送数据，只被用在批量和控制输出事务中。

2）事务

USB 事务通常由令牌包、数据包和握手包中的 2 个或 3 个组成。令牌包用来启动一个事务，总是由主机发送；数据包用来传输数据；握手包由数据接收者进行发送，用来表明数据的接收情况。每次批量、同步和中断传输都是一个事务。控制传输包括 3 个阶段——建立过程、数据传输过程和状态过程。

一个 USB 控制传输事务的示例如图 8-38 所示，其中包含 3 个阶段——SETUP 建立阶段、IN 数据传输阶段和状态阶段。在该传输事务中，SETUP 建立阶段表明主机向设备请求设备描述符，IN 数据传输阶段表明设备向主机返回 18 字节设备描述符，在状态阶段主机将会向设备返回一个零字节的 OUT 事务以表明设备描述符被成功接收。

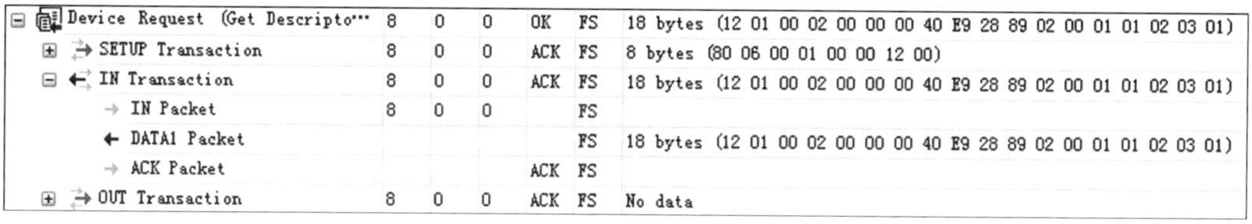

Device Request (Get Descripto···	8	0	0	OK	FS	18 bytes (12 01 00 02 00 00 00 40 E9 28 89 02 00 01 01 02 03 01)
SETUP Transaction	8	0	0	ACK	FS	8 bytes (80 06 00 01 00 00 12 00)
IN Transaction	8	0	0	ACK	FS	18 bytes (12 01 00 02 00 00 00 40 E9 28 89 02 00 01 01 02 03 01)
IN Packet	8	0	0		FS	
DATA1 Packet					FS	18 bytes (12 01 00 02 00 00 00 40 E9 28 89 02 00 01 01 02 03 01)
ACK Packet				ACK	FS	
OUT Transaction	8	0	0	ACK	FS	No data

图 8-38　USB 控制传输事务示例

3）传输

USB 协议定义了 4 种传输类型，具体说明如表 8-7 所示。

表 8-7　USB 传输类型说明表

USB 传输类型	说　明	特　点
控制传输	用于命令和状态的传输	非周期性，突发
批量传输	大容量数据的传输，数据可以占用任意带宽，并容忍延时	非周期性，突发

（续）

USB 传输类型	说　明	特　点
同步传输	持续性传输，用于传输与时效相关的信息，并且在数据中保存时间戳的信息	周期性
中断传输	允许有限延时的通信，保证查询频率	周期性，低频率

控制传输

控制传输一般用于命令和状态的传输，分为控制读、控制写和无数据控制传输。在设备枚举的过程中，采用控制传输方式进行数据传输。控制传输分为 3 个过程——建立过程、数据传输过程和状态过程。

建立过程先使用一个 SETUP 事务，SETUP 事务的数据包是一个输出的数据包，只能使用 DATA0 类型，建立过程的最后是一个握手包，设备只能使用 ACK 来进行应答，除非因出错不应答。不可使用 NAK 和 STALL 握手包进行应答，即设备必须要接收建立事务的数据。

数据传输过程是可选的，即一个控制传输可能没有数据传输过程。数据传输过程的第一个数据包必须是 DATA1 数据包，之后就在 DATA0 和 DATA1 之间切换。

状态过程也是一个传输事务，它的传输方向刚好跟前面的数据传输过程相反，状态过程只使用 DATA1 包。

控制传输示意如图 8-39 所示。

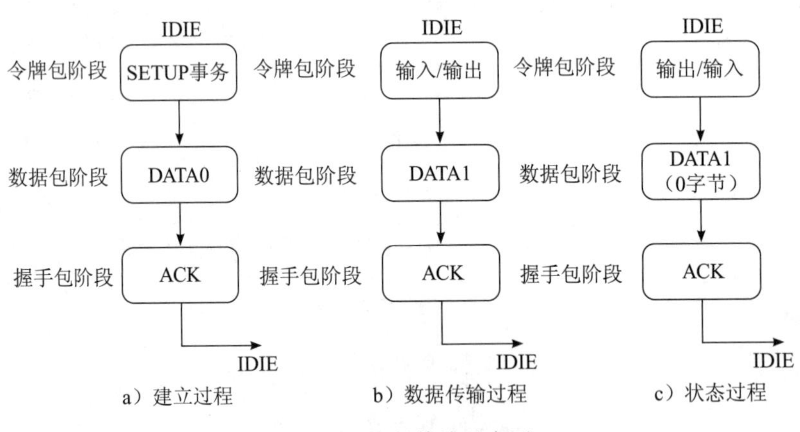

图 8-39　控制传输示意图

每个 USB 设备都必须有控制端点，支持通过控制传输进行命令和状态的传输，USB 主机驱动将通过控制传输与 USB 设备的控制端点进行通信，以完成设备的枚举和配置过程。

批量传输

批量传输分为批量读和批量写。在高速 USB 通信中，引入了 PING 传输，用于判断设备是否有足够的空间接收数据。批量传输示意如图 8-40 所示。一个批量传输事务分为 3 个部分——令牌包阶段、数据包阶段和握手包阶段。

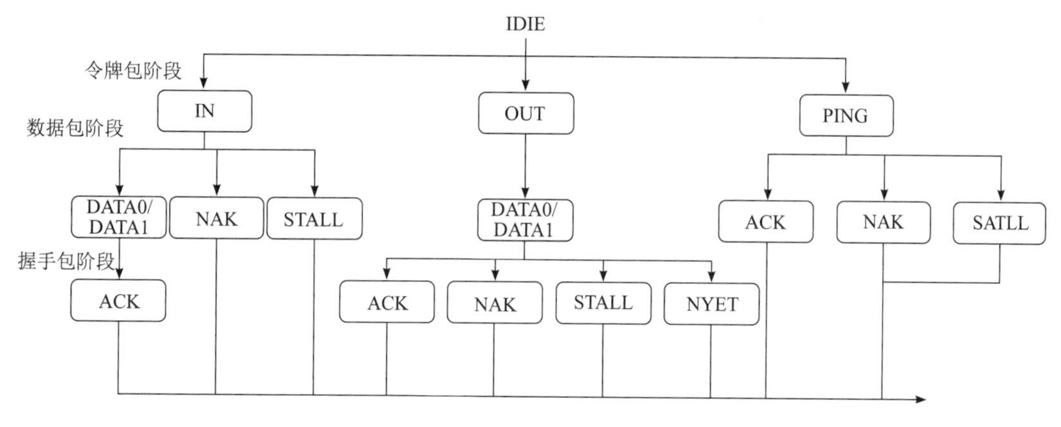

图 8-40　批量传输示意图

在批量读的过程中，首先 USB 主机发送一个 IN 令牌包，然后主机切换到接收数据状态，等待设备返回数据。如果设备检测到错误，那么不做任何响应，主机等待超时。如果此时有地址和端点都匹配的设备，并且没有检测到错误，则该设备需要做出响应：如果有数据需要返回，则将数据包放置在总线上；如果没有数据需要返回，则设备直接使用 NAK 握手包来响应主机；如果该端点处于挂起状态，则设备会返回一个 STALL 握手包。如果主机接收到设备发送的数据包，并且解码正确，将使用 ACK 握手包响应设备。如果主机检测到错误，将不做任何响应，设备将会检测到超时。

在批量写过程中，首先 USB 主机发送一个 OUT 令牌包，然后 USB 主机将数据包放置在 USB 总线上，USB 设备接收到数据包后，根据接收的情况，返回不同的握手包。

在 PING 传输过程中，首先 USB 主机会发送一个 PING 令牌包，然后 USB 设备根据自身情况返回不同的握手包：若 USB 设备具有足够的空间接收数据，则返回 ACK 握手包；若 USB 设备没有足够的空间接收数据，则返回 NAK 握手包；若 USB 设备被挂起，则返回 STALL 握手包。

批量传输适用于那些需要大数据量传输，但是对实时性、延迟性和带宽没有严格要求的应用，大容量数据传输可以占用任意可用的数据带宽。

中断传输

中断传输是一种保证查询频率的传输。在端点描述符中中断端点要报告查询时间间隔，主机会保证在小于这个时间间隔的范围内安排一次传输。这里所说的中断，和硬件上的中断并不一样，它不是由设备主动发出的中断请求，而是主机保证在不大于某个间隔时间内安排的一次传输。中断传输通常用在数据量不大，但是对时间要求较严格的设备中，例如用在人机接口设备中的鼠标、键盘、游戏机手柄中。

在 USB1.1 协议下，在每帧（最快 1ms）中对一个设备的中断传输只能进行一次，中断传输的数据包最大为 64B，故 USB1.1 中断传输的最大传输速度为 64KB/s。在 USB2.0 协议、高速模式下，每帧分为 8 个微帧，每个微帧最多可以传输 3 个中断传输数据包，每个数据包的数据量也增加到 1024B，故 USB2.0 中断传输的最大传输速度为 24MB/s。

除对端点的查询策略不一样以外，中断传输和批量传输在结构基本上是一样的，只是中断传输没有 PING 包。中断传输示意如图 8-41 所示。

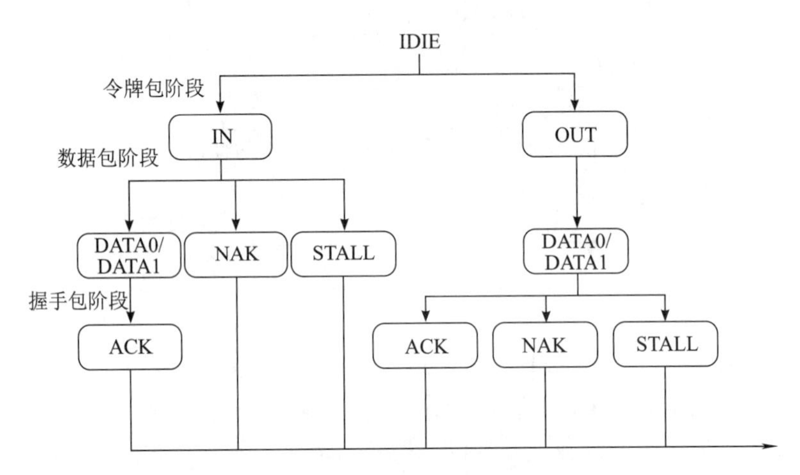

图 8-41　中断传输示意图

同步传输

同步传输用在数据量大，对实时性要求高的场合，例如音频设备、视频设备等。这些设备对数据延迟很敏感。音频或者视频设备对数据的正确率要求不高，少量数据有错误是能够容忍的。所以同步传输是不保证数据 100% 正确的，当数据错误时，并不进行重传操作，因此同步传输只进行数据传输，并不使用应答包对数据进行校验，即发送设备只发送数据，并不关心接收的数据是否正确。对于接收数据是否正确，接收设备可以使用 CRC 校验来确认，并利用软件对错误进行处理。同步传输示意如图 8-42 所示。

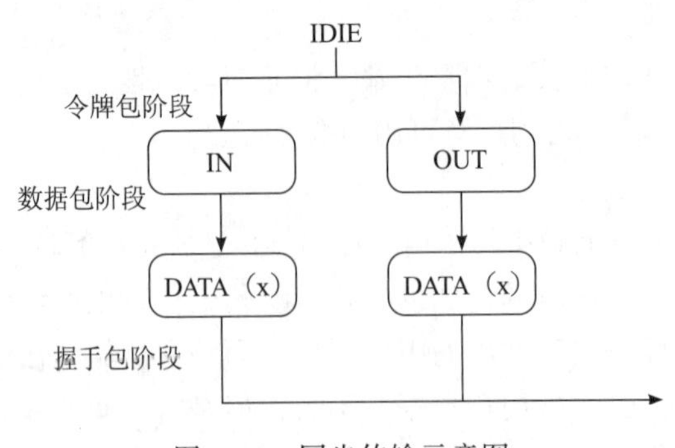

图 8-42　同步传输示意图

在USB2.0协议下，各种传输方式的最大传输速率如表8-8所示。

表8-8 USB2.0协议下不同传输方式的最大传输速率

模 式	传输类型	数据包最大长度/B	每(微)帧最大传输次数	最大传输速率/(MB/s)
高速模式	控制传输	64	31次/微帧	15.872
	中断传输	1024	3次/微帧	24.576
	批量传输	512	13次/微帧	53.248
	同步传输	1024	3次/微帧	24.576
全速模式	控制传输	64	13次/帧	0.832
	中断传输	64	1次/帧	0.064
	批量传输	64	19次/帧	1.216
	同步传输	1023	1次/帧	1.000

7. USB描述符

1）USB设备标准请求

在设备枚举的过程中，USB主机通过SETUP令牌包和USB设备标准请求向设备请求USB设备的各类描述符。USB设备标准请求的大小为8B，具体结构如表8-9所示。

表8-9 USB设备标准请求结构

偏移量/B	域	大小/B	取值	说 明
0	bmRequestType	1	位图	请求的特性 （1）D7表示数据的传输方向，取值如下： • 0表示主机到设备 • 1表示设备到主机 （2）D6和D5表示请求的类型，取值如下： • 0表示标准 • 1表示设备类 • 2表示厂商定义 • 3表示保留 （3）D4～0表示请求的接收者，取值如下： • 0表示设备 • 1表示接口 • 2表示端点 • 3表示其他，保留
1	bRequest	1	数值	请求代码
2	wValue	2	数值	该域的意义由具体请求决定
4	wIndex	2	索引/偏移量	该域的意义由具体的请求决定
6	wLength	2	字节数	数据传输过程需要传输的字节数

bRequest 域代表请求代码，具体如表 8-10 所示。

表 8-10　请求代码详细列表

bRequest 域	请求码	bRequest 域	请求码
GET_STATUS	0	GET_CONFIGURATION	8
CLEAR_FEATURE	1	SET_CONFIGURATION	9
SET_FEATURE	3	GET_INTERFACE	10
SET_ADDRESS	5	SET_INTERFACE	11
GET_DESCRIPTOR	6	SYNCH_FRAME	12
SET_DESCRIPTOR	7		

wValue、wIndex 和 wLength 在不同的请求下具有不同含义，详细说明如表 8-11 所示。

表 8-11　各标准请求的结构及需要传输的数据

bmRequestType	bRequest	wValue	wIndex	wLength	数据传输过程
00000000B	CLEAR_FEATURE	特性选择	0	0	无
00000001B			接口号		
00000010B			端点号		
10000000B	GET_CONFIGURATION	0	0	1	配置值
10000000B	GET_DESCRIPTOR	描述符类型和索引	0 或者语言 ID	描述符的长度	描述符
10000001B	GET_INTERFACE	0	接口号	1	备用接口号
10000000B	GET_STATUS	0	0	2	设备、接口或者端点状态
10000001B			接口号		
10000010B			端点号		
00000000B	SET_ADDRESS	设备地址	0	0	没有
00000000B	SET_CONFIGURATION	配置值	0	0	没有
00000000B	SET_DESCRIPTOR	描述符类型和索引	0 或者语言 ID	描述符长度	描述符
00000000B	SET_FEATURE	特性选择	0	0	没有
00000001B			接口号		
00000010B			端点号		
00000001B	SET_INTERFACE	备用接口号	接口号	0	没有
10000010B	SYNCH_FRAME	0	端点号	2	帧号

下面对两个常用的标准请求进行详细说明——GET_DESCRIPTOR 和 SET_ADDRESS。

GET_DESCRIPTOR 标准请求

GET_DESCRIPTOR 标准请求是在枚举过程中使用最多的一个请求。主机通过发送获取描述符标准请求读取设备的各类描述符，从而获知设备类型、配置、接口和端点等众多重要信息。

获取描述符标准请求的格式如图 8-43 所示。

bmRequestType	bRequest	wValue	wIndex	wLength	数据传输过程
10000000B (0×80)	GET_DESCRIPTOR (0×06)	描述符类型和索引	0或者语言ID	描述符长度	描述符

图 8-43　获取描述符标准请求格式

图 8-43 所示获取描述符标准请求格式中 wValue 的第一个字节（低字节）表示索引号，用来选择同一种描述符（如字符串描述符）中的某一个具体的描述符（如厂商、产品等）。wValue 的第二个字节表示描述符的类型编号，具体定义如表 8-12 所示。

表 8-12　描述符类型、编号及说明

描述符类型	编　号	说　明
DEVICE	1	设备描述符
CONFIGURATION	2	配置描述符
STRING	3	字符串描述符
INTERFACE	4	接口描述符
ENDPOINT	5	端点描述符

图 8-43 所示 wIndex 域只在获取字符串描述符时有用，它表示字符串的语言 ID 号，获取除字符串描述符以外的其他描述符时，wIndex 的值为 0。图 8-43 所示 wLength 的值表示请求设备返回的字节数，设备实际返回的字节数可以比该值小。

对于全速模式和低速模式，获取描述符的标准请求只有 3 种——获取设备描述符请求、获取配置描述符请求和获取字符串描述符请求。另外，接口描述符和端点描述符需要跟随配置描述符一起返回，不能单独请求返回。

SET_ADDRESS 标准请求

SET_ADDRESS 标准请求是主机请求设备使用指定地址的请求，指定地址就包含在 8 字节数据的 wValue 域中。每个连接在同一个主控制器上的 USB 设备都需要具有一个唯一的设备地址，这样主机才能区分每个不同的设备。当设备复位后，都使用默认的地址 0。主机从地址为 0 的设备获取设备描述符，一旦第一次收到设备描述符之后，主机就会发送设置地址的请求，以尽量减少设备使用公共地址 0 的时间。设置地址请求是没有数据过程的，因而 wLength 的值为 0。wIndex 也用不着，值为 0。当设备收到设备地址请求后，就直接进入状态过程，等待主机读取 0 长度的状态数据包，主机成功读取到状态数据包后，用 ACK 握手包进行响应，然后设备将启用新的地址。在以后的传输中，主机都将使用新的地址与设备进行通信。

SET_ADDRESS 标准请求的格式如图 8-44 所示。

bmRequestType	bRequest	wValue	wIndex	wLength	数据传输过程
00000000B (0×00)	SET_ADDRESS (0×05)	设备地址	0	0	没有

图 8-44 SET_ADDRESS 请求格式说明

2）设备描述符

每个设备必须有一个设备描述符，设备描述符提供了关于设备的配置、设备所归属的类、设备所遵循的协议代码、VID、PID 等信息。设备描述符的具体格式如表 8-13 所示。

表 8-13 设备描述符格式

偏移量 /B	域	大小 /B	描 述
0	bLength	1	该描述符的长度 (18B)
1	bDescriptorType	1	描述符类型（设备描述符为 0x01）
2	bcdUSB	2	本设备所使用的 USB 协议版本（二进制编码的十进制数）
4	bDeviceClass	1	类代码
5	bDeviceSubClass	1	子类代码
6	bDeviceProtocol	1	设备所使用的协议
7	bMaxPackeSize0	1	端点 0 最大包长
8	idVender	2	厂商 ID
10	idProduct	2	产品 ID
12	bcdDevice	2	设备版本号
14	iManufacturer	1	描述厂商的字符串的索引
15	iProduct	1	描述设备的字符串的索引
16	iSerialNumber	1	设备序列号字符串的索引
17	bNumConfiguration	1	可能的配置数

表 8-13 中：

- bLengh 表示该描述符的长度，一般为 0x12，即 18B。
- bDescriptorType 表示描述符的类型，具体可参考表 8-11。
- bcdUSB 表示设备所使用的 USB 协议版本，占 2 字节，该域采用二进制编码的十进制数，即高字节代表整数，低字节的高 4 位表示十分位，低字节的低 4 位表示百分位。例如对于 USB1.1 版本，该域表示为 0x0110；对于 USB2.0 的版本，该域表示为 0x0200；对于 USB3.0 的版本，该域表示为 0x0300。
- bDeviceClass 表示设备所使用的类代码，设备所使用的类代码由 USB 协会规定。对于大多数标准的 USB 设备类，该域通常被设置为 0，而在接口描述符中的 bInterfaceClass 中，该域用于指定接口所实现的功能。当 bDeviceClass 为 0 时，bDeviceSubClass 也必须为 0。如果 bDeviceClass 为 0xFF，表示是厂商自定义的设备类。
- bDeviceSubClass 可规定一个类的子类。如果 bDeviceClass 是 00h，则 bDeviceSubClass 也必须是 00h。如果 bDeviceClass 在 01h 到 Feh 的范围内，则 bDeviceSubClass 等于 00h 或等于为设备的类所定义的代码。在标准类中，制造商定义的子类使用 FFh。
- bDeviceProtocol 可为所选的类和子类规定一个协议。当该字段为 0 时，表示设备不使用类所定义的协议。当该字段为 0xFF 时，表示设备使用厂商自定义的协议。bDeviceProtocol 必须结合设备类和设备子类使用才有意义，因此当类代码为 0 时，bDeviceProtocol 也要为 0。
- bMaxPackeSize0 设置端点 0 的最大包长。它的取值可以为 8、16、32 或 64。
- idVender 表示厂商的 ID 号，该 ID 号由 USB 协会分配，不能随意使用。
- idProduct 表示产品 ID 号，与厂商 ID 不同，产品 PID 是由生产厂商自由设置的。
- bcdDevice 表示设备的版本号。当同一个产品升级后，可以通过设备的版本号来区分。
- iManufacturer 表示厂商的字符串的索引值。当该值为 0 时，表示没有厂商字符串。主机获取设备描述符时，会将索引值放在 wValue 的第一个字节中，用来选择不同的字符串。
- iProduct 表示描述产品的字符串的索引值。当该值为 0 时，表示没有产品字符串。当第一次插上某个 USB 设备时，会在 Windows 操作系统的右下角弹出一个对话框，显示发现新硬件，并且会显示该设备的名称。起始这里显示的信息就是从产品字符串里获取的。如果想让它显示出所需要的信息，可修改产品字符串。
- iSerialNumber 表示设备的序列号字符串索引值。设备序列号可能被主机联合厂商 ID 和产品 ID 使用，以区分不同的设备，当该值为 0 时，表示没有序列号字符串。
- bNumConfiguration 表示设备有多少种配置。每种配置都会有一个配置描述符，主机通过发送设置配置来选择某一种配置。一般 USB 设备只具有一个配置，即该字段的值为 1。

下面以 USB 模拟键盘为例进行说明。USB 模拟键盘的设备描述符如下所示。

```
usb_desc_dev hid_dev_desc=
{
    .header=
     {
         .bLength                 =USB_DEV_DESC_LEN,
         .bDescriptorType         =USB_DESCTYPE_DEV
     },
#ifdef LPM_ENABLED
    .bcdUSB                       =0x0201U,
#else
    .bcdUSB                       =0x0200U,
#endif /*LPM_ENABLED*/
    .bDeviceClass                 =0x00U,
    .bDeviceSubClass              =0x00U,
    .bDeviceProtocol              =0x00U,
    .bMaxPacketSize0              =USBD_EP0_MAX_SIZE,
    .idVendor                     =USBD_VID,
    .idProduct                    =USBD_PID,
    .bcdDevice                    =0x0100U,
    .iManufacturer                =STR_IDX_MFC,
    .iProduct                     =STR_IDX_PRODUCT,
    .iSerialNumber                =STR_IDX_SERIAL,
    .bNumberConfigurations        =USBD_CFG_MAX_NUM
};
```

3）配置描述符

每个 USB 设备都至少具有一个配置描述符，在设备描述符中规定了该设备有多少种配置，而每种配置都有一个配置描述符。配置描述符的结构如表 8-14 所示。

表 8-14 配置描述符结构列表

偏移量 /B	域	大小 /B
0	bLength	1
1	bDescriptorType	1
2	wTotalLength	2
4	bNumInterfaces	1
5	bConfigurationValue	1
6	iConfiguration	1
7	bmAttributes	1
8	bMaxPower	1

表 8-14 中：

- bLength 表示该描述符的长度。标准的 USB 配置描述符的长度为 9 字节。
- bDescriptorType 表示描述符的类型。配置描述符的类型编码为 0x02。
- wTotalLength 表示整个配置描述符集合的总长度，包括配置描述符、接口描述符、类特殊描述符和端点描述符的长度。
- bNumInterfaces 表示该配置所支持的接口数量。功能单一的设备通常只具有一个接口（例如鼠标接口），而复合设备则具有多个接口（例如音频设备接口）。
- iConfiguration 表示描述该配置的字符串的索引值。如果该值为 0，则表示没有字符串。
- bmAttributes 用来描述设备的一些特性。其中，D7 是保留位，需要设置为 1；D6 表示供电方式，该位为 1 表示设备是自供电的，该位为 0 表示设备是总线供电的；D5 表示是否支持远程唤醒，该位为 1 表示支持远程唤醒；D4 ～ D0 为保留位，全设置为 0。
- bMaxPower 表示设备需要从总线获取的最大电流量，单位为 2mA。例如，如果需要 200mA 的最大电流，则该域的值为 100。

仍以 USB 模拟键盘为例，配置描述符如下所示。

```
.config=
{
    .header=
     {
         .bLength               =sizeof(usb_desc_config),
         .bDescriptorType       =USB_DESCTYPE_CONFIG
     },
    .wTotalLength               =USB_HID_CONFIG_DESC_LEN,
    .bNumInterfaces             =0x01U,
    .bConfigurationValue        =0x01U,
    .iConfiguration             =0x00U,
    .bmAttributes               =0xA0U,
    .bMaxPower                  =0x32U
},
```

4）接口描述符

接口描述符的结构如表 8-15 所示。接口描述符不能单独返回，必须附着在配置描述符后与其一并返回。

表 8-15　标准接口描述符的结构

偏移量 /B	域	大小 /B
0	bLength	1

（续）

偏移量 /B	域	大小 /B
1	bDescriptorType	1
2	bInterfaceNumber	1
3	bAlternateSetting	1
4	bNumEndpoints	1
5	bInterfaceClass	1
6	bInterfaceSubClass	1
7	bInterfaceProtocol	1
8	iInterface	1

表 8-15 中：

- bLength 表示该描述符的长度，标准的 USB 接口描述符的长度为 9 字节。
- bDescriptorType 表示描述符的类型，接口描述符的类型编码为 0x04。
- bInterfaceNumber 表示该接口的编号，当一个配置具有多个接口时，每个接口的编号都不相同，接口的编号从 0 开始，依次递增。
- bAlternateSetting 表示该接口的备用编号。编号规则和 bInterfaceNumber 一样，一般不使用，设置为 0。
- bNumEndpoints 表示该接口所使用的端点数（不包括 0 端点），如果该字段为 0，则表示没有非 0 端点，只使用默认的控制端点。
- bInterfaceClass 表示该接口所使用的类，具体定义如表 8-16 所示。一些设备可在接口层被声明，也可在设备层被声明，在接口层声明的较多。
- bInterfaceSubClass 表示该接口所使用的子类，除带有由接口定义的类的设备外，此字段与设备描述符中的 bDeviceSubClass 相同。若 bInterfaceClass 等于 00h，bInterfaceSubClass 也必须等于 00h。若 bInterfaceClass 取从 01h 到 FEh 的值，bInterfaceSubClass 则等于 00h 或等于一个为接口类定义的代码。FFh 表明为厂商定义的子类。
- bInterfaceProtocol 表示该接口所使用的协议，除了带有由接口定义的类的设备外，此字段与设备描述符中的 bDeviceProtocol 相同。此字段可为所选 bInterfaceClass 和 bInterfaceSubClass 规定的协议。若 bInterfaceClass 取从 01h 到 FEh 的值，则 bInterfaceProtocol 必须等于 00h，或等于为接口的类定义的代码。FFh 表明为厂商定义的协议。

表 8-16　接口使用类定义列表

类代码	说　明
00	保留
01	音频
02	通信设备类：通信接口
03	人机接口设备
05	物理
06	图像
07	打印机
08	大容量存储
09	集线器
0A	通信设备类：数据接口
0B	智能卡
0D	内容安全
0E	视频
0F	个人健康设备
DC	诊断设备 bInterfaceSubclass=01h bInterfaceProtocol=01h
E0	无线控制器 bInterfaceSubclass = 01h bInterfaceProtocol = 01h：蓝牙编程接口（也可在设备层级被声明） bInterfaceProtocol = 02h：超宽带射频控制接口（无线 USB） bInterface bInterfaceProtocol = 03h：远距离 NDIS bInterfaceSubclass = 02h：主机和设备导线适配器（无线 USB）
EF	多种设备 bInterfaceSubclass = 01h bInterfaceProtocol = 01h：蓝牙编程接口（也可在设备层次被声明） bInterfaceProtocol = 02h：超宽带射频控制接口（无线 USB） bInterface bInterfaceProtocol = 03h：远距离 NDIS bInterfaceSubclass = 03h：以联合框架为基础的线缆（无线 USB）
FE	应用程序专属 bInterfaceSubclass= 01h：设备固件升级 bInterfaceSubclass = 02h：IrDA 桥 bInterfaceSubclass = 03h：测试和测量
FF	厂商专属（也可在设备层次被声明）

下面对几类常用设备进行说明：

- 通信设备类（CDC）包括了多种执行电信及网络功能的设备。其中电信设备包括模拟电话和调制解调器、数字电话、ISDN 终端适配器以及虚拟 COM 端口设备，网络设备包括 ADSL 调制解调器、线缆调制解调器以及 Ethernet 适配器和集线器。通信接口含有一个中断端点，而数据接口则在每个方向上都拥有一个批量端点。
- 设备固件升级类（DFU）定义了用于向设备发送固件增强和补丁的协议。接到固件升级命令后，设备会使用新的固件重新进行枚举。
- 人机接口设备类（HID）包括键盘、鼠标以及游戏机操纵杆等，所有 HID 数据都在报告中传输。报告是拥有定义格式的数据结构，报告中的用途标签将告诉主机或设备如何使用接收到的数据。HID 可提供任何目的的数据交换，但只能使用控制和中断传输。
- 大容量存储设备类（MSC）是那些传输文件的设备，其中包括硬件驱动器以及 CD、DVD 和 Flash 驱动器。大容量存储设备使用批量传输来交换数据，使用控制传输发送类专属请求，并可清除批量端点上的 STALL 状态。

iInterface 表示指向描述接口的字符串和索引。若此值为 0，则表明没有字符串描述符。

以 USB 模拟键盘为例，接口描述符如下所示。

```
.hid_itf=
{
    .header=
     {
        .bLength            =sizeof(usb_desc_itf),
        .bDescriptorType    =USB_DESCTYPE_ITF
     },
    .bInterfaceNumber       =0x00U,
    .bAlternateSetting      =0x00U,
    .bNumEndpoints          =0x01U,
    .bInterfaceClass        =USB_HID_CLASS,
    .bInterfaceSubClass     =USB_HID_SUBCLASS_BOOT_ITF,
    .bInterfaceProtocol     =USB_HID_PROTOCOL_KEYBOARD,
    .iInterface             =0x00U
},
```

5）端点描述符

端点描述符的结构如表 8-17 所示。端点描述符不能单独返回，必须附着在配置描述符后一并返回。

表 8-17 端点描述符结构列表

偏移量 /B	域	大小 /B
0	bLength	1

（续）

偏移量 /B	域	大小 /B
1	bDescriptorType	1
2	bEndpointAddress	1
3	bmAttributes	1
4	wMaxPacketSize	2
6	bInterval	1

表 8-17 中：

- bLength 表示该端点描述符的长度，标准的 USB 端点描述符的长度为 5 字节。
- bDescriptorType 表示端点描述符的类型。端点描述符的类型编码为 0x05。
- bEndpointAddress 表示该端点的地址。最高位 D7 表示该端点的传输方向，取值为 1 表示输入，取值为 0 表示输出；D3 ～ D0 表示端点号；D6 ～ D4 保留，均设为 0。
- bmAttributes 表示该端点的属性。最低两位 D1 ～ D0 表示该端点的传输类型，取值为 0 表示控制传输，取值为 1 表示等时传输，取值为 2 表示批量传输，取值为 3 表示中断传输。如果该端点是非等时传输的端点，那么 D7 ～ D2 为保留值，均设为 0。如果该端点为等时传输的，则 D3 ～ 2 表示同步的类型，取值为 0 表示无同步，取值为 1 表示异步，取值为 2 表示适配，取值为 3 表示同步；D5 ～ D4 表示用途，0 表示数据端点，1 表示反馈端点，2 表示暗含反馈的数据端点，3 表示保留值。D7 ～ D6 保留。
- wMaxPacketSize 表示该端点支持的最大包长。对于全速模式和低速模式，D10 ～ D0 表示端点的最大包长，其他位保留为 0。对于高速模式，D12 ～ D11 表示每个帧附加的传输次数。
- bInterval 表示中断和等时端点的服务时距。服务时距是一个周期，主机必须在这个周期里安排端点事务。对于低速中断端点，bInterval 为最大等待时间，单位为 ms，取值范围为 10 ～ 255。对于 USB1.x 设备中的全速中断端点及等时端点，时距等于以 ms 为单位的 bInterval。对于中断端点，可能的取值范围为 1 ～ 255。对于 USB1.x 的等时端点，此值应为 1。对于全速 USB2.0 设备中的等时端点，允许在 1 ～ 16 之间取值，且时距按 $2^{bInterval-1}$ 计算，时间范围是 1 ～ 32 768ms。对于高速和超高速端点，此值以 125μs 为单位。中断和等时端点的取值范围为 1 ～ 16，时距按 $2^{bInterval-1}$ 计算，允许的时间范围为 125μs ～ 4096ms。

以 USB 模拟键盘为例，USB 模拟键盘的端点描述符如下所示。

```
.hid_epin=
{
    .header=
```

```
        {
            .bLength            =sizeof(usb_desc_ep),
            .bDescriptorType    =USB_DESCTYPE_EP
        },
        .bEndpointAddress       =HID_IN_EP,
        .bmAttributes           =USB_EP_ATTR_INT,
        .wMaxPacketSize         =HID_IN_PACKET,
        .bInterval              =0x40U
    }
```

6）字符串描述符

字符串描述符的结构如表 8-18 所示。字符串描述符可含有指向描述制造商、产品、序列号、配置和接口的字符串的索引。类和制造商专属描述符可含有指向额外字符串的索引。对字符串描述符的支持是可选的，有些类可能会需要它们。主机通过发送 GetDescriptor 请求，且使设置事务中 wValue 字段的高字节等于 03h，可取得字符串描述符。

表 8-18　字符串描述符格式列表

偏移量 /B	域	大小 /B	描　述
0	bLength	1	该字符串描述符的大小
1	bDescriptorType	1	字符串描述符的类型常数，其值为 3
2	bString 或 Wlangid	变化的	对于字符串描述符 0，为一个或多个语言标识符代码的阵列。对于其他字符串描述符，为一个 Unicode UTF-16LE 字符串

当主机请求字符串描述符时，wValue 字段的低字节表示索引值。取 0 的索引值含有请求语言 ID 的特殊功能，而其他索引值则仅请求字符串。

Wlangid[0-n] 只对字符串描述符 0 有效。此字段含有一个或多个 16 位的语言 ID 代码，此代码表明了字符串可用的语言。U.S.English（0409h）也许是被操作系统唯一支持的代码。

bString 对字符串描述符 1 和更高值有效，且其中含有 Unicode UTF-16LE 形式的字符串。在 bString 域中，大多数字符被编码为 16 位的代码单元，代码单元的低字节会被首先发送。对于 U.S.English，代码单元的低字节是 ASCII 码形式的字符。例如字符 A 被以 41h 后跟随 00h 的方式发送。

USB 模拟键盘的字符串描述符如下所示。

```
/*USB 语言 ID 描述符 */
static usb_desc_LANGID usbd_language_id_desc=
{
    .header=
     {
         .bLength                =sizeof(usb_desc_LANGID),
         .bDescriptorType        =USB_DESCTYPE_STR
     },
```

```
    .wLANGID                        =ENG_LANGID
};

/*USB 厂商字符串 */
static usb_desc_str manufacturer_string=
{
    .header=
     {
         .bLength                   =USB_STRING_LEN(10U),
         .bDescriptorType           =USB_DESCTYPE_STR,
     },
    .unicode_string={'G','i','g','a','D','e','v','i','c','e'}
};

/*USB 产品字符串 */
static usb_desc_str product_string=
{
    .header=
     {
         .bLength                   =USB_STRING_LEN(17U),
         .bDescriptorType           =USB_DESCTYPE_STR,
     },
    .unicode_string={'G','D','3','2','-','U','S','B','_','K','e','y','b','o
','a','r','d'}
};

/*USB 序列号字符串 */
static usb_desc_str serial_string=
{
    .header=
     {
         .bLength                   =USB_STRING_LEN(12U),
         .bDescriptorType           =USB_DESCTYPE_STR,
     }
};
```

8. USB 设备枚举

USB 设备枚举是 USB 主机与设备建立通信的过程，这个过程包括给设备分配地址、从设备读取描述符、分配并加载驱动程序以及选择规定了设备功耗和接口的配置信息。在枚举的过程中，设备会经历从供电（Powered）、初始（Default）、地址（Address）到配置（Configured）的状态变化过程，在每种状态下，如果总线在 3ms 内无活动，设备都会进入挂起（Suspend）状态。另外在供电状态下，通过端口复位 USB 设备可进入插入状态。在插入状态下，通过 USB 端口供电，USB 设备可进入供电状态。

USB 设备枚举的过程如下。

（1）**连接和供电**：USB 设备经 USB 总线连接到主机，USB 设备可以自供电，也可以使用 USB 总线供电，之后 USB 设备将处于供电状态。

（2）**主机检测到设备并发出复位信号**：主机通过检测设备在总线的上拉电阻，确定有新的设备连接进来，并获悉设备是全速设备还是低速设备，然后向该端口发送一个复位信号。复位结束后，USB 设备将处于初始状态，且设备已经准备好响应端点 0 的控制传输命令，设备会使用默认地址 00h 来与主机进行通信。

（3）**获取 Device Descriptor 前 8 个字节的信息**：设备描述符的第 8 个字节含有端点 0 所支持的最大包长，主机向设备地址 00h、端点地址 0 发送 Get Descriptor 请求，以获得设备描述符的最大包长。此举是为了在获得完整设备描述符的前提下，尽量减少 USB 设备占用公共地址 0 的时间。

（4）**再次复位（可选）**：获取设备描述符最大包长后，主机会选择再次对设备进行复位，该步骤是一个可选的过程，USB2.0 协议并没有要求本次的复位动作。对于本次的复位操作应谨慎。

（5）**分配地址**：复位完成后，主机会通过 Set Address 请求为设备指定一个空闲的地址。地址分配后，USB 设备将处于地址状态。从这个端口所发出的所用通信信号都会指向新地址。地址会一直有效，直到设备断开连接、集线器复位端口或系统重启。下一次枚举时，主机可能会分给设备一个不同的地址。

（6）**获取 Device Descriptor、Configuration Descriptor、String Descriptor（可选）**：地址分配后，主机会向新地址发送 Get Descriptor 请求以读取设备描述符，这一次主机会根据获取的设备描述符最大包长获取完整的设备描述符。

主机会通过请求一个或多个设备描述符内的配置描述符来继续了解设备。对配置描述符的请求，实际上是对配置描述符及其后的接口描述符和端点描述符等所有附属描述符的请求，这些描述符构成了配置描述符的集合。在获取该集合的过程中，USB 主机首先只请求配置描述符的 9 字节，在这些字节中，包含配置描述符集合的总长度。然后，主机会再次请求配置描述符，并且使用所取得的配置描述符的总长度来请求其他相关描述符。

（7）**主机指定并加载设备驱动程序**：在基于描述符了解了设备信息后，主机会寻找最匹配的驱动程序来管理域设备的通信。Windows 主机使用 INF 文件确认最优匹配。INF 文件可能是 USB 类的系统文件，也可能是厂商提供的含有 VID 和 PID 的文件。

（8）**设备配置**：USB 主机会通过发送带有所需配置号的 Set Configuration 请求来获取某一种配置，许多设备只支持一种配置。若设备支持多种配置，驱动程序便可根据驱动程序所含有的设备信息，决定请求哪一种配置。接到请求时，设备会实现那个被请求的配置。至此设备就进入了配置状态，设备即可与主机进行数据传输了。

8.2.2 USBD 设备固件库架构

本节以 GD32F30x_Firmware_Library_V2.1.3 固件库为例讲述 GD32 MCU 的 USBD 设

备固件库架构。

本节要讲解的 USBD 设备固件库架构如图 8-45 所示。用户应用程序（User application）调用 GD32 全速 USB 设备固件库中的接口实现 USB 设备与主机的通信，架构的最底层为 GD32 MCU 开发板的硬件层。其中，GD32 全速 USB 设备固件库分为两层，顶层为应用接口层，用户可以修改其中的内容，包含 USB 相关设备类驱动；底层为 USBD 设备驱动层，该驱动层包含实现 USB 通信的相关协议以及与 USBD 底层模块有关的操作。

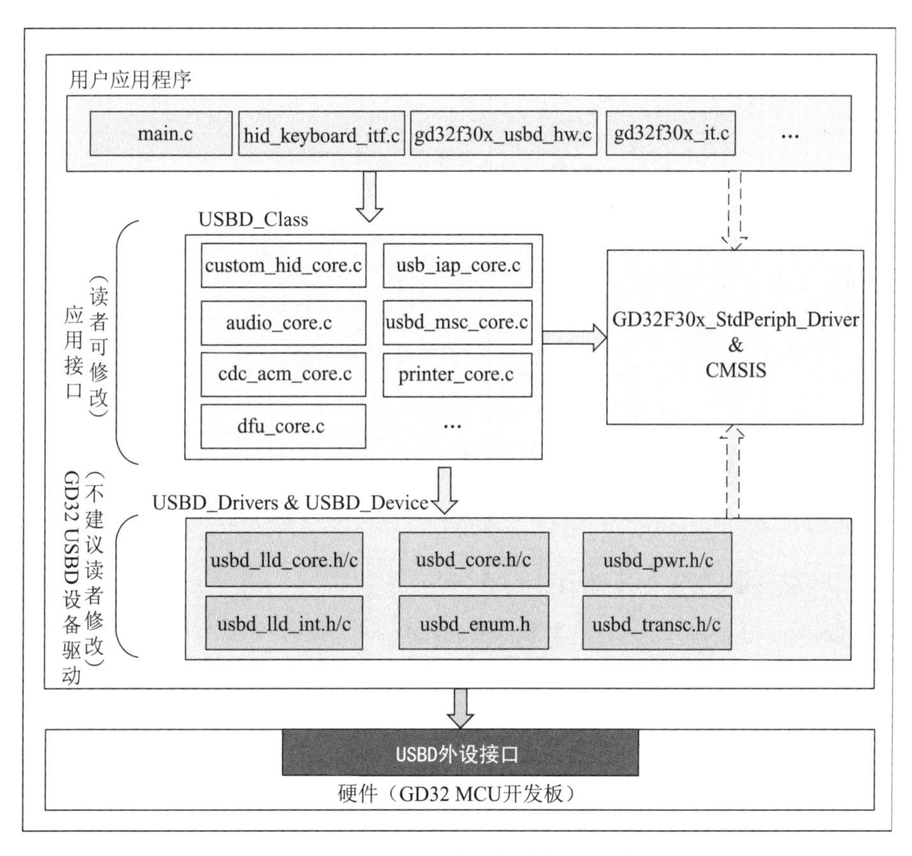

图 8-45　USBD 设备固件库架构示意图

GD32F30x_Firmware_Library_V2.1.3 固件库共有 4 个文件夹，分别为 Examples、Firmware、Template 和 Utilities，其中 USBD 设备固件库的设备驱动层代码在 Firmware 文件夹下的 GD32F30x_usbd_library 中的 usbd&device 子文件夹中；应用接口层代码在 Firmware 文件夹下的 GD32F30x_usbd_library 中的 class 子文件夹中；应用层代码以及工程 demo 在 Examples 文件夹下的 USBD 子文件夹中。目前 GD32F30× 固件库可提供以下设备类 demo，具体如表 8-19 所示，本章后续会详细介绍常用的 HID 虚拟键盘设备、MSC 虚拟 U 盘设备以及 CDC 虚拟串口设备的枚举和数据通信。

表 8-19　USBD demo 说明表

demo 名称	USB 传输类型	基本功能
audio_headphone	同步传输	枚举为音频设备，播放音乐
cdc_acm	批量传输	枚举为虚拟串口，收发数据
composite_dev_dual_cdc	批量传输	枚举为双虚拟串口复合设备，收发数据
composite_dev_hid_printer	中断传输	枚举为 HID 和打印机复合设备，HID 通信和数据打印
custom_hid	中断传输	枚举为自定义 HID 设备，数据通信
dev_firmware_update	控制传输	枚举为 DFU 设备，升级固件
in_application_program_hid	中断传输	枚举为 HID IAP 设备，升级固件
msc_cdrom	批量传输	枚举为大容量存储设备，数据存储（CDROM 作为存储介质）
msc_udisk	批量传输	枚举为大容量存储设备，数据存储（片内 Flash 作为存储介质）
standard_hid_keyboard	中断传输	枚举为键盘，打印字符
usb_printer	批量传输	枚举为打印机设备，数据打印

8.2.3　USBD 设备固件库分层文件及库函数说明

下面分两个方面介绍 USBD 设备固件库分层文件及库函数。

1. USBD 设备驱动层文件及库函数说明

USBD_Drivers 设备驱动层（位于 Firmware 文件夹下 GD32F30x_usbd_library 中的 usbd 子文件夹中）包含两个文件夹，分别为 Include 和 Source，其中，Include 为底层头文件，Source 为底层源文件。对该设备驱动层文件的说明如表 8-20 所示。

表 8-20　USBD_Drivers 设备驱动层文件说明表

文件名称	说　明
usbd_lld_core.h/.c	底层寄存器配置及端点配置文件
usbd_lld_int.h/.c	USBD 中断实现文件

表 8-19 所示 usbd_lld_core.h/c 文件中的库函数及其说明如表 8-21 所示。

表 8-21　usbd_lld_core.h/c 库函数说明表

函数名称	说　明
user_buffer_free	通过切换 SW_BUF 字节释放应用程序使用的缓冲区
usbd_dp_pullup	配置 DP 引脚上拉

（续）

函数名称	说　明
usbd_core_reset	USBD 内核寄存器去初始化
usbd_core_stop	关闭 USBD 内核
usbd_address_set	设置设备地址
usbd_ep_reset	处理 USB 端点复位事件
usbd_ep_setup	初始化端点
usbd_ep_disable	禁用 USB 端点
usbd_ep_rx_enable	使能端点接收
usbd_ep_stall_set	设置端点进入 stall 状态
usbd_ep_stall_clear	清除端点 stall 状态
usbd_ep_status	获取端点 stall 状态
usbd_ep_data_write	将数据从 user FIFO 写入 USB RAM
usbd_ep_data_read	将数据从 USB RAM 读取到 user FIFO
lowpower_mode_exit	推出低功耗模式并恢复时钟
usbd_resume	唤醒 USB 设备
usbd_leave_suspend	设置 USB 设备退出挂起模式
usbd_suspend	设置 USB 设备进入挂起模式

usbd_lld_int.h/.c 文件中的库函数及其说明如表 8-22 所示。

表 8-22　usbd_lld_int.h/.c 文件中的库函数说明表

函数名称	说　明
usbd_int_hpst	USB 高优先级成功传输中断事件处理函数
usbd_isr	USB 中断事件处理函数
usbd_int_suspend	USB 挂起中断处理函数

USBD_Device 设备驱动层（位于 Firmware 文件夹下的 GD32F30x_usbd_library 中的 device 子文件夹中）包含两个文件夹，分别为 Include 和 Source，其中，Include 为底层头文件，Source 为底层源文件。该设备驱动层文件说明如表 8-23 所示。

表 8-23　USBD_Device 设备驱动层文件说明表

文件名称	说　明
usbd_core.h/.c	USBD 内核处理文件
usbd_enum.h/.c	USBD 枚举处理文件
usbd_pwr.h/.c	USBD 电源管理文件
usbd_transc.h/.c	USBD 事务处理文件

表 8-23 所示的 usbd_core.h/.c 文件中的库函数说明如表 8-24 所示。

表 8-24 usbd_core.h/.c 文件中的库函数说明表

函数名称	说　明
usbd_init	USBD 设备初始化
usbd_ep_recev	USBD 端点准备接收数据配置
usbd_ep_send	USBD 端点准备发送数据配置

usbd_enum.h/.c 文件中的库函数说明如表 8-25 所示。

表 8-25 usbd_enum.h/.c 文件中的库函数说明表

函数名称	说　明
usbd_standard_request	处理 USB 设备标准请求
usbd_class_request	处理 USB 设备类请求
usbd_vendor_request	处理 USB 厂商请求
_usb_std_reserved	无操作，保留函数
_usb_dev_desc_get	获取设备描述符
_usb_config_desc_get	获取配置描述符
_usb_bos_desc_get	获取 BOS 描述符
_usb_str_desc_get	获取字符串描述符
_usb_std_getstatus	处理 Get_Status 请求
_usb_std_clearfeature	处理 Clear_Feature 请求
_usb_std_setfeature	处理 Set_Feature 请求
_usb_std_setaddress	处理 Set_Address 请求
_usb_std_getdescriptor	处理 Get_Descriptor 请求
_usb_std_setdescriptor	处理 Set_Descriptor 请求
_usb_std_getconfiguration	处理 Get_Configuration 请求
_usb_std_setconfiguration	处理 Set_Configuration 请求
_usb_std_getinterface	处理 Get_Interface 请求
_usb_std_setinterface	处理 Set_Interface 请求
_usb_std_synchframe	处理 SynchFrame 请求
int_to_unicode	数据格式转换，从 int 转换到 Unicode char
serial_string_get	获取序列字符串

usbd_pwr.h/.c 文件中的库函数说明如表 8-26 所示。

表 8-26 usbd_pwr.h/.c 文件中的库函数说明表

函数名称	说 明
usbd_remote_wakeup_active	启动远程唤醒

usbd_transc.h/.c 文件中的库函数说明如表 8-27 所示。

表 8-27 usbd_transc.h/.c 文件中的库函数说明表

函数名称	说 明
_usb_setup_transc	Usb setup 阶段处理
_usb_out0_transc	Data out 阶段处理
_usb_in0_transc	Data in 阶段处理
usb_stall_transc	USB stalled 事务处理
usb_ctl_status_in	USB 控制传输 statusin 阶段处理
usb_ctl_data_in	USB 控制传输 data in 阶段处理
usb_ctl_out	USB 控制传输 data out 和 statusout 阶段处理
usb_0len_packet_send	USB 端点 0 发送 0 长度数据包

2. USBD 应用接口层文件及库函数说明

USBD 应用接口层文件包括各种设备类协议实现。USB 协议支持的设备类很多，在此我们仅介绍 HID、CDC 和 MSC 设备类实现的应用接口文件及函数，具体如表 8-28 所示。

表 8-28 应用接口层文件及函数说明表

设备类	文件名称	函数名称	说 明
HID 设备类	custom_hid_core.h/c	custom_hid_itfop_register	注册 HID 接口操作函数
		custom_hid_report_send	发送自定义 HID 报文
		custom_hid_init	初始化 HID 设备
		custom_hid_deinit	去初始化 HID 设备
		custom_hid_req_handler	处理 HID 特殊设备类请求
		custom_hid_data_in	处理 HID data in 事务
		custom_hid_data_out	处理 HID data out 事务
CDC 设备类	Cdc_acm_core.h/c	cdc_acm_data_receive	接收 CDC 虚拟串口数据
		cdc_acm_data_send	发送 CDC 虚拟串口数据
		cdc_acm_check_ready	检查 CDC 虚拟串口准备数据传输
		cdc_acm_init	初始化 CDC 虚拟串口设备
		cdc_acm_deinit	去除初始化 CDC 虚拟串口设备

（续）

设备类	文件名称	函数名称	说　明
CDC 设备类	Cdc_acm_core.h/c	cdc_acm_ctlx_out	接收控制端点命令数据
		cdc_acm_data_in	处理 CDC data in 事务
		cdc_acm_data_out	处理 CDC data out 事务
		cdc_acm_req_handler	处理 CDC 特殊设备类请求
MSC 设备类	Usbd_msc_core.h/c	msc_core_init	初始化 MSC 设备类
		msc_core_deinit	去除初始化 MSC 设备类
		msc_core_req	处理 MSC 设备类和标准请求
		msc_core_in	处理 MSC data in 事务
		msc_core_out	处理 MSC data out 事务
	Usbd_msc_bbb_driver.h/c	msc_bbb_init	初始化 BBB 处理
		msc_bbb_reset	复位 BBB 状态机
		msc_bbb_deinit	去除初始化 BBB 状态机
		msc_bbb_data_in	处理 BBB data in 事务
		msc_bbb_data_out	处理 BBB data out 事务
		msc_bbb_csw_send	发送 CSW
		msc_bbb_clrfeature	处理 Clear feature 请求
		msc_bbb_cbw_decode	解码 CBW 命令并设置 BBB 状态机
		msc_bbb_data_send	发送请求数据
		msc_bbb_abort	暂停当前传输
	Usbd_msc_scsi.h/.c	scsi_process_cmd	处理 SCSI 命令
		scsi_sense_code	加载错误列表中的最新错误代码
		scsi_test_unit_ready	处理 SCSI Test Unit Ready 命令
		scsi_mode_select6	处理 select 6 命令
		scsi_mode_select10	处理 select 10 命令
		scsi_inquiry	处理 inquiry 命令
		scsi_read_capacity10	处理 Read Capacity 10 命令
		scsi_read_format_capacity	处理 Read Format Capacity 命令
		scsi_mode_sense6	处理 Mode Sense 6 命令
		scsi_mode_sense10	处理 Mode Sense 10 命令
		scsi_request_sense	处理 Request Sense 命令
		scsi_start_stop_unit	处理 Start Stop Unit 命令

（续）

设备类	文件名称	函数名称	说　明
MSC 设备类	Usbd_msc_scsi.h/.c	scsi_allow_medium_removal	处理 Allow Medium Removal 命令
		scsi_read10	处理 Read 10 命令
		scsi_write10	处理 Write 10 命令
		scsi_verify10	处理 Verify 10 命令
		scsi_check_address_range	Check 地址范围
		scsi_process_read	处理读操作
		scsi_process_write	处理写操作
		scsi_format_cmd	处理 Format Unit 命令
		scsi_toc_cmd_read	处理 Read_Toc 命令

8.2.4　实例：USBD 模拟键盘应用

本书通过一个实例——USBD 模拟键盘来对前面介绍的知识进行进一步阐述。

1. 工程概述

本应用实例介绍全速 USBD 设备固件库中 standard_hid_keyboard 例程，该例程采用 GD32F303E-EVAL 开发板模拟 USB 键盘，通过 Tamper Key、Wakeup Key 和 User Key 模拟键盘上的 a、b、c 按键。本例程工程框图如图 8-46 所示。本实例首先进行系统初始化，包括 RCU、GPIO、HID 接口操作、USB 设备、NVIC 的初始化，然后使能 USB 上拉电阻，此时主机可检测到设备连接，主机对设备进行枚举，如果枚举完成，则进入本工程的数据传输阶段，即主循环阶段。在主循环阶段中，首先判断上次数据传输是否完成，如果没有完成则继续等待，不进行下次传输；如果已经完成，则对按键状态进行检测，判断是否有按键被按下，如果有按键被按下，则向主机发送按键信息，主机接收到按键信息后，会解析并显示键盘按下状态。至此，就完成了 USBD 模拟键盘功能。

首先为大家介绍一下键盘报告的结构及报告描述符。

键盘输入报告包括 8 个字节，键盘的输入报告中最低的 8 位分别代表键盘上的 8 个修饰键（即键盘中左边和右边的 Control 键、Shift 键、Alt 键和 Windows 键），平常这些位的值为 0，当对应的修饰键被按下时则位值为 1。键盘的输入报告中次高的字节被保留，该字节的值无意义，也不需要更新。最高的 6 个字节则是最近同时被压下的 6 个按键的代码。本实例中的这个模拟键盘装置有 101 个键，而报告格式的最高的 6 个位组中任何一个字节都可以代表 101 个键中任意的一个键，所以这 101 键再加上无键被压下状态（代码为 0x00）构成一组操作数组。这个装置允许同时压下 6 个键。

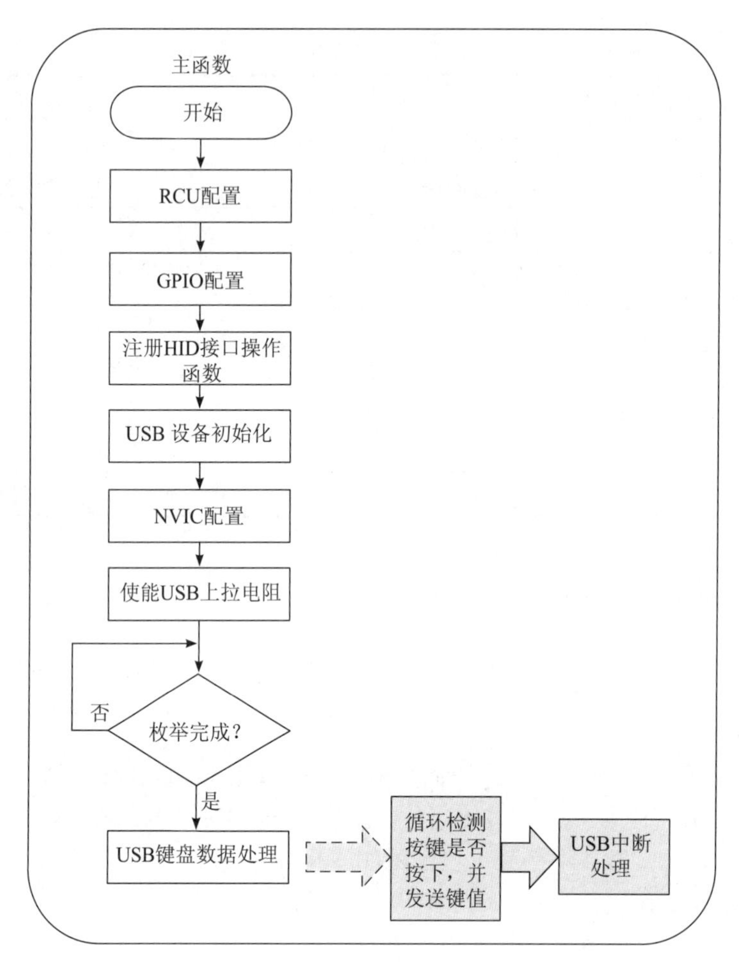

图 8-46　USBD 模拟键盘工程框图

另外标准键盘还有一个输出报告，长度为 1 个字节，但是这里只用到最低 5 位来代表 5 个 LED 操控状态，所以最高的 3 位需要用 Output（Constant）项目来填充。在本例程中只利用了最低的 2 位对 LED 进行操控。

本例程键盘报告描述符如下所示。在该报告描述符中，描述了 8 字节的输入报告。输入报告的第一个字节为变量数据，取值为绝对值（INPUT (Data,Var,Abs)），其中定义为 8 个 1 位的数据（REPORT_COUNT (8)、REPORT_SIZE (1)），每位的取值为 0 或 1（LOGICAL_-MINIMUM (0)、LOGICAL_MAXIMUM (1)）；第二个字节为常量，在标准键盘输入报告中，该字节无意义（INPUT (Cnst,Var,Abs)）；之后定义了 6 个 8 位的数据，取值范围为 0 ～ 255。

```
const uint8_t hid_report_desc[USB_HID_REPORT_DESC_LEN]=
{
    0x05,0x01,           /*USAGE_PAGE （通用桌面）*/
```

```
    0x09,0x06,              /*USAGE (键盘)*/
    0xa1,0x01,              /*COLLECTION (应用)*/

    0x05,0x07,              /*USAGE_PAGE (键盘/小键盘)*/
    0x19,0xe0,              /*USAGE_MINIMUM (键盘左侧控制键)*/
    0x29,0xe7,              /*USAGE_MAXIMUM (键盘右侧 GUI 键)*/
    0x15,0x00,              /*LOGICAL_MINIMUM (0)*/
    0x25,0x01,              /*LOGICAL_MAXIMUM (1)*/
    0x95,0x08,              /*REPORT_COUNT (8)*/
    0x75,0x01,              /*REPORT_SIZE (1)*/
    0x81,0x02,              /*INPUT (Data,Var,Abs)*/

    0x95,0x01,              /*REPORT_COUNT (1)*/
    0x75,0x08,              /*REPORT_SIZE (8)*/
    0x81,0x03,              /*INPUT (Cnst,Var,Abs)*/

    0x95,0x06,              /*REPORT_COUNT (6)*/
    0x75,0x08,              /*REPORT_SIZE (8)*/
    0x15,0x00,              /*LOGICAL_MINIMUM (0)*/
    0x26,0xFF,0x00,         /*LOGICAL_MAXIMUM (255)*/
    0x05,0x07,              /*USAGE_PAGE (键盘/小键盘)*/
    0x19,0x00,              /*USAGE_MINIMUM (保留(无意义))*/
    0x29,0x65,              /*USAGE_MAXIMUM (键盘应用程序)*/
    0x81,0x00,              /*INPUT (Data,Ary,Abs)*/

    0xc0                    /*END_COLLECTION*/
};
```

2. 主函数程序及流程

阅读一个工程的实现代码，应从主函数开始。下面将会为大家层层剖析 USBD 模拟键盘的例程。本例程的主函数如下所示。

```
int main(void)
{
    /* 配置系统时钟 */
    rcu_config();

    /* 配置 GPIO*/
    gpio_config();

    /* 注册 HID 接口操作函数 */
    hid_itfop_register (&usb_hid,&fop_handler);

    /* 配置 USB 设备 */
    usbd_init(&usb_hid,&hid_desc,&hid_class);

    /* 配置 NVIC*/
    nvic_config();
```

```
    usbd_connect(&usb_hid);

    while(USBD_CONFIGURED !=usb_hid.cur_status){
    }

    while (1) {
        fop_handler.hid_itf_data_process(&usb_hid);
    }
}
```

该主函数流程已在图 8-46 中进行了说明，接下来将会依次为大家介绍 USBD 的初始化过程。

RCU 的配置函数的实现如下所示。在该代码清单中，首先获取了系统时钟，然后根据系统时钟进行 USB 分频，由于 USB 模块需要精准的 48MHz 时钟频率，因而系统时钟频率需配置为 48MHz、72MHz、96MHz 或 120MHz，另外如果使用 IRC48M 作为 USB 时钟，系统时钟频率大于 24MHz 即可。

```
void rcu_config(void)
{
    uint32_t system_clock=rcu_clock_freq_get(CK_SYS);

    rcu_periph_clock_enable(RCC_AHBPeriph_GPIO_PULLUP);

    if (48000000U == system_clock) {
        rcu_usb_clock_config(RCU_CKUSB_CKPLL_DIV1);
    } else if (72000000U == system_clock) {
        rcu_usb_clock_config(RCU_CKUSB_CKPLL_DIV1_5);
    } else if (96000000U == system_clock) {
        rcu_usb_clock_config(RCU_CKUSB_CKPLL_DIV2);
    } else if (120000000U == system_clock) {
        rcu_usb_clock_config(RCU_CKUSB_CKPLL_DIV2_5);
    } else {
        /* 保留 */
    }
    rcu_periph_clock_enable(RCU_USBD);
}
```

GPIO 配置函数如下所示。在该代码清单中，对 USBDP 上拉引脚进行了初始化配置并配置了 EXTI18 USB 唤醒中断。建议在 GD32F303 的 USB 应用中使用 GPIO 引脚控制 USBDP 的上拉，这样可以控制 USBDP 上拉的时机，即当 USB 模块配置完成后再上拉，以便及时响应主机的枚举请求，避免由于 USB 模块配置过晚或主机过快导致枚举失败。

```
void gpio_config(void)
{
    /* 配置 USB 上拉引脚 */
```

```
    gpio_init(USB_PULLUP,GPIO_MODE_OUT_PP,GPIO_OSPEED_50MHZ,USB_PULLUP_
    PIN);

    /*USB 唤醒 EXTI 线配置 */
    exti_interrupt_flag_clear(EXTI_18);
    exti_init(EXTI_18,EXTI_INTERRUPT,EXTI_TRIG_RISING);
}
```

注册 HID 接口操作的函数实现如下所示。在该代码清单中，注册了 HID 接口操作的配置以及数据处理函数句柄，以便于后续函数调用。

```
uint8_t hid_itfop_register (usb_dev *udev,hid_fop_handler *hid_fop)
{
    if (NULL !=hid_fop) {
        udev->user_data=(void *)hid_fop;

        return USBD_OK;
    }

    return USBD_FAIL;
}
```

USBD 内核初始化函数的实现如下所示。在该代码清单中，首先配置了 USB 内核基本属性参数，然后初始化了 USBD 描述符、设备类内核以及设备类处理函数指针，之后初始化了端点事务函数数组，配置了电源管理以及使能了 USB 挂起状态，最后调用了设备类内核初始化函数以完成 USBD 内核初始化。

```
void usbd_init (usb_dev *udev,usb_desc *desc,usb_class *usbc)
{
    /* 配置 USBD 核心基本属性 */
    usbd_core.basic.max_ep_count=8U;
    usbd_core.basic.twin_buf=1U;
    usbd_core.basic.ram_size=512U;

    usbd_core.dev=udev;

    udev->desc=desc;
    udev->class_core=usbc;
    udev->drv_handler=&usbd_drv_handler;

    udev->ep_transc[0][TRANSC_SETUP]=_usb_setup_transc;
    udev->ep_transc[0][TRANSC_OUT]=_usb_out0_transc;
    udev->ep_transc[0][TRANSC_IN]=_usb_in0_transc;

    /* 配置电源管理 */
    udev->pm.power_mode=(udev->desc->config_desc[7] & 0x40U) >> 5;

    /* 启用 USB 挂起 */
```

```
    udev->pm.suspend_enabled=1U;

    udev->drv_handler->init();

    serial_string_get((uint16_t *)udev->desc->strings[STR_IDX_SERIAL]);
}
```

NVIC 配置函数的实现如下所示。在该代码清单中首先对 NVIC 分组进行了配置，其中 1 位用于抢占优先级，3 位用于次优先级。之后使能了 USBD 低优先级中断和唤醒中断。

```
void nvic_config(void)
{
    /*1 位用于抢占优先级，3 位用于次优先级 */
    nvic_priority_group_set(NVIC_PRIGROUP_PRE1_SUB3);

    /* 启用 USB 低优先级中断 */
    nvic_irq_enable((uint8_t)USBD_LP_CAN0_RX0_IRQn,1U,0U);

    /* 启用 USB 唤醒中断 */
    nvic_irq_enable((uint8_t)USBD_WKUP_IRQn,0U,0U);
}
```

然后调用 usbd_connect(&usb_hid) 函数对上拉引脚电平进行上拉，并将 USB 设备状态 udev->cur_status 设置为连接状态 USBD_CONNECTED。上拉电阻被上拉后，主机将会对设备进行枚举，设备端采用 while(USBD_CONFIGURED != usb_hid.cur_status) 语句进行等待。当 USB 设备状态变为 USBD_CONFIGURED 状态时，表明设备枚举完成。

枚举完成之后，程序将进入主循环中，在主循环中，循环调用 HID USB 模拟键盘数据处理函数，在该函数中，首先判断上次传输是否完成，完成之后通过扫描按键的方式查看按键是否被按下，若按键被按下，则通过 hid_report_send 函数发送键盘报告数据。

在此，有必要为大家介绍一下 _usb_dev 设备核心操作结构体的结构，该结构体的定义如下所示。

```
struct _usb_dev {
    /* 基本参数 */
    uint8_t                 config;
    uint8_t                 dev_addr;

    __IO uint8_t            cur_status;
    __IO uint8_t            backup_status;

    usb_pm                  pm;
#ifdef LPM_ENABLED
    usb_lpm                 lpm;
#endif /*LPM_ENABLED*/
    usb_control             control;
```

```
    usb_transc              transc_out[EP_COUNT];
    usb_transc              transc_in[EP_COUNT];

    usb_ep_transc           ep_transc[EP_COUNT][USBD_TRANSC_COUNT];

    /* 设备类 */
    usb_desc                *desc;
    usb_class               *class_core;
    usb_handler             *drv_handler;

    void                    *class_data[USBD_ITF_MAX_NUM];
    void                    *user_data;
    void                    *data;
};
```

该结构体成员变量及其说明如表8-29所示。

表8-29 _usb_dev 设备核心操作结构体成员变量及其说明

成员变量	说明
config	USB 设备配置号
dev_addr	设备地址
cur_status	当前状态
backup_status	备份状态
pm	电源管理属性
lpm	低功耗模式配置
control	控制传输属性
transc_out	OUT 事务
transc_in	IN 事务
ep_transc	端点回调函数
desc	描述符集合
class_core	设备类结构体
drv_handler	核心驱动结构体
class_data	设备类数据指针
user_data	用户数据指针
data	其他数据指针

该结构体初始化在主函数中通过调用 hid_itfop_register 和 usbd_init 函数完成。

主函数程序至此就介绍完了，USB 设备枚举及数据传输处理均在中断中进行，因此下一节将为大家详细介绍 USB 中断。

3. USB 中断处理

USB 中断有三类——低优先级中断、高优先级中断和唤醒中断，其中低优先级中断主要在控制、中断和批量传输中使用；高优先级中断主要在同步和批量（双缓冲）下使用；唤醒中断可被所有的 USB 唤醒中断触发。在本例程中，我们仅使用了低优先级中断，低优先级中断的向量为 USBD_LP_IRQHandler，其定义如下所示。

```
void USBD_LP_CAN0_RX0_IRQHandler (void)
{
    usbd_isr();
}
```

进入 usbd_isr 函数之后，将会观察到具体的中断的处理方式是通过查询中断标志位状态决定的。usbd_isr 函数的定义如下所示。能够产生中断请求的标志有很多，包括成功传输中断标志、复位中断标志、唤醒中断标志、挂起中断标志、SOF 中断标志、ESOF 期望的帧起始中断标志、低功耗中断标志。

```
void usbd_isr (void)
{
    __IO uint16_t int_status=(uint16_t)USBD_INTF;
    __IO uint16_t int_flag=(uint16_t)(USBD_INTF & (USBD_CTL & USBD_INTEN));

    usb_dev *udev=usbd_core.dev;

    if (INTF_STIF & int_flag) {
        /* 等待直到中断未挂起 */
        while ((int_status=(uint16_t)USBD_INTF) & (uint16_t)INTF_STIF) {
            /* 获取端点编号 */
            uint8_t ep_num=(uint8_t)(int_status & INTF_EPNUM);

            if (int_status & INTF_DIR) {
                /* 处理 USB OUT 方向事务 */
                if (USBD_EPxCS(ep_num) & EPxCS_RX_ST) {
                    /* 清除成功接收的中断标志 */
                    USBD_EP_RX_ST_CLEAR(ep_num);

                    if (USBD_EPxCS(ep_num) & EPxCS_SETUP) {

                        if (ep_num == 0U) {
                            udev->ep_transc[ep_num][TRANSC_SETUP](udev,ep_
                            num);
                        } else {
                            return;
                        }
                    } else {
                        usb_transc *transc=&udev->transc_out[ep_num];
```

```
                        uint16_t  count=udev->drv_handler->ep_read (transc-
                        >xfer_buf,ep_num,(uint8_t)EP_BUF_SNG);

                        transc->xfer_buf +=count;
                        transc->xfer_count +=count;

                        if ((transc->xfer_count >=transc->xfer_len) || (count
                        < transc->max_len)) {
                            if (udev->ep_transc[ep_num][TRANSC_OUT]) {
                                udev->ep_transc[ep_num][TRANSC_OUT](udev,ep_
                                num);
                            }
                        } else {
                            udev->drv_handler->ep_rx_enable(udev,ep_num);
                        }
                    }
                }
            } else {
                /* 处理 USB IN 方向事务 */
                if (USBD_EPxCS(ep_num) & EPxCS_TX_ST) {
                    /* 清除成功发送的中断标志 */
                    USBD_EP_TX_ST_CLEAR(ep_num);

                    usb_transc *transc=&udev->transc_in[ep_num];

                    if (transc->xfer_len == 0U) {
                        if (udev->ep_transc[ep_num][TRANSC_IN]) {
                            udev->ep_transc[ep_num][TRANSC_IN](udev,ep_num);
                        }
                    } else {
                        usbd_ep_send(udev,ep_num,transc->xfer_buf,transc-
                        >xfer_len);
                    }
                }
            }
        }
    }

    if (INTF_WKUPIF & int_flag) {
        /* 清除 INTF 中的唤醒中断标志 */
        CLR(WKUPIF);

        /* 恢复之前的状态 */
        udev->cur_status=udev->backup_status;

#ifdef LPM_ENABLED
        if ((0U == udev->pm.remote_wakeup_on) && (0U == udev->lpm.L1_
        resume)) {
            resume_mcu(udev);
        } else if (1U == udev->pm.remote_wakeup_on) {
```

```
                /* 无操作 */
            } else {
                udev->lpm.L1_resume=0U;
            }

            /* 清除 L1 远程唤醒标志 */
            udev->lpm.L1_remote_wakeup=0U;
#else
            if (0U == udev->pm.remote_wakeup_on) {
                resume_mcu(udev);
            }
#endif /*LPM_ENABLED*/
        }

        if (INTF_SPSIF & int_flag) {
            if(!(USBD_CTL & CTL_RSREQ)) {
                usbd_int_suspend (udev);

                /* 清除挂起中断标志 */
                CLR(SPSIF);
            }
        }

        if (INTF_SOFIF & int_flag) {
            /* 清除 SOF 中断标志 */
            CLR(SOFIF);

            if (NULL !=usbd_int_fops) {
                (void)usbd_int_fops->SOF(udev);
            }
        }

        if (INTF_ESOFIF & int_flag) {
            /* 清除 ESOF 中断标志 */
            CLR(ESOFIF);

            /* 通过 ESOFs 控制恢复时间 */
            if (udev->pm.esof_count > 0U) {
                if (0U == --udev->pm.esof_count) {
                    if (udev->pm.remote_wakeup_on) {
                        USBD_CTL &= ~CTL_RSREQ;

                        udev->pm.remote_wakeup_on=0U;
                    } else {
                        USBD_CTL |=CTL_RSREQ;

                        udev->pm.esof_count=3U;
                        udev->pm.remote_wakeup_on=1U;
                    }
                }
```

```
            }
        }

        if (INTF_RSTIF & int_flag) {
            /* 清除复位中端标志 */
            CLR(RSTIF);

            udev->drv_handler->ep_reset(udev);
        }

    #ifdef LPM_ENABLED
        if (INTF_L1REQ & int_flag) {
            USBD_INTF=CLR(L1REQ);

            udev->lpm.besl=(USBD_LPMCS & LPMCS_BLSTAT) >> 4;

            udev->lpm.L1_remote_wakeup=(USBD_LPMCS & LPMCS_REMWK) >> 3;

            /* 处理 USB 挂起 */
            usbd_int_suspend(udev);
        }
    #endif /*LPM_ENABLED*/
    }
```

正确传输中断处理流程（usbd_isr 中 if (INTF_STIF & int_flag) 函数段）：所有的数据传输均在 usbd_isr 函数中进行，当发生一次成功的数据传输时，将会触发中断。USB 正确中断处理流程主要分成两个部分，即数据发送处理流程（IN 事务）和数据接收处理流程（OUT 和 SETUP 事务）。在处理 IN 事务的过程中，需要表明本次数据是否已经正确发送，这需要首先获取 IN 事务结构体指针，然后判断发送数据长度是否减为 0。如果没有减为 0，则自动发送剩余的数据（usbd_ep_send(udev, ep_num, transc->xfer_buf, transc->xfer_len)）。因而在发送处理过程中，会包含长数据拆包发送功能。如果发送数据长度减为 0，则会调用 IN 传输端点回调函数（udev->ep_transc[ep_num][TRANSC_IN](udev, ep_num);），该函数在设备类初始化时注册为 hid_data_in_handler 函数，因而该函数可称为上一次数据发送完成的回调函数。读者可在该函数中做发送完成处理。在 OUT 事务的处理中，表明本次数据已经正确接收，首先判断接收的令牌是否为 SETUP 令牌，若为 SETUP 令牌，则表明需要启动一次控制传输，调用控制传输端点回调函数（udev->ep_transc[ep_num][TRANSC_SETUP](udev, ep_num)）进行解析处理；若不为 SETUP 令牌，则表明接收到的为 OUT 令牌，此时设备需要接收主机发送来的数据。接收主机发送来的数据，首先要获取 out 事务结构体指针，然后读取 USB 数据以及接收的数据长度，之后判断接受的数据总长度是否大于或等于设置的接收长度，或者最后一包接收的数据长度是否小于最大包长度（表明本次接收已完成）。如果判断条件满足，则调用 OUT 传输端点回调函数（udev->ep_transc[ep_num][TRANSC_OUT](udev, ep_num);），该函数在设备类初始化时会进行注册，因而该函数可称为上一次数据接收完成回调函数。读者可在该函数中做接收完成处理。如果判断条件不满足，则表明仍有数据需要接收，此时应调用端点接收回调函数（udev->drv_handler->ep_rx_-enable(udev, ep_num);）继续接收下一包数据。

唤醒中断处理流程（if (INTF_WKUPIF & int_flag)）：首先恢复挂起前的 USB 状态，然后通过 LPM_ENABLED 宏定义判断是否需要进行低功耗唤醒（LPM_ENABLED 宏定义控制位用于控制挂起后 MCU 是否进入低功耗模式），最后调用 resume_mcu 函数进行 MCU 唤醒。

挂起中断处理流程（if (INTF_SPSIF & int_flag)）：在挂起中断处理过程中会调用 usbd_int_suspend 函数进行挂起处理，在该函数中会保存当前 USB 状态以及将当前 USB 状态为挂起，之后进行挂起处理。

SOF 中断处理流程（if (INTF_SOFIF & int_flag)）：在正常的 USB 通信过程中，每毫秒会进入一次 SOF 中断，如果读者有需要，可在 usbd_int_fops->SOF(udev) 回调函数中增加 SOF 用户处理代码。

ESOF 中断处理流程（if (INTF_ESOFIF & int_flag)）：ESOF 为期望的 SOF 中断。可以这样理解，SOF 为实际收到的 USB 总线上的 SOF 包产生的中断，ESOF 为 MCU 内部 1ms 定时产生的中断，可认为此时应该产生一个期望的 SOF，该中断可用于远程唤醒定时以及处理其他定时操作。

复位中断处理流程（if (INTF_RSTIF & int_flag)）：在收到主机发送的复位请求后，MCU 会进入 USB 复位中断处理流程。在该中断中，通过调用 udev->drv_handler->ep_-reset(udev) 回调函数进行端点复位初始化，从而为后续设备枚举做好准备。

4. USB 设备枚举过程

设备枚举就是主机从设备读取设备信息的过程，通过这个过程，主机知道设备是什么样的，如何与其进行通信，这样主机就可以通过这些信息来加载合适的驱动程序。调试 USB 设备时，很重要的一点就是 USB 设备的枚举，只要枚举成功了，真正的数据传输就比较简单了。

USB 设备枚举维持了一个状态机，其状态转移过程如图 8-47 所示。每种状态的详细说明如表 8-30 所示。

USB 设备枚举的过程已在前文为大家简单介绍过了，在此介绍在程序中对 USB 设备枚举进行处理的过程。我们通过 Ellisys 的专业 USB 分析仪工具抓取 USB 枚举数据（读者也可使用 Bus Hound 软件抓取，但它在 USB 通信数据的解析和完整性方面没有专业 USB 分析仪强）如图 8-48 所示。由图可大致了解 USB 设备枚举的过程，下面我们将围绕该图为大家介绍 USBD 设备枚举的程序处理过程。

在 USB 设备枚举之前，DP 线配置上拉后，USB 设备枚举状态为 USBD_CONNECTED（在 usbd_connect 中），接下来将进行 USB 设备枚举。

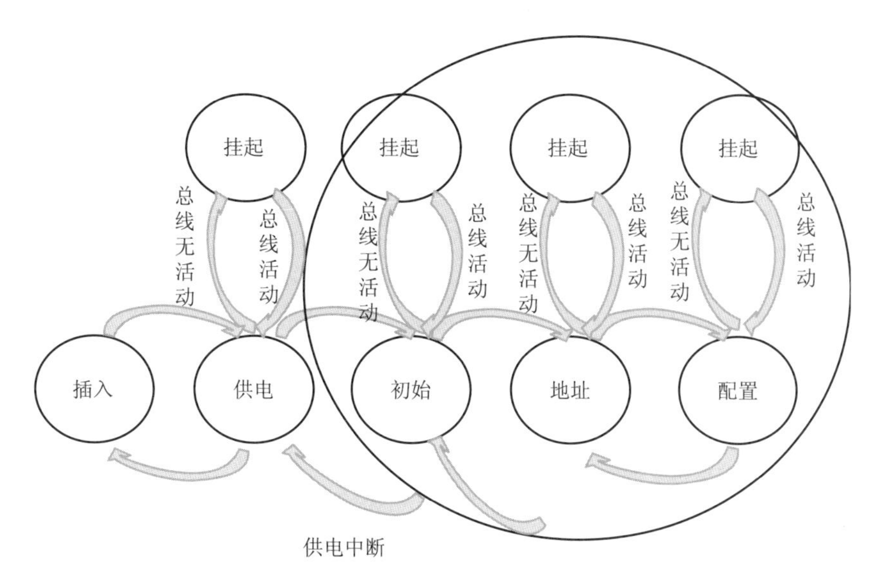

图 8-47　USB 设备枚举状态转移图

表 8-30　USB 设备枚举状态说明

插入	供电	初始	地址	配置	挂起	状　态
NO	NO	NO	NO	NO	NO	设备未插入
YES	NO	NO	NO	NO	NO	设备已插入，但未供电
YES	YES	NO	NO	NO	NO	设备已插入并供电，但未复位
YES	YES	YES	NO	NO	NO	设备已插入，供电并复位，但未分配地址
YES	YES	YES	YES	NO	NO	设备已被分配地址，但未配置
YES	YES	YES	YES	YES	NO	设备已被配置，此时可以使用设备的功能
YES	YES	YES	YES	YES	YES	总线无活动超过 3ms，设备被挂起

由图 8-48 可知，USB 设备枚举首先进行两次设备复位，设备复位的处理程序如下所示。在设备复位程序处理代码中，首先配置了默认端点 0 的发送和接收，然后复位非控制端点，之后设置端点 0 为控制端点，接收状态配置为使能，发送状态设置为 NAK，最后设置设备地址为 0 并将 USB 设备枚举状态设置为 USBD_DEFAULT（表明枚举进入初始状态）。

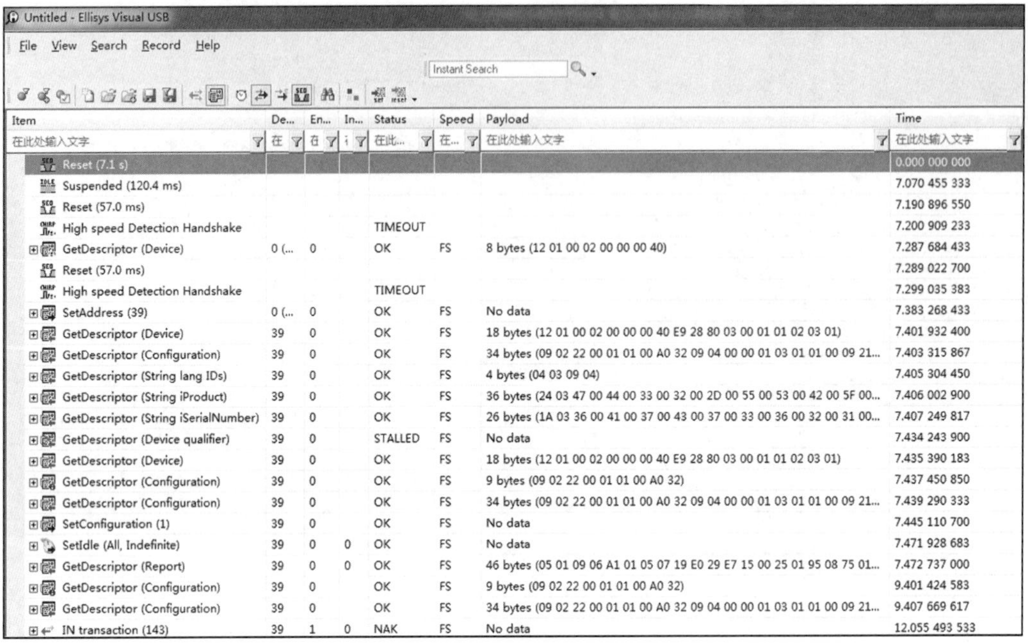

Untitled - Ellisys Visual USB

File View Search Record Help

Instant Search

Item	De...	En...	In...	Status	Speed	Payload	Time
在此处输入文字	在	吕	i	在此...	在...	在此处输入文字	在此处输入文字
Reset (7.1 s)							0.000 000 000
Suspended (120.4 ms)							7.070 455 333
Reset (57.0 ms)							7.190 896 550
High speed Detection Handshake				TIMEOUT			7.200 909 233
GetDescriptor (Device)	0 (...	0		OK	FS	8 bytes (12 01 00 02 00 00 00 40)	7.287 684 433
Reset (57.0 ms)							7.289 022 700
High speed Detection Handshake				TIMEOUT			7.299 035 383
SetAddress (39)	0 (...	0		OK	FS	No data	7.383 268 433
GetDescriptor (Device)	39	0		OK	FS	18 bytes (12 01 00 02 00 00 00 40 E9 28 80 03 00 01 01 02 03 01)	7.401 932 400
GetDescriptor (Configuration)	39	0		OK	FS	34 bytes (09 02 22 00 01 01 00 A0 32 09 04 00 00 01 03 01 01 00 09 21...	7.403 315 867
GetDescriptor (String lang IDs)	39	0		OK	FS	4 bytes (04 03 09 04)	7.405 304 450
GetDescriptor (String iProduct)	39	0		OK	FS	36 bytes (24 03 47 00 44 00 33 00 32 00 2D 00 55 00 53 00 42 00 5F 00...	7.406 002 900
GetDescriptor (String iSerialNumber)	39	0		OK	FS	26 bytes (1A 03 36 00 41 00 37 00 43 00 37 00 33 00 36 00 32 00 31 00...	7.407 249 817
GetDescriptor (Device qualifier)	39	0		STALLED	FS	No data	7.434 243 900
GetDescriptor (Device)	39	0		OK	FS	18 bytes (12 01 00 02 00 00 00 40 E9 28 80 03 00 01 01 02 03 01)	7.435 390 183
GetDescriptor (Configuration)	39	0		OK	FS	9 bytes (09 02 22 00 01 01 00 A0 32)	7.437 450 850
GetDescriptor (Configuration)	39	0		OK	FS	34 bytes (09 02 22 00 01 01 00 A0 32 09 04 00 00 01 03 01 01 00 09 21...	7.439 290 333
SetConfiguration (1)	39	0		OK	FS	No data	7.445 110 700
SetIdle (All, Indefinite)	39	0	0	OK	FS	No data	7.471 928 683
GetDescriptor (Report)	39	0	0	OK	FS	46 bytes (05 01 09 06 A1 01 05 07 19 E0 29 E7 15 00 25 01 95 08 75 01...	7.472 737 000
GetDescriptor (Configuration)	39	0		OK	FS	9 bytes (09 02 22 00 01 01 00 A0 32)	9.401 424 583
GetDescriptor (Configuration)	39	0		OK	FS	34 bytes (09 02 22 00 01 01 00 A0 32 09 04 00 00 01 03 01 01 00 09 21...	9.407 669 617
IN transaction (143)	39	1	0	NAK	FS	No data	12.055 493 533

图 8-48　USBD 模拟键盘枚举数据

```
static void usbd_ep_reset (usb_dev *udev)
{
    uint8_t i=0U;

    usb_transc *transc=&udev->transc_in[0];

    btable_ep[0].tx_addr=EP0_TX_ADDR;
    btable_ep[0].tx_count=0U;

    transc->max_len=USBD_EP0_MAX_SIZE;

    transc=&udev->transc_out[0];

    btable_ep[0].rx_addr=EP0_RX_ADDR;

    transc->max_len=USBD_EP0_MAX_SIZE;

    if (transc->max_len > 62U) {
        btable_ep[0].rx_count=((uint16_t)((uint16_t)transc->max_len << 5) -
1U) | 0x8000U;
    } else {
        btable_ep[0].rx_count=((transc->max_len + 1U) & ~1U) << 9U;
    }

    /* 重置非控制端点 */
```

```
    for (i=1U;i < EP_COUNT;i++) {
        USBD_EPxCS(i)=(USBD_EPxCS(i) & (～EPCS_MASK)) | i;
    }

    /* 清除端点 0 寄存器 */
    USBD_EPxCS(0U)=(uint16_t)(USBD_EPxCS(0U));

    USBD_EPxCS(0U)=EP_CONTROL | EPRX_VALID | EPTX_NAK;

    /* 设置设备地址为默认地址 0*/
    USBD_DADDR=DADDR_USBEN;

    udev->cur_status=(uint8_t)USBD_DEFAULT;
}
```

由图 8-48 可知，设备枚举进入初始状态后，USB 主机将利用 GET_DESCRIPTOR 标准设备类请求向设备请求设备描述符，第一次设备描述符请求虽然长度为 64 字节，但是设备仅返回主机 8 字节的设备描述符，用于告诉主机设备描述符的最大长度，以让主机在下次获取时可以一次获取完全。对于设备请求的处理，均在 _usb_setup_transc 函数中进行，该函数源码如下所示。在该函数中，首先对接收到的 SETUP 令牌包进行解析，然后对标准请求、特殊设备类请求和厂商请求分别进行处理。USB 设备枚举首先进行标准请求，然后进行特殊设备类请求，最后进行厂商请求（可选）。

```
void _usb_setup_transc (usb_dev *udev,uint8_t ep_num)
{
    (void)ep_num;

    usb_reqsta reqstat=REQ_NOTSUPP;

    uint16_t  count=udev->drv_handler->ep_read((uint8_t  *)(&udev->control.
req),0U,(uint8_t)EP_BUF_SNG);

    if (count !=USB_SETUP_PACKET_LEN) {
        usb_stall_transc(udev);

        return;
    }

    switch (udev->control.req.bmRequestType & USB_REQTYPE_MASK) {
    /* 标准设备请求处理 */
    case USB_REQTYPE_STRD:
        reqstat=usbd_standard_request(udev,&udev->control.req);
        break;

    /* 设备类请求处理 */
    case USB_REQTYPE_CLASS:
        reqstat=usbd_class_request(udev,&udev->control.req);
```

```
        break;

    /* 厂商自定义请求处理 */
    case USB_REQTYPE_VENDOR:
        reqstat=usbd_vendor_request(udev,&udev->control.req);
        break;

    default:
        break;
    }

    if (REQ_SUPP == reqstat) {
        if (0U == udev->control.req.wLength) {
            /*USB 控制传输 status in 阶段处理 */
            usb_ctl_status_in(udev);
        } else {
            if (udev->control.req.bmRequestType & 0x80U) {
                usb_ctl_data_in(udev);
            } else {
                /*USB 控制传输 data out 阶段处理 */
                usb_ctl_out(udev);
            }
        }
    } else {
        usb_stall_transc(udev);
    }
}
```

我们首先来看标准请求处理函数 usbd_standard_request。该函数源码如下所示。

```
usb_reqsta usbd_standard_request (usb_dev *udev,usb_req *req)
{
    /* 调用设备请求处理函数 */
    return (*_std_dev_req[req->bRequest]) (udev,req);
}
```

usbd_standard_request 函数通过调用函数数组进行实现，具体函数数组如下所示。该函数数组实现了 USB 枚举过程中所需要的所有标准设备请求。

```
static usb_reqsta (*_std_dev_req[]) (usb_dev *udev,usb_req *req)={
    [USB_GET_STATUS]            =_usb_std_getstatus,
    [USB_CLEAR_FEATURE]         =_usb_std_clearfeature,
    [USB_RESERVED2]             =_usb_std_reserved,
    [USB_SET_FEATURE]           =_usb_std_setfeature,
    [USB_RESERVED4]             =_usb_std_reserved,
    [USB_SET_ADDRESS]           =_usb_std_setaddress,
    [USB_GET_DESCRIPTOR]        =_usb_std_getdescriptor,
    [USB_SET_DESCRIPTOR]        =_usb_std_setdescriptor,
    [USB_GET_CONFIGURATION]     =_usb_std_getconfiguration,
```

```
    [USB_SET_CONFIGURATION]        =_usb_std_setconfiguration,
    [USB_GET_INTERFACE]            =_usb_std_getinterface,
    [USB_SET_INTERFACE]            =_usb_std_setinterface,
    [USB_SYNCH_FRAME]              =_usb_std_synchframe,
};
```

下面首先介绍获取描述符函数 _usb_std_getdescriptor，该函数程序如下所示。在该函数中，根据请求接收者是设备、接口还是端点，应选择不同的处理方式。std_desc_get[] 函数数组包括获取设备描述符请求、获取配置描述符请求和字符串描述符请求。在字符串描述符请求中还包括语言字符串描述符请求、厂商字符串描述符请求、产品字符串描述符请求、产品序列号描述符请求等，具体描述符请求将在接下来的枚举过程中体现。关于各类描述符的含义，请读者结合 8.2.1 节中关于描述符的程序进行理解。

```
static usb_reqsta _usb_std_getdescriptor (usb_dev *udev,usb_req *req)
{
    uint8_t desc_type=0U;
    uint8_t desc_index=0U;

    usb_reqsta status=REQ_NOTSUPP;

    usb_transc *transc=&udev->transc_in[0];

    switch (req->bmRequestType & USB_RECPTYPE_MASK) {
    case USB_RECPTYPE_DEV:
        desc_type=BYTE_HIGH(req->wValue);
        desc_index=BYTE_LOW(req->wValue);

        switch (desc_type) {
        case USB_DESCTYPE_DEV:
            transc->xfer_buf=std_desc_get[desc_type - 1U](udev,desc_index,
            &transc->xfer_len);
            if (64U == req->wLength) {
                transc->xfer_len=8U;
            }
            break;

        case USB_DESCTYPE_CONFIG:
            transc->xfer_buf=std_desc_get[desc_type - 1U](udev,desc_index,
            &transc->xfer_len);
            break;

        case USB_DESCTYPE_STR:
            if (desc_index < STR_IDX_MAX) {
                transc->xfer_buf=std_desc_get[desc_type - 1U](udev,desc_
                index,&transc->xfer_len);
            }
```

```
                break;

            case USB_DESCTYPE_ITF:
            case USB_DESCTYPE_EP:
            case USB_DESCTYPE_DEV_QUALIFIER:
            case USB_DESCTYPE_OTHER_SPD_CONFIG:
            case USB_DESCTYPE_ITF_POWER:
                break;

            case USB_DESCTYPE_BOS:
                transc->xfer_buf=_usb_bos_desc_get(udev,desc_index,&transc->xfer_
                len);
                break;

            default:
                break;
            }
            break;

        case USB_RECPTYPE_ITF:
            /*获取设备类特殊描述符*/
            status=(usb_reqsta)(udev->class_core->req_process(udev,req));
            break;

        case USB_RECPTYPE_EP:
            break;

        default:
            break;
        }

        if ((transc->xfer_len) && (req->wLength)) {
            transc->xfer_len=USB_MIN(transc->xfer_len,req->wLength);

            if ((transc->xfer_len < udev->control.req.wLength) &&
                (0U == transc->xfer_len % transc->max_len)) {
                    udev->control.ctl_zlp=1U;
            }

            status=REQ_SUPP;
        }

        return status;
}
```

言归正传，由图8-48所示可知，在获取设备描述符前8字节后，主机将利用SET ADDRESS标准设备类请求向设备设置地址。USB设备将采用_usb_std_setaddress函数进行处理，该函数程序如下所示。在该函数中，首先获取在标准设备请求中主机设置的地址，如果主机设置的地址不为0，则将USB设备枚举状态设置为USBD_ADDRESSED，这表明 USB 设备枚举进入地址阶段，USB 设备将被分配一个唯一的设备地址。接下来 USB 主机将通过新的设备地址与主机进行通信。

```
static usb_reqsta _usb_std_setaddress (usb_dev *udev,usb_req *req)
{
    if ((0U == req->wIndex) && (0U == req->wLength)) {
        udev->dev_addr=(uint8_t)(req->wValue) & 0x7FU;

        if (udev->cur_status !=(uint8_t)USBD_CONFIGURED) {
            if (udev->dev_addr) {
                udev->cur_status=(uint8_t)USBD_ADDRESSED;
            } else {
                udev->cur_status=(uint8_t)USBD_DEFAULT;
            }

            return REQ_SUPP;
        }
    }

    return REQ_NOTSUPP;
}
```

由图 8-48 所示可知，接下来主机分别向设备请求设备描述符、配置描述符、语言 ID 字符串描述符、产品字符串描述符、产品序列号字符串描述符、设备修饰描述符、设备描述符、设备配置描述符（9 字节）、设备配置描述符（34 字节）等。对于主机为什么多次获取相同的描述符，读者可不用关心，不同的主机可能存在不同的行为，USBD 设备只要能正常响应主机请求即可。在获取完整配置描述符后，主机将通过 SET_CONFIGURATION 对设备进行配置，USB 设备将通过 _usb_std_setconfiguration 函数进行处理，该函数程序如下所示。在该函数中，若当前 USB 设备枚举状态为 USBD_ADDRESSED，则设置当前的配置为 config，并将当前 USB 设备枚举的状态设置为 USBD_CONFIGURED，这表明 USB 设备枚举进入配置阶段。

```
static usb_reqsta _usb_std_setconfiguration (usb_dev *udev,usb_req *req)
{
    static uint8_t config;
    usb_reqsta status=REQ_NOTSUPP;

    config=(uint8_t)(req->wValue);

    if (config <=USBD_CFG_MAX_NUM) {
        switch (udev->cur_status) {
        case USBD_ADDRESSED:
            if (config){
                (void)udev->class_core->init(udev,config);

                udev->config=config;
```

```
                udev->cur_status=(uint8_t)USBD_CONFIGURED;
            }
            status=REQ_SUPP;
            break;

        case USBD_CONFIGURED:
            if (0U == config) {
                (void)udev->class_core->deinit(udev,config);

                udev->config=config;
                udev->cur_status=(uint8_t)USBD_ADDRESSED;
            } else if (config !=udev->config) {
                /* 清除旧配置 */
                (void)udev->class_core->deinit(udev,udev->config);

                /* 设置新配置 */
                udev->config=config;

                (void)udev->class_core->init(udev,config);
            } else {
                /* 无操作 */
            }
            status=REQ_SUPP;
            break;

        case USBD_DEFAULT:
            break;

        default:
            break;
        }
    }

    return status;
}
```

由图 8-48 可知，在 USB 设备配置之后，还有两个设备请求——SET_IDLE 和 GET REPORT DESCRIPTOR，第一个设备请求为特殊设备类请求，须调用设备类请求处理函数 hid_req_handler 对其进行处理，该函数的实现如下所示。注意，在本实例中该函数并未做实质性工作。第二个设备类请求为标准设备请求，通过该请求，设备将向主机返回 HID 报文描述符。

```
static uint8_t hid_req_handler (usb_dev *udev,usb_req *req)
{
    uint8_t status=REQ_NOTSUPP;

    standard_hid_handler *hid=(standard_hid_handler *)udev->class_data[USBD_
    HID_INTERFACE];
```

```
switch (req->bRequest) {
case GET_REPORT:
    break;

case GET_IDLE:
    usb_transc_config(&udev->transc_in[0U],(uint8_t *)&hid->idle_
    state,1U,0U);

    status=REQ_SUPP;
    break;

case GET_PROTOCOL:
    usb_transc_config(&udev->transc_in[0U],(uint8_t *)&hid->
    protocol,1U,0U);

    status=REQ_SUPP;
    break;

case SET_REPORT:
    /* 此驱动程序无效 */
    break;

case SET_IDLE:
    hid->idle_state=(uint8_t)(req->wValue >> 8);

    status=REQ_SUPP;
    break;

case SET_PROTOCOL:
    hid->protocol=(uint8_t)(req->wValue);

    status=REQ_SUPP;
    break;

case USB_GET_DESCRIPTOR:
    if (USB_DESCTYPE_REPORT == (req->wValue >> 8)) {
        usb_transc_config(&udev->transc_in[0U],
                          (uint8_t *)hid_report_desc,
                          USB_MIN(USB_HID_REPORT_DESC_LEN,req->wLength),
                          0U);

        status=REQ_SUPP;
    } else if (USB_DESCTYPE_HID == (req->wValue >> 8U)) {
        usb_transc_config(&udev->transc_in[0U],
                          (uint8_t *)(&(hid_config_desc.hid_vendor)),
                          USB_MIN(9U,req->wLength),
                          0U);
    }
    break;
```

```
    default:
        break;
    }

    return status;
}
```

至此，USBD设备枚举过程完成，USBD设备可与主机进行通信了。

5. 键盘输入报告发送

键盘输入报告发送比较简单，通过hid_report_send函数即可完成，该函数的定义如下所示。该函数包含3个参数：udev为初始化后的设备操作结构体；report为发送报告缓冲区地址；len为发送报告的长度。

```
uint8_t hid_report_send (usb_dev *udev,uint8_t *report,uint16_t len)
{
    standard_hid_handler *hid=(standard_hid_handler *)udev->class_data[USBD_
    HID_INTERFACE];

    /* 用于判断是否在发送过程中 */
    hid->prev_transfer_complete=0U;

    usbd_ep_send(udev,HID_IN_EP,report,len);

    return USBD_OK;
}
```

在hid_report_send函数中，如果设备已经被枚举成功，则首先将prev_transfer_-complete标志位设置为0，表明接下来将发送数据，此时数据并未发送完成，之后调用usbd_ep_send函数将需要发送的报告复制到USB外设缓冲区中并设置端点为有效状态，等待主机发送IN令牌包，USB设备将外设缓冲区中的数据发送给主机。

数据发送完成后，USB设备将调用hid_data_in_handler函数进行数据处理。该函数的实现代码如下所示。在该函数中，首先判断hid->data[2]的数据是否为0x00，如果不为0x00，则表明上次发送的为按键按下的键值，还需发送按键松开的键值；如果为0x00，则表明上次按键按下和松开的键值均已发送完成，之后将prev_transfer_complete设置为1，表明上一次的按键数据传输完成，可进行下一次按键数据传输。

```
static void hid_data_in_handler (usb_dev *udev,uint8_t ep_num)
{
    standard_hid_handler *hid=(standard_hid_handler *)udev->class_data[USBD_
    HID_INTERFACE];

    if (hid->data[2]) {
        hid->data[2]=0x00U;
```

```
        usbd_ep_send(udev,HID_IN_EP,hid->data,HID_IN_PACKET);
    } else {
        hid->prev_transfer_complete=1U;
    }
}
```

6. USBD 模拟键盘实验结果

在本实例中，通过循环调用 hid_key_data_send 函数，循环检测按键状态以及数据传输状态，在按键被按下且上次传输完成的情况下，通过 hid_report_send 函数发送按键报告数据给主机。

将本工程代码下载到 GD32303E-EVAL 开发板上，通过 USB 电缆线连接 USB 接口和主机，运行代码后，首先主机将自动为 USBD 模拟键盘安装驱动，驱动安装完成后，用户可打开记事本，按下开发板上的 Wakeup 键、User 键和 Tamper 键，将在记事本上打印“bca”，如图 8-49 所示。

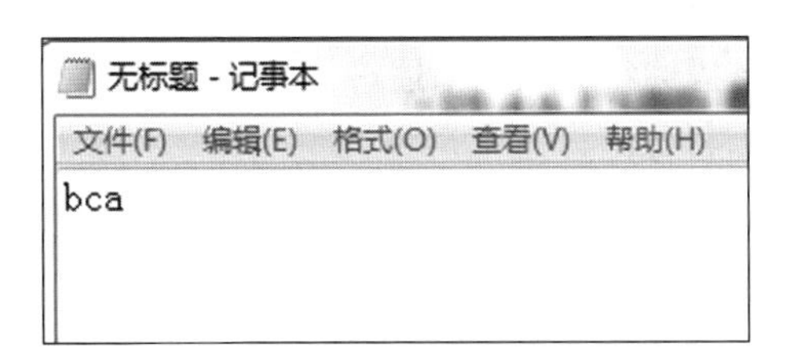

图 8-49　USBD 模拟键盘实验结果

USB 模拟键盘应用实例至此就完成了，大家可结合代码进行深入理解。

8.2.5　实例：USBD 虚拟串口应用

本节通过实例的形式介绍 USBD 虚拟串口的方式。

1. 工程概述

本实例简要介绍全速 USBD 设备固件库中 CDC_ACM 的例程，该例程工程目录为 GD32F30x_Firmware_Library_V2.1.3\Examples\USBD\cdc_acm。本例程采用 CDC 设备类，通过 USB 设备模拟串口，将主机中上位机发送来的数据再返回给主机，并显示在上位机的接收窗口中。上位机采用串口调试助手完成显示。本例程的主函数如下所示。该函数架构与 USBD 模拟键盘例程相似，当 USBD 设备初始化且枚举完成后，USB 设备首先通过 cdc_acm_check_ready 函数检查是否准备好数据发送，如果不需要发送数据就调用 cdc_acm_data_receive 函数接收上位机发送的数据，如果需要发送数据就调用 cdc_acm_data_-send 将接收到的数据发送给主机，再回显到串口调试助手的接收显示界面中。

```
int main(void)
{
    rcu_config();
    gpio_config();
    usbd_init(&usbd_cdc,&cdc_desc,&cdc_class);
    nvic_config();
    usbd_connect(&usbd_cdc);
    while (USBD_CONFIGURED !=usbd_cdc.cur_status) {
        /* 等待 USB 枚举完成 */
    }

    while (1) {
        if (0U == cdc_acm_check_ready(&usbd_cdc)) {
            cdc_acm_data_receive(&usbd_cdc);
        } else {
            cdc_acm_data_send(&usbd_cdc);
        }
    }
}
```

2. USBD 虚拟串口设备描述符和配置描述符

一个设备的描述符用于对这个设备进行最基本的描述，如果读者想要修改相关的实例工程，首先应该去修改相关的描述符。当设备枚举成功、满足要求且可进行正常数据收发时，读者才可进行其余功能的开发。

在此简要介绍 USBD 虚拟串口设备描述符和配置描述符。本设备的设备描述符的代码实现如下所示。其中 bDevcieClass 为 0x02，这表明当前设备为 CDC 设备类，其余配置与 USB 模拟键盘并没有很大不同。

```
usb_desc_dev cdc_dev_desc=
{
    .header=
     {
        .bLength                =USB_DEV_DESC_LEN,
        .bDescriptorType        =USB_DESCTYPE_DEV,
     },
    .bcdUSB                     =0x0200U,
    .bDeviceClass               =USB_CLASS_CDC,
    .bDeviceSubClass            =0x00U,
    .bDeviceProtocol            =0x00U,
    .bMaxPacketSize0            =USBD_EP0_MAX_SIZE,
    .idVendor                   =USBD_VID,
    .idProduct                  =USBD_PID,
    .bcdDevice                  =0x0100U,
    .iManufacturer              =STR_IDX_MFC,
    .iProduct                   =STR_IDX_PRODUCT,
    .iSerialNumber              =STR_IDX_SERIAL,
```

```
    .bNumberConfigurations        =USBD_CFG_MAX_NUM,
};
```

本设备的配置描述符如下所示。

```
usb_cdc_desc_config_set cdc_config_desc=
{
    .config=
    {
        .header=
        {
            .bLength              =sizeof(usb_desc_config),
            .bDescriptorType      =USB_DESCTYPE_CONFIG,
        },
        .wTotalLength             =USB_CDC_ACM_CONFIG_DESC_SIZE,
        .bNumInterfaces           =0x02U,
        .bConfigurationValue      =0x01U,
        .iConfiguration           =0x00U,
        .bmAttributes             =0x80U,
        .bMaxPower                =0x32U
    },

    .cmd_itf=
    {
        .header=
        {
            .bLength              =sizeof(usb_desc_itf),
            .bDescriptorType      =USB_DESCTYPE_ITF
        },
        .bInterfaceNumber         =0x00U,
        .bAlternateSetting        =0x00U,
        .bNumEndpoints            =0x01U,
        .bInterfaceClass          =USB_CLASS_CDC,
        .bInterfaceSubClass       =USB_CDC_SUBCLASS_ACM,
        .bInterfaceProtocol       =USB_CDC_PROTOCOL_AT,
        .iInterface               =0x00U
    },

    .cdc_header=
    {
        .header=
        {
           .bLength               =sizeof(usb_desc_header_func),
           .bDescriptorType       =USB_DESCTYPE_CS_INTERFACE
        },
        .bDescriptorSubtype       =0x00U,
        .bcdCDC                   =0x0110U
    },

    .cdc_call_managment=
```

```
{
    .header=
     {
        .bLength                =sizeof(usb_desc_call_managment_func),
        .bDescriptorType        =USB_DESCTYPE_CS_INTERFACE
     },
    .bDescriptorSubtype         =0x01U,
    .bmCapabilities             =0x00U,
    .bDataInterface             =0x01U
},

.cdc_acm=
{
    .header=
     {
        .bLength                =sizeof(usb_desc_acm_func),
        .bDescriptorType        =USB_DESCTYPE_CS_INTERFACE
     },
    .bDescriptorSubtype         =0x02U,
    .bmCapabilities             =0x02U,
},

.cdc_union=
{
    .header=
     {
        .bLength                =sizeof(usb_desc_union_func),
        .bDescriptorType        =USB_DESCTYPE_CS_INTERFACE
     },
    .bDescriptorSubtype         =0x06U,
    .bMasterInterface           =0x00U,
    .bSlaveInterface0           =0x01U,
},

.cdc_cmd_endpoint=
{
    .header=
     {
        .bLength                =sizeof(usb_desc_ep),
        .bDescriptorType        =USB_DESCTYPE_EP,
     },
    .bEndpointAddress           =CDC_CMD_EP,
    .bmAttributes               =USB_EP_ATTR_INT,
    .wMaxPacketSize             =CDC_ACM_CMD_PACKET_SIZE,
    .bInterval                  =0x0AU
},

.cdc_data_interface=
{
    .header=
```

```
            {
                .bLength                =sizeof(usb_desc_itf),
                .bDescriptorType        =USB_DESCTYPE_ITF,
            },
            .bInterfaceNumber           =0x01U,
            .bAlternateSetting          =0x00U,
            .bNumEndpoints              =0x02U,
            .bInterfaceClass            =USB_CLASS_DATA,
            .bInterfaceSubClass         =0x00U,
            .bInterfaceProtocol         =USB_CDC_PROTOCOL_NONE,
            .iInterface                 =0x00U
        },

        .cdc_out_endpoint=
        {
            .header=
            {
                .bLength                =sizeof(usb_desc_ep),
                .bDescriptorType        =USB_DESCTYPE_EP,
            },
            .bEndpointAddress           =CDC_OUT_EP,
            .bmAttributes               =USB_EP_ATTR_BULK,
            .wMaxPacketSize             =CDC_ACM_DATA_PACKET_SIZE,
            .bInterval                  =0x00U
        },

        .cdc_in_endpoint=
        {
            .header=
            {
                .bLength                =sizeof(usb_desc_ep),
                .bDescriptorType        =USB_DESCTYPE_EP
            },
            .bEndpointAddress           =CDC_IN_EP,
            .bmAttributes               =USB_EP_ATTR_BULK,
            .wMaxPacketSize             =CDC_ACM_DATA_PACKET_SIZE,
            .bInterval                  =0x00U
        }
    };
```

由配置描述符可知，该 USB 虚拟串口设备包含两个接口——CMD 命令接口和 data 数据接口。CMD 命令接口包含一个 IN 端点，用于传输命令，该端点采用中断传输方式，轮询间隔为 10ms，最大包长为 8 字节。data 数据接口包含一个 OUT 端点和一个 IN 端点，这两个端点均采用批量传输方式，最大包长为 64 字节。另外，该配置描述符中包含了一些类特殊接口描述符，具体请读者参阅 CDC 类标准协议。

3. USBD 虚拟串口类专用请求

为了实现 CDC 设备类，设备需要支持一些设备类专用请求，这些类专用请求的处理在

cdc_acm_req_handler函数中完成，该函数的定义如下所示。其中，SET_LINE_CODING命令用于响应主机向设备发送的设备配置，包括波特率、停止位、字符位数等，收到的数据保存在noti_bu内。GET_LINE_CODING命令用于主机请求设备当前的波特率、停止位、奇偶校验位和字符位数，但在本例程中，主机并未请求该命令，所以设备所设置的串口数据并没有起作用，主机可以选择任意波特率与设备进行通信。其他命令在本例程中并未进行处理，读者可以参考标准CDC类协议。

```
static uint8_t cdc_acm_req_handler (usb_dev *udev,usb_req *req)
{
    uint8_t status=REQ_NOTSUPP,noti_buf[10]={0U};
    usb_cdc_handler *cdc=(usb_cdc_handler *)udev->class_data[CDC_COM_
    INTERFACE];

    acm_notification *notif=(void *)noti_buf;

    switch (req->bRequest) {
    case SEND_ENCAPSULATED_COMMAND:
        break;

    case GET_ENCAPSULATED_RESPONSE:
        break;

    case SET_COMM_FEATURE:
        break;

    case GET_COMM_FEATURE:
        break;

    case CLEAR_COMM_FEATURE:
        break;

    case SET_LINE_CODING:
        udev->class_core->req_cmd=req->bRequest;

        usb_transc_config(&udev->transc_out[0U],(uint8_t *)&cdc->line_
        coding,req->wLength,0U);

        status=REQ_SUPP;
        break;

    case GET_LINE_CODING:
        usb_transc_config(&udev->transc_in[0U],(uint8_t *)&cdc->line_
        coding,7U,0U);

        status=REQ_SUPP;
        break;

    case SET_CONTROL_LINE_STATE:
```

```
        notif->bmRequestType=0xA1U;
        notif->bNotification=USB_CDC_NOTIFY_SERIAL_STATE;
        notif->wIndex=0U;
        notif->wValue=0U;
        notif->wLength=2U;
        noti_buf[8]=(uint8_t)req->wValue & 3U;
        noti_buf[9]=0U;

        status=REQ_SUPP;
        break;

    case SEND_BREAK:
        break;

    default:
        break;
    }

    return status;
}
```

4. USBD 虚拟串口设备数据的接收和发送

首先，为大家介绍USBD虚拟串口设备数据的接收。数据接收通过cdc_acm_data_-receive函数实现，该函数的实现代码如下所示。在该函数中，首先将packet_receive标志位设置为0，表明接下来将接收数据。当数据接收完成后，在cdc_acm_data_out函数中将packet_receive标志位置1，表明数据接收完成。usbd_ep_recev函数用于配置接收操作，它利用CDC_OUT_EP端点将接收到的数据放置在cdc->data用户缓冲区中。

```
void cdc_acm_data_receive(usb_dev *udev)
{
    usb_cdc_handler *cdc=(usb_cdc_handler *)udev->class_data[CDC_COM_
    INTERFACE];

    cdc->packet_receive=0U;
    cdc->pre_packet_send=0U;

    usbd_ep_recev(udev,CDC_OUT_EP,(uint8_t*)(cdc->data),USB_CDC_RX_LEN);
}
```

然后，为大家介绍USBD虚拟串口设备数据的发送。数据发送通过cdc_acm_data_send函数实现，该函数的实现代码如下所示。在该函数中，首先将packet_sent标志位设置为0，表明接下来将发送数据。当数据发送完成后，在cdc_acm_data_in函数中将packet_sent标志位设置为1，表明数据发送完成。usbd_ep_send函数用于配置发送操作，它利用CDC_-IN_EP端点将以cdc->data地址为起始长度为data_len的数据发送给主机。

```
void cdc_acm_data_send (usb_dev *udev)
{
    usb_cdc_handler *cdc=(usb_cdc_handler *)udev->class_data[CDC_COM_
    INTERFACE];
    uint32_t data_len=cdc->receive_length;

    if ((0U !=data_len) && (1U == cdc->packet_sent)) {
        cdc->packet_sent=0U;
        usbd_ep_send(udev,CDC_IN_EP,(uint8_t*)(cdc->data),(uint16_t)data_
        len);
        cdc->receive_length=0U;
    }
}
```

由此，大家可以发现一个编程规则，在我们发送或接收数据之前，需要设置一个标志位，并将其清 0，当发送完成或接收完成，我们在将这个标志位置 1，这样可以有效管理数据的收发，避免总线冲突。

5. USBD 虚拟串口实验结果

将本工程代码下载到 GD32303E-EVLA 开发板上，通过 USB 电缆线连接 USB 接口和主机。运行代码后，在 WIN7 系统上需要安装驱动，在 WIN8、WIN10、Linux 系统上无须安装驱动。以下演示在 Win7 系统上安装驱动的操作，由于 WIN7 系统无法找到所需的驱动程序，所以该设备显示为未经确认的设备，如图 8-50 所示。

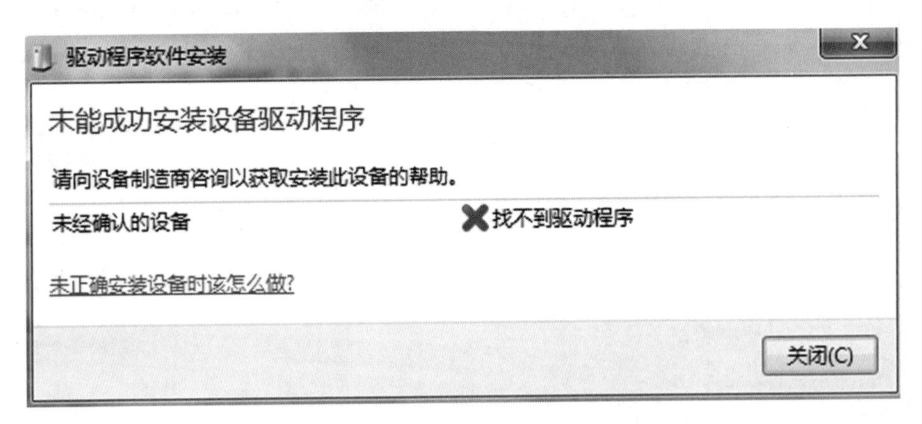

图 8-50　CDC 设备插入主机后的现象

此后，打开设备管理器，将观察到设备管理器中有一个未知设备，如图 8-51 所示。手动安装 GD 虚拟串口驱动（可通过 www.gd32mcu.com 下载）后，将观察到 USBD 设备在 PC 主机端被虚拟为一个串口，如图 8-52 所示。

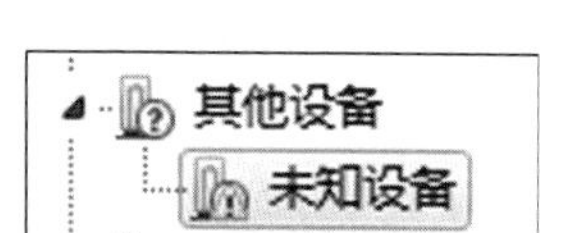

图 8-51　设备管理器中未知设备现象

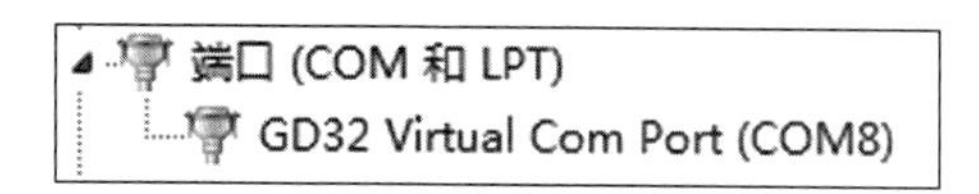

图 8-52　设备管理器中虚拟串口现象

当 USBD 设备被虚拟为串口后，用户可打开串口调试工具，并打开虚拟出的串口，利用发送串口发送数据，将观察到接收串口中也收到了所发送的数据，如图 8-53 所示。

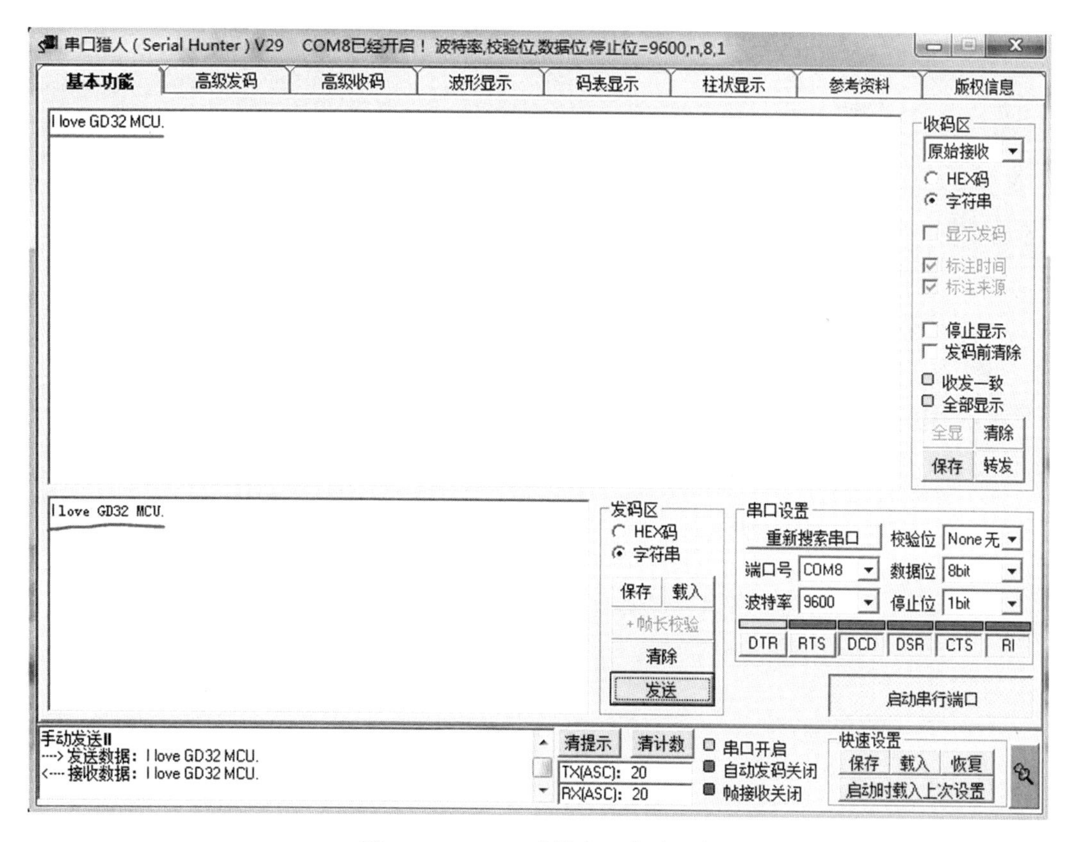

图 8-53　USBD 虚拟串口实验现象

8.2.6 实例：USBD 模拟 U 盘应用

本节通过一个实例介绍 USBD 模拟 U 盘应用的方法。

1. 工程概述

本实例简要介绍全速 USBD 设备固件库中 MSC 模拟 U 盘例程，工程路径为 GD32F30x_-Firmware_Library_V2.1.3\Examples\USBD\msc_udisk。该例程中的设备采用 MSC 大容量设备存储类，利用 MCU 内部 Flash 模拟 U 盘，可实现基本的 U 盘读写以及格式化操作。本例程的主函数如下所示，在该主函数中仅做了初始化工作，枚举以及与 U 盘相关的操作均在中断中完成。

```
int main(void)
{
    rcu_config();
    gpio_config();
    usbd_init(&usb_msc,&msc_desc,&msc_class);
    nvic_config();
    usbd_connect(&usb_msc);
    while(USBD_CONFIGURED !=usb_msc.cur_status){
    }
    while (1){
    }
}
```

2. USB 模拟 U 盘设备描述符和配置描述符

USB 模拟 U 盘设备描述符的代码实现如下所示。由该设备描述符可知，本设备仅有一个配置（USBD_CFG_MAX_NUM = 1）。

```
const usb_desc_dev msc_dev_desc=
{
    .header={
        .bLength                =USB_DEV_DESC_LEN,
        .bDescriptorType        =USB_DESCTYPE_DEV
    },
    .bcdUSB                     =0x0200U,
    .bDeviceClass               =0x00U,
    .bDeviceSubClass            =0x00U,
    .bDeviceProtocol            =0x00U,
    .bMaxPacketSize0            =USBD_EP0_MAX_SIZE,
    .idVendor                   =USBD_VID,
    .idProduct                  =USBD_PID,
    .bcdDevice                  =0x0100U,
    .iManufacturer              =STR_IDX_MFC,
    .iProduct                   =STR_IDX_PRODUCT,
    .iSerialNumber              =STR_IDX_SERIAL,
```

```
    .bNumberConfigurations          =USBD_CFG_MAX_NUM
};
```

USB 模拟 U 盘配置描述符的代码实现如下所示。由该描述符实现代码可知，该配置有一个接口，该接口属于 MSC 设备类接口，遵循 SCSI 传输协议，并且采用 Bulk-only 传输方式。关于 MSC 设备类说明、SCSI 传输协议以及 Bulk_only 传输方式，读者可从 USB 官方网站（http://www.usb.org/developers/docs/devclass_docs/）下载 Mass_Storage_Specification_Overview_-v1.4_2-19-2010.pdf、usbmassbulk_10.pdf 文档。MSC Bulk_only 数据传输分为 3 个阶段——命令块阶段、数据块阶段和命令状态阶段。

该 MSC 设备类接口包含一个 IN 端点和一个 OUT 端点，这两个逻辑端点均采用批量传输方式，最大包长为 64 字节。

```
const usb_desc_config_set msc_config_desc=
{
    .config=
    {
        .header={
            .bLength                =sizeof(usb_desc_config),
            .bDescriptorType        =USB_DESCTYPE_CONFIG
        },
        .wTotalLength               =USB_MSC_CONFIG_DESC_SIZE,
        .bNumInterfaces             =0x01U,
        .bConfigurationValue        =0x01U,
        .iConfiguration             =0x00U,
        .bmAttributes               =0xC0U,
        .bMaxPower                  =0x32U
    },

    .msc_itf=
    {
        .header={
            .bLength                =sizeof(usb_desc_itf),
            .bDescriptorType        =USB_DESCTYPE_ITF
        },
        .bInterfaceNumber           =0x00U,
        .bAlternateSetting          =0x00U,
        .bNumEndpoints              =0x02U,
        .bInterfaceClass            =USB_CLASS_MSC,
        .bInterfaceSubClass         =USB_MSC_SUBCLASS_SCSI,
        .bInterfaceProtocol         =USB_MSC_PROTOCOL_BBB,
        .iInterface                 =0x00U
    },

    .msc_epin=
    {
        .header={
            .bLength                =sizeof(usb_desc_ep),
```

```
            .bDescriptorType     =USB_DESCTYPE_EP
        },
        .bEndpointAddress        =MSC_IN_EP,
        .bmAttributes            =USB_EP_ATTR_BULK,
        .wMaxPacketSize          =MSC_EPIN_SIZE,
        .bInterval               =0x00U
    },

    .msc_epout=
    {
        .header={
            .bLength             =sizeof(usb_desc_ep),
            .bDescriptorType     =USB_DESCTYPE_EP
        },
        .bEndpointAddress        =MSC_OUT_EP,
        .bmAttributes            =USB_EP_ATTR_BULK,
        .wMaxPacketSize          =MSC_EPOUT_SIZE,
        .bInterval               =0x00U
    }
};
```

3. USB 模拟 U 盘类专用请求

为了实现 USB 模拟 U 盘，需要设备支持 MSC 类专用请求，MSC 类专用请求的处理在 msc_core_req 函数中完成，该函数的实现代码如下所示。由该代码清单可知，MSC 设备类支持 3 个类专用请求——BBB_GET_MAX_LUN、BBB_RESET 和 USB_CLEAR_FEATURE。其中，BBB_GET_MAX_LUN 用于获取设备所支持的最大逻辑单元个数，逻辑单元即可移动磁盘；BBB_RESET 用于复位到命令状态的请求，即通知设备接下来的批量端点输出数据为命令块封包 CBW；USB_CLEAR_FEATURE 用于处理 clear feature 请求。

```
static uint8_t msc_core_req (usb_dev *udev,usb_req *req)
{
    switch (req->bRequest) {
    case BBB_GET_MAX_LUN :
        if((0U == req->wValue) &&
            (1U == req->wLength) &&
            (0x80U == (req->bmRequestType & 0x80U))) {
            usbd_msc_maxlun=(uint8_t)usbd_mem_fops->mem_maxlun();

            usb_transc_config(&udev->transc_in[0],&usbd_msc_maxlun,1U,0U);
        } else {
            return USBD_FAIL;
        }
        break;

    case BBB_RESET :
        if((0U == req->wValue) &&
            (0U == req->wLength) &&
```

```
            (0x80U !=(req->bmRequestType & 0x80U))) {
            msc_bbb_reset(udev);
        } else {
            return USBD_FAIL;
        }
        break;

    case USB_CLEAR_FEATURE:
        msc_bbb_clrfeature (udev,(uint8_t)req->wIndex);
        break;

    default:
        return USBD_FAIL;
    }

    return USBD_OK;
}
```

4. USB 模拟 U 盘数据读写

USB 模拟 U 盘的数据读写均在 USB 中断中完成。下面我们分两个部分为大家进行介绍。

1）USB 模拟 U 盘数据读取

USB 模拟 U 盘数据读取的程序调用流程如图 8-54 所示。USB 模拟 U 盘数据读取是在中断中处理的，进入中断之后，最终需要调用 flash_read_multi_blocks 函数读取 Flash 中的数据，进而实现 USB 模拟 U 盘的数据读取过程。

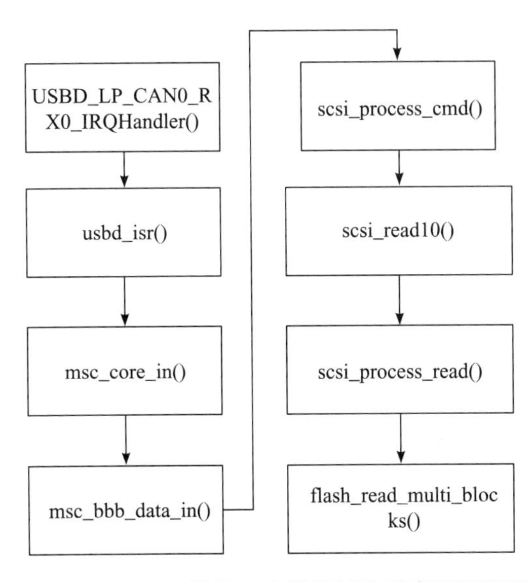

图 8-54　USBD 模拟 U 盘数据读取程序调用流程

2）USB 模拟 U 盘数据写入

USB 模拟 U 盘数据写入的程序调用流程如图 8-55 所示。USB 模拟 U 盘数据写入也是在中断中处理的，进入中断之后，最终需要调用 flash_write_multi_blocks 函数将数据写入 Flash 中，进而实现 USB 模拟 U 盘的数据写入过程。

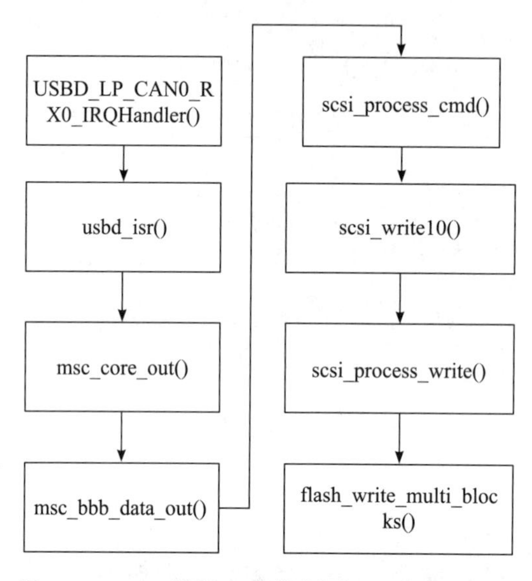

图 8-55 USB 模拟 U 盘数据写入程序调用流程

5. USBD 模拟 U 盘实验结果

将本工程下载到 BluePill 开发板中并运行，会观察到 PC 端出现一个新的可移动磁盘，双击可移动磁盘，将弹出格式化对话框（第一次打开可移动磁盘时需格式化），如图 8-56 所示。

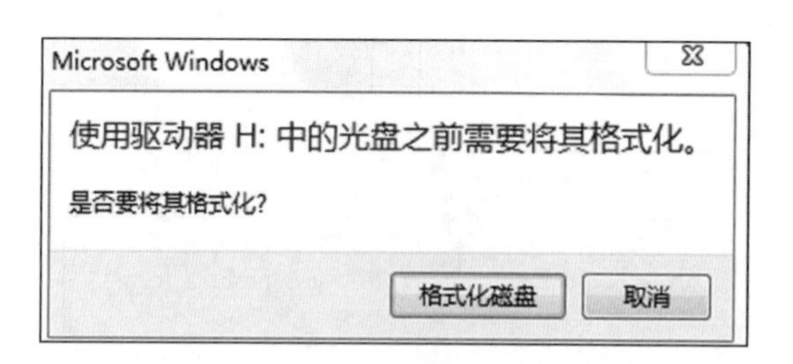

图 8-56 可移动磁盘格式化对话框

格式化之后，可移动磁盘即可正常打开，该可移动磁盘的空间为 208KB，打开后的可移动磁盘可正常进行文件的复制、粘贴、删除、读写等操作。

8.3　本章小结

本章我们学习了 GD32 MCU 的部分高级通信外设——CAN 和 USBD。

8.1 节介绍了 CAN 总线的基础知识，包括 CAN 总线特点、帧的种类与构成、标志符仲裁原理、调试工具及其最近发展。本节对 GD32F303 的 CAN 外设及其固件库中相关 API 也做了简要介绍。在这里我们还通过实例学习了以回环模式实现数据收发和测试 CAN 总线；学习了发送和接收 CAN 帧；学习了使用过滤器接收特定帧从而减轻 CPU 负担。CAN 总线是 MCU 中比较复杂的一个通信外设，通常只有在中高端 MCU 中才内置 CAN 控制器，CAN 总线相比竞争对手（比如 RS485 总线）具有支持多主结构、更好的总线利用率和更好的错误检测机制等特点。学习并掌握 CAN 总线是非常有意义的。

8.2 节中先介绍了 USB 通信所需基础知识，包括基础概念、USB 协议、USB 描述符以及设备枚举基本过程等。之后介绍了 GD32 USBD 设备固件库架构、分层文件及库函数说明，然后以模拟键盘应用为例详细介绍了 USBD 主函数、USBD 中断处理以及设备枚举的详细流程，同时介绍了键盘输入报告发送以及模拟键盘实验结果。最后简要介绍了虚拟串口以及模拟 U 盘应用实例，其中涉及相关描述符、特殊设备类请求处理以及数据传输和实验结果。通过对本节的学习，读者可了解基本的 USB 通信知识以及 GD32 USBD 固件库的使用方法。

推荐阅读

DESIGN AND SIMULATION OF
FPGA APPLICATIONS
FPGA应用开发和仿真
王贞炎 编著

CMOS AND BEYOND
CMOS及其他先导技术
特大规模集成电路设计

FFmpeg
从入门到精通

DEVELOPMENT PRACTICE OF
MSP432 MCU BASED
ON ARM CORTEX-M4F
基于ARM Cortex-M4F内核的
MSP432 MCU开发实践

DSP for Embedded and Real-Time Systems
DSP嵌入式实时系统
权威指南

PIC MICROCONTROLLER
PROJECTS IN C
Basic to Advanced, Second Edition
PIC微控制器项目设计
C语言实现
(原书第2版)

推荐阅读

国外电子与电气工程技术丛书
射频微电子学
（原书第2版·精编版）
RF Microelectronics
Second Edition

国外电子与电气工程技术丛书
微波电路设计
使用ADS的方法与途径
Microwave
Circuit Design
A Practical Approach
Using ADS

国外电子与电气工程技术丛书
现代电子通信
系统方法
Electronic
Communications
A Systems Approach

国外电子与电气工程技术丛书
通信技术导论
（原书第5版）
The Essential
Guide to
Telecommunications
Fifth Edition

上册
通信IC设计

标准库
STM32库
开发实战指南
基于STM32F103
（第2版）

中兴通讯技术丛书

Ceph设计原理与实现

本书是中兴Clove团队多年研究和实践经验的总结，Ceph创始人Sage Weil的高度评价并亲自作序。

Clove团队是Ceph项目的核心贡献者，从贡献的Commit数上看，连续多个版本贡献在中国排名第一，世界排名第二，对Ceph有非常深入的研究，在中兴通讯内部进行了大量的生产实践。

本书同时从设计者和使用者的角度系统剖析了Ceph 的整体架构、核心设计理念，以及各个组件的功能与原理；同时，结合大量在生产环境中积累的真实案例，展示了大量实战技巧。每一章都从基本原理切入，采用循序渐进的方式自然过渡至Ceph，并结合 Ceph 的核心设计理念指出需要进行哪些必要的改进和裁剪，使得读者不但能够知其然，而且能够知其所以然，真正做到了“源于 Ceph ，高于 Ceph”。此外，写作时尽量避免涉及到过多、非必要的专业术语，做到深入浅出并且每章相对独立，以最大程度的减少阅读障碍。

RRU设计原理与实现

这是一部以工程实践为导向，以信号流为方向，自顶向下详细讲解RRU的系统架构、功能组件、设计方法和实现原理的著作。作者团队来自中兴通讯，都是在无线通信领域有10余年工作经验的资深专家。

本书既适合无线通信领域新人入门，初步了解RRU的概貌、基础理论和系统架构，也适合有经验的通信工程师全面掌握无线射频子系统设计方法。此外，本书还适合无线通信专业的高年级本科生和研究生学习，架起学校和企业应用之间的一座桥梁，旨在系统学习与工程实现方面提高学生的实践能力。

即将出版：

《OpenStack CI/CD：原理与实践》

《Ceph之RADOS设计原理与实现》